AF368737

COURS

D'AGRICULTURE PRATIQUE

Paris. — Imprimerie de Ch. Lahure et Cⁱᵉ, rues de Fleurus, 9, et de l'Ouest, 21.

SYSTÈMES DE CULTURE.

ASSOLEMENTS DE SIX ANS.

—

CULTURE PASTORALE MIXTE ANCIENNE.

| 1re ANNÉE. | 2e ANNÉE. | 3e ANNÉE. | 4e ANNÉE. | 5e ANNÉE. | 6e ANNÉE |

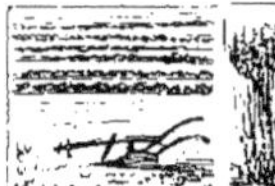     

| Jachère. | Froment. | Sarrasin. | Froment. | Pâturage. | Pâturage. |

CULTURE PASTORALE MIXTE MODERNE.

| Navet | Froment. | Trèfle, etc. | Pâturage. | Pâturage. | Froment. |

CULTURE FOURRAGÈRE.

| Betterave. | Avoine. | Trèfle. | Froment. | Vesce, etc. | Froment. |

CULTURE CÉRÉALE.

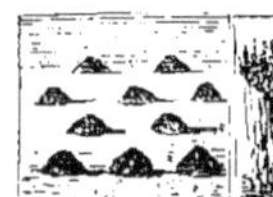      

| Jachère. | Froment. | Sainfoin. | Sainfoin. | Maïs. | Froment. |

CULTURE INDUSTRIELLE.

   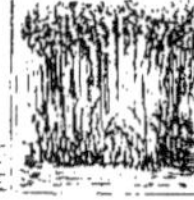  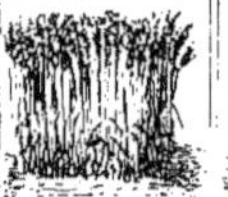 

| Colza. | Pavot. | Froment. | Tabac. | Froment. | Chanvre. |

LES ASSOLEMENTS

ET

LES SYSTÈMES DE CULTURE

PAR

GUSTAVE HEUZÉ

Professeur d'agriculture à l'École impériale de Grignon
ancien Fermier et Sous-Directeur de l'Institut de Grand-Jouan
Membre de la Société d'Agriculture de Seine-et-Oise
Correspondant des Sociétés d'Agriculture de Paris, Caen, Clermont
Alger, Turin, etc.

Ouvrage orné d'un grand nombre de vignettes sur bois

PARIS

LIBRAIRIE DE L. HACHETTE ET Cie

RUE PIERRE-SARRAZIN, N° 14

1862

AVERTISSEMENT.

Ce livre est le tableau fidèle de l'*étude des assolements*, cours que je professe depuis dix années à l'École impériale d'agriculture de Grignon, et auquel les élèves de cet établissement n'ont cessé de faire le plus bienveillant accueil.

J'ai cherché à rendre cette étude aussi complète que possible. J'avais deux motifs pour agir ainsi : d'abord, je désirais remercier les jeunes agriculteurs de Grignon de leur témoignage de sympathie; en second lieu, j'ai conservé l'espoir que si je parvenais à élucider quelques-unes des mille questions que soulève l'étude des assolements, je répondrais à ces intelligences éclairées, à ces esprits élevés, à ces hommes de cœur qui ne cessent de m'honorer de leurs conseils pour m'aider à toucher le but que je me suis proposé d'atteindre.

Loin de moi la prétention d'avoir écrit un *traité complet sur les assolements*. Un tel ouvrage me paraît impossible dans les circonstances actuelles. En écrivant ce livre, j'ai voulu tracer un sentier sur une terre inculte en laissant à d'autres le soin de l'élargir ou de rectifier sa direction.

Si j'ai réussi à bien placer mes jalons, j'aurai complété très-heureusement les PLANTES FOURRAGÈRES, les PLANTES INDUSTRIELLES déjà publiées, et les PLANTES ALIMENTAIRES, qui paraîtront l'an prochain, accompagnées d'un magnifique atlas gravé sur acier.

Cette étude des assolements et des systèmes de culture sera complétée par le volume intitulé : *la Pratique de l'agriculture* et l'ouvrage qui paraîtra cette année sous ce titre : LA FRANCE AGRICOLE, ses climats, ses régions, ses terrains, ses habitants et ses productions.

On réimprime en ce moment, pour la quatrième fois, LES MATIÈRES FERTILISANTES.

Au moment où je terminais les lignes qui précèdent, j'ai appris avec un bien vif plaisir que la Société d'agriculture de Caen venait de me conférer à l'unanimité le titre de membre correspondant. La lettre que l'honorable M. I. Pierre, professeur à la Faculté de Caen et secrétaire de la Société, m'a adressée à ce sujet contenait les lignes suivantes, qu'on me pardonnera de reproduire ici : « Je suis l'interprète de notre Société en vous disant combien nous apprécions toutes vos consciencieuses publications, et combien nous nous associons de cœur au succès qu'elles méritent si bien. »

Cette lettre et le titre que me confère la Société de Caen, me font le plus grand honneur. Puisse cette honorable compagnie être convaincue de tout le prix que j'attache à sa décision ! Puisse ce volume, s'il reçoit son approbation, être auprès de tous ses membres l'interprète de ma profonde gratitude !

Versailles, le 24 juin 1861.

LES
ASSOLEMENTS

ET

LES SYSTÈMES DE CULTURE.

PRÉLIMINAIRES.

Ce qu'on doit entendre par *assolement* ou *succession de culture*. — Ce que signifient les mots *assoler un domaine*. — La *division* est une partie invariable de l'exploitation. — Définition de la *sole*. — Division des soles en neuf classes. — Définition du mot *rotation*. — Les première, seconde, troisième, etc., rotations. — Définition des mots *dessoler* ou *dessaisonner*.

On entend par *assolement*, l'ordre dans lequel des récoltes diverses et différentes les unes des autres, se succèdent sur un terrain pendant un nombre d'années déterminé.

Ainsi, lorsqu'on fait suivre sur le même champ quatre récoltes, quelles qu'elles soient, on a formé un *assolement quadriennal* ou de quatre ans. Exemple :

Le mot assolement a pour synonyme *succession de cultures*.

Assoler un domaine, signifie partager les terres labourables d'une exploitation en autant de divisions égales en étendue que l'assolement compte d'années de durée. En d'autres termes, assoler un domaine, c'est y mettre en pratique un assolement quelconque.

La *division* est donc une partie du domaine dont l'étendue

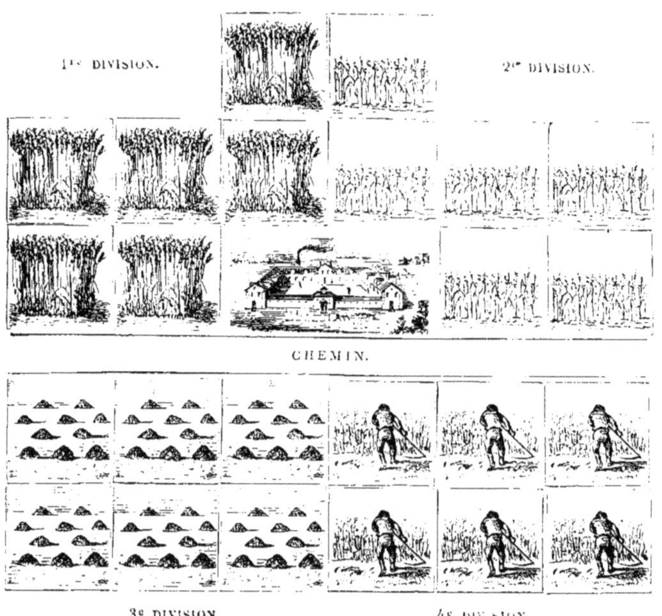

varie suivant la surface des terres labourables et le nombre de soles qui composent l'assolement choisi.

Lorsqu'on a adopté l'assolement triennal pur, qui se compose de trois soles et une prairie artificielle à longue durée, située en dehors de la rotation, on doit diviser l'exploitation en quatre parties égales, formant chacune une division. Alors le domaine, composé de 24 parcelles, offrira chaque année l'aspect représenté par la figure précédente.

Ainsi, la première division est occupée par *le froment d'hiver*, la seconde par *l'avoine de printemps*, la troisième par *la jachère*, et la quatrième par la *luzerne et le sainfoin*.

La *sole* est une des parties qui composent l'assolement. Dans toutes les successions de culture, il y a autant de soles, plus une, que leur durée compte d'années, c'est-à-dire qu'il faut ajouter une sole à celles que comprennent les assolements, parce que les prairies artificielles et à longue durée forment une sole que l'on range en dehors des rotations.

Si sur une ferme ne comportant pas de prairies naturelles on adoptait un *assolement triennal* soutenu par une sole de luzerne ou de sainfoin, chaque division serait, pendant les trois premières années, occupée de la manière suivante :

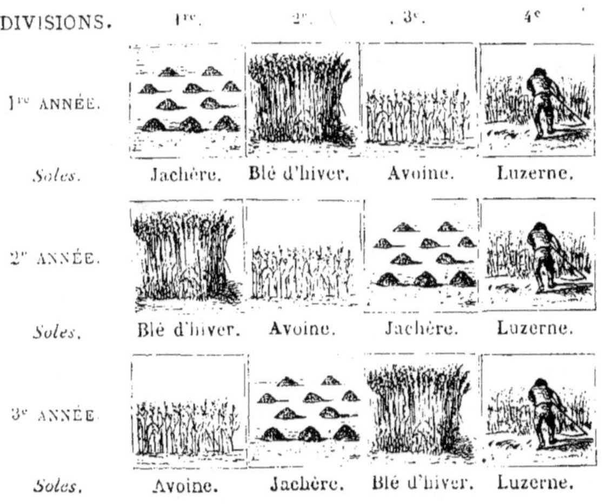

La *rotation* est le retour d'un assolement sur le même champ ou sur la même sole.

Ainsi, dans l'exemple précité, lorsque la 1re division sera de nouveau en jachère, on y commencera la *seconde rotation* de l'assolement triennal. Quand cette même division aura porté un nouveau blé et une nouvelle avoine, l'assolement triennal y sera appliqué une troisième fois, et commencera une *troisième rotation*.

On rend la définition de la rotation plus facile à comprendre lorsqu'on inscrit dans deux cercles un assolement triennal et un assolement quadriennal. Ainsi, si on imprime aux deux cercles ci-après des mouvements circulaires, de manière qu'ils tournent régulièrement sur eux-mêmes, l'un dans l'espace de trois ans, l'autre en quatre années; on constate lorsque, 1° la jachère; 2° les plantes racines sont revenues aux points A, que les deux assolements ont accom-

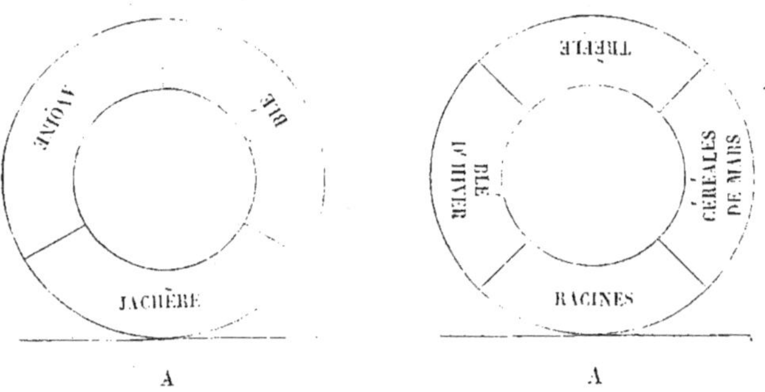

pli chacun une *première rotation*. Alors, si l'on continue de faire tourner les deux cercles de la même manière, il arrivera un moment où l'assolement triennal, et plus tard l'assolement quadriennal, termineront leur *seconde rotation*.

Les soles se divisent en neuf classes, savoir :

1° La sole des plantes à racines et à tubercules.
2°   —   des fourrages annuels.
3°   —   —   bisannuels.
4°   —   —   vivaces.
5°   —   des plantes céréales bisannuelles.
6°   —   —   —   annuelles.
7°   —   —   industrielles annuelles.
8°   —   —   —   bisannuelles.
9°   —   —   —   vivaces.

En pratique on dit souvent : la sole des racines occupe cette année la troisième division ; la sole des plantes industrielles occupera l'année prochaine la cinquième division.

Dessoler un domaine, c'est changer l'ordre alternatif des récoltes, c'est-à-dire remplacer un assolement donné par un autre assolement plus court ou plus long, plus épuisant ou plus améliorant, plus onéreux ou plus lucratif.

Ainsi, un fermier *dessole* quand il substitue un assolement quadriennal à un assolement de trois ans, si son bail porte la clause suivante : le premier labourera, fumera et ensemencera les terres en saisons convenables, sans pouvoir les *dessoler* ni les *dessaisonner*.

HISTORIQUE

DES ASSOLEMENTS.

Toutes les plantes appartenant à l'agriculture épuisent la terre, mais toutes n'y puisent pas les mêmes sucs nutritifs; quelques-unes même y laissent des débris qui accroissent sa fécondité. De là cette vérité incontestable qu'il faut varier les récoltes qu'on demande aux terres arables, si l'on veut qu'elles conservent leur puissance et leur richesse.

L'homme qui vit dans les contrées où la civilisation et la religion chrétienne n'ont point jeté quelques semences fécondes, est encore chasseur ou pasteur, puisqu'il se nourrit spécialement de lait et de viande.

Les véritables pasteurs si nombreux au temps d'Homère, d'Hérodote, de Xénophon et de Théocrite, n'existent plus pour ainsi dire en Europe. On ne les trouve guère qu'en Afrique, parce que là, la charrue ne façonne et féconde point encore toutes les terres susceptibles de produire une plante destinée par ses produits à assurer l'existence du bétail et de la société, ou à alimenter l'industrie ou les arts.

Si la culture du blé et de l'orge chez les anciens peuples n'occupait pas chaque année une grande étendue, c'est que les habitants de l'ancienne Grèce, comme les tribus franques, suivant le témoignage d'Homère et de César, consommaient peu de pain, mais beaucoup de lait et de viande. Ce fait n'a rien qui étonne en présence de leur aversion pour le travail de la terre. C'est pourquoi les troupeaux soumis à la transhumance constituaient la principale richèsse des agriculteurs chantés par Homère, Théocrite et Virgile.

Cette agriculture primitive et presque pastorale devait avoir un terme. Les populations toujours croissantes dans la Grèce, l'Italie et la Gaule, obligèrent les agriculteurs à compter un peu moins sur le gland (*glandes*), et à songer davantage à la culture du froment et des autres céréales.

En effet, il arriva une époque où la culture des plantes alimentaires fit des progrès considérables dans les plaines du midi de l'Europe, et assura avec le temps l'existence des peuples alors déjà nombreux. Ainsi, dans la Gaule, au temps de Vopiscus, les troupeaux erraient dans les pâturages, et l'on se servait déjà de bœufs pour la culture des champs. L'on sait aussi, d'après ce que rapporte Strabon, que la production des céréales était considérable dans le centre et le midi de la France. Cette production était telle, que César trouva à Alise, quand il fit la conquête de toutes les Gaules, des ressources immenses en blé et en orge.

La culture de ces plantes alimentaires n'avait pas lieu d'une manière continue sur toutes les terres labourables, qu'elles appartinssent aux *terres allodiales* ou provenant des conquêtes faites sur les Francs ou les Gaulois, ou qu'elles fussent tenues en usufruit sous le titre de *terres bénéficiaires*. Tous les champs labourés étaient soumis à un système régulier de culture.

L'origine des assolements adoptés par les Gaulois, se perd dans la nuit des temps. L'obscurité qui enveloppe l'époque à laquelle on comprit, pour la première fois, la nécessité d'assoler les terres cultivables, permet de dire que depuis les premiers âges de l'agriculture proprement dite, on cultive par soles et saisons.

Au temps de Xénophon, l'auteur des *Economiques*, les Grecs suivaient l'assolement biennal, encore en usage de nos jours dans le midi de l'Europe et en Afrique. Cette succession de culture, si bien décrite par Théophraste, Virgile, Pline, etc., comprend deux soles : la jachère et une céréale d'hiver.

Cet assolement n'était pas le résultat du hasard. On l'avait adopté de préférence à tout autre, afin de ne pas ensemencer chaque année les mêmes champs. Lorsque sous les Romains deux céréales se succédaient sur la même terre, leur répétition était appelée *restibilis*, qualification de laquelle est dérivé le mot *retrouble*, en usage dans le Midi pour indiquer qu'on demande à la terre deux céréales de suite. Cette succession vivement blâmée de nos jours, à moins de circonstances spéciales, était aussi condamnée à Rome. Souvent même on l'interdisait dans les baux par une clause particulière. Ainsi, Pomp. Festus dit à cet égard : *Restibilis ager fit, qui continuo biennio seritur farreo spico, id est aristato; quod ne fiat, solent qui prædia locant excipere.*

A cette époque, les Celtes et les Gaulois nomades suivaient aussi l'assolement biennal. Lorsqu'ils arrivaient dans un endroit pour s'y fixer pendant quelques années, ils écobuaient les terres en pâturages, et y cultivaient du froment ou du seigle. Lorsque la terre avait été épuisée, ils s'en éloignaient pour opérer de la même manière sur un autre point. Cette culture semi-pastorale, et que suivent encore les Arabes

nomades de l'Algérie, était pratiquée sur une grande étendue. Elle était alors indispensable. Les Germains l'avaient
aussi adoptée avec avantage. Tacite l'approuve par ces mots :
Arva per annos mutant, et superest ager.

Lorsque les agriculteurs romains comprirent la nécessité
de s'occuper davantage du bétail et de le mieux nourrir, ils
jugèrent utile de ne plus conserver les jachères improductives. Alors, ainsi que le recommandaient Caton et Varron,
ils y cultivèrent des fèves, du lupin, des vesces ou diverses
autres plantes ayant la propriété de fertiliser la terre (*segetem
stercorant.*)

Ce nouvel assolement était une véritable conquête, mais
il ne devait pas se perpétuer. Lorsque les produits des terres
arables ne répondirent plus aux besoins d'une population
sans cesse croissante, les agriculteurs romains, bien péné-
trés des vrais principes agricoles dictés par Virgile, substi-
tuèrent un assolement à trois soles à l'assolement biennal
des Grecs. Cette nouvelle succession de culture, au dire de
Columelle, était ainsi conçue :

Suivant Pline, on pratiquait l'assolement ci-après dans la
Campanie :

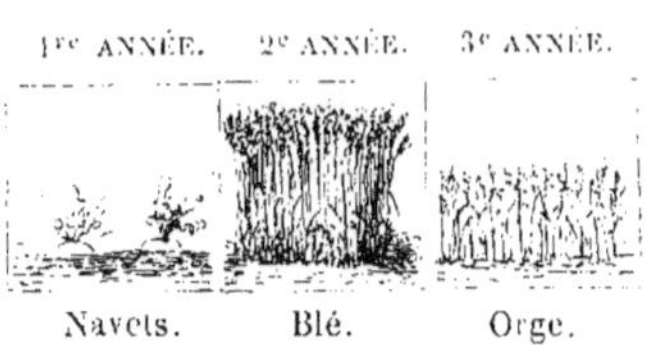

Les navets étaient remplacés assez souvent par des vesces.

Ces deux assolements ont été suivis pendant longtemps
en Italie sans être connus des agriculteurs du nord de l'Europe.

Ainsi, c'est sous les Romains que la véritable culture
alterne a pris naissance.

C'est en vain qu'on voudrait attribuer, comme l'ont fait
plusieurs écrivains agricoles, l'alternat à l'agriculture allemande ou à l'agriculture anglaise; ce système est né sous
l'influence des écrits des hommes qui ont illustré l'agriculture romaine. Virgile nous en fournit la preuve lorsqu'il
dit (*Géorg.*, liv. I, v. 82) :

> Sic quoque mutatis requiescunt fetibus arva;
> Nec nulla interea est inaratæ gratia terræ.

Aussi, à peine la moisson était-elle terminée, qu'on labou-
rait la terre pour lui demander, avant la semaille suivante,
une récolte fourragère. Cette manière d'agir était rationnelle.
En la mettant en pratique, on faisait précéder une plante
alimentaire épuisante appartenant à la famille des graminées, par une plante fourragère étouffante ou améliorante
de la famille des légumineuses. Pline constate l'adoption de
l'alternat, lorsqu'il dit : *Far serendum, unde et lupinum, aut
vicia, aut faba, sublata sint et quæ terram faciunt lætiorem.*

L'assolement biennal pur, *jachère* et *céréale*, remplaça dans
les Gaules la culture pastorale mixte quand le partage des
terres fait par Clovis, permit aux Gaulois et aux Romains de
se fixer et de construire des habitations attachées au sol ou
à demeure. Cette succession de culture fut suivie jusqu'au
dixième siècle. Mais l'accroissement des populations et le
grand nombre de destriers et de palefrois que possédaient les
seigneurs ou propriétaires de grands fiefs, obligèrent les cultivateurs à suivre un assolement de trois ans : *jachère, fro-*

ment et *avoine*. Le froment n'était pas moins productif, parce qu'il était précédé par la jachère. On aurait pu étendre la culture de cette céréale, mais on ne perdit pas de vue cette antique maxime : il vaut mieux semer peu et bien labourer (*satius esse minus serere et melius arare*).

A quelle époque l'assolement triennal a-t-il été adopté pour la première fois? on l'ignore. On sait seulement qu'il était en usage au neuvième siècle, à l'abbaye de Saint-Pierre de Blandinium, ainsi que le prouvent les registres de ce monastère. Charlemagne qui avait été à même d'apprécier les avantages qu'il présente sur l'assolement à deux soles, le prescrivit dans ses *Capitulaires* aux intendants des domaines royaux. De là, cette croyance populaire que ce grand empereur a conçu pour la première fois l'assolement à trois soles appartenant à la culture céréale.

L'assolement triennal, plus productif que l'assolement biennal, puisque par son adoption les deux tiers de l'étendue des terres labourables sont occupés chaque année par des plantes alimentaires, a été pendant longtemps la seule succession de culture suivie dans les anciennes provinces de la Beauce, de la Normandie, de la Picardie, du Berry, du Poitou, etc. Au seizième siècle, on l'observait seul dans la région septentrionale. A la même époque, le Midi avait conservé l'assolement biennal, et la Vendée, le Limousin, la Sologne, etc., suivaient encore la culture pastorale mixte.

Mais alors que dans le Midi comme dans le Nord on comprenait la nécessité d'étendre le plus possible la culture des prairies naturelles; Pierre de Crescent publiait au quatorzième siècle son remarquable ouvrage sur l'agriculture de l'Italie, et Camillo Tarello en faisant imprimer à Mantoue, en 1556, son livre intitulé : *Ricordo d'agricoltura*, prouvait qu'il comprenait mieux encore que les Romains l'alternance des végétaux et les vrais principes de l'agriculture améliorante.

Ce remarquable mémoire fut présenté par son auteur à la république de Venise, qui déclara que tout agriculteur qui suivrait le système de culture proposé par Tarello, lui payerait, ou à ses descendants, 4 pièces d'argent (*marchetti*) par arpent de blé, et 2 pièces par arpent de toute nature.

Le nouvel assolement proposé par Tarello était disposé de la manière suivante :

Le seizième siècle fut une heureuse époque pour l'Angleterre. La nécessité où elle se trouvait alors d'accroître le nombre des bêtes à laine qu'elle possédait afin de satisfaire les besoins de ses manufactures l'obligea, pour la première fois, à créer des pâturages artificiels avec le raygrass, qui déjà lui était connu, et à transformer, par conséquent, l'agriculture céréale qu'elle avait suivie jusqu'alors en agriculture pastorale mixte.

Cette dernière culture est encore en usage sur plusieurs points de ce pays et de l'Écosse.

L'agriculture des Iles Britanniques éprouva aussi le siècle suivant des changements importants. En 1645 Richard Weston y fit connaître la culture du trèfle rouge et des navets. Puis, en 1651, un siècle après l'apparition de la culture Tarellienne, Samuel Hartlid importa la culture flamande dans les comtés de Suffolk et de Norfolk, système agricole qui lui valut de la part de Cromwell une pension de 2500 fr.

Cette culture progressive conduisit à l'adoption de l'assolement suivant :

Cette succession de culture est celle à laquelle on a donné le nom d'*assolement de Norfolk*. Elle a eu plus de succès que l'assolement proposé par Tarello. Il devait en être ainsi. L'assolement de Norfolk comprend chaque année sur quatre hectares : deux hectares en céréales et deux hectares en fourrages; l'assolement de Tarello offre sur la même étendue un hectare en blé et deux hectares en trèfle ou raygrass.

En France, à l'exception de l'Alsace et surtout de la Flandre, cette contrée agricole que Jules César qualifiait de : *feracissimos planissimosque agros*, on a suivi presque partout jusqu'à la fin du siècle dernier les anciennes cultures biennales et triennales et les assolements appartenant au système pastoral mixte.

L'introduction de la race ovine mérinos, obligeant les agriculteurs qui l'acceptèrent à augmenter la quantité de leur fourrage, fut cause qu'on abandonna depuis cette époque, dans plusieurs départements de la région septentrionale, l'ancien assolement triennal.

La betterave disette et le colza forcèrent aussi les agriculteurs de la Brie, de la Normandie, de la Picardie à adopter de nouvelles successions de culture. L'introduction de la betterave à sucre n'obligea pas les cultivateurs du Nord à renoncer aux assolements qu'ils avaient adoptés. Ces assolements remontent à une époque déjà éloignée. Ainsi, d'après

Jacques de Moyère, l'auteur des *Tomy-Decem*, ouvrage publié au temps de Henri IV, les Flamands (Flemings) cultivaient au seizième siècle le lin, le colza, le chanvre, le houblon, etc.

Ajoutez aussi que la diffusion des lumières et les progrès faits par la science agricole depuis l'époque où parurent pour la première fois les écrits d'Arthur Young, de Chaptal, de Yvart, de Thaër, de Schwerz, de Morel-Vindé, etc., ont conduit les cultivateurs éclairés à reconnaître que le temps était arrivé où la France agricole pouvait, dans un grand nombre de localités, remplacer les assolements qui s'étaient perpétués d'âge en âge par des successions de cultures mieux combinées, plus améliorantes et plus lucratives.

On a beaucoup écrit depuis un demi-siècle sur les assolements, mais on ne cite à bon droit que trois ouvrages : le livre de Pictet, dont le succès est encore à justifier; le travail de Yvart, qui n'a plus sa raison d'être; l'ouvrage que Schwerz a écrit pour les agriculteurs qui commencent l'étude de la science agricole.

Aujourd'hui il ne suffit plus de donner des formules d'assolement, il faut étudier les successions de cultures dans leur rapport avec la nature du sol de l'exploitation, les capitaux qu'on possède, les plantes qu'on doit cultiver, les spéculations qu'on peut entreprendre avec les animaux domestiques, etc. En d'autres termes, il faut justifier la maxime si vraie de Morel-Vindé : *Les circonstances agricoles et économiques font les assolements!*

Ainsi, de nos jours, l'étude des assolements est plus ardue, plus complexe qu'au commencement de ce siècle. Certes, il faut du courage pour oser entreprendre de l'éclairer et d'en poser les lois. Nous espérons ne pas faillir à cette tâche.

LIVRE I.

LES PLANTES.

CHAPITRE I.

CLASSIFICATION DES PLANTES.

SECTION I.

Durée d'existence des plantes.

Les plantes annuelles. — Les plantes bisannuelles. — Les plantes vivaces. — Les plantes annuelles exigent des terres plus fertiles que les plantes bisannuelles ou vivaces. — Les plantes vivaces sont plus rustiques que les autres.

Les plantes agricoles avec lesquelles on combine les assolements ont une durée d'existence plus ou moins longue. Les unes sont annuelles, les autres sont bisannuelles, les moins nombreuses sont vivaces.

Les plantes qui suivent sont *annuelles* :

Avoine de mars.	Lentille.	Pois.
Betterave.	Lin.	Pois gris.
Cameline.	Fève.	Pomme de terre.
Carotte.	Millet.	Pavot.
Chanvre.	Maïs.	Sarrasin.
Chou pommé.	Moha de Hongrie.	Seigle de mars.
Citrouille.	Moutarde.	Spergule.
Haricot.	Orge de printemps.	Tabac.
Froment de printemps.	Navet.	Vesce.

Voici maintenant les *plantes bisannuelles* :

Avoine d'hiver.	Gaude.	Pastel.
Cardère.	Lupuline.	Rutabaga.
Chou non pommé.	Navette d'hiver.	Seigle d'automne
Colza d'hiver.	Nabusseau.	Trèfle incarnat.
Froment d'automne.	Orge d'hiver.	Trèfle rouge.

Les plantes désignées ci-après sont *vivaces* :

Ajonc marin.	Luzerne.	Sainfoin.
Chicorée.	Pimprenelle.	Topinambour.
Houblon.	Raygrass.	Trèfle blanc.
Garance.	Safran.	Vulpin.

Les plantes annuelles, sauf quelques exceptions, demandent, en général, des terrains plus fertiles que les plantes bisannuelles et vivaces. Les plus exigeantes sont celles qui accomplissent leurs phases d'existence dans un temps très-court. Ainsi, le lin, le tabac, le chanvre, le pavot et le froment de mars doivent être cultivés sur des terres riches ou ayant été fertilisées avec des engrais d'une prompte solubilité.

Ces plantes, en général, sont plus délicates, plus sensibles aux froids, et elles résistent moins bien aux sécheresses que les plantes bisannuelles et vivaces. En outre, plusieurs d'entre elles ne peuvent être semées au printemps que quand on n'a plus à craindre des gelées.

Les plantes vivaces, sauf la garance, végètent mieux sur les terres de moyenne fécondité que la plupart des plantes annuelles et bisannuelles, surtout si la couche végétale est saine et profonde. On a même observé que l'épaisseur du sol avait souvent autant d'influence sur la végétation des plantes pérennes que son degré de fertilité.

Les plantes vivaces sont généralement beaucoup plus robustes et beaucoup plus rustiques que les plantes qui terminent leur existence pendant l'année où elles ont été semées.

Les plantes bisannuelles sont intermédiaires, sous tous les rapports, entre les unes et les autres.

SECTION II.

Plantes classées selon la forme de leurs racines.

Les plantes à racines traçantes. — Les plantes à racines pivotantes. —
Aptitude des unes et des autres.

Les plantes agricoles, par rapport à la manière d'être de leurs racines, doivent être divisées en deux classes.

La première comprend les *plantes à racines traçantes* ou *fibreuses*, savoir :

Avoine.	Maïs.	Rutabaga
Cameline.	Millet.	Sarrasin.
Chou.	Moha de Hongrie.	Seigle.
Colza.	Moutarde.	Sorgho.
Froment.	Navette.	Spergule.
Fromental	Orge.	Tabac.
Haricot.	Pois.	Timothy.
Lentille.	Pomme de terre.	Topinambour.
Lin.	Rave.	Trèfle incarnat.
Lupuline.	Ray-grass.	Vesces.

La seconde classe renferme les *plantes à racines pivotantes*, savoir :

Ajonc.	Chicorée à café.	Luzerne.
Betterave.	Fève.	Navet.
Cardère.	Garance.	Pavot.
Carotte.	Genêt à balais.	Sainfoin.
Chanvre.	Houblon.	Trèfle rouge.

Les *plantes à racines traçantes* demandent des sols moins profonds, mais elles exigent des terres d'autant plus fertiles et surtout plus fraîches que leurs racines s'enfoncent moins profondément et que la couche arable dans laquelle elles végètent est moins épaisse. En outre, les plantes bisannuelles résistent moins bien aux effets du déchaussement occasionné par les gels et les dégels que les plantes à racines pivotantes.

Au nombre des plantes à racines traçantes, il en existe plusieurs qui doivent être buttées pendant leur végétation. Le buttage a l'avantage de concentrer pendant les temps secs plus de fraîcheur à la base des plantes et, en outre, d'augmenter leur fixité. On butte ordinairement la pomme de terre, le topinambour, le tabac, les haricots, le sorgho, le maïs, etc.

Les *plantes à racines pivotantes* résistent mieux aux grandes sécheresses parce qu'on les cultive sur des terres profondes, dans lesquelles elles puisent à $0^m,30$, $0^m,40$ ou $0^m,50$ l'humidité dont elles ont besoin. Enfin, elles demandent des terres non pas mieux labourées, mais ameublies et fumées plus profondément.

SECTION III.

Plantes classées selon les régions dans lesquelles elles réussissent le mieux.

Les plantes de l'agriculture du midi. — Les plantes cultivées dans la région septentrionale. — Les plantes communes aux régions du Midi et du Nord.

Toutes les plantes agricoles ne peuvent pas être cultivées sur tous les points de la France. Quelques-unes ne peuvent végéter que dans la région méridionale, d'autres ne réussissent que quand elles sont cultivées dans la zone septentrionale; enfin, plusieurs accomplissent très-bien toutes leurs phases d'existence indistinctement dans l'une ou l'autre de ces deux régions.

Les plantes qui suivent appartiennent à *l'agriculture du midi* :

Garance.	Maïs.	Pois chiche.
Gesse blanche.	Maurelle.	Ricin.
Lupin.	Pastel.	Sorgho sucré.

Les plantes suivantes sont principalement cultivées dans la *région septentrionale* :

Avoine.	Houlque.	Spergule.
Betterave.	Lin.	Ray-grass.
Chou.	Navet.	Trèfle rouge.
Houblon.	Navette.	Rutabaga.
Colza.	Sarrasin.	Vulpin.

Les plantes dont la liste suit sont *communes aux régions du midi et du nord* :

Cardère.	Lentille.	Safran.
Carotte.	Luzerne.	Sainfoin.
Chanvre.	Millet.	Seigle.
Fève.	Orge.	Tabac.
Froment.	Pois.	Topinambour.
Haricot	Pomme de terre.	Trèfle incarnat.

Les régions supérieures des contrées montagneuses du centre et du midi de la France doivent être considérées, à cause de leur altitude, comme étant situées dans la région septentrionale. En effet, on n'y cultive ordinairement que les végétaux appartenant à la culture du nord de l'Europe. (Voir LES CLIMATS, LES RÉGIONS ET LES TERRAINS AGRICOLES.)

Les plantes de la *région du midi* ont besoin d'une grande somme de chaleur pour la maturation de leurs semences. On peut dire qu'elles appartiennent aux *climats secs et chauds*. Les plantes de la *région septentrionale* exigent principalement un *climat à la fois tempéré et humide*.

SECTION IV.

Plantes classées selon les terrains qu'elles demandent.

Les plantes qu'on cultive sur les sols argileux. — Les plantes qui réussissent sur les terres sablonneuses. — Les plantes qu'on cultive sur les sols très-calcaires. — Les plantes qu'on peut cultiver sur les sols tourbeux. — Les plantes qu'on rencontre sur les terres pauvres, riches et très-fertiles.

Les plantes agricoles ne végètent pas facilement sur tous les terrains. Les unes doivent être cultivées de préférence sur des sols un peu compactes et les autres réussissent spécialement sur les terres de consistance légère. Plusieurs ne végètent convenablement que lorsqu'elles occupent des sols riches.

Nous les divisons en huit catégories :

La première classe comprend les plantes qui réussissent sur *les sols argileux ou compactes :*

Agrostis traçante.	Colza.	Pois.
Avoine.	Dactyle.	Ray-grass.
Betterave.	Fèves.	Timothy.
Chanvre.	Froment.	Trèfle.
Chou.	Houlque laineuse.	Vesce.

La deuxième classe embrasse les plantes qu'on cultive de préférence sur *les terres sablonneuses :*

Cameline.	Lentille.	Rutabaga.
Carotte.	Lin.	Sarrasin ordinaire.
Citrouille.	Millet.	Seigle.
Fromental.	Navet.	Sorgho.
Haricot.	Orge.	Spergule.
Jarosse d'Auvergne.	Pomme de terre.	Topinambour.

La troisième classe comprend les plantes qui réussissent le mieux sur *les sols très-calcaires ou crayeux :*

Brome des prés.	Lupuline.	Sarrasin de Tartarie.
Chicorée sauvage.	Pimprenelle.	Seigle.
Lentille ers.	Orge.	Topinambour.

On peut cultiver les plantes suivantes sur les terrains qui renferment dans une certaine proportion les *trois principaux éléments constitutifs des terres agricoles :*

Sol argilo-siliceux.	*Sol argilo calcaire.*	*Sol silico-argileux.*
Agrostis traçante.	Avoine.	Avoine.
Avoine.	Betterave.	Cameline.
Betterave.	Cardère.	Carotte.
Cardère.	Carotte.	Chanvre.
Carotte.	Chanvre.	Chou.
Chanvre.	Chicorée sauvage.	Citrouille.
Chou.	Chou.	Froment.
Colza.	Colza.	Gaude.
Dactyle.	Fève.	Haricot.
Fève.	Froment.	Jarosse.
Froment.	Fromental.	Lentille.
Garance.	Garance.	Lin.
Gesse.	Gaude.	Luzerne.
Houlque laineuse.	Jarosse.	Maïs.
Lin.	Lentille.	Millet.
Luzerne.	Luzerne.	Navet.
Maïs.	Maïs.	Navette.
Minette.	Minette.	Orge.
Navet.	Moutarde.	Pavot.
Orge.	Navet.	Pomme de terre.
Pavot.	Navette.	Ray grass.
Pois.	Orge.	Rutabaga.
Pomme de terre.	Pavot.	Sarrasin ordinaire.
Ray-grass.	Pois.	Seigle.
Rutabaga.	Pomme de terre.	Serradelle.
Sarrasin.	Ray-grass.	Sorgho.
Seigle.	Safran.	Spergule.
Tabac.	Sainfoin.	Topinambour.
Trèfle ordinaire.	Seigle.	Tabac.
— hybride.	Tabac.	Trèfle rouge.
— incarnat.	Trèfle.	— incarnat.
Vesce.	Vesce.	Vesce.

La cinquième classe comprend les plantes qu'on peut cultiver sur les *terres tourbeuses assainies mais encore acides :*

Avoine.	Houlque.	Rutabaga.
Chanvre.	Navet.	Sarrasin.
Chou.	Navette.	Seigle.
Colza.	Pomme de terre.	Timothy.
Dactyle.	Ray-grass.	Vulpin.

La sixième classe renferme les plantes des *sols pauvres* ou *contenant très-peu d'humus* :

Avoine.	Lentille d'Auvergne.	Sainfoin.
Cameline.	Orge.	Sarrasin.
Chicorée sauvage.	Pimprenelle.	Seigle.
Chou à vache.	Pomme de terre.	Serradelle.
Fromental.	Ray-grass.	Spergule.
Jarosse.	Rutabaga.	Topinambour.

La septième classe comprend les plantes des *sols fertiles et bien fumés* :

Avoine.	Haricot.	Pastel.
Betterave.	Houblon.	Pois.
Cardère.	Lentille.	Pomme de terre.
Carotte.	Luzerne.	Safran.
Citrouille.	Maïs.	Sainfoin.
Colza.	Millet.	Sorgho.
Fève.	Navet.	Trèfle.
Froment.	Orge.	Vesce.

La huitième classe renferme les plantes qui ne réussissent bien que quand elles sont cultivées sur des *terres saines et très-riches* :

Colza.	Garance.	Pavot.
Chanvre.	Lin.	Tabac.

En formant les tableaux qui précèdent je n'ai point eu égard aux latitudes sous lesquelles les plantes végètent le mieux.

SECTION V.

Plantes classées selon leur faculté épuisante ou améliorante.

Les plantes épuisantes. — Les plantes fertilisantes. — Le trèfle, la luzerne et le sainfoin sont très-épuisants sur les terres pauvres et très-améliorants sur les terres riches.

Les plantes agricoles sont épuisantes, qu'elles mûrissent ou non leurs semences. Toutefois, toutes n'épuisent pas la terre au même degré. Les unes laissent dans le sol plus d'engrais qu'elles n'en ont absorbé par les détritus de toutes sortes qu'on retrouve dans la terre ou sur la couche arable après qu'elles ont cessé d'exister. Les autres ne modifient en rien la prostration de fécondité que leur végétation a causée à la terre. De là la nécessité de diviser les plantes agricoles en deux grandes classes.

La première division comprend les *plantes épuisantes*, savoir :

Avoine.	Garance.	Panais
Betterave.	Haricot.	Pavot.
Cameline.	Lentille.	Pois.
Cardere.	Lin.	Pomme de terre.
Carotte.	Maïs.	Ray grass.
Chanvre.	Millet.	Rutabaga.
Chou.	Moutarde.	Safran.
Chou-rave.	Moha de Hongrie	Seigle.
Colza.	Navet.	Sorgho.
Fève.	Navette.	Tabac.
Froment.	Orge.	Topinambour.

On a divisé les plantes en deux sections : les *plantes peu épuisantes* et les *plantes très-épuisantes*. Nous établirons cette division en traitant dans le livre III de la production et de la consommation des engrais.

La deuxième division comprend les *plantes fertilisantes*, savoir :

Ajonc marin.	Minette.	Trèfle rouge.
Genêt à balais.	Sainfoin.	Vesce.
Luzerne.	Sarrasin.	

Les plantes que je range dans ce dernier tableau épuisent plus ou moins la terre pendant leur végétation, selon la vigueur avec laquelle elles se développent; mais les racines, les portions de tiges et les feuilles qu'elles laissent dans le sol ou sur la couche arable, et qui sont d'autant plus nombreuses qu'elles ont fourni davantage de produits, maintiennent ou accroissent la fécondité du sol, parce qu'elles constituent un véritable engrais. Ainsi, le trèfle, la luzerne ou le sainfoin, qui sont très-exigeants et qui ne donnent d'abondants produits que lorsqu'ils végètent sur des sols riches et bien fumés, rendent à la terre, par les détritus qu'ils laissent au moment où on les défriche, toute la richesse qu'ils ont enlevée pendant leur végétation. Cette fécondité est même telle qu'elle suffit souvent à l'existence de plusieurs céréales. (Voir dans les PLANTES FOURRAGÈRES, les sections comprenant *la luzerne, le sainfoin et le trèfle.*

On comprendra facilement que la richesse due aux débris laissés par ces plantes doit être plus ou moins élevée, selon qu'elles se sont développées plus ou moins vigoureusement. Quand ces légumineuses végètent médiocrement et fournissent par conséquent de très-faibles produits, elles laissent dans le sol et sur la terre des détritus insignifiants, qu'on considérerait bien à tort comme des éléments réparateurs de la fécondité amoindrie.

De là il résulte que le *trèfle*, la *luzerne*, le *sainfoin*, etc., *sont épuisants sur les sols pauvres et très-améliorants sur les terres riches.*

La luzerne, le trèfle, le sainfoin, sont véritablement des plantes fertilisantes ou améliorantes. La vesce, la minette, le sarrasin, améliorent beaucoup moins et c'est à bon droit qu'on pourrait les ranger sous le titre de *plantes non épuisantes* ou *plantes ménageantes*.

Les gazons des prairies naturelles, des pâturages et des terres vaines et vagues appartiennent, comme les plantes enfouies en vert, à la classe des plantes améliorantes.

En résumé, toutes les plantes qui ne laissent pas dans la couche arable des débris susceptibles de se transformer en humus et qui diminuent la fécondité, doivent être rangées parmi les *plantes épuisantes*. Par contre, tous les végétaux qui accroissent par leurs détritus la richesse des terres appartiennent à la classe des *plantes fertilisantes*.

SECTION VI.

Plantes classées suivant les principales substances qu'elles contiennent.

Les plantes à potasse. — Les plantes à soude. — Les plantes à chaux. — Les plantes à silice. — Les plantes à acide sulfurique. — Les plantes à acide phosphorique. — Les plantes riches ou pauvres en azote.

Les plantes cultivées par l'agriculture n'ont pas la même composition. Les unes renferment beaucoup de parties alcalines, les autres contiennent principalement des sels calcaires. D'autres fixent dans leurs tissus une notable quantité de phosphate terreux ou une forte proportion de silice.

Depuis un demi-siècle on a analysé un grand nombre de plantes. On peut en déduire divers tableaux indiquant la proportion de potasse, de soude, de chaux, etc., etc., que contiennent 100 parties de cendres. Voici ces diverses classifications :

A. PLANTES A POTASSE.

1° Racines à tubercule.

Pommes de terre....	52 à 55
Topinambour........	44 à 54
Chicorée à café......	42 à 44
Rutabaga....	35 à 38
Chou-rave..........	35 à 37
Panais...	34 à 36
Carotte......... .. .	31 à 33
Navet......	28 à 32
Betterave.....	25 à 35

2° Tiges et feuilles.

Sainfoin.	31 à 33
Vesce.............. .	29 à 31
Luzerne...........	29 à 30
Trèfle....	25 à 32
Avoine....	23 à 25
Navette...........	21 à 33

Ajonc.......... ...	17 à 19
Seigle.............	16 à 18
Choux......	12 à 13
Froment...	11 à 13
Pois...............	11 à 12
Sarrasin..	10 à 11
Moutarde......... ..	10 à 11

3° Semences.

Féveroles...	42 à 45
Haricots....	35 à 45
Pois	34 à 36
Froment..	28 à 30
Vesce.............	28 à 30
Lentille...........	25 à 27
Colza........... ..	24 à 26
Seigle.......... ..	21 à 23
Orge....	14 à 16

En général, on rencontre de la potasse dans toutes les plantes agricoles.

B. Plantes a soude.

1° Racines.

Betterave	18 à 20
Carotte	12 à 14

2° Tiges et feuilles.

Maïs	20 à 26
Sarrasin	20 à 22
Chou	20 à 22
Colza	14 à 20
Lin	9 à 11
Moutarde	9 à 11

Vesce	9 à 11
Ajonc	6 à 8
Avoine	5 à 9

3° Semences.

Féverole	16 à 18
Haricot	10 à 12
Seigle	10 à 12
Froment	9 à 11
Lentille	8 à 10
Pois	6 à 8
Orge	5 à 8

Les plantes agricoles de la région septentrionale renferment généralement plus de soude et de potasse que les plantes cultivées dans la région du midi.

C. Plantes a chaux.

1° Racines.

Navet	22 à 24
Panais	10 à 12
Rutabaga	10 à 12
Chicorée	10 à 12
Chou-rave	9 à 11
Betterave	6 à 8

2° Tiges et feuilles.

Lentille	45 à 52
Luzerne	40 à 50
Pois	38 à 45
Trèfle	25 à 35
Sainfoin	23 à 25
Féverole	20 à 22
Chou	20 à 22

Moutarde	20 à 22
Sarrasin	20 à 22
Colza	20 à 21
Ajonc	14 à 16
Navette	13 à 15
Lin	11 à 13
Orge	8 à 10
Avoine	7 à 8
Maïs	7 à 8
Seigle	6 à 9
Froment	6 à 8

3° Semences.

Moutarde	17 à 21
Colza	11 à 13
Féverole	7 à 8
Orge	2 à 3

Ordinairement les semences des plantes qui végètent très-bien sur les terres calcaires contiennent très-peu de chaux.

D. Plantes a silice.

1° Racines et tubercules.

Topinambour	10 à 13

Betterave	6 à 8
Pomme de terre	4 à 5
Navet	6 à 7

2° *Tiges et feuilles.*

Froment............. 68 à 70
Orge............... 67 à 75
Seigle.............. 64 à 80
Roy-grass.......... 64 à 65
Avoine............. 40 à 50
Maïs .... 25 à 27
Lin................ 15 à 17

Pois............... 10 à 12
Féverole...........   8 à 15

3° *Semences.*

Avoine............. 30 à 50
Orge............... 28 à 30
Pois............... 15 à 30
Froment............   2 à 3

Les plantes de la famille des graminées sont celles qui renferment le plus de silice.

E. Plantes a acide sulfurique.

1° *Racines et tubercules.*

Rutabaga........... 11 à 14
Navet.............. 10 à 14
Chou-rave.......... 10 à 12
Pomme de terre.....   8 à 15
Panais.............   6 à 8
Chicorée...........   6 à 8
Carotte............   6 à 8

2° *Tiges et feuilles.*

Chou............... 20 à 23

Colza..............   6 à 12
Pois...............   6 à 8
Ray-grass..........   6 à 7
Trèfle.............   6 à 7
Moutarde...........   5 à 7
Sarrasin...........   5 à 7
Fève...............   5 à 7
Luzerne............   3 à 4
Avoine.............   2 à 4
Sainfoin...........   1 à 2

Les cendres des semences contiennent en général très-peu d'acide sulfurique.

F. Plantes a acide phosphorique.

1° *Racines et tubercules.*

Panais............. 17 à 19
Topinambour........ 10 à 14
Navet.............. 10 à 14
Chou-rave.......... 10 à 12
Chicorée........... 10 à 12

2° *Tiges et feuilles.*

Sainfoin........... 18 à 22
Chou............... 12 à 14
Luzerne............ 12 à 14
Lin................ 10 à 12
Trèfle.............   8 à 10

3° *Semences.*

Seigle............. 48 à 50
Navette............ 48 à 50
Froment............ 46 à 50
Maïs .... 44 à 50
Colza.............. 44 à 46
Sarrasin........... 38 à 50
Vesce.............. 37 à 39
Moutarde........... 36 à 38
Féverole........... 34 à 38
Haricot............ 34 à 38
Orge............... 34 à 36
Lentille........... 28 à 30
Pois............... 22 à 34
Avoine............. 15 à 40

La plupart des semences produites par les plantes alimentaires et industrielles sont très-riches en acide phosphorique. Ces faits expliquent pourquoi les engrais phosphatés ont une si grande action sur le rendement des céréales, des légumineuses et des plantes oléagineuses.

G. Plantes riches ou pauvres en azote.

Je compléterai les tableaux qui précèdent en indiquant la quantité moyenne d'azote contenue dans 1000 kilogr. de racines, tiges et feuilles ou semences à l'état normal.

1° *Racines et tubercules.*

Pomme de terre. ...	$4^{kil},500$
Topinambour.	3 ,500
Carotte....	3 ,000
Panais..	2 ,500
Betterave...	2 ,200
Navet.	2 .000
Rutabaga.	1 .500

2° *Tiges et feuilles vertes.*

Maïs.	$7^{kil},000$
Ajonc.....	6 ,500
Carotte............	5 .500
Betterave...........	4 .000
Chou.....	3 000
Navet.............	3 .000

3° *Foins.*

Luzerne........ ...	$19^{kil},000$
Trèfle........ ...	19 ,000
Ray-grass.... ...	18 .000
Pois	17 ,000
Moha............ .	15 .000
Sainfoin...........	14 ,000
Timothy..........	12 ,500
Prairie naturelle....	12 ,000
Vesce	11 ,500
Spergule........ .	11 .500
Lentille....	10 ,000
Fromental........	8 ,000
Millet.....	7 ,000

4° *Pailles.*

Pavot.............	$10^{kil},000$

(colonne de droite)

Colza............. .	8 ,000
Sarrasin......	5 ,000
Froment...	4 .000
Seigle	3 .000
Avoine.	3 .000
Orge.........	2 ,500
Maïs	2 .000

5° *Semences.*

Féverole...... ..	$50^{kil},000$
Lentille....	40 ,000
Haricot........	40 .000
Pois	40 ,000
Lin................	32 ,000
Colza.	30 ,000
Millet.............	30 ,000
Pavot..	29 ,000
Chanvre...........	26 .000
Froment..........	21 .000
Seigle..	20 ,000
Maïs....	20 .000
Avoine......... ..	18 ,000
Sorgho........ ...	17 ,000
Sarrasin..........	15 ,000

6° *Produits industriels.*

Cônes de houblon...	$88^{kil},000$
Têtes de cardère....	66 ,000
Feuilles de tabac. .	30 ,000
Tiges de gaude.....	20 ,000
Racines de garance.	12 ,000
Chanvre en bois....	6 ,000
Lin en bois........	5 ,000

Nous ferons usage de ces chiffres lorsque nous étudierons

la production et la consommation des engrais et les lois qui régissent les assolements.

En attendant nous pouvons conclure que la faculté épuisante des plantes est bien en raison directe des produits qu'elles donnent et de leur richesse en matières minérales et en azote.

En général, les plantes qui produisent des semences très-azotées sont les plus épuisantes. Ainsi, si on compare diverses plantes entre elles et si on suppose qu'elles donnent des produits égaux, on a, comme exemple, les faits suivants :

Colza......	30 hectol.	ou 2000 kil. de graines	=	60 kil. d'azote.
Froment...	30 —	ou 2400	—	= 50	—
Avoine.....	30 —	ou 1500	—	= 27	—
Sarrasin. ..	30 —	ou 2000	—	= 30	—

Le colza et le froment sont donc beaucoup plus épuisants que l'avoine et le sarrasin. La pratique a fait depuis longtemps les mêmes remarques.

SECTION VII.

Plantes classées selon leur mode de végétation.

Les plantes nettoyantes. — Les plantes étouffantes. — Les plantes salissantes
Les plantes intercalaires ou les plantes dérobées.

Les plantes agricoles, par rapport à leur mode de végétation, doivent être divisées en quatre classes.

La première comprend les *plantes nettoyantes*, savoir :

Betterave.	Garance.	Panais.
Cardère.	Haricot.	Pavot.
Carotte.	Lentille.	Pomme de terre.
Chou.	Lin.	Rutabaga.
Chou-rave.	Maïs.	Sorgho.
Colza.	Millet.	Tabac.
Fève.	Navet.	Topinambour.

Ces diverses plantes ne s'opposent pas elles-mêmes à la croissance des mauvaises herbes. On les a appelées *plantes nettoyantes* parce qu'elles exigent pendant leur végétation des binages, des sarclages, qui ameublissent la surface du sol et détruisent les plantes indigènes et nuisibles.

Ces plantes bien cultivées laissent donc, quand on les récolte, la terre dans un parfait état de propreté. Aussi est-ce avec raison qu'on les a désignées sous le nom de *plantes sarclées* et qu'on les a proposées pour utiliser les jachères, puisqu'elles concourent aussi au nettoiement des terres labourables.

La seconde classe comprend les *plantes étouffantes*, savoir :

Chanvre.	Moutarde blanche.	Seigle-fourrage.
Colza-fourrage.	Pois.	Trèfle incarnat.
Jarosse.	Sarrasin-fourrage.	Vesce.

Ces diverses plantes, que l'on sème toujours dans une forte proportion, interceptent l'air et la lumière et étouffent les plantes indigènes qui végètent en même temps qu'elles et qui sont toujours plus petites et plus faibles. J'ajouterai que la plupart des plantes étouffantes sont fauchées lorsqu'elles sont en fleurs et que cette opération empêche les plantes indigènes qui ont pu végéter à l'ombre des plantes cultivées, de mûrir leurs semences et d'en infester de nouveau la couche arable.

La troisième classe comprend les *plantes salissantes*, savoir :

Avoine.	Orge.
Froment.	Seigle.

Ces plantes favorisent le développement et la multiplication des mauvaises herbes, parce qu'elles ne sont pas ordinairement binées et sarclées et qu'il est presque impossible, quand elles sont épiées, d'y détruire les plantes indigènes qu'on y rencontre souvent dans une grande proportion et qui mûrissent leurs graines avant ou au moment même de les récolter.

La quatrième classe comprend les *plantes intercalaires* ou les *plantes dérobées*, savoir :

Moutarde blanche.	Sarrasin.	Spergule.
Navet.	Seigle.	Trèfle incarnat.

On a appelé ces végétaux *plantes intercalaires*, parce que la rapidité avec laquelle elles se développent permet souvent de les introduire dans un assolement sans changer l'ordre de succession des récoltes. Ainsi, dans l'assolement triennal on peut aisément, après la récolte du blé, demander à la sole qui l'a produite une récolte de sarrasin, de moutarde blanche, de navet, etc., sans nuire en aucune manière à l'avoine qui précède la jachère, puisque ces plantes seront arrachées ou fauchées au plus tard en novembre et que la céréale de printemps ne sera semée qu'en février ou mars de l'année suivante.

SECTION VIII.

Plantes classées selon la destination de leurs produits.

Les plantes fourragères. -- Les plantes alimentaires. — Les plantes industrielles.

Les plantes qu'on fait entrer dans les assolements forment trois groupes distinctifs, suivant les produits pour lesquels on les cultive.

La première classe comprend les *plantes fourragères*, savoir :

1° *Plantes à racines et à tubercules.*

Betterave.	Navet.	Rutabaga.
Carotte.	Panais.	Topinambour.
Chou-rave.	Pomme de terre.	

2° *Plantes à fruits charnus.*

Citrouille.

3° *Plantes cultivées pour leurs tiges et leurs feuilles.*

Ajonc.	Lentillon.	Ray-grass.
Avoine.	Lupuline.	Sainfoin.
Chou	Luzerne.	Sarrasin.
Chicorée sauvage.	Maïs.	Seigle.
Colza.	Moha de Hongrie.	Sorgho sucré.
Ers.	Moutarde blanche.	Spergule.
Escourgeon.	Navette.	Trèfle incarnat.
Fromental.	Pastel.	Trèfle rouge.
Jarosse.	Pimprenelle.	Vesce.
Lentille d'Auvergne.	Pois gris.	

La deuxième classe comprend les *plantes alimentaires*, savoir :

1° *Plantes céréales.*

Avoine.	Maïs.	Sarrasin.
Froment.	Orge.	Seigle.

2° *Plantes légumineuses.*

Gesse cultivée.	Lentille.
Haricot.	Pois.

La troisième classe comprend les *plantes industrielles*, savoir :

1º *Plantes oléagineuses ou filamenteuses.*

Cameline.	Navette.
Colza.	Pavot.

2º *Plantes textiles.*

Chanvre.	Lin.

3º *Plantes tinctoriales.*

Garance.	Pastel.
Gaude.	Safran.

4º *Plantes narcotiques.*

Tabac.

5º *Plantes diverses.*

Cardère.	Chicorée sauvage.

La culture des plantes destinées à l'alimentation des animaux domestiques a été décrite dans LES PLANTES FOURRAGÈRES ; celle des plantes céréales et des légumineuses à cosse se trouve dans LES PLANTES ALIMENTAIRES ; enfin la culture des végétaux dont les produits sont utilisés dans l'industrie et les arts, a été étudiée dans LES PLANTES INDUSTRIELLES.

SECTION IX.

Prairies naturelles.

Les prairies naturelles couvrent de faibles étendues dans les contrées calcaires. — Elles ont une étendue considérable dans les localités où les terres
sont siliceuses, argileuses, schisteuses et granitiques. — Influence qu'elles
exercent sur les assolements.

Les prairies naturelles offrent peu d'intérêt dans les localités où les terres arables sont saines, perméables et riches, parce qu'on les remplace très-avantageusement par les prairies artificielles, bisannuelles ou vivaces. Ainsi, un grand nombre d'agriculteurs dans la Beauce, la plaine de Caen, la Brie, la Picardie, la plaine du Poitou, le haut et le bas Languedoc, etc., etc., ne connaissent pas pour ainsi dire les prairies naturelles; néanmoins, cela ne les empêche pas de faire chaque année de l'argent avec les assolements qu'ils ont adoptés.

Les contrées moins favorisées, celles dans lesquelles la luzerne, le trèfle ou le sainfoin végètent difficilement, ont, par contre, un grand intérêt à en posséder qui soient productives.

La Vendée, le Maine, le Limousin, la Lorraine, le Bourbonnais, l'Auvergne, etc., se distinguent des anciennes provinces précitées par les étendues considérables qu'elles possèdent en prairies naturelles.

Ces prairies, qu'on pourrait à bon droit appeler les *pièces glorieuses des fermes* auxquelles elles appartiennent, sont ordinairement bien entretenues. Il devait en être ainsi; sans ces prairies les successions de culture en usage dans ces provinces ne pourraient pas exister, ou alors si l'on continuait à les mettre en pratique, il faudrait les ranger au nombre des assolements appartenant à l'agriculture épuisante.

Tout cultivateur qui prend une ferme à bail ou qui veut faire valoir une propriété lui appartenant dans une contrée où l'existence des prairies artificielles est douteuse, où leur réussite complète exige encore de grandes avances, doit donc, à l'époque de son entrée en ferme et avant de modifier l'assolement suivi par son prédécesseur, examiner avec soin les prairies naturelles, afin de constater leur état. Cet examen terminé, il se doit à lui-même de les assainir le plus tôt possible si elles sont humides ou marécageuses, de les étaupiner, de les fumer, etc., si elles ont été négligées par son prédécesseur. Enfin, il lui importe, si l'étendue de ces prairies n'est pas en rapport avec la surface des terres labourables, de songer, sans retard, à en créer de nouvelles.

C'est en suivant rigoureusement ces principes qu'on peut espérer produire promptement tout le foin qu'il est indispensable d'avoir pour bien nourrir les animaux de rente et de travail nécessaires au succès de l'entreprise. Qu'on ne l'oublie pas, tout cultivateur qui achète annuellement une partie du foin dont il a besoin, marche de jour en jour à sa ruine.

CHAPITRE II.

SECTION I.

Places que doivent occuper les plantes fourragères.

Les plantes fourragères sarclées. — Les plantes fourragères fauchables :
annuelles, bisannuelles et vivaces.

Les plantes fourragères forment deux classes distinctes : les *plantes fourragères sarclées* et les *plantes fourragères fauchables*. Examinons la place que les unes et les autres doivent occuper dans les assolements.

Plantes fourragères sarclées. — Les betteraves, carottes, pommes de terre, etc., qui appartiennent à cette division, et qu'il faut classer parmi les plantes épuisantes, *doivent être placées en tête des assolements et après les fumures.*

1° Elles viennent très-bien après des labours de défoncement ;

2° Elles exigent une terre parfaitement préparée ;

3° Elles ont l'avantage de résister aux plus fortes fumures, et de ne point souffrir d'un excès de fécondité ;

4° Elles sont nettoyantes par les binages qu'elles exigent, et laissent dès lors la terre dans un parfait état de propreté.

On commettrait une grande faute si on plaçait les plantes fourragères sarclées au milieu et à la fin des assolements, c'est-à-dire si on les éloignait de la sole sur laquelle on a appliqué la fumure. On ne doit pas oublier que ces plantes sont exigeantes et épuisantes, et que leurs produits sont d'autant plus élevés, qu'elles sont cultivées sur des terres saines, ameublies profondément et abondamment fumées.

Il est utile de remarquer que cette loi générale, concernant la position des plantes fourragères dans les assolements, renferme une exception relative à la betterave industrielle ou cultivée comme plante saccharifère. Et, en effet, il est nécessaire, comme cela a lieu chaque année dans la Flandre et la Picardie, de ne pas faire précéder directement les betteraves à sucre d'une forte fumure, afin que leurs racines soient moins fourchues et plus régulières, et aussi pour qu'on puisse plus facilement extraire le sucre qu'elles contiennent.

C'est pour ces divers motifs, comme nous le constaterons plus loin, que la betterave à sucre occupe diverses soles dans les assolements ou qu'elle végète plusieurs années de suite sur le même champ.

Constatons aussi que les betteraves industrielles laissent ordinairement sur la terre, après leur arrachage, des feuilles ou autres débris qui, enterrés lorsqu'ils sont encore verts, élèvent un peu la fécondité de la terre en faveur de la plante qui suit cette récolte sarclée.

Plantes fourragères fauchables. — Les plantes fourragères fauchables forment trois classes distinctes : les *plantes annuelles*, les *plantes bisannuelles*, les *plantes vivaces*. Les unes et les autres occupent dans les assolements des positions différentes.

A. Plantes annuelles.—Les plantes fourragères annuelles, quoique peu exigeantes ou épuisantes, ne doivent pas être éloignées des fumures si on veut espérer en obtenir de bons produits. Il faut qu'elles soient cultivées sur des terres très-fertiles pour qu'on puisse les placer avec avantage à la fin d'un assolement.

En général on les intercale entre deux céréales ou une céréale et une plante industrielle, parce qu'elles ont l'avantage de nuire à la végétation des plantes nuisibles et de laisser la terre dans un parfait état.

Quelquefois on les sème après une céréale d'hiver ou de printemps pour les faire consommer sur place par les bêtes à laine. Alors, dans beaucoup de cas, elles assurent le parcage des terres qui doivent être occupées à la fin de l'été ou au commencement de l'automne par le colza ou le froment d'hiver.

Dans les localités où l'on suit encore l'assolement triennal, on sème des vesces, des pois gris, du moha de Hongrie, etc., sur une portion de la jachère préalablement fumée. Cette position est bonne quand la fumure n'est pas très-forte et que l'année n'est pas très-pluvieuse, parce que ces plantes fourragères étant étouffantes, empêchent le développement et la propagation des mauvaises herbes, et concourent d'une manière efficace à la préparation du sol.

Lorsque la quantité de fumier que l'on a répandu est considérable, et qu'il survient des pluies continuelles et abondantes pendant la végétation des vesces et des pois gris, la production herbacée s'élève, se couche en partie sur la terre, et perd beaucoup de sa valeur nutritive.

Quand on est forcé de cultiver des plantes fourragères fauchables sur une jachère formant la première sole d'un assolement, il est utile, si la fumure exigée par la succession de culture est considérable, de n'appliquer, avant les semailles, que moitié de la fumure. On complète la fertilisation de la sole après la récolte de la production verte ou sèche.

Les plantes fourragères annuelles qu'on cultive comme

plantes intercalaires ou en *culture dérobée*, suivent ou précèdent une céréale d'hiver ou de printemps. Leur produit est toujours faible si les terres sont pauvres et si on les place à la fin de l'assolement.

Ces plantes ne sont généralement avantageuses ou productives que lorsqu'on les éloigne le moins possible de la fumure.

En résumé, la vesce, le pois gris, le maïs, le sarrasin, etc., auxquels on demande dans toutes les circonstances la plus grande masse possible de parties herbacées, ne doivent jamais terminer les assolements. Il faut qu'ils précèdent une céréale d'hiver peu éloignée de la fumure principale ou d'une demi-fumure, afin :

1° Qu'ils donnent du fourrage vert ou sec en abondance ;

2° Qu'on puisse profiter de l'influence si favorable qu'ils exercent sur l'état physique et la propreté des terres.

C'est lorsqu'ils occupent une telle position qu'on est en droit de les regarder comme des végétaux très-utiles et de véritables plantes améliorantes de second ordre, puisqu'ils élèvent plutôt qu'ils n'abaissent la fécondité de la couche arable.

B. PLANTES BISANNUELLES. — Les plantes bisannuelles fourragères sont au nombre de trois : le trèfle rouge, la lupuline et le sainfoin lorsqu'on l'assimile au trèfle.

Le trèfle rouge, qui est une légumineuse très-exigeante, et à laquelle on demande plusieurs coupes abondantes ou le plus grand produit possible, doit suivre la céréale la plus rapprochée de la fumure, et qui succède soit à une jachère, soit à une plante racine ou à une plante sarclée appartenant à la classe des plantes alimentaires ou à celle des plantes industrielles. En d'autres termes, cette légumineuse doit occuper la troisième sole dans les assolements qui commencent par une plante fourragère racine ou par une culture de féverole ou de colza, et qui présente à la deuxième année ou une céréale de mars ou un blé d'automne.

Le trèfle occupe une semblable position dans l'assolement quadriennal, dit de Norfolk. Cette position est excellente sous tous les rapports. D'abord, le trèfle accomplit ses premières phases de végétation à l'ombre d'une céréale de mars, une avoine, une orge ou un blé de printemps, et sur une terre qui a porté l'année précédente une plante sarclée et nettoyante; ensuite il végète sur une terre dans laquelle il trouve une fécondité qui répond à ses besoins de matières nutritives, et qui lui permet de couvrir la couche arable et d'en défendre l'envahissement par les mauvaises herbes.

Dans l'assolement triennal appartenant à la culture granifère, on sème le trèfle dans l'avoine qui occupe la troisième sole. Cette position est mauvaise, parce que cette légumineuse est éloignée de la fumure, qu'elle vient après deux céréales qui ont absorbé l'engrais appliqué sur la jachère, et qu'elle occupe une sole qui est presque toujours envahie par des plantes nuisibles à racines traçantes et vivaces. Aussi se trouve-t-on souvent dans la nécessité, dans le but de rendre le trèfle aussi productif que possible, d'y appliquer pendant l'hiver une fumure en couverture.

Le sainfoin, cultivé comme plante fourragère bisannuelle, doit occuper une position analogue à celle réclamée par le trèfle.

La lupuline étant moins exigeante que le trèfle et le sainfoin, ne demande pas une position aussi favorable. Dans les assolements comprenant cinq à sept soles, on la sème dans la deuxième céréale d'hiver ou de printemps. Alors elle est consommée sur place par les bêtes à laine, et suivie par un parcage.

Suivant les circonstances, la lupuline précède un colza d'hiver ou un blé d'automne.

Dans l'assolement triennal on la sème dans l'avoine, et elle occupe avantageusement la jachère jusqu'au mois de mai ou de juin.

Cette légumineuse appartient aussi à la classe des plantes améliorantes, parce qu'elle enrichit un peu la couche arable.

C. PLANTES VIVACES. — La luzerne et le sainfoin sont les seules plantes fourragères vivaces qui soient exigeantes. Le ray-grass, le timothy, l'ajonc marin peuvent occuper n'importe quelle position dans les assolements, surtout si on ne confie pas leurs semences à des terrains appartenant encore à la période paccagère. Dans ce dernier cas, il ne faut pas attendre pour les semer, si on veut qu'elles soient facilement fauchables, que les céréales aient enlevé la fécondité due aux engrais appliqués.

La luzerne et le sainfoin doivent être semés dans la céréale la plus voisine de la fumure si la terre a été occupée précédemment par une plante nettoyante. Dans le cas contraire, il faut répandre leurs graines dans la céréale qui suit une plante étouffante venant après une fumure complète ou une demi-fumure.

On ne doit pas oublier que la durée de la luzerne ou du sainfoin n'est pas déterminée, et qu'elle varie toujours suivant la profondeur et la propreté du sol. Les luzernières établies sur des terres bien préparées, saines et exemptes de plantes à racines vivaces et traçantes, peuvent durer huit, dix et même quinze années. Celles qui ont été créées sur des sols envahis par ces mêmes plantes sont toujours peu productives, et leur existence est très-limitée.

Il faut donc, si on désire obtenir chaque année une abondante production, faire précéder la céréale dans laquelle on doit répandre ou les semences de luzerne ou les graines de sainfoin, par une plante nettoyante végétant après une fumure.

On peut créer des luzernières ou établir des sainfoins sur une jachère bien préparée et fumée.

Ce mode de création laisse à désirer, si les terres ne sont très-propres, car les mauvaises herbes, qui végètent en même temps que la luzerne ou le sainfoin, étouffent ces légumineuses lorsqu'elles sont encore jeunes, ou nuisent beaucoup à leur avenir.

Beaucoup de luzernières, dans le midi, sont créées en automne sur les jachères. Celles-ci sont souvent bien préparées.

SECTION II.

Places que doivent occuper les plantes alimentaires.

Les plantes bisannuelles : blé d'hiver. seigle et avoine d'hiver. — Les plantes
annuelles : blé de mars, orge de printemps. avoine de mars, maïs, fèves.
légumineuses à cosse, sarrasin.

Les plantes alimentaires doivent être aussi divisées en deux
classes : les *plantes bisannuelles* et les *plantes annuelles*.

Plantes bisannuelles. — Les plantes bisannuelles cultivées
pour la nourriture de l'homme sont au nombre de quatre,
savoir : le froment. le seigle, l'escourgeon et l'avoine
d'hiver.

A. FROMENT D'HIVER OU BLÉ D'AUTOMNE. — Dans l'assolement
biennal et l'assolement triennal, appartenant à la culture
granifère, le froment d'hiver vient toujours après une jachère. Cette position est bonne lorsque la jachère a été bien
préparée, fumée convenablement et en temps utile. Ainsi,
lorsque plusieurs labours exécutés en temps opportun ont
ameubli et aéré le sol, et incorporé les fumiers avant la
seconde quinzaine du mois d'août, le froment trouvant réunies : une bonne préparation, une grande propreté et une
fécondité suffisante, peut être regardé comme placé sur une
sole ayant porté une culture nettoyante. Si les blés qu'on
admire chaque année dans la Beauce sont aussi beaux, propres et productifs, cela tient à ce qu'ils sont généralement
précédés par une jachère complète bien entendue. Les mêmes
faits peuvent être observés dans les contrées où l'on suit
encore l'assolement biennal, ayant pour base une jachère
bien préparée.

Le froment, dans l'assolement quatriennal, dit de Norfolk,

vient ordinairement après un trèfle rouge de dix-huit mois. Cette position est excellente, parce que le sol est propre et suffisamment fertile. Le plus ordinairement, lorsque le trèfle a bien réussi, le froment y donne en moyenne de 25 à 30 hectolitres par hectare.

Le sainfoin, qui n'occupe le sol que pendant dix-huit mois, peut être suivi par un blé d'hiver. Ce dernier est toujours productif sur les terres bien cultivées.

Dans la région du midi le froment d'automne termine souvent l'assolement triennal qui comprend d'abord une jachère et un maïs. Cette position n'est pas très-mauvaise si la jachère a été bien fumée et si la culture du maïs a été faite avec soin, ou si on a fertilisé de nouveau la terre après cette première céréale, parce que la couche arable, après la récolte du maïs, est ordinairement propre.

Dans la Flandre, la Picardie, la Brie, etc., le blé d'hiver occupe la deuxième sole des assolements. Cette place n'est pas mauvaise lorsque la première sole a été occupée par une plante nettoyante, ou la betterave, ou le colza, ou la fève.

En définitive, il faut, quelles que soient la manière d'être et la durée de l'assolement, éviter de placer le froment d'automne après une plante à la fois très-épuisante et salissante. On doit aussi ne pas le placer dans la troisième sole de l'assolement triennal ou à la fin des assolements à long terme, parce qu'il serait trop éloigné de la fumure. Enfin, il ne faut pas oublier que cette céréale est la plus exigeante, et qu'elle ne donne des produits satisfaisants que lorsqu'elle végète sur des terres propres et contenant encore une suffisante quantité de matières organiques susceptibles de se transformer en humus.

B. SEIGLE D'HIVER OU SEIGLE D'AUTOMNE. — Dans les contrées où le seigle est encore nécessaire et utile, il doit occuper dans les assolements une place analogue à celle qu'on accorde au froment dans les contrées où la terre est plus fertile. Ainsi, il doit toujours suivre la jachère ou être le moins éloigné possible de la fumure, si on veut que son produit en paille et en grain soit en rapport avec les forces productives du sol.

Il occupe dans les assolements de quatre, cinq ou six années une bonne position, lorsqu'il suit un trèfle âgé de deux ans et demi ou un défrichement de pâturage.

On peut aussi le faire précéder par une culture de pommes de terre, de navets ou de sarrasin, dans les contrées où ces plantes occupent la jachère.

Il faut que la terre soit riche ou que le seigle soit cultivé principalement pour la paille qu'il fournit, et qui sert à faire des liens ou qu'on vend sous forme de *gerbées*, pour qu'on puisse le cultiver avec avantage après un blé d'hiver.

Ainsi, le seigle est moins exigeant que le froment, et il a le mérite de ne pas être gêné dans son développement par les plantes nuisibles annuelles, parce qu'il végète de nouveau à la fin de l'hiver, et développe ses épis pendant le mois d'avril, ou au plus tard durant la première quinzaine de mai.

C. Avoine d'hiver. — L'avoine d'hiver dans la région de l'ouest ou dans les provinces du sud-ouest vient toujours en troisième ou cinquième récolte après le froment ou le seigle.

Plantes annuelles. — Les plantes alimentaires annuelles sont au nombre de sept, savoir : le blé de printemps, l'orge de mars, l'avoine de printemps, le seigle de mars, le maïs, la fève, le haricot, la lentille et le millet.

A. Blé de mars. — Le blé de mars est plus exigeant que

l'avoine et l'orge. C'est pourquoi on ne le cultive généralement que sur les terres appartenant à la période céréale ou à la période industrielle.

Lorsqu'il peut réussir ou, en d'autres termes, quand on a intérêt à le cultiver, il faut le faire précéder par une plante sarclée : betterave, carotte ou pomme de terre, ayant végété sur une sole convenablement fumée.

Le froment de mars qui est ainsi placé est toujours productif. D'abord il occupe une terre que la culture précédente a nettoyée, que les labours d'hiver ont rendue très-meuble; ensuite il accomplit ses diverses phases d'existence sur un sol qui contient une partie encore importante de la fumure; enfin, il se développe sur une terre fumée depuis dix-huit mois et dans laquelle il trouve une *vieille force* qui rend son grain plus abondant, plus gros et plus amylacé.

Le blé de mars est quelquefois placé après un blé d'hiver. Cette position laisse beaucoup à désirer puisqu'il vient après une récolte salissante. Quand par nécessité on est forcé d'agir ainsi on doit le faire précéder par une demi-jachère, un labour d'hiver et un engrais pulvérulent, surtout si la fertilité du sol laisse à désirer.

B. Orge de printemps. — L'orge de mars vient très-bien après les plantes à racines et à tubercules, mais comme elle est moins exigeante que le blé de printemps, elle suit assez souvent le blé d'hiver et remplace alors l'avoine.

On peut aussi la semer après un trèfle, ou une luzerne ou une culture de choux non pommés. Quand elle occupe, dans cette circonstance, des terres propres et bien préparées elle est aussi productive que lorsqu'elle suit une culture de betteraves ou de pommes de terre.

C. Avoine de printemps. — L'avoine de mars est aussi moins exigeante que le blé de printemps. Dans l'assolement triennal de la culture granifère elle vient après le blé d'hiver. Cette position, au premier aperçu, semble mauvaise. Il n'en est rien si la récolte du froment a été suivie de bonne heure par un déchaumage et si la semaille de l'avoine a été précédée par un labour d'hiver. Située de la sorte, cette céréale donne des produits qui sont satisfaisants, eu égard à la fertilité des terres sur lesquelles l'assolement triennal pur est en usage. Sans doute l'avoine serait mieux placée si elle venait après la jachère, mais on ne peut un seul instant admettre qu'il faille lui accorder cette position pour la faire suivre par le froment d'hiver, qui est plus exigeant, et dont la valeur du produit brut qu'il fournit est beaucoup plus importante que la valeur totale de la récolte de l'avoine.

Cette céréale de printemps est bien placée lorsqu'elle vient après une récolte sarclée et fumée, un défrichement de luzerne, de sainfoin, de prairie naturelle ou de pâturage. Aucune autre céréale ne la surpasse dans cette circonstance en productivité. Toutefois, pour que l'avoine puisse donner 50, 60, même 70 hectolitres par hectare, il faut que la prairie artificielle, le pâturage ou la prairie naturelle ait été défriché de bonne heure en automne et que la semaille soit faite le plus tôt possible, c'est-à-dire en février ou au commencement de mars.

L'avoine de mars réussit aussi très-bien sur chaume de blé labouré et marné pendant les mois de décembre et de janvier.

D. Maïs. — Le maïs, dans la région du midi, vient après une jachère ou un blé d'hiver. Dans le premier cas il suit une jachère qui est restée inoccupée pendant quinze mois; en second lieu, il est précédé par une jachère d'une année dans laquelle on cultive souvent le trèfle incarnat en récolte intercalaire ou dérobée. L'une et l'autre de ces positions sont bonnes si la terre a reçu une fumure convenable.

E. Fèves. — Les fèves viennent ordinairement avant le blé d'automne parce qu'elles sont plus épuisantes et souvent elles suivent un trèfle de dix-huit mois ou un pâturage.

Lorsqu'elles précèdent le blé elles suivent la fumure et occupent souvent la première sole. On les considère alors, si elles sont cultivées en lignes et si on les bine une fois ou deux pendant leur croissance, comme des plantes sarclées.

F. Légumineuses a cosse. — Les haricots, les lentilles, les pois, etc., suivent une céréale d'hiver ou on les cultive sur les jachères. Comme ces plantes sont exigeantes et épuisantes on doit les faire précéder par une fumure ou ne pas les éloigner beaucoup des soles sur lesquelles on applique les fumiers.

G. Sarrasin. — Le sarrasin ou blé noir est toujours placé entre deux céréales. Ainsi, dans l'ouest, où il occupe chaque année une grande superficie, on le sème en juin sur les jachères, après les avoir fertilisées avec du fumier ou des engrais pulvérulents. On agit de même dans le Limousin.

Dans la Sologne on le cultive quelquefois en culture dérobée ou intercalaire. Alors on le sème en juillet ou au commencement d'août sur les terres qui ont porté une céréale d'automne ou de printemps. Ainsi cultivé, le sarrasin est beaucoup moins productif que dans la Bretagne et l'Anjou parce qu'il occupe des terres moins bien préparées et surtout moins fertiles.

SECTION III.

Places que doivent occuper les plantes industrielles.

Les plantes bisannuelles : colza, navette, cardère. — Les plantes annuelles: lin, chanvre, pavot, tabac, cameline, colza et navette d'été.

Les plantes industrielles forment deux classes particulières. La première comprend les plantes bisannuelles, la seconde embrasse les plantes annuelles.

Plantes bisannuelles. — Les plantes industrielles bisannuelles sont au nombre de trois, savoir : le *colza*, la *navette* et la *cardère*.

A. COLZA D'HIVER. — Le colza est épuisant et demande un sol bien préparé et fumé. C'est pourquoi on le place ordinairement en tête des assolements ou dans le cours des successions de culture après : 1º une demi-jachère; 2º un fourrage vert : vesce, pois gris, lupuline, trèfle rouge, etc.; 3º une céréale d'hiver ou de printemps.

Le colza qui suit une jachère convenablement préparée et fumée est très-bien placé. J'ai dit précédemment qu'il résistait parfaitement aux plus fortes fumures. De plus, les binages qu'il exige pendant sa croissance contribuent efficacement au nettoiement, à l'aération et à l'ameublissement du sol.

Il occupe aussi une excellente position lorsqu'il vient après un fourrage vert.

Il n'en est pas de même s'il suit un blé et si surtout cette céréale a végété sur une terre envahie par les mauvaises herbes et si elle a été récoltée tardivement, car le temps qui s'écoule entre l'enlèvement de la récolte et la plantation du colza ne permet pas de façonner convenablement la terre et d'y faire germer les graines des plantes nuisibles qu'elle contient. Dans cette circonstance on est forcé de renoncer au labour de déchaumage et à la demi-jachère, opérations très-utiles parce qu'elles contribuent toujours d'une manière efficace à la destruction des mauvaises herbes et par conséquent à la propreté du sol.

Le colza qui suit un trèfle est planté sur le labour à l'aide duquel on l'a défriché.

B. Navette d'hiver. — La navette d'hiver occupe dans les assolements les positions qu'on accorde au colza. Ainsi, elle doit venir après les fourrages verts, les céréales d'automne ou de mars, ou occuper la première sole.

Elle est trop exigeante pour qu'on puisse la faire précéder par deux céréales, à moins qu'on ne lui applique une demi-fumure.

C. Cardère ou chardon a foulon. — La cardère vient presque toujours après une céréale d'hiver ou de mars.

On doit éviter de la rapprocher des soles fortement fumées parce qu'elle supporte mal un excès de fécondité. Ainsi, quand elle suit une bonne fumure, elle prend le *blanc* ou le *gras* (voir Les Plantes industrielles, Ire partie) et produit presque toujours des têtes trop volumineuses et surtout très-irrégulières.

Plantes annuelles. — Les plantes industrielles annuelles sont au nombre de sept, savoir : le *lin,* le *chanvre,* le *pavot,* le *tabac,* la *cameline,* le *colza* de mars et la *navette* d'été.

A. Lin. — Le lin est aussi très-exigeant sous tous les rapports. Il doit être cultivé sur des terres saines, propres, fertiles et bien préparées. Il suit ordinairement les plantes sarclées annuelles ou bisannuelles, ou il vient après un trèfle défriché ou une prairie naturelle rompue pendant l'hiver.

Il faut éviter de le placer en tête des assolements lorsque la première sole est fumée parce qu'il se défend mal des mauvaises herbes et résiste difficilement à un excès de fécondité.

Quand les terres sont riches et propres on place souvent le lin après la céréale qui suit la culture sarclée ayant végété sur la fumure.

B. CHANVRE. — Le chanvre peut être précédé par une céréale d'hiver suivie d'une demi-fumure, car il ne redoute pas un excès de fécondité.

On peut aussi le cultiver après une luzerne, un sainfoin ou un trèfle défriché.

Souvent on le fait précéder par une céréale d'hiver ou de printemps suivie d'un seigle cultivé comme fourrage vert.

Enfin il peut venir en seconde récolte et suivre les plantes sarclées fourragères ou industrielles.

Lorsqu'on ne fume pas les terres qu'on lui destine on doit éviter de trop éloigner des soles qui ont reçu des engrais.

C. PAVOT OU OEILLETTE. — Le pavot ne redoute pas une forte fumure ou un excès de richesse.

Ordinairement il suit une récolte de racines ou il vient après une céréale d'hiver. Dans ce dernier cas on le fait précéder par une fumure

Quelquefois on cultive le pavot sur les champs où les colzas plantés à la fin de l'été précédent ont été détruits par les insectes ou les intempéries pendant l'hiver.

Il peut aussi suivre le tabac lorsque cette plante a été cultivée sur un sol fumé.

On ne doit pas oublier que le pavot exige un sol propre et fertile.

D. TABAC. — Le tabac est plus exigeant que le pavot et le

chanvre. Il demande un sol riche, bien préparé et surtout très-propre.

Généralement il suit les fourrages verts d'automne ou il vient après un trèfle rompu pendant l'hiver.

On peut aussi le placer en tête des assolements parce qu'il ne redoute pas un excès de richesse ou les fortes fumures.

Dans plusieurs contrées il suit une céréale d'hiver. Alors il est précédé par une demi-jachère fumée.

On doit éviter de le placer à la fin des assolements.

E. CAMELINE. — La cameline n'est pas difficile. On la sème après un fourrage d'hiver ou après le colza ou la navette d'automne qui n'ont pas réussi ou qui ont été détruits par les insectes, les animaux ou les gels et les dégels.

F. COLZA ET NAVETTE DE MARS. — Ces deux crucifères ne sont ordinairement cultivées que sur des terres riches mais humides pendant l'hiver. Dans ce cas elles occupent la sole qu'on aurait destinée l'année précédente au colza et à la navette d'automne.

On peut aussi les semer sur les terres qui ont porté une culture sarclée et fumée. Alors elles remplacent les céréales de printemps.

Il est utile, si on veut qu'elles soient productives, de ne pas les faire précéder par plusieurs récoltes très-épuisantes.

CHAPITRE III.

SUCCESSION DES PLANTES.

—

SECTION I.

Plantes qui commencent les rotations.

Les plantes fourragères. — Les plantes alimentaires. — Les plantes industrielles.

L'assolement biennal et l'assolement triennal purs commencent toujours par une jachère. Les assolements qui appartiennent à la culture alterne proprement dite ont toujours leurs premières soles occupées par des plantes fourragères ou des plantes industrielles.

Dans ces derniers assolements chaque première sole reçoit ordinairement une fumure complète. De là la nécessité de commencer chaque rotation par des cultures :

1° Qui exigent la plus forte somme d'engrais pour donner tout ce qu'elles peuvent produire eu égard à la nature du sol et à la manière du climat;

2° Qui ne souffrent pas d'un excès de fertilité momentanée;

3° Qui laissent la terre exempte pour ainsi dire de mauvaises herbes.

Les plantes qui satisfont pleinement à ces trois conditions sont les suivantes :

A. *Plantes fourragères.*

Betterave.	Chou.	Pomme de terre.
Carotte.	Navet.	Rutabaga.

B. *Plantes alimentaires.*

Fève.	Maïs.
Haricot.	Sorgho.

C. *Plantes industrielles.*

Colza.	Garance.	Pavot.
Chanvre.	Moutarde noire.	Tabac.

Toutes ces plantes réussissent très-bien sans aucun inconvénient; on les cultive en lignes; elles exigent pendant leur développement de nombreux sarclages et binages; enfin, après qu'elles ont été récoltées la couche arable est propre, en bon état d'ameublissement et suffisamment féconde pour qu'on puisse y cultiver une céréale d'automne ou de printemps avec l'espérance d'en obtenir des produits satisfaisants.

Toutes ces plantes appartiennent à la classe des *plantes sarclées*.

Je crois inutile de démontrer que les premières soles des assolements, alors que ces divisions reçoivent une fumure entière, ne peuvent et ne doivent pas être ordinairement consacrées à la culture des céréales.

SECTION II.

Plantes qui suivent les jachères.

Les jachères improductives. — Les jachères vertes. — Les plantes bisannuelles.
Les plantes annuelles.

Les jachères, que nous étudierons dans tous leurs détails
lorsque nous examinerons *les lois des assolements* qui occupent
le livre V, sont de deux sortes : 1° les *jachères mortes* ou *jachères nues* ou *jachères improductives;* 2° les *jachères vives* ou
jachères vertes ou *jachères productives*.

Lorsque la jachère reste improductive on y fait les labours
et les hersages nécessaires, on fume la terre et on la marne,
ou on la chaule quand les marnages ou les chaulages y
sont possibles et utiles. Alors au mois de septembre, d'octobre ou de novembre on y plante du colza ou on y sème du
blé d'hiver, ou du seigle d'automne, ou de l'escourgeon, avec
la presque certitude d'obtenir l'année suivante une bonne
récolte si la préparation de la terre a été bien entendue et
bien faite et si la fumure appliquée correspond, quant à son
action fertilisante, à la faculté épuisante de la plante qu'on a
choisie.

Les plantes précitées sont peu nombreuses; je n'en connais
pas qui pourraient les remplacer plus avantageusement. Ces
plantes sont les seules qui suivent les jachères improductives
ordinaires dans les diverses régions agricoles de la France.
C'est par exception qu'on signalerait l'épeautre comme pouvant être précédée par une jachère, puisque cette céréale est
très-peu cultivée dans notre pays.

Les jachères vertes ou productives permettent la culture

d'un grand nombre de plantes qui appartiennent pour la plupart à la classe des plantes fourragères. Ainsi on les occupe en partie ou en totalité par les végétaux suivants :

A. Plantes bisannuelles.

Avoine d'hiver.	Lupuline.	Seigle.
Colza d'hiver.	Nabusseau.	Trèfle incarnat.
Escourgeon d'automne.	Navette d'hiver.	Trèfle ordinaire.
Jarosse.	Pois gris d'hiver.	Vesce d'hiver.

B. Plantes annuelles.

Avoine de mars.	Moha de Hongrie.	Pois gris de printemps.
Betterave.	Moutarde blanche.	Sarrasin.
Carotte.	Navet.	Spergule.
Maïs.	Orge de printemps.	Vesce d'été.

Les *plantes bisannuelles* sont fauchées ou consommées sur place depuis le mois de mars jusqu'à la fin de juin. La jachère est ensuite labourée et fumée ou on la fertilise à l'aide du parcage. Dans les deux cas elle est occupée l'année suivante par une céréale d'automne ou un colza.

Les *plantes annuelles* ne sont semées ordinairement que lorsque la jachère a été labourée et fumée. Comme ces plantes appartiennent presque toutes à la classe des *plantes nettoyantes* ou des *plantes étouffantes*, elles concourent d'une manière directe ou indirecte au nettoiement de la couche arable. C'est pourquoi on les fait toujours suivre par une céréale d'automne ou un colza d'hiver.

Dans la région de l'ouest on utilise ordinairement les jachères en y cultivant le sarrasin ordinaire comme plante alimentaire.

Ainsi, soit que la jachère reste improductive, soit qu'on l'occupe par des plantes bisannuelles ou annuelles, elle précède partout les céréales d'automne et assure dans la plupart des cas leur complète réussite relativement à la nature et à la richesse de la terre.

Ajoutons qu'on cultive souvent sur les jachères dans la région du sud-ouest et sur les exploitations pauvres dirigées par des agriculteurs progressifs des plantes destinées à être enfouies en vert. Le colza, le sarrasin de Tartarie, etc., sont, sous ce rapport, des plantes très-utiles. (Voir *plantes cultivées pour être enfouies comme engrais vert*, dans le volume intitulé LES MATIÈRES FERTILISANTES.)

SECTION III.

Plantes qui suivent les fumures.

Époques auxquelles on conduit les fumiers. — Époque de leur enfouissement. — Fumures appliquées directement pour les céréales d'hiver. — Circonstances où cette pratique est avantageuse.

Les fumures apportant dans les terres arables une quantité plus ou moins grande de graines de plantes nuisibles
doivent être suivies par des cultures nettoyantes ou étouffantes, à moins qu'elles soient appliquées sur les jachères
au plus tard au mois de juin ou de juillet.

L'agriculture améliorante et progressive conduit les fumiers sur les terres labourables pendant l'hiver ou au mois
de juillet et août, mais dans les deux cas elle les fait toujours
suivre par des plantes qui ne redoutent pas l'influence directe des fumiers, un excès de fécondité et la présence des
mauvaises herbes. Ainsi elle cultive toujours sur les terres
nouvellement fumées des betteraves, des pommes de terre,
du colza, du pavot, etc.

Ordinairement elle évite de faire suivre les fumures qu'elle
applique tardivement par un blé d'automne parce qu'elle a
mille fois constaté :

1º Que le labour à l'aide duquel on enfouit le fumier ne
détruit pas les mauvaises graines qu'il contient;

2º Que les fumiers enfouis quelques semaines seulement
avant les semailles soulèvent toujours la couche arable, ce
qui rend le blé plus sujet à être déchaussé sous l'action simultanée des gelées et des dégels;

3º Que les froments qu'on cultive sur des terres fumées

au commencement de l'automne produisent toujours une abondante quantité de paille au détriment des grains et de leur qualité;

4° Que les tiges des blés qui suivent des fumures considérables et tardives ont beaucoup de tendance à verser, surtout s'il survient l'année suivante pendant les mois de mai et de juin des pluies répétées et abondantes.

On commet donc une faute chaque fois qu'on fertilise très-tardivement les terres labourables qu'on destine au blé d'hiver avec des fumiers non entièrement décomposés et appliqués dans une grande proportion. Après une semblable fumure cette céréale est presque toujours envahie par le moutardon, la ravenelle, etc., plantes qui nécessitent des sarclages, épuisent la terre au détriment de la qualité des grains et qui élèvent le prix de revient de chaque hectolitre de blé.

Les fumures appliquées directement pour le blé d'hiver ou le seigle d'automne n'ont leur raison d'être que sur les exploitations situées à une faible distance des grandes villes. Dans les départements de Seine-et-Oise et de Seine-et-Marne on suit assez fréquemment ce procédé de culture, parce qu'on a intérêt à récolter le plus de paille possible, à cause de son prix élevé et de la facilité avec laquelle on la vend sur les marchés de Paris, Versailles, etc. Les cultivateurs qui agissent ainsi n'ignorent pas qu'en favorisant par des fumures récentes le développement ou l'élongation des tiges ils se privent de un à deux hectolitres de blé par hectare; mais l'excédant de produit brut auquel ils renoncent volontairement est largement compensé par l'excédant en paille qu'ils récoltent et par la plus-value que cette denrée acquiert les marchés étant à la fois plus belle et plus longue.

En définitive, sauf les circonstances où l'on a intérêt à sacrifier la productivité et la qualité du froment et du seigle, afin de récolter une plus grande quantité de paille, il faut combiner les assolements de manière que les fumures ordinaires, c'est-à-dire celles qui sont composées exclusivement de fumiers, précèdent toujours des plantes qui ne sont pas susceptibles de verser et qui concourent au nettoiement du sol soit par les binages qu'elles exigent pendant leur végétation, soit par le *couvert* épais qu'elles procurent à la couche arable et qui arrête le développement des plantes nuisibles.

SECTION IV.

Plantes qui suivent les plantes sarclées.

Les plantes sarclées annuelles. — Les céréales d'automne ou de printemps après les pommes de terre et la betterave. — Les plantes sarclées bisannuelles. — Les céréales qui leur succèdent. — Les plantes sarclées trisannuelles.

Les plantes sarclées forment trois classes distinctes : les *plantes annuelles*, les *plantes bisannuelles*, les *plantes vivaces*.

Plantes sarclées annuelles. — Les plantes sarclées annuelles, savoir :

Betterave.	Haricot.	Pavot.
Carotte.	Lentille.	Pomme de terre.
Chou pommé.	Maïs.	Sorgho.
Fève.	Navet.	Tabac.

laissent la terre libre à la fin de l'été ou au commencement de l'automne, c'est-à-dire depuis le 15 septembre jusqu'au 1er novembre. Examinons quelles plantes on peut avantageusement leur faire succéder.

Le froment d'automne peut très-bien suivre les fève, haricot, lentille, maïs, navet, pavot, sorgho et tabac, si le sol répond par sa nature et sa richesse aux exigences de cette céréale. Ces diverses plantes laissent la terre exempte pour ainsi dire de mauvaises herbes et l'époque à laquelle on les récolte est telle qu'on peut aisément y exécuter les labours qui doivent précéder les ensemencements. Généralement les froments qui leur succèdent sont propres et productifs, ainsi qu'on le remarque chaque année dans la Flandre, l'Alsace, le Languedoc, etc., sur les exploitations où les cultures du pavot, du tabac, de la fève et du maïs sont bien entendues.

La réussite du froment d'automne après une culture de pommes de terre et de betteraves n'est pas toujours certaine. Dans un grand nombre de localités on se trouve par ce fait dans la nécessité de lui préférer les céréales de printemps ou des plantes industrielles annuelles.

En général, les terres arables qui ont porté une récolte de pommes de terre tardives sont trop divisées à l'époque des semailles pour que le froment puisse bien y réussir. On ne doit pas oublier que l'arrachage des tubercules ameublit la terre, et que le labour qui suit cette opération la soulève et la divise de nouveau. Ainsi travaillée, la couche arable est battue par les pluies d'automne ou absorbe et retient beaucoup d'eau ; alors, sous l'influence des gels et des dégels, elle se soulève de nouveau pour s'affaisser ensuite en laissant le froment plus ou moins *déchaussé*.

Pour que le froment d'automne végète bien après une culture de pommes de terre il faut cultiver une variété hâtive, extirper les tubercules avant le 20 septembre et labourer immédiatement le champ afin que la terre puisse se raffermir avant les semailles qui ne doivent être faites que trois ou quatre semaines plus tard.

Le froment d'hiver qui suit une culture de betteraves ne réussit pas toujours convenablement si le sol est argileux, s'il contient beaucoup de calcaire et si l'arrachage des racines a eu lieu tardivement. Lorsque l'enlèvement des betteraves est exécuté dans la seconde quinzaine d'octobre, les véhicules et les pieds des animaux tassent la couche arable et y laissent très-souvent de profondes empreintes. Alors la charrue, en exécutant le labour de semaille, soulève la terre en mottes que les gelées et les dégels divisent en déchaussant encore le froment.

En général le froment d'automne ne réussit bien après

une culture de pommes de terre ou de betteraves que lorsque le sol est très-sain, perméable et argilo-siliceux et quand les semailles ont pu être faites pas trop tardivement sur des labours déjà anciens ou sur des terres qui se sont raffermies.

Le seigle végète toujours d'une manière satisfaisante après des pommes de terre ou des betteraves si les semailles ont été faites au plus tard avant le 15 octobre.

Les céréales de mars, le blé, l'avoine et l'orge de printemps, sont celles qu'il faut cultiver de préférence après ces deux plantes sarclées. Lorsque ces céréales annuelles sont précédées par un labour d'hiver ou lorsqu'elles sont cultivées sur une terre bien préparée et féconde elles donnent toujours des produits qui surpassent le rendement que peut donner dans les mêmes circonstances le blé d'hiver. Ces plantes ont, en outre, l'avantage d'assurer la réussite des prairies artificielles bisannuelles ou vivaces.

On peut aussi faire suivre les betteraves, les carottes, les choux pommés, etc., par des cultures de pavot, de lin, de fèves, de chanvre, etc., plantes qu'on sème depuis le mois de février jusqu'au 15 de mai.

Plantes sarclées bisannuelles. — Les plantes sarclées bisannuelles sont au nombre de quatre seulement, savoir :

Cardère.	Colza.
Chou non pommé.	Rutabaga.

On récolte la cardère et le colza en juin ou pendant la première quinzaine de juillet. Le rutabaga s'arrache depuis le mois de novembre jusqu'à la fin de janvier. Quant aux choux non pommés, on ne les coupe que lorsqu'ils sont en fleur, c'est-à-dire pendant les mois d'avril et de mai.

La cardère et le colza sont toujours suivis par un déchaumage exécuté le plus tôt possible. On complète la préparation du sol en exécutant un premier et souvent un second labour. Ces opérations sont faites dans le but de bien préparer la terre pour le froment qu'on sème en automne. Lorsque la cardère et le colza sont séparés du froment par une demi-jachère bien labourée, cette dernière plante fournit toujours un produit satisfaisant. Les blés qui suivent le colza dans la région septentrionale sont ordinairement bons sur les terres qu'on a convenablement fumées avant la mise en place des plantes.

Le rutabaga peut être suivi par une avoine ou une orge de printemps. Il n'en est pas de même des choux non pommés, parce qu'on les récolte trop tardivement. Dans la Vendée, l'Anjou, etc., ils précèdent toujours une culture de sarrasin, de millet ou de navet et de vesce de printemps. Ces diverses cultures sont suivies au mois de septembre ou octobre par un seigle ou un froment d'hiver.

Plantes sarclées trisannuelles. — La garance est la seule plante trisannuelle. On la fait suivre ordinairement par un blé d'automne après avoir fumé de nouveau la terre. Le froment y est toujours productif et propre.

SECTION V.

Plantes qui suivent les céréales.

Les céréales d'automne. — Les plantes qu'elles précèdent. — Les céréales
de printemps. — Les plantes qui leur succèdent.

Les céréales ont toujours été divisées en deux classes : les
céréales d'automne et les *céréales de printemps*.

Céréales d'automne ou céréales d'hiver. — Le froment
d'automne, lorsqu'il occupe la seconde sole de l'assolement
triennal appartenant à la culture granifère, précède une
avoine de printemps ou une culture de maïs. Ainsi, dans la
Beauce, l'avoine suit toujours le blé d'hiver, et dans le Languedoc, le maïs est précédé ou suivi par la même céréale.

Le froment est aussi suivi par une avoine de printemps
dans la Brie, la Picardie et le pays de Caux.

Dans le Limousin, les Cévennes, etc., le seigle précède encore une avoine de mars.

Dans la Bretagne, la Vendée, le haut Languedoc, etc., l'a-
voine d'hiver est toujours précédée par un froment d'automne
ou un seigle d'hiver.

Dans les assolements appartenant à la culture alterne, le
froment et le seigle sont souvent suivis par une culture fourragère bisannuelle ou annuelle. Ainsi, au commencement
de l'automne ou à la fin de l'hiver, on sème, sur les soles
qu'ils ont occupées, du seigle, de l'avoine, de l'escourgeon, des
vesces, des pois gris, de la jarosse, etc. Tous ces fourrages
laissent la terre libre en mai, en juin ou en juillet. Alors on
peut la jachérer pendant six mois ou l'occuper de nouveau
par une culture fourragère pour y planter, en septembre ou

octobre, du colza ou de la cardère; on y sème du blé d'hiver, du seigle d'automne ou de l'escourgeon d'hiver.

On peut aussi, sans inconvénient, faire suivre un blé par une orge de printemps, du millet ou du sarrasin, comme cela a lieu souvent dans la Bretagne, l'Anjou, la Vendée et le Poitou.

Enfin, dans un grand nombre de localités, on fait suivre le froment et le seigle par des *plantes dérobées :* les navets, le nabusseau, le trèfle incarnat et la moutarde blanche.

Les navets et la moutarde blanche disparaissent au mois d'automne. Le nabusseau ne s'arrache qu'en mars, et le trèfle incarnat ne peut être fauché que vers la fin d'avril ou pendant la première quinzaine de mai.

Le plus ordinairement ces plantes intercalaires ne modifient en rien l'ordre de succession des récoltes.

Céréales de printemps. — Les céréales de mars, telles que blé, orge et avoine de printemps qui suivent une récolte sarclée, précèdent souvent, dans les contrées où l'agriculture est avancée, le trèfle rouge, la lupuline, le sainfoin ou la luzerne, parce qu'on profite de leur existence pour faire naître ces plantes légumineuses.

Les céréales de mars ne doivent pas précéder des céréales d'hiver sans avoir été suivies par une jachère et une fumure.

SECTION VI.

Plantes qui suivent les plantes fourragères annuelles.

Les plantes qui leur succèdent. — Influence qu'elles exercent sur la propreté de la terre.

La position qu'on doit accorder dans les assolements aux plantes fourragères annuelles (voir p. 39) permet de les faire suivre par une céréale d'automne ou une plante industrielle bisannuelle.

Ainsi, on peut, après une culture de vesce, pois gris, jarosse, sarrasin, lentille d'Auvergne, moha de Hongrie, maïs, etc., ensemencer la terre en seigle ou en blé d'automne, suivant sa nature et sa fécondité. On peut encore y planter du colza, de la cardère, ou y semer de la gaude d'automne ou de la navette d'hiver.

Les fourrages annuels qu'on fauche lorsqu'ils sont en pleine fleur et quand ils couvrent bien la terre, laissent celle-ci dans un état parfait. Nous avons dit que les plantes fourragères annuelles fauchables appartenaient à la classe des plantes étouffantes.

Toutefois, pour que ces plantes puissent exercer une influence favorable sur le développement des plantes céréales et industrielles qui leur succèdent, il faut ne point oublier que la terre doit être labourée le plus tôt possible après qu'elles ont été fauchées ou consommées sur place par les bêtes à laine ou les bêtes à cornes.

SECTION VII.

Plantes qui peuvent suivre les prairies artificielles.

Les prairies artificielles bisannuelles : le trèfle, le sainfoin et la lupuline. — Les prairies artificielles vivaces : la luzerne et le sainfoin. — Nombre de récoltes céréales qui suivent leur défrichement.

Les prairies artificielles doivent être divisées en deux classes : les *prairies artificielles bisannuelles*, les *prairies artificielles vivaces*.

Prairies artificielles bisannuelles. — Le trèfle rouge, cultivé sur des terres appartenant aux périodes céréales et industrielles, est défriché au mois d'août ou de septembre qui suit l'année dans laquelle il a été semé. Alors on le fait suivre par un blé d'automne ou un colza d'hiver.

Le froment réussit très-bien après un bon trèfle de dix-huit mois, parce que la terre est propre et qu'elle a été enrichie par les racines et les tiges de cette légumineuse. On a souvent répété que cette céréale d'hiver n'y donnait pas toujours de bons produits. Cela est vrai lorsque le trèfle végète sur des terres légères, sur les terrains où les céréales d'automne sont presque continuellement déchaussées à la fin de l'hiver ; mais cet argument n'a aucune valeur s'il est question de terrains ayant une certaine consistance. Ainsi, les blés d'hiver qui suivent des tréflières créées sur des terres argileuses ou argilo-calcaires sont toujours très-beaux, surtout s'il s'est écoulé plusieurs semaines entre le labour de défrichement et l'époque à laquelle la semaille a eu lieu. Les blés qui viennent à Grignon après une tréflière de dix-huit mois sont très-productifs.

Des faits analogues peuvent être observés chaque année en Angleterre.

Le colza vient également très-bien après un trèfle lorsqu'on a pu, avant de le défricher, lui appliquer une demi-fumure.

Le lin et le chanvre réussissent aussi parfaitement après un trèfle de dix-huit mois, qu'on a défriché pendant l'hiver.

Le trèfle que l'on a associé au ray-grass et qu'on a conservé pendant deux ans et demi, est rarement suivi par un blé d'automne, parce que cette céréale y végète toujours mal. On préfère au froment le seigle d'automne ou l'avoine de printemps, plantes qui y prennent toujours un développement satisfaisant.

Le sainfoin qu'on défriche à l'âge de dix-huit mois peut être aussi suivi par un froment d'automne.

La lupuline occupe les terres moins longtemps que le trèfle. Ordinairement on la fait consommer sur place par les bêtes à laine et on la défriche en mai ou en juin. Alors la terre est jachérée jusqu'à l'époque des semailles d'automne, on la parque ou on la fume, et on y plante un colza d'hiver ou on y sème un blé d'automne. Ainsi cultivées, ces deux plantes y réussissent toujours très-bien.

Prairies artificielles vivaces. — La luzerne et le sainfoin occupent les terres où ils forment des prairies artificielles pendant six, huit ou dix années. Lorsqu'ils sont arrivés à leur apogée d'existence, on les défriche à l'aide d'un labour profond, et on y sème une avoine de printemps qui se distingue des autres par une vigueur souvent extraordinaire. Cette végétation exceptionnelle doit être attribuée aux débris considérables que la luzerne ou le sainfoin a laissés dans le sol.

C'est par exception que les cultivateurs de la Brie, de la Picardie, de la Beauce, etc., font suivre le défrichement de la luzerne par un colza ou un blé d'automne. Ces plantes n'y sont cultivées ordinairement qu'après l'avoine.

Les agriculteurs du Languedoc, de la Provence, etc., contrées où les luzernes sont si vigoureuses et si productives, demandent aux terres qui ont porté des luzernes une, deux, trois et quelquefois quatre récoltes successives de froment d'hiver. Si ces céréales épuisantes sont possibles dans le riche bassin de la Vaunage et des fertiles plaines du Vaucluse, les agriculteurs de la région du nord doivent se borner à demander à la terre d'abord une récolte d'avoine de printemps et ensuite une récolte de blé, parce que la luzerne dans la région septentrionale n'accroît pas à un degré aussi élevé la fécondité des champs où elle a végété.

Je reviendrai sur ces cultures consécutives de céréales en étudiant les assolements appartenant à la culture fourragère.

SECTION VIII.

Plantes qui suivent les plantes industrielles.

Les plantes industrielles annuelles : chanvre, cameline, lin, pavot, tabac.
— Les plantes industrielles bisannuelles : le colza, la cardère et la garance.

Les plantes industrielles forment deux classes distinctes : les *plantes annuelles*, les *plantes bisannuelles* et les *plantes trisannuelles*.

Plantes industrielles annuelles. — Les plantes industrielles annuelles sont au nombre de cinq, savoir :

Cameline.	Lin.	Tabac.
Chanvre.	Pavot.	

Ces diverses plantes, dans les circonstances ordinaires, sont toujours suivies par un blé d'automne. Cette céréale y donne d'excellents produits, parce qu'elle occupe alors une terre en parfait état de propreté, d'ameublissement et de fertilité.

On peut aussi faire suivre ces plantes industrielles par une culture fourragère bisannuelle, telle que vesce, jarosse, etc.

Rien ne s'oppose, d'un autre côté, à ce que le lin, le pavot, qui laissent la terre libre de bonne heure en été, soient précédés par un colza d'automne, mais alors il faut fertiliser de nouveau la couche arable si on veut obtenir un rendement satisfaisant. Si on n'appliquait pas d'engrais, le produit du colza ne répondrait pas à la valeur foncière ou locative de la terre, parce qu'on ferait suivre alors deux plantes épuisantes l'une après l'autre.

Toutes choses d'ailleurs, il est très-utile de déchaumer ou labourer le plus tôt possible les terres qui ont porté une culture de lin, pavot ou cameline, afin de faciliter la germination des graines produites par les plantes indigènes, et qui sont tombées sur la terre pendant la récolte. Ce déchaumage a, en outre, l'avantage d'ameublir le sol et de détruire les mauvaises herbes qui ont végété en même temps que les plantes cultivées.

Plantes industrielles bisannuelles et trisannuelles. — J'ai fait connaître, pages 65 et 66, les plantes qui suivent ordinairement le colza, la cardère et la garance.

SECTION IX.

Plantes qui suivent les prairies naturelles et les pâturages.

Les prairies naturelles. — Les pâturages naturels et artificiels.

Les prairies naturelles que l'on défriche parce qu'elles sont peu productives ou qu'elles ont été envahies par la mousse ou d'autres plantes nuisibles, sont suivies par un seigle, une avoine d'hiver ou une avoine de printemps. Ces diverses céréales y donnent ordinairement des produits très-abondants.

Lorsque la couche végétale est de bonne qualité et lorsqu'elle n'est pas très-argileuse, humide et envahie par des joncs et des laîches ou carex, on peut faire suivre leur défrichement par une culture de pavot, de lin, de chanvre ou de tabac.

Le colza d'automne réussit aussi très-bien sur une prairie naturelle nouvellement défrichée quand on a pu la fumer avant le labour.

Le froment y végète quelquefois aussi vigoureusement que le seigle et l'avoine, mais si sa paille est abondante et longue, son grain ne se distingue pas par sa qualité et son rendement.

Les pâturages naturels ou artificiels de la culture pastorale mixte précèdent le plus généralement un seigle d'automne, une avoine de printemps ou une culture de choux, de rutabaga, de pommes de terre ou de sarrasin.

Le froment n'y réussit que lorsque le pâturage a été abrité par des genêts, et que son défrichement a été suivi d'une demi-jachère.

SECTION X.

Plantes qui terminent les assolements.

Les plantes céréales. — Le colza. — Les assolements se terminent rarement
par une plante fourragère fauchable.

Le plus ordinairement les assolements sont terminés par
le seigle, le blé d'hiver, l'escourgeon, l'avoine d'hiver ou
l'avoine de printemps.

C'est par exception que le colza est cultivé comme dernière récolte, parce qu'ainsi placé, il est trop éloigné de la
fumure ou qu'il laisse dans le sol, s'il vient sur une terre
fumée, un reliquat de fécondité qu'on peut utiliser avantageusement par la culture du froment ou du seigle.

Les assolements, quels qu'ils soient, se terminent rarement par une plante fourragère fauchable. La vesce et la
jarosse qu'on placerait à la fin d'un assolement, seraient évidemment peu productives, parce qu'elles ne trouveraient pas
dans la couche arable une fécondité en rapport avec leur exigence. En outre, et en supposant que leur réussite fût complète, on ne pourrait pas bénéficier de l'influence si favorable
qu'elles exercent sur le sol, et de sa préparation en faveur des
plantes qui doivent leur succéder, à moins, ce qui n'est pas
très-logique, de commencer l'assolement par une céréale.

Les fourrages annuels ne peuvent venir en dernière récolte
sur les terres encore riches, qu'à la condition de cultiver du
colza sur la première sole.

LIVRE II.

LES SYSTÈMES DE CULTURE.

CHAPITRE I.

LA PETITE CULTURE.

Ce qu'on entend par petite culture. — Ses productions. — Les instruments
qu'elle emploie. — Ne peut être adoptée qu'aux environs des centres populeux. — Elle doit être regardée comme le type de la culture intensive.
— La culture des gros légumes se marie quelquefois à la culture des
céréales.

Sous le nom de *petite culture*, on entend l'agriculture qu'on
suit aux environs des villes ou dans des vallées spéciales, sur
des terres très-morcelées et ayant une grande valeur.

Cette culture se distingue des autres par le capital très-
élevé dont elle dispose, et par les plantes particulières qu'elle
cultive. Elle produit spécialement des choux pommés, des
pommes de terre, des haricots, des oignons, de l'ail, des
pastèques, du safran, des plantes à parfums, des asperges,
des artichauts, etc., alternant souvent avec la culture du
froment et du seigle. Quelquefois elle associe sur le même
champ une plante alimentaire avec une plante industrielle.
Cette culture simultanée est très-avantageuse quand cette
dernière plante est bisannuelle, puisque le gros légume
solde à la fin de la première année une partie ou la totalité

de l'intérêt du capital foncier, et des avances faites à la terre.

Les champs appartenant à la petite culture sont ordinairement façonnés par l'exploitant qui en est souvent propriétaire, et par sa famille ou quelques aides. Les uns et les autres se servent principalement de la bêche, de la houe, du râteau et de l'arrosoir, outils qui indiquent bien que la petite culture a réellement pour but *la production des gros légumes*.

Cette culture spéciale exige beaucoup d'engrais, mais elle en fabrique fort peu, parce qu'elle n'a pas pour ainsi dire d'animaux de rente. C'est pourquoi elle ne peut être adoptée qu'aux environs des centres populeux dans lesquels on trouve aisément à acheter des fumiers.

Les engrais si souvent appliqués, le travail perfectionné qu'on donne à la terre, et les produits considérables qu'on y obtient annuellement, permettent de considérer cette grande culture maraîchère comme le type de la *culture intensive*. En effet, aucun des systèmes agricoles en usage n'exige autant d'avances et de travail, mais par contre aucun ne donne des produits bruts aussi élevés. Le capital considérable, engagé dans cette culture, résulte de la grande valeur foncière ou locative des terres et de l'élévation des salaires dans les environs des grandes cités.

Si la petite culture n'est productive que lorsqu'elle est directement faite par le tenancier ou sa famille; si d'un autre côté elle occasionne à celui qui la pratique des travaux nombreux et incessants, elle a l'avantage de fournir des produits pour ainsi dire constants et d'une vente facile et assurée.

Dans quelques localités la culture des gros légumes et du blé ou du seigle se marie souvent à la culture des arbres et arbustes fruitiers, tels que cerisiers, pruniers, abricotiers, pommiers, groseilliers, cassis et framboisiers.

Toutes choses égales, d'ailleurs, la petite culture suit des assolements qui varient les uns des autres suivant les circonstances et la nature des terres où elle est mise en pratique.

CHAPITRE II.

—

Étendue des exploitations — Les terres soumises à la moyenne culture sont
labourées à la charrue. — La moyenne culture riche. — La moyenne culture pauvre. - Les exploitants sont souvent des métayers.

La *moyenne culture* se rencontre partout. On la pratique
dans les provinces du sud comme dans celles du nord; dans
la région de l'ouest comme dans les contrées de l'est. La
division des propriétés, depuis un demi-siècle, a beaucoup
augmenté l'importance de cette culture. Cet accroissement
se continuera dans l'avenir en faveur des progrès de l'a-
griculture.

La moyenne culture est mise en pratique sur les fermes
ayant de 15 à 50 hectares d'étendue. Elle est plus limitée
dans les pays riches que dans les contrées pauvres.

Ses terres sont toutes labourées à la charrue. Cependant,
lorsque quelques champs sont très-déclives, on laboure ces
derniers à bras, et on y conduit les engrais qu'ils exigent à
l'aide de bêtes de somme. Les exploitations qui appartiennent à la moyenne culture possèdent bien rarement au delà
de deux charrues.

La moyenne culture comprend deux catégories bien distinctes :

La première classe, qu'on peut appeler la *moyenne culture
riche* ou la *moyenne culture perfectionnée*, produit spécialement des plantes alimentaires et des plantes industrielles :
colza, blé, lin, garance, tabac, etc. On l'observe dans les

vallées de l'Alsace, du Rhône, de la Loire, de la Limagne, de la Garonne, dans les plaines de l'Artois, de la Flandre, de l'Anjou, etc., contrées où les terres sont riches et productives, où elles sont louées de 100 à 200 fr. l'hectare, où la population est nombreuse et intelligente.

La seconde classe comprend la *moyenne culture pauvre* ou la *moyenne culture arriérée*. On la rencontre dans le Nivernais, la Marche, le Quercy, le Limousin, le Bourbonnais, le Berry, la Sologne, la Bretagne, etc., localités où le système pastoral mixte est en usage, où la rente des terres ne dépasse pas 50 à 60 francs au maximum par hectare, où les capitaux consacrés à l'agriculture sont faibles, et où les populations sont rares et insouciantes de l'avenir.

La culture moyenne perfectionnée appartient à *l'agriculture intensive;* la culture moyenne arriérée doit être rangée dans *l'agriculture extensive*.

Les terres appartenant à la moyenne culture sont exploitées par leurs propriétaires ou par des fermiers, des métayers ou des maîtres valets.

Les métayers intelligents en obtiennent souvent d'excellents résultats, comme dans le Lot, le Lot-et-Garonne, le Tarn, la Haute-Garonne, et quelques parties de l'Anjou, de la Mayenne et de la Vendée. Ici on suit la culture céréale, ayant pour base les prairies artificielles; ailleurs, la terre devient productive sous l'influence des chaulages et de bonnes fumures que les prairies naturelles permettent d'appliquer en tête de chaque rotation.

En résumé, la moyenne culture est toujours favorable à l'homme qui la dirige, lorsqu'elle appartient à la culture intensive, mais elle présente souvent plus de difficulté dans son exécution que la grande culture fourragère et céréale.

CHAPITRE III.

LA GRANDE CULTURE.

Étendue des exploitations. — Elle produit en abondance du blé, de la viande et de la laine. — On la désigne quelquefois sous le nom de grande fabrication agricole. — Ceux qui la pratiquent doivent savoir acheter et vendre. — Elle a encore conservé sur plusieurs points les jachères.

La *grande culture* est l'agriculture en usage sur des exploitations ayant une étendue de 60 à 300 hectares. On l'observe presque partout, mais plus spécialement dans la Beauce, la Brie, le Vexin, la Normandie, l'Orléanais, le Soissonnais, etc., sur les points qui sont éloignés de l'agglomération des populations.

Elle se distingue de la moyenne culture par l'abondance de ses produits; les assolements qu'elle a adoptés, et qui appartiennent pour la plupart à l'*agriculture céréale;* les nombreuses bêtes à laine qu'elle élève, entretient ou engraisse chaque année.

Cette agriculture est inférieure sous tous les rapports à la culture moyenne perfectionnée, parce que, avant tout, elle cherche à produire au plus bas prix possible. Nonobstant, c'est avec raison qu'il faut la considérer comme la culture la plus nécessaire à la société. En effet, la grande culture produit annuellement en abondance du blé, de la viande, de la laine, et parfois du sucre et de l'alcool. Ajoutons que ses produits varient peu d'année en année, surtout lorsqu'elle appartient à la *culture fixe.*

Considérant la perfection du travail comme une chose secondaire, se trouvant dans la nécessité de lutter contre la rareté des bras, et ayant intérêt, par ailleurs, à produire le plus économiquement, elle emploie le plus possible les tâcherons et les machines agricoles destinées à remplacer une main-d'œuvre coûteuse.

Cette manière d'agir simplifie considérablement la marche de l'entreprise, mais elle oblige l'exploitant à une surveillance de tous les instants.

Mais la grande culture, ou, pour mieux dire, la *grande fabrication agricole*, n'est pas destinée uniquement à assurer l'existence des populations et la tranquillité des États, elle doit fournir chaque année, à ceux qui la mettent en pratique, un bénéfice net en rapport avec l'étendue des terres cultivées et la quotité du capital qu'elle exige. Or, pour avoir la certitude, dans les années où les intempéries ne viennent pas anéantir les espérances les plus légitimes, de réaliser un profit net satisfaisant, il faut savoir acheter et vendre, et prévoir pour ainsi dire la baisse et la hausse des denrées. L'agriculteur, qui n'a pas acquis par l'expérience l'habitude des affaires commerciales, prévoit difficilement les avantages et les inconvénients que présentent les fluctuations des prix des céréales.

La moyenne culture se préoccupe moins des variations qu'on observe chaque semaine dans le prix du froment, de l'avoine, du colza, etc., parce que les quantités qu'elle a à vendre n'ont pas l'importance que présentent les produits obtenus par la grande culture.

La grande culture a conservé encore sur plusieurs points les jachères, et c'est à l'aide de prairies artificielles placées en dehors des rotations qu'elle soutient, lorsqu'elle ne peut importer des fumiers, les assolements qu'elle a adoptés.

CHAPITRE IV.

LA CULTURE ÉPUISANTE

—

Elle a pour base des assolements mal combinés. — Elle est suivie par deux classes de cultivateurs. — Les coureurs de fermes. — Les cultivateurs de bonne foi.

La culture qui diminue la fécondité et la valeur vénale des terres est la pire de toutes.

Ce système de culture a pour base des assolements mal combinés, ou dont les exigences sont plus grandes que l'action totale des agents fertilisateurs appliqués dans le but de les soutenir.

La culture épuisante est suivie par deux classes de cultivateurs. Les agriculteurs qui constituent la première catégorie ont de bonnes intentions, mais n'ayant pas suffisamment de connaissances agricoles, scientifiques et pratiques, ils fument les terres qu'ils cultivent à des doses trop faibles. De là cette prostration de fécondité qu'ils constatent à la fin de chaque rotation, et qui se traduit toujours par des produits de moins en moins élevés.

Les cultivateurs qui composent la deuxième classe sont fort habiles, et parviennent presque toujours à réaliser des bénéfices importants. Voici comment ils agissent. Ayant lu et relu l'*Alphabet d'or*, publié par Thaër, ils recherchent les fermes les mieux cultivées et les mieux fumées, louent ces mêmes exploitations après avoir obtenu des bailleurs l'autorisation de dessoler et de cultiver comme ils le désirent, et lorsqu'ils les ont épuisées, et quand les baux qui n'excèdent

jamais neuf années touchent à leur terme, ils s'enquièrent
de nouvelles fermes en bon état et les louent aux mêmes
conditions.

Ces cultivateurs sans honneur, ces véritables *coureurs de
fermes* sont plus nombreux qu'on ne le croit généralement. Il
appartient aux propriétaires de se tenir en garde contre leurs
menées spéculatives, et de ne pas se laisser séduire par leurs
propositions. Ces fermiers de mauvaise foi ont toujours pour
principe, dans le but de faire évincer l'agriculteur qui exploite la ferme qu'ils convoitent, d'offrir un prix de location
plus élevé, mais ils se gardent bien de demander un bail de
longue durée.

La conséquence de la culture épuisante est facile à saisir.
Dans le premier cas, elle est préjudiciable et au propriétaire
et à l'exploitant; dans le second, si elle enrichit le tenancier
elle amoindrit la valeur du fonds, ce qui, dans l'avenir,
diminue les revenus du propriétaire.

Un cultivateur de bonne foi, qu'il soit propriétaire du
fonds ou qu'il en soit le locataire, se doit à lui-même de bien
supputer la quotité d'engrais qu'exige l'assolement qu'il a
adopté, afin de maintenir, sinon d'accroître la fertilité des
terres qu'il exploite; c'est en agissant ainsi qu'il peut conserver l'espérance de faire pendant longtemps de l'argent
avec l'agriculture.

Lorsque par impossibilité de faire au sol les avances qu'il
exige, on ne peut suivre une *culture améliorante*, on doit agir
de telle sorte que la terre conserve la fertilité qu'elle a
acquise. Il vaut mieux adopter un assolement appartenant à
la *culture stationnaire* que de mettre en pratique une succession de culture qui diminuerait progressivement les forces
productives du sol, et qu'on devrait classer au nombre des
assolements qui constituent la *culture épuisante.*

CHAPITRE V.

—

Localités où on l'observe. — Assolements qu'elle a adoptés. — Nécessité de distinguer la culture qui ménage le fonds de la culture qui l'appauvrit.— L'assolement triennal et l'agriculture pastorale mixte ancienne appartiennent à la culture stationnaire.

Les terres bien cultivées peuvent être productives, et conserver néanmoins leur degré de fertilité. Ainsi, soumises 1° à l'assolement biennal : jachère, seigle ou jachère, froment ; 2° ou à l'assolement triennal : jachère, froment et avoine, ces mêmes terres resteront indéfiniment au même degré de richesse si ces deux assolements sont soutenus par une étendue suffisante en prairie naturelle ou en prairie artificielle vivace. De là la culture que nous désignons sous le nom de *culture stationnaire*.

Dans les plaines de la Beauce, du Poitou, du haut Languedoc, etc., les produits des céréales sont de nos jours ni moins ni plus élevés qu'au commencement de ce siècle. Ce fait particulier tient à ce que les terres où ces plantes sont cultivées n'ont pas cessé un seul instant d'être soumises à des assolements qui se soutiennent d'eux-mêmes, mais qui sont impuissants pour accroître la puissance, et surtout la fécondité des champs sur lesquels ils ont été appliqués.

Si l'assolement triennal : jachère, froment, avoine avec une sole de luzerne ou de sainfoin laissait dans les terres, à chaque rotation, une portion de la fumure appliquée sur la jachère, il est incontestable que la richesse de la couche arable augmenterait de période en période. Alors l'assolement précité ne mériterait pas les reproches qu'on lui adresse, et il faudrait le classer au nombre des successions de culture appartenant à la culture améliorante.

C'est donc bien à tort qu'on se récrie de nos jours contre *tous* les agriculteurs qui suivent encore l'assolement biennal des anciens ou l'assolement triennal recommandé par Charlemagne, et qui obtiennent, à l'aide de ces successions de culture, des récoltes de céréales très-satisfaisantes, eu égard à la valeur locative des terres et à la quotité du capital d'exploitation qui sert à les cultiver.

En général, on oublie trop en France de distinguer la *culture qui ménage* le fonds de la *culture qui l'appauvrit*. Si celle-ci est regardée à bon droit comme funeste sous tous les rapports, la première a encore sa raison d'être pour le moment dans un grand nombre de localités où elle est en usage. On ne saurait donc trop blâmer les écrivains qui, *a priori*, considèrent la culture triennale céréale comme une *agriculture routinière*. Cette culture, judicieusement appliquée et suivie, et soutenue par une étendue suffisante en prairies, a permis et permettra encore pendant longtemps dans diverses contrées de battre monnaie, c'est-à-dire de faire de l'argent avec l'agriculture.

Mais plusieurs des assolements de l'agriculture granifère ne sont pas les seuls qui ménagent la fertilité du sol; les successions de culture qui appartiennent à la culture semi-pastorale ancienne, jouissent des mêmes avantages. Ainsi, depuis un siècle, la plupart des assolements avec pâturages qu'on suit encore dans la Vendée, le Limousin, etc., n'ont modifié en aucune manière et la puissance et la richesse des terrains sur lesquels on les observe.

Il n'en est pas de même de la culture pastorale mixte moderne, elle a partout augmenté la fécondité du sol et la productivité des céréales.

Il résulte de là que *l'agriculture semi-pastorale moderne* appartient à *l'agriculture améliorante* ou progressive, et qu'il faut classer *l'agriculture pastorale mixte ancienne* au rang de *l'agriculture stationnaire*.

En résumé, tout assolement, quelles que soient sa durée et les plantes qui le composent, qui, bien suivi, n'augmente ni diminue la richesse ou la valeur foncière de la terre où il est mis en pratique, appartient à la *culture stationnaire*.

Nous examinerons plus loin dans quels cas on doit renoncer à ce système de culture, et lui préférer la culture améliorante.

CHAPITRE VI.

LA CULTURE AMÉLIORANTE.

—

La culture améliorante est une véritable culture progressive. — Elle est
simple dans son principe, mais compliquée dans ses détails. — Elle exige
de grands capitaux. — Le cultivateur qui la met en pratique doit agir
avec prudence.

Tout assolement qui laisse dans le sol à chaque rotation
une partie plus ou moins grande de la fumure, constitue une
culture améliorante.

La culture améliorante est donc une véritable *culture progressive*, puisqu'elle a pour but l'augmentation continue de
la puissance et de la fécondité des terres, par conséquent
l'accroissement graduel de leur valeur vénale et de leur
valeur locative.

Cette culture a pris naissance en Italie au seizième siècle,
sous l'influence du remarquable mémoire de Camillo Tarello,
publié à Mantoue en 1577. Elle eut pour apôtre en Allemagne Thaër et Schwertz, et en Angleterre Arthur Young
et John Sainclair.

En France, elle a été mise en pratique, pour la première fois, par A. Bella. M. Lecouteux est à bon droit son
apologiste le plus éclairé.

La culture améliorante est simple dans son principe, mais
dans l'application elle exige qu'on s'initie à tous ses détails.
Le seul reproche qu'on puisse lui faire, c'est d'exiger de
nombreux capitaux, parce qu'elle est lente dans son action
et ses résultats. Aussi quiconque voudrait la mettre en pra-

tique sur une terre pauvre, avec un faible capital d'exploitation, échouerait complétement.

Pour réussir avec cette culture, il faut être propriétaire du
fonds ou avoir loué la terre qu'on veut améliorer pour dix-
huit années au moins. Plus le bail est long, plus on est certain de réussir si on possède les capitaux qu'il faut impérieusement avoir.

Le capital d'exploitation exigé par la culture améliorante
comprend deux parties bien distinctes :

1° La portion afférente à la marche de l'entreprise, c'est-
à-dire destinée à former le capital mobilier et le capital de
circulation ;

2° La partie destinée à élever la puissance et la richesse
du sol, et qui se capitalise pendant longtemps en terre, et
quelquefois d'une manière indéfinie.

Ces deux parties réunies font voir pourquoi les assolements appartenant à la culture améliorante exigent un capital d'exploitation aussi fort que le capital qu'on doit posséder quand on adopte un assolement comprenant des plantes
industrielles.

Les assolements propres aux terres de landes nouvellement défrichées et les successions de culture appartenant à
la culture fourragère, font partie de la culture améliorante.
Les uns et les autres exigent de nombreux capitaux.

Chaque année on cite les revers qu'ont éprouvés les agriculteurs propriétaires ou fermiers qui ont mis en pratique
la culture améliorante. Cet insuccès n'infirme pas les avantages qu'elle présente ; il prouve seulement, une fois de plus,
combien il est nécessaire de posséder un capital suffisant,
et de connaître ce système de culture dans ses plus petits
détails.

L'agriculture améliorante bien appliquée ne permet pas,

pendant les premières années de culture, de retirer un intérêt élevé des capitaux qu'on lui consacre, mais il arrive toujours un moment où les bénéfices, par leur importance, indemnisent largement des sacrifices qu'on s'est imposés.

Quiconque marche lentement et avec prudence, évite au début de l'entreprise d'engager sans motifs plausibles des capitaux considérables ou d'entreprendre des opérations coûteuses non justifiées ou indispensables, peut être certain de réussir si l'assolement choisi répond à la nature du sol, au climat et aux circonstances économiques au milieu desquels est située l'exploitation.

Le livre publié par M. Lecouteux sous le titre : *Principes de la culture améliorante*, sera lu avec intérêt par les agriculteurs qui voudront introduire ce système cultural sur leur exploitation.

CHAPITRE VII.

LA CULTURE INTENSIVE.

—

La culture intensive est la culture aux grosses dépenses et aux grosses récoltes. — Elle oblige à faire de grandes avances à la terre. — Elle est suivie sur des fermes ayant une étendue limitée.

M. Moll a désigné depuis plusieurs années, sous le nom de *culture intensive*, le système cultural qu'on observe annuellement dans les pays riches, les localités où les terres sont fertiles et où elles ont une grande valeur foncière ou locative, et qui se distingue des autres systèmes par sa puissance et l'énergie de ses moyens d'action.

Cette culture est donc similaire de la culture industrielle. Elle demande comme celle-ci des capitaux nombreux, des bras en grand nombre et des débouchés faciles. Enfin, à l'aide des capitaux considérables dont elle dispose, elle obtient les produits bruts les plus élevés qu'on puisse espérer par hectare.

Le *système intensif*, eu égard à ses voies et moyens et aux produits qu'il obtient, peut donc être désigné sous le nom de *culture aux grandes dépenses, culture aux grosses récoltes.*

Cette *culture maxima* comprend aussi la culture libre qui oblige celui qui la suit à faire de grandes avances à la terre s'il veut obtenir de celle-ci des récoltes aussi abondantes que possible.

Suivant la définition ou la valeur du mot qui sert à la caractériser, cette culture n'est pas ordinairement en usage sur des fermes ayant une très-grande étendue, à moins qu'il soit question d'exploitations situées aux environs des grands centres populeux.

En définitive, le cultivateur qui fait avec sagesse de grandes avances à la terre qu'il cultive, avec la certitude d'en obtenir des produits bruts considérables, fait, suivant l'expression moderne, de la *culture intensive*.

La culture intensive existe principalement dans les plaines de la Flandre et de l'Alsace, les vallées de la Loire, du Rhône, du Rhin, de la Garonne, de l'Isère, etc. En général, on ne l'observe que sur les terres profondes, saines, riches et de consistance moyenne. Les alluvions fertiles lui conviennent spécialement; il en est de même des terres riches conquises sur la mer.

CHAPITRE VIII.

LA CULTURE EXTENSIVE.

La culture extensive est la culture aux petites dépenses et aux petites récoltes. — Elle ne demande pas de grandes avances et elle n'exige pas une main-d'œuvre considérable.

La culture extensive représente l'agriculture qu'on met en pratique sur une grande étendue avec un faible capital. On la rencontre dans les pays pauvres, dans les localités où la terre a peu de valeur, où l'on suit encore la culture pastorale mixte et la culture granifère.

Elle est suivie çà et là dans le centre, l'ouest, l'est et le sud. En d'autres termes, on la rencontre sous toutes les latitudes où il existe des terres de mauvaise qualité.

Ce système de culture ne demande pas de grandes avances, ne réclame pas des bras nombreux, mais il ne permet pas d'obtenir des produits bruts aussi considérables que les rendements sur lesquels on peut compter avec la culture intensive.

C'est donc à bon droit qu'on peut appeler *le système extensif*, suivi dans toute son intégrité, la *culture aux petites dépenses*, *la culture aux petites récoltes*.

Cette *culture minima* n'est pas aussi mauvaise qu'on pourrait le penser au premier aperçu. Si son but principal est de réduire le plus possible les travaux de main-d'œuvre et de diminuer les frais de production, elle a l'avantage de s'harmoniser avec la pauvreté des terres, et de permettre avec le temps d'accroître leur valeur.

La plupart des métayers des régions du centre et de l'ouest font de *l'agriculture extensive* par nécessité, parce qu'ils ont peu de capitaux, et jouissent des terres qu'ils cultivent en vertu d'un bail de très-courte durée.

Les assolements de la culture pastorale mixte et les successions de culture de l'agriculture céréale appartiennent à la culture extensive.

La jachère exerce une grande influence dans ce système cultural. Elle concourt, quand elle est bien entendue, à la propreté des terres et à la réussite des céréales.

CHAPITRE IX.

LA CULTURE SEMI-FORESTIÈRE.

La culture semi-forestière convient spécialement aux terres pauvres. — Elle appartient à la culture améliorante. — Essences qu'on peut cultiver. — Les feuilles des arbres augmente et la fertilité de la terre.

Les terres de très-mauvaise qualité, comme les terres granitiques, sablonneuses, schisteuses ou argilo-siliceuses, sont toujours plus productives lorsqu'elles sont occupées par des essences résineuses ou feuillues, que quand elles sont continuellement façonnées par la charrue.

Lorsque ces mêmes terres sont incultes et couvertes de bruyères et d'ajoncs, on a intérêt, après leur défrichement, d'y cultiver des céréales pendant quelques années, et d'y faire naître ensuite des essences résineuses, le pin maritime, par exemple. Ces arbres verts, que l'on exploite à l'âge de quinze ou dix-huit ans, sont suivis par des céréales et des plantes fourragères.

Cette culture simultanée du seigle, du froment, de l'avoine et du pin maritime, constitue l'agriculture en usage depuis un demi-siècle dans la Sologne, la Bretagne et la Gascogne, et à laquelle on a donné le nom de *culture semi-forestière*.

Cette agriculture semi-herbacée, semi-ligneuse, est la culture extensive la plus avantageuse qu'on puisse adopter sur une terre pauvre lorsqu'on est propriétaire du fonds ou quand on a le droit d'en disposer comme fermier pendant vingt-cinq ou trente années.

Ce mode de culture appartient à *la culture améliorante*,

parce que les essences résineuses pendant leur existence augmentent par leurs débris annuels et aussi par l'action de leurs racines, et la puissance et la fertilité de la terre. Toutefois, pour que cette augmentation de richesse soit réelle, et qu'elle ait une notable influence sur la valeur du fonds après l'exploitation des pins maritimes, on doit se garder, pendant toute la végétation de ces essences, d'enlever chaque hiver les feuilles qui se détachent de leurs ramifications et les mousses qui couvrent la terre.

Ces débris et ces plantes se décomposent successivement, et se transforment en un véritable terreau qui, mêlé au sol après l'enlèvement des pins, accroît d'une manière sensible son degré de richesse. Si ces mêmes résidus étaient entièrement enlevés chaque année, le sol, après la végétation des essences résineuses, serait aussi pauvre qu'il l'était avant son boisement. A vrai dire, les racines augmentent la puissance de la couche arable, parce qu'elles pénètrent en partie dans le sous-sol ; mais que peut la puissance si elle n'est pas alliée à la richesse ou à la fécondité !

La culture semi-forestière a été jusqu'à ce jour très-utile dans les localités où il existe des terres vaines et vagues de peu de valeur ; nous sommes convaincu qu'elle rendra dans l'avenir des services non moins importants.

CHAPITRE X.

LA CULTURE HERBIFÈRE.

—

Contrées où elle existe. — Les animaux domestiques qu'elle nourrit. —
Influence qu'elle peut exercer sur la culture des terres arables. — La
transhumance.

Les contrées où les terres fertiles se couvrent facilement
et continuellement pour ainsi dire d'une herbe abondante et
élevée, sont renommées depuis longtemps pour les beaux et
bons *herbages* ou *prés d'embouches* qu'on y admire. Ces prairies
toujours vertes, toujours productives et dans lesquelles vivent nuit et jour pendant une grande partie de l'année des
animaux domestiques appartenant aux espèces bovine, chevaline et ovine, forment la base du système agricole, que
l'on a appelé *culture herbifère* ou *culture herbagère*.

Cette agriculture se rencontre principalement en France
dans la basse et la haute Normandie, la Flandre, le Boulonais, le Charolais, le Nivernais, le bas Poitou, etc., localités
où l'on spécule principalement sur l'engraissement des bêtes
à cornes et l'élevage du cheval.

La *culture herbifère* est ordinairement annexée à un autre
système agricole. Ainsi, en Normandie comme en Flandre et
dans le Charolais, les herbages appartiennent à des exploitations qui ont une étendue suffisante de terres labourables
pour qu'on puisse y suivre des assolements faisant partie ou
de l'agriculture céréale ou de l'agriculture industrielle.

Lorsqu'une ferme possède des herbages et des terres labourables, celles-ci profitent toujours de l'existence des pre-

miers, soit directement, soit d'une manière indirecte. Ainsi, il n'est pas rare de voir rentrer dans les bâtiments de la ferme une quantité importante de foin provenant de coupes faites au mois de juin ou de la récolte des *relais* ou *refus* exécutée pendant les mois de septembre ou octobre.

On comprend qu'une exploitation qui peut demander annuellement aux *prés d'embouches* qu'elle possède une partie du foin qui est nécessaire aux animaux de travail qu'elle emploie, ou qui accroît ses ressources en engrais à l'aide des animaux qu'elle engraisse ou entretient avec ses herbages, peut adopter une succession de culture différente de celle qu'elle aurait été forcée de suivre, si elle eût été privée de ces ressouces importantes.

Les herbages indépendants de toute exploitation constituent le *système pastoral pur*. Ce système agricole n'apprtient pas aux assolements, c'est pourquoi nous le passons ici sous silence.

Il n'en est pas de même de la *transhumance* encore en usage dans la basse Provence et le bas Languedoc. Cette émigration des bêtes à laine des plaines du midi dans les montagnes herbues du centre, des Alpes et des Pyrénées, et *vice versa*, se lie intimement avec les assolements suivis sur les exploitations auxquelles elles appartiennent. C'est pourquoi nous aurons à étudier la part d'influence exercée par la transhumance dans les systèmes culturaux qu'on observe dans la région du midi.

CHAPITRE XI.

LA CULTURE SEMI-PASTORALE.

—

Localités où on la rencontre. — Elle comprend des assolements à longue durée. — Elle appartient à la culture extensive. — La culture pastorale primitive. — L'agriculture pastorale moderne.

La culture des céréales alliées aux pâturages naturels constitue l'agriculture à laquelle on a donné le nom de *culture semi-pastorale* ou *culture pastorale mixte.*

Ce système de culture est très-ancien, et il est répandu dans le Limousin, la Sologne, la Bretagne, etc. On la rencontre aussi dans le Wurtemberg et le Holstein, contrées où le climat favorise aussi l'engazonnement naturel des terres labourables abandonnées à elles-mêmes.

Il comprend des assolements à longue durée, nécessite peu d'avances, exige peu de journaliers, mais il oblige à séparer les champs les uns des autres par des clôtures ou des haies vives, afin que le bétail, dont il assure l'existence, puisse y vivre en liberté la nuit ou le jour.

La culture pastorale mixte appartient à la *culture extensive.* Les pâturages font partie des assolements. Ils exercent une très-grande influence sur la réussite des céréales avec lesquelles ils alternent dans tous les assolements.

Ces pâturages sont plus ou moins herbeux ou productifs, selon la nature et la fécondité des terres et suivant aussi la volonté de l'exploitant.

Lorsque les pâturages se forment spontanément sur des terres de qualité secondaire, ils favorisent la multiplication des espèces bovine et ovine, mais ils n'exercent pas une influence remarquable sur leur amélioration; en outre, ils contribuent très-peu à l'amélioration de la terre, car l'accroissement de fécondité qu'ils déterminent disparaît toujours lorsque leur défrichement a été suivi par une céréale. C'est pourquoi il est nécessaire de désigner la culture pastorale mixte, à base de *pâturage naturel*, sous les noms de *culture semi-pastorale primitive* ou *culture semi-pastorale stationnaire*.

Depuis longtemps déjà, en Allemagne et en Angleterre, on a compris la nécessité d'aider la nature dans la transformation des terres labourables en pâturages, en répandant dans la dernière céréale des graines de graminées et de légumineuses. Les plants qui proviennent de semblables semis constituent, quand elles ont été bien appropriées à la nature et à la richesse du sol, des pâturages d'un ordre supérieur, et qui exercent une très-grande influence sur l'existence du bétail. Ces *pâturages artificiels* ont aussi l'avantage, quand on les défriche, de mieux enrichir la terre, puisqu'ils y laissent des gazons plus épais, des débris plus abondants et des racines plus nombreuses.

Les assolements qui comportent de ces pâturages constituent une culture pastorale mixte différente de l'ancienne et à laquelle il faut donner les noms de *culture semi-pastorale moderne* ou *culture semi-pastorale progressive*. Cette agriculture à pâturages artificiels appartient bien à la *culture améliorante*.

La culture pastorale mixte a été quelquefois désignée sous le nom d'*agriculture aux enclos*.

CHAPITRE XII.

LA CULTURE CÉRÉALE.

—

Elle a pour but principal la culture des plantes alimentaires. — Elle repose ordinairement sur la jachère. — Elle appartient à la culture stationnaire. — Elle fournit peu de travaux à la main-d'œuvre. — Elle est la plus simple de toutes.

La *culture céréale* a pour but principal la culture des plantes alimentaires. Les assolements qui lui appartiennent comprennent plusieurs céréales qui occupent annuellement plus de la moitié de l'étendue totale des terres labourables.

Cette culture existe en France, dans toute sa pureté, dans les plaines de la Beauce, de l'Orléanais, du Sancerre, du Poitou, du Languedoc, etc. C'est pourquoi ces localités ont toujours été regardées comme de véritables contrées granifères.

La culture céréale repose ordinairement sur la jachère entièrement ou en grande partie improductive. Elle produit beaucoup de paille, néanmoins elle ne se suffit pas à elle-même. C'est pourquoi on est obligé de la soutenir par une sole de prairie artificielle placée en dehors de la rotation. Malheureusement, cette prairie, à cause de son étendue qui est limitée, ne permet pas de fabriquer chaque année plus de fumier que les plantes en absorbent. La faiblesse des fumures, appliquée sur la jachère, explique pourquoi les terres soumises depuis longtemps à la culture céréale, à la *culture granifère*, conservent leur même degré de fécondité; elle indique aussi pour quel motif cette culture a été rangée dans l'*agriculture stationnaire*.

L'agriculture céréale possède plus spécialement des bêtes à laine. Ces animaux lui sont très-utiles; ils utilisent une partie des pailles qu'elle récolte en abondance , ils vivent très-bien et économiquement pendant plusieurs mois sur les terres qui ont porté les céréales, et ils fertilisent, en parquant, une partie de la jachère.

Ce système de culture ne produisant que du froment, du seigle, de l'orge et de l'avoine, ne fournit pas de nombreux travaux à la main-d'œuvre. Aussi est-il généralement suivi dans les plaines calcaires où la population n'est pas très-nombreuse. En outre, il n'oblige pas l'agriculteur à posséder un matériel varié et coûteux et un fort capital d'exploitation.

Cette agriculture est la plus facile à diriger, parce qu'elle est la plus simple. Lorsque la sole du blé d'hiver et la sole d'avoine ont été ensemencées, l'unique occupation des attelages consiste, à part la rentrée des foins et de la moisson, dans la préparation des jachères.

L'agriculteur qui surveille avec soin les semailles et les récoltes et qui sait vendre les grains qu'il a obtenus, acheter les moutons dont il a besoin et vendre les bêtes à laine qu'il a élevées ou engraissées, est toujours certain de réussir, surtout s'il exploite des terres de bonne qualité. Les cultivateurs de la Beauce réalisent annuellement de beaux bénéfices avec l'agriculture céréale.

CHAPITRE XIII.

La culture fourragère est similaire de la culture alterne. — Elle ne comporte pas de jachères. — Les terres qu'on lui consacre sont propres et productives. — Elle veut être mise en pratique sur des terres de bonne qualité. — Elle exige plus de capitaux que la culture céréale.

L'agriculture que nous appelons *culture fourragère*, comprend les assolements dans lesquels les plantes céréales et les plantes industrielles occupent rarement plus de la moitié des terres labourables.

La culture fourragère est similaire de la *culture alterne*. Les plantes qu'elle cultive sont groupées de manière qu'une céréale soit ordinairement précédée ou suivie par une plante fourragère.

Ce système cultural ne comporte pas de jachères. Celles-ci sont remplacées par des plantes nettoyantes ou étouffantes, telles que betteraves, pommes de terre, vesce, jarosse, lupuline, etc.

La culture fourragère est déjà ancienne; elle a pris beaucoup d'extension en Angleterre et en Allemagne lorsqu'on a compris la nécessité 1° de varier les cultures sur un même champ; 2° de s'occuper de l'amélioration du bétail, et de le bien nourrir.

L'étendue considérable accordée à la culture des plantes destinées à assurer l'existence des animaux domestiques, a eu les plus heureuses conséquences; elle a permis de supprimer la jachère sur un grand nombre de fermes; elle a

contribué à l'accroissement de la fécondité, et elle a assuré
l'existence des céréales tout en augmentant leur rendement.
Les exploitations qui suivent depuis longtemps la culture
fourragère ont, en effet, des céréales toujours propres et
productives.

Si la culture fourragère a des avantages incontestables
sous tous les rapports, si elle permet d'avoir des animaux
en stabulation permanente, et de fabriquer annuellement
beaucoup de fumier, elle a aussi ses inconvénients. Ainsi,
elle exige un mobilier assez considérable, une main-d'œuvre
abondante, surtout depuis le mois de juin jusqu'à la Tous-
saint, et un fort capital d'exploitation. Enfin, sans demander
des terres d'une grande fécondité, elle veut être mise en
pratique sur des sols de bonne qualité.

Le drainage sur les terres humides, et les chaulages et les
marnages sur les sols dépourvus pour ainsi dire de carbonate
de chaux, la rendent plus facile et surtout plus prospère.

Beaucoup de cultivateurs ont échoué lorsqu'ils ont voulu
substituer la culture fourragère à l'ancienne culture pastorale mixte ou à la culture céréale. Cet insuccès se produira
chaque fois qu'on oubliera combien sont fortes les avances
qu'impose ce système de culture.

L'agriculteur qui se propose d'adopter un assolement appartenant à la culture fourragère, doit donc supputer avec
soin les capitaux qu'il exige, afin de connaître à l'avance s'il
sera en mesure de remplir tous les engagements qu'il va
s'imposer. Il faut aussi qu'il détermine la force de la fumure
qu'il devra appliquer. Les assolements de la culture fourragère exigent plus d'engrais que les assolements de la culture
céréale.

CHAPITRE XIV.

LA CULTURE INDUSTRIELLE.

Elle demande des terres saines, profondes et riches. — Elle oblige à acheter annuellement beaucoup d'engrais, parce qu'elle ne se soutient pas d'elle-même. — Elle demande un fort capital d'exploitation. — Elle est la plus difficile de toutes.

L'agriculture qui comprend principalement le colza, le lin, le pavot, le chanvre, le tabac, la garance, le safran, etc., a toujours été désignée sous le nom de *culture industrielle*.

Ce système de culture comprend tous les assolements appartenant à la *période industrielle*.

Il est suivi dans les pays ou sur les fermes où les terres sont saines, profondes et riches, où les capitaux consacrés à l'agriculture sont nombreux.

La culture industrielle ne se suffit jamais à elle-même, parce qu'elle ne comprend qu'un très-petit nombre de plantes fourragères. Aussi se trouve-t-elle dans la nécessité d'acheter annuellement une très-grande quantité de fumier, afin de pouvoir satisfaire les exigences si grandes des plantes oléagineuses, textiles, tinctoriales qu'elle cultive. L'impossibilité pour elle de trouver tout le fumier dont elle a besoin, l'oblige souvent à faire usage de tourteaux, de guano, de sang sec et de déjections humaines solides et liquides.

Je disais que la culture industrielle cultivait chaque année peu de plantes fourragères. Elle est forcée d'agir ainsi pour deux motifs : d'abord, elle entretient peu de bêtes à cornes, et surtout fort peu de bêtes à laine, à moins qu'elle ne possède des herbages ou qu'elle ne trouve à acheter des résidus de sucreries, de distilleries ou de brasseries; ensuite, la grande valeur foncière ou locative des terres qu'elle exploite ne lui permet pas de cultiver en grand et avec profit les plantes fourragères fauchables. C'est pour ces motifs que chaque année elle n'a en trèfle et en vesce que l'étendue qui lui est rigoureusement nécessaire pour alimenter les animaux de trait et les quelques vaches qu'elle possède.

C'est en vain qu'on voudrait établir ce système de culture sur une terre pauvre, avec l'espérance d'en obtenir des résultats avantageux, quand bien même on posséderait les capitaux nécessaires. Cette culture n'est lucrative que lorsqu'elle a été établie sur des terrains très-riches.

En général on se presse trop, dans les contrées où les terres sont peu fécondes, de la mettre en pratique. Dans cette circonstance, on oublie complétement les avances considérables qu'elle nécessite, la faculté épuisante des plantes qu'elle oblige à cultiver, et le rôle très-secondaire que jouent ces mêmes végétaux dans la fabrication des fumiers.

Tout cultivateur éclairé, tout agriculteur qui n'a aucun intérêt à diminuer en quelques années seulement la fécondité de la couche arable, se doit à lui-même de bien réfléchir avant d'adopter la culture industrielle. Il doit éviter de se laisser séduire par la valeur brute des produits fournis par le colza, le lin, la garance, etc., s'il ne veut pas être exposé à rétrograder ou à éprouver un revers complet.

Toutes choses égales d'ailleurs, la culture industrielle, pour être lucrative, ne peut être pratiquée sur une étendue considérable. Les fermes, en effet, sur lesquelles on l'observe chaque année, appartiennent, pour la plupart, à la *culture moyenne*, et toutes sont dirigées par des hommes actifs, intelligents et ayant l'habitude des transactions commerciales.

CHAPITRE XV.

LA CULTURE FIXE OU INVARIABLE.

—

Elle ne subit jamais de modifications. — Les soles ont toujours la même étendue. — Elle permet d'entretenir beaucoup d'animaux domestiques et de
fabriquer annuellement une quantité constante de fumier. — Localités où
elle convient. — Assolements qui lui appartiennent.

L'*agriculture fixe* ou la *culture invariable* consiste à mettre
en pratique un assolement, quelle que soit sa durée, sans
lui faire subir aucune modification.

Ainsi, lorsqu'on suit un assolement de cinq ans conçu de
cette manière :

si les divisions ont une étendue chacune de 20 hectares,
on observera chaque année sur l'exploitation les cultures
suivantes :

Plantes fourragères..... {	Betteraves...	20 hectares.
	Trèfle........... ..	20 —
	Total...	40 hectares.
Plantes alimentaires....{	Avoine....	20 hectares.
	Froment....	20 —
	Total.........	40 hectares.
Plantes industrielles.....,	Colza....	20 hectares.

Ainsi, que le froment soit vendu bon marché ou très-cher,

il occupera toujours la même surface. Il en sera de même du colza.

Mais est-ce commettre une faute agricole que de conserver annuellement aux soles leur même étendue?

Le cultivateur qui exploite une ferme dans le voisinage des grandes villes, et surtout dans le rayon où l'achat et le transport des fumiers sont possibles économiquement, est dans l'erreur lorsqu'il s'impose une culture invariable, car en agissant ainsi, il se prive volontairement de temps à autre de bénéfices très-élevés.

Mais si la culture fixe n'a pas sa raison d'être sur les exploitations près des villes où l'élevage des bêtes à laine, la multiplication de l'espèce bovine et la production du lait constituent des spéculations qui se soldent toujours en perte, on ne doit pas oublier que cette agriculture est la seule qu'on puisse suivre avantageusement sur les fermes qui doivent produire le fumier dont elles ont besoin.

Or, pour pouvoir fabriquer chaque année une quantité donnée, mais presque constante de fumier, il faut pouvoir nourrir le même nombre de têtes de gros bétail ou le même poids brut, et récolter la même quantité pour ainsi dire de paille destinée à être employée comme litière.

Si donc, sur une ferme éloignée des centres populeux, on faisait varier tous les ans les surfaces destinées à la culture des plantes fourragères et des plantes fournissant des pailles, il arriverait des années où le bétail manquerait ou d'aliments ou de litière. On comprend facilement dès lors quelle perturbation il en résulterait dans la marche de l'entreprise. La plus faible quantité de fourrages récoltés obligerait le cultivateur à avoir moins d'animaux de rente, diminution qui occasionnerait un déficit plus ou moins grand dans la production du fumier, et qui forcerait l'exploitant à acheter des engrais commerciaux en quantité plus considérable que de coutume.

La culture fixe est donc l'agriculture qu'il faut adopter partout où l'on est forcé de fabriquer tous les fumiers exigés par l'assolement qu'on a adopté.

Cette agriculture comprend les assolements appartenant aux périodes semi-forestière, semi-pastorale et granifère ou céréale.

En général, elle est plus simple, plus facile à mettre en pratique que la *culture libre* à laquelle appartiennent tous les assolements de la période industrielle.

Lorsqu'une culture fixe ou invariable a été établie et coordonnée avec soin dans tous ses détails, la ferme sur laquelle elle existe est dirigée avec une extrême facilité par un commis ou un maître valet. C'est que chaque année, à des époques qui varient fort peu, on y exécute les mêmes labours, les mêmes semailles et les mêmes récoltes. L'inclémence persévérante des saisons peut seule contrarier la marche des choses, et obliger l'exploitant à prendre des décisions spéciales temporaires, ou à commander des travaux particuliers. Un homme intelligent et initié à la pratique de l'agriculture surmontera toujours heureusement ces obstacles.

La *culture libre* est loin d'offrir une direction agricole aussi facile.

CHAPITRE XVI.

LA CULTURE LIBRE OU VARIABLE.

Elle n'est possible qu'à une faible distance des grandes villes. — Causes qui
la rendent avantageuse. — Difficultés que présente sa mise en pratique.
— Elle oblige à bien savoir vendre et à posséder de nombreux capitaux.

Les cultivateurs qui exploitent des terres de bonne nature
et fécondes, sans être très-fertiles, et qui sont situées à une
faible distance des centres populeux, suivent un système de
culture particulier que l'on a appelé *culture libre* ou *culture
variable*.

Ainsi, trouvant facilement à vendre une partie des pailles
et des foins qu'ils récoltent, et à acheter les engrais dont ils
ont besoin, les cultivateurs font varier leur culture suivant
la hausse ou la baisse réelle ou probable des céréales. Lorsque
le froment se vend bon marché ou que tout annonce qu'il se
maintiendra l'année suivante à un prix peu élevé, ils diminuent l'étendue que cette céréale occupe dans les circonstances ordinaires, et augmentent la surface qu'ils accordent
annuellement ou à l'avoine, ou au colza, suivant qu'ils pré-
voient réaliser, à l'aide de l'une ou de l'autre plante, de
plus grands bénéfices. Quand au contraire le blé est cher,
et lorsque les mêmes agriculteurs ont des raisons de croire
que sa valeur se maintiendra élevée pendant une ou deux
années, ils le cultivent de préférence au colza et à l'avoine,
et lui consacrent la plus grande surface possible. Enfin, les
fermiers qui ont une distillerie de betteraves, et qui croient
à la hausse de l'alcool, diminuent la surface occupée ordi-

nairement par le colza, suppriment même momentanément la culture de l'avoine, et accordent à la betterave l'étendue la plus considérable.

La *culture libre* ou l'*agriculture variable* consiste donc à n'avoir pas d'assolement ou de système de culture déterminé. Cette manière d'agir permet de réaliser annuellement des bénéfices plus grands et plus certains. Mais pour réussir, en suivant une culture aussi changeante, il faut avoir un fort capital, être bien au courant des prix des denrées agricoles, pouvoir pour ainsi dire prévoir à l'avance la hausse ou la baisse des céréales, des semences oléagineuses, de l'alcool, des foins artificiels, etc. De plus, il est nécessaire de ne pas être très-éloigné des grands marchés, de connaître la pratique des affaires commerciales, et de ne prendre une détermination qu'après avoir examiné la question sous toutes ses faces.

Le cultivateur qui n'a pas l'argent nécessaire, l'activité que demande impérieusement l'industrie agricole, qui ne s'impose pas la mission de tenir une comptabilité rigoureuse, et qui ne sait pas approprier les plantes aux terres qu'il exploite et aux circonstances économiques et commerciales, au milieu desquelles il est placé, doit éviter de suivre une culture libre.

Je ferai observer que l'agriculture variable offre toujours aux commerçants de grandes difficultés. Il leur appartient de chercher à vaincre ces obstacles en faisant preuve de prudence et de circonspection.

Enfin, j'ajouterai que ce genre de culture oblige à bien savoir vendre. En effet, il ne suffit pas dans cette culture de produire beaucoup et au plus bas prix possible, il est nécessaire de savoir hâter ou retarder les ventes selon qu'il peut survenir une hausse ou une baisse dans le prix des produits qu'on a à livrer au commerce.

CHAPITRE XVII.

LES CULTURES ARBUSTIVES FRUITIÈRES.

—

Les arbres et arbustes cultivés en plein ou par lignes simples ou multiples, pour leurs fruits alimentaires, vinifères, alcooliques, oléagineux, etc., constituent le système de culture que l'on a désigné sous le nom de *culture arbustier frui-tière*.

Cette *culture arborescente* est pratiquée en France sur un grand nombre de points, mais on l'observe plus spécialement dans les régions du sud-ouest, du midi et du sud-est.

Les pays à cidre appartiennent à la Normandie, la Picardie, la Beauce, le Maine et la Bretagne.

Les contrées vinicoles couvrent de grandes étendues dans la Saintonge, l'Angoumois, la Guyenne, la Gascogne, le Roussillon, la Provence, le Dauphiné, la Bourgogne, la Franche-Comté, la Lorraine, la Champagne, l'Orléanais, la Touraine, l'Anjou et le haut Poitou, etc.

L'olivier se marie à l'*amandier*, à la *vigne*, au *figuier* et au *mûrier* dans le bas Languedoc, la basse Provence et le bas Dauphiné.

Enfin, on rencontre des cultures importantes du *prunier* dans la Touraine, le Quercy et les vallées subalpines dans la haute Provence, et de *merisier* dans les Vosges et l'Alsace.

Ces diverses *cultures fruitières*, et surtout celles qui comprennent l'olivier, l'amandier, l'abricotier et le prunier, occupent le plus ordinairement des coteaux secs et caillouteux, sur lesquels la culture des plantes annuelles et bisannuelles est souvent impossible. Dans les plaines ou sur les pentes accessibles à la charrue, les céréales se marient assez fréquemment à la vigne, au mûrier ou à l'olivier.

Toutes choses égales d'ailleurs, ces cultures ne sont lucratives que lorsque les arbres ont été appropriés au climat et à la nature du sol, et quand aussi ce dernier est protégé contre la violence des vents par des élévations situées au nord ou au nord-ouest.

Ces diverses cultures ne font pas partie des assolements. Ainsi, jusqu'à ce jour, on n'a point compris dans les successions de culture en usage dans le Languedoc ou la Provence les olivettes ou les vignes, alors qu'elles occupent entièrement le sol ou qu'elles forment des oullières plus ou moins larges. Il en est de même des olivettes complantées en figuiers ou en amandiers.

Toutefois, si la surface occupée par les oliviers, les mûriers, la vigne, etc., etc., doit être placée en dehors des assolements, il ne peut pas en être ainsi des étendues qu'on observe entre les lignes formées par les mêmes arbres, alors que ces surfaces sont chaque année labourées, fumées et ensemencées. Ces étendues font partie des terres arables, et soumises comme celles-ci à des systèmes donnés de culture.

Je ferai observer que les cultures arbustives fruitières nécessitent un capital spécial et indépendant du capital que réclame la culture des terres labourables proprement dites, qu'elles ne concourent pas à la fabrication des fumiers, et qu'elles consomment annuellement des engrais. Il faut donc, si on veut conserver les cultures productives, puisqu'on exporte le vin, la soie, l'huile, etc., qu'elles fournissent, importer sur le domaine les engrais dont elles ont besoin, et ne pas les demander aux terres arables qui y sont annexées.

Si l'agriculture méridionale manque de fumier et fait usage chaque année de quantités considérables de tourteaux de sésame, d'arachide, etc., cela tient à ce que ses cultures fourragères ne sont pas en rapport avec l'étendue qu'elle a accordée à la culture de l'olivier, de l'amandier, de la vigne, etc., arbustes et arbrisseaux qui exigent, comme les plantes herbacées, des fumiers annuelles ou bisannuelles.

LIVRE III.

LES FORCES.

CHAPITRE I.

LES TERRAINS.

Les sols compactes. — Les terres meubles ou légères. — Les sols calcaires. — Les terrains marécageux. — Les sols acides. — Les terres pauvres. — Les sols fertiles. — Comment on détermine la valeur locative d'une terre. — Comment on détermine la valeur vénale d'un terrain.

Les terres labourables influent par leur fécondité et leur nature sur les systèmes de culture et les assolements qu'on peut adopter.

Nous les diviserons en sept classes.

Sols tenaces ou compactes. — Les terres argileuses ou compactes déterminent des systèmes spéciaux de culture. Ainsi, dans les marais du Poitou, les moëres de Dunkerque, le marais de Dol, ces terrains sont soumis depuis longtemps à la culture alterne, comprenant des plantes qui ont une grande aptitude sur les sols tenaces et froids.

Des faits analogues, mais à un moindre degré, peuvent être observés çà et là en France dans un grand nombre de localités.

C'est en vain qu'on voudrait sur des terres aussi fortes adopter, avec l'espérance de réussir, un ou plusieurs des assolements en usage dans les contrées où les terres sont siliceuses ou granitiques.

Sols meubles ou légers. — Les terres légères, sablonneuses, granitiques ou volcaniques, sont généralement occupées par des plantes spéciales groupées de manière à former des assolements appartenant à la culture granifère ou à la culture pastorale mixte.

Ainsi, les assolements qu'on rencontre dans la Sologne, le Bourbonnais, la Chalosse, la Bretagne, les Ardennes, n'ont pas d'analogie avec les successions de culture suivies dans la Brie, le Vaunage, la Normandie, où les terres sont à la fois plus argileuses et plus fécondes.

Il résulte de là que le cultivateur doit éviter de mettre en pratique, sans motifs plausibles, sur une terre légère et sablonneuse, un assolement appartenant à la classe des terres compactes.

Les terres légères fertiles, les alluvions de la Loire, du Rhin, du Rhône, etc., offrent des assolements qui leur sont propres, et qui ne conviennent pas aux sols siliceux et graveleux appartenant aux périodes de fécondité pacagère et fourragère.

Sols contenant une forte proportion de calcaire. — Les terres très-calcaires ou crayeuses, malgré leur consistance moyenne, ne doivent pas être rangées à côté des terres sablonneuses.

Ces terres, il est vrai, sont aussi très-pauvres, mais la proportion considérable de carbonate de chaux qu'on y rencontre oblige d'y mettre en pratique des assolements particuliers. Ces successions de culture ne comprennent que des plantes qui ne redoutent pas dans une terre la présence d'une forte proportion de parties calcaires.

Le cultivateur qui exploite des terrains crayeux doit donc

éviter d'y adopter des assolements appartenant aux terres argileuses, argilo-calcaires et aux alluvions fertiles.

Sols humides ou marécageux. — Les terres humides à l'excès ne peuvent pas être soumises à une culture régulière. On doit avant tout les assainir, si cela est possible, en y pratiquant des rigoles d'écoulement ou en y exécutant un drainage. Lorsque ces travaux ont été bien faits, la couche arable perd les défauts qu'elle possédait, et elle appartient dès lors à la classe des terres argileuses.

Sols acides ou aigres. — Les terres de lande ou de bruyère et les sols tourbeux assainis exigent des assolements spéciaux, parce que leur acidité s'oppose pendant plusieurs années à la réussite des plantes fourragères fauchables appartenant à la famille des légumineuses.

Ces assolements font partie de la culture granifère ou céréale, de la culture alterne ou de la culture pastorale mixte.

On rend moins longue la période pendant laquelle la culture du trèfle rouge est presque impossible, en appliquant des engrais minéraux calcaires, matières fertilisantes qui neutralisent l'acidité que contient la couche arable.

Il résulte de ces observations, qu'on ne doit pas conserver l'espoir de pouvoir mettre en pratique d'une manière fructueuse, sur des terres de bruyère nouvellement défrichées, les successions de culture qu'on rencontre dans les localités où les terres contiennent des matières organiques non acides.

Sols pauvres ou peu fertiles. — Les terres peu fertiles, quelle que soit leur nature, exigent des assolements peu épuisants. Ceux qu'on peut y établir appartiennent à la *culture extensive.*

Sols riches ou terres fertiles. — Les sols riches ou les terres profondes, perméables, fertiles et bien fumées, conviennent à tous les végétaux agricoles. Les assolements qu'on y rencontre sont très-épuisants, et ils nécessitent de grands capitaux. Ils appartiennent à la *culture intensive*.

Comment on détermine la valeur locative. — On a proposé diverses formules pour déterminer la rente ou la valeur locative des terres labourables, mais ces formules ont été jusqu'à ce jour bien peu utiles.

Admettant d'une manière générale que la rente varie avec la fertilité, quel que soit le genre du produit, nous croyons utile d'indiquer, en modifiant la formule peu connue jusqu'à ce jour de Coventry, comment on peut l'apprécier le plus exactement possible.

Cette formule impose l'obligation de bien connaître le *produit moyen* du seigle ou du froment pendant plusieurs années.

Si on se bornait à la moyenne de la dernière récolte, celle-ci, si elle avait été très-abondante ou extraordinaire, conduirait inévitablement à une appréciation erronée de la rente de la terre qu'on voudrait juger.

La formule indiquée par Coventry est simple, et m'a été souvent très-utile. Elle est ainsi conçue :

$$\frac{\overline{\text{Produit moyen}}^2}{X} \times \text{sa valeur moyenne commerciale}.$$

La valeur de X varie suivant la fertilité des terres, par conséquent selon que le seigle ou le froment est plus ou moins productif.

Lorsque l'hectare produit en moyenne :

10 à 11 hectolitres de seigle, elle est représentée par 70;
12 à 13   —   —   —   90;
14 à 15   —   —   —   100;
16 à 18   —   —   —   110.

Au delà de cette production on prend comme base le rendement du froment.

12 à 15 hectolitres de froment, elle égale	80 :
16 à 19 — — —	90 ;
20 à 24 — — —	100 :
25 à 28 — — —	110 :
31 à 34 — — —	120 :
35 à 39 — — —	130.

Supposons qu'on veuille estimer le fermage d'une terre sur laquelle on obtient en moyenne depuis huit années, sans le concours de moyens exceptionnels, 22 hectolitres de froment à l'hectare. Voici comment on agira :

On fera le carré du produit en multipliant 22×22. Le résultat qui est 484, sera divisé par 100, ce qui donnera 4 hectolitres 84 litres qu'on multipliera par 18 fr., valeur moyenne actuelle du froment. On obtiendra 87 fr., somme représentant la valeur locative du sol.

Si le blé dans la contrée avait une valeur moyenne de 20 fr., il faudrait adopter ce dernier chiffre comme multiplicateur. Alors, la rente du sol s'élèverait à 97 fr. au lieu de 87 fr.

En ajoutant à ces chiffres un dixième de leur valeur, on aurait la rente et l'impôt. Dans le premier cas, la redevance totale à payer par hectare s'élevait à 96 fr., et dans le second elle atteindrait 107 fr. environ.

Voici deux tableaux qui éviteront de faire les calculs :

Seigle.

Produit moyen par hectare.	Rente du sol.	Produit moyen par hectare.	Rente du sol.
10 hectolitres..........	16 fr.	15 hectolitres..........	24 fr.
11....	17	16.....	26
12.............	18	17..	29
13.............	21	18............. . .	32
14.	22		

Froment.

Produit moyen par hectare.	Rente du sol.	Produit moyen par hectare.	Rente du sol.
12 hectolitres	32 fr.	23 hectolitres	95 fr.
13	37	24	103
14	45	25	103
15	50	26	110
16	51	27	119
17	58	28	128
18	65	29	128
19	72	30	135
20	72	32	142
21	80	35	170
22	87	40	205

Ces chiffres ne sont que des jalons. C'est à tort qu'on les considérerait comme caractérisant d'une manière invariable la valeur locative des terres.

Quelques exemples pris dans diverses contrées de la France justifieront leur utilité générale.

Agriculteurs.	Départements.	Nombre d'hectolitres.	Valeur locative.	Moyenne.
Auclerc	(Cher)	12	30 fr.	33 fr.
Benoît	(Meuse)	12	36	
Plagnole	(Haute-Garonne)	14	48 fr.	46 fr.
Thénard	(Haute-Saône)	14	45	
Lebrun	(Bouches-du-Rhône)	15	50 fr.	51 fr.
De Veauce	(Allier)	16	53	
Barbet	(Seine-Inférieure)	17	62 fr.	61 fr.
Chassepot	(Somme)	17	60	
Bovis	(Vaucluse)	18	70 fr.	65 fr.
Micquel	(Charente-Infér)	18	60	
Gomard	(Aisne)	20	75 fr.	73 fr.
D'Herlincourt	(Pas-de-Calais	20	72	
Passy	(Eure)	21	75 fr.	82 fr.
Harincourt	(Pas-de-Calais)	21	90	
Dailly	(Seine-et-Oise)	25	99 fr.	104 fr.
Bernier	(Seine-et-Oise)	26	110	

Je me bornerai pour le moment à ces divers renseignements justificatifs de la formule modifiée de Coventry.

Comment on détermine la valeur vénale des terres labourables. — Il est facile, lorsqu'on a déterminé aussi exactement que possible la valeur locative d'une terre, d'en connaître la valeur vénale ou intrinsèque. Il suffit de capitaliser le revenu net, c'est-à-dire la valeur locative moins les impôts, au denier 20, au denier 33, ou au denier 40, suivant le taux de l'intérêt du capital foncier dans la localité qu'on habite.

Supposons qu'on veuille évaluer la valeur foncière d'une exploitation comprenant 100 hectares divisés ainsi qu'il suit :

40 hect. terres labourables produisant en moyenne 16 hectol. de blé;
50 —   —   —   18   —   de seigle;
10 —   prairies naturelles   —   —   3000 kilogr. de foin.

On aura pour *le revenu* :

40 hectares à   16 hectolitres × 51 fr. = 2040 fr.
50   —   à 18   —   × 32   = 1600
10   —   à 3000 kilogr.   × 90   = 900
                            Total............. 4500 fr.

On aura pour *la valeur foncière* :

2040 fr. de revenu à 3 p. 100 ou au denier 33   = 68 000 fr.
1600   —   à 2.50 p. 100 ou au denier 40 = 60 000
 900   —   à 4 p. 100 ou au denier 25   = 22 000
                            Total............   150 000 fr.

En résumé, chaque hectare en moyenne vaut 1500 fr., et rapporte 45 fr. 40 c., ou un peu plus de 3 pour 100.

CHAPITRE II.

—

Les climats et les régions déterminent des systèmes de culture et des assolements spéciaux. — L'agriculture de l'ouest et de l'est, du sud et du nord, des plaines et des montagnes.

Les climats et les régions déterminent comme les terrains et les conditions économiques des systèmes de culture et des assolements spéciaux.

Le climat du sud comme la région du midi ont fait naître des successions de culture qui n'ont pas de rapport avec les assolements en usage sous le climat du nord et dans la région septentrionale.

Les unes comprennent le maïs, et ont souvent pour appui des luzernières ou des prairies naturelles irriguées; les autres sont composées de cultures qui exigent, pour bien réussir, un climat brumeux, une température modérée et humide.

Les mêmes remarques peuvent être faites si on compare la région océanienne au climat de l'est. Dans la première zone on rencontre principalement le système pastorale mixte et la culture du sarrasin; la seconde suit de préférence les assolements appartenant à la culture granifère.

Enfin, on observe des différences aussi sensibles lorsqu'on met en parallèle l'agriculture des plaines avec l'agriculture des montagnes. Dans le premier cas, on constate que les terres arables sont principalement soumises à la culture céréale ou à la culture industrielle, ayant pour soutien les prairies artificielles, l'existence des bêtes à laine, l'éducation du cheval ou l'engraissement des bêtes à cornes. Par contre, on remarque dans le second cas que les assolements suivis dans les montagnes ont toujours pour base des pâturages ou des prairies naturelles destinés à favoriser spécialement la multiplication de l'espèce bovine.

C'est donc sans aucune raison plausible qu'on voudrait introduire sur une exploitation située dans la Beauce, la Picardie, le Berry, etc., un des assolements en usage dans le Languedoc ou la Provence, et qu'on mettrait en pratique dans les plaines de la Champagne une des successions de culture appartenant à la région de l'ouest.

En général, chaque région détermine des assolements qui répondent par les cultures qui les composent, à la manière d'être de leur climat. Aussi, quoi qu'on fasse et quoi qu'on dise, les assolements de la région du sud seront toujours plus simples, mais moins productifs que les successions de culture suivies dans le nord de la France, et qui comprennent des plantes très-variées.

CHAPITRE III.

LE PERSONNEL.

Les propriétaires agriculteurs. — Les fermiers. — Les régisseurs. — Les métayers ou colons partiaires. — Les maîtres valets. — Les domestiques. — Les tâcherons.

Il est presque impossible de combiner un assolement, ou de saisir ou les avantages ou les inconvénients d'une succession de culture donnée, si on oublie de prendre en considération la position qu'on occupe comme chef d'exploitation, ou si on néglige d'étudier les agents de la culture; c'est pourquoi nous croyons utile d'examiner le personnel agricole. Cette étude nous permettra de dire un mot des exploitants, des domestiques et des tâcherons.

Propriétaire agriculteur. — Le propriétaire qui se fait agriculteur doit avant tout, s'il veut réussir, aimer la vie rurale, et fixer sa résidence aux champs. En second lieu, il doit connaître la théorie et la pratique de l'agriculture, aimer les animaux, et savoir commander les hommes qu'il occupe.

Il doit être prudent et actif, et ne pas oublier qu'il sera toujours aimé et respecté s'il fait preuve dans le commandement et dans ses décisions de fermeté, de justice et de bienveillance.

Il faut qu'il s'habitue, s'il veut réussir, à ne jamais entreprendre une opération ou une culture sans en supputer préalablement les profits et les pertes. De plus, il doit éviter de se lancer dans la carrière si difficile et souvent si trompeuse des expériences. S'il veut introduire sur son exploitation ou une plante, ou un système de culture, il lui importe tout d'abord d'opérer en petit pour agir plus tard plus en grand si les résultats sont favorables.

Enfin, il doit se tenir au courant du prix des denrées agricoles, et suivre les principaux marchés à grains et à bestiaux, situés dans la contrée qu'il habite. C'est en agissant ainsi qu'il acquierra l'habitude des transactions commerciales, et qu'il pourra acheter ou vendre avantageusement. Quiconque ne vend pas les grains qu'il a récoltés ou n'achète pas le bétail dont il a besoin, n'est pas agriculteur.

Le propriétaire qui prend la direction d'un faire valoir, doit, avant de modifier ou changer l'assolement qu'il trouve établi, étudier son terrain, les circonstances économiques au milieu desquelles il est placé, et le mode de culture suivi par ses voisins. Alors, suivant le but qu'il veut atteindre, il adopte un assolement qui lui permet de maintenir ou d'accroître la fertilité des terres qu'il cultive. Ainsi, il choisit parmi les assolements appartenant à la culture améliorante ou à la culture stationnaire lucrative, une succession de culture en rapport avec la nature de son sol, le climat au milieu duquel il est placé et les capitaux qu'il possède.

Fermier. — Le fermier est l'agriculteur qui exploite un domaine moyennant un prix déterminé par chaque hectare qu'il cultive.

Le prix de location de la terre est payé en argent au propriétaire du fonds ou à ses ayants droit.

Le cultivateur est tantôt libre de suivre le système de culture qui lui offre le plus d'intérêt, tantôt obligé de continuer l'assolement suivi par son prédécesseur. Cela dépend uniquement des clauses insérées dans le bail qu'il a accepté.

Lorsque la durée du bail est très-limitée, le fermier n'a

aucun intérêt à modifier ou changer le système de culture qu'il trouve en entrant en ferme.

Si le bail est long, et s'il autorise le fermier à cultiver comme bon lui semble, ce dernier, suivant les circonstances, peut adopter une culture améliorante, une culture libre ou une culture principalement industrielle.

Les propriétaires étrangers ou non à l'agriculture n'ont rien à craindre en accordant une pleine et entière liberté à un fermier expérimenté, intelligent, probe, et ayant un capital suffisant. Les faits qu'on observe chaque année dans la Brie, l'île de France, la Picardie, etc., permettent de dire que les terres exploitées par des fermiers progressifs augmentent de fertilité, et par conséquent de valeur, de période en période.

Le propriétaire ne doit être sévère, c'est-à-dire inscrire dans le bail des clauses restrictives que lorsqu'il doute de la moralité du fermier. On sait que les mauvais fermiers ne manquent jamais d'épuiser les terres qui leur ont été concédées quand ils sont libres d'adopter telle ou telle succession de culture.

Régisseur. — Le propriétaire qui habite la ville une partie de l'année, mais qui aime la vie rurale et l'agriculture, trouvera un auxiliaire utile dans un régisseur connaissant le commandement, initié à la science et à la pratique agricole, et ayant l'habitude des transactions commerciales.

Loin de moi la pensée d'établir un parallèle entre un régisseur éclairé, un homme de progrès et prudent, et le régisseur qu'on appelle *un maître Jacques!* Celui-ci, il est vrai, peut revendiquer en sa faveur le savoir manuel, mais il n'est pas nécessaire, pour être un bon administrateur agricole, de pouvoir exécuter manuellement toutes les opérations appartenant au domaine de la pratique. Les fermiers qui font annuellement beaucoup d'argent avec l'agriculture ne mettent, pour ainsi dire, jamais la main à l'œuvre. Ils se contentent de surveiller le personnel exécutant, de présider à la coordination des travaux, d'opérer les ventes et les achats, et de tenir les registres composant la comptabilité qu'ils ont adoptée.

En résumé, le régisseur doit se mettre en lieu et place du propriétaire, et agir comme s'il exploitait à ses risques et périls, c'est-à-dire diminuer le plus possible les déboursés, supprimer les dépenses inutiles, afin d'accroître les bénéfices nets. Souvent, pour stimuler son zèle et son activité, on lui accorde une quote-part dans les bénéfices.

Le propriétaire qui approuve ce mode d'association, qui choisit bien son représentant et se souvient de la règle posée à cet égard par Martial : *Principis est virtus maxima, nosse suos*, est certain de réussir et de réaliser avec l'agriculture d'importants bénéfices annuels.

Métayer ou colon partiaire.—Le métayer est l'agriculteur qui s'associe avec un propriétaire pour l'exploitation d'un domaine. L'un fournit le sol et l'autre s'engage à faire exécuter tous les travaux nécessaires.

Dans quelques cas, le matériel et le cheptel appartiennent intégralement au propriétaire. Dans d'autres, le mobilier et les animaux sont la propriété du métayer. Enfin, le plus ordinairement, le matériel appartient au fermier, et le cheptel est fourni par parties égales par le propriétaire et le métayer.

Dans ces trois circonstances, les produits fournis par les plantes alimentaires et les plantes industrielles, et le bénéfice net réalisé à l'aide du bétail, sont partagés par moitié entre le bailleur et le preneur.

Les engrais et les semences sont fournis par moitié.

En général, dans le métayage, le propriétaire se réserve d'indiquer le mode de culture que le métayer devra suivre. Cette clause est presque toujours onéreuse au propriétaire, qui est ordinairement étranger à l'agriculture, et au métayer, qui se trouve dans la nécessité de suivre la culture ancienne. Aussi est-ce à bon droit qu'il faut généralement classer le métayage parmi l'agriculture stationnaire.

Quand le propriétaire a des notions agricoles, et lorsqu'il a la certitude qu'on peut désormais mieux faire, il arrête un nouveau plan de culture, visite souvent la métairie, avance les capitaux que demande momentanément le nouvel assolement, et réalise annuellement de gros bénéfices en enrichissant son métayer.

Les métayers des départements du Lot, du Tarn, de la Mayenne, etc., sont intelligents et progressifs; ceux du Nivernais, du Berry, de la Sologne, etc., sont ignorants et pauvres.

Toutes choses égales d'ailleurs, le métayage, sauf quelques exceptions, est un contrat auquel on doit renoncer. Non-seulement il place l'agriculteur dans un véritable servage, mais il oblige le propriétaire à surveiller les transactions qui ont lieu sur le bétail, et à se faire commerçant lorsqu'il veut se débarrasser des grains qu'il a reçus à l'époque du partage des récoltes.

Maitre valet. — Le maître valet est un agent agricole engagé à l'année comme le serviteur ordinaire. Toutefois, ce dernier a une occupation spéciale et pour ainsi dire continue; ainsi, tantôt il est charretier ou bouvier, tantôt il est vacher ou berger.

Il n'en est pas de même du maître valet. Moyennant une somme déterminée, il exécute, avec le concours de sa famille et de domestiques qu'il gage et qu'il nourrit à ses frais, tous les travaux exigés par l'exploitation des terres dont la direction appartient au propriétaire.

Les maîtres valets sont nombreux dans le Languedoc. Ils sont paisibles, bons travailleurs et probes, mais on leur reproche avec raison leur attachement aux anciennes coutumes agricoles et l'insuffisance du capital dont ils peuvent disposer.

En général, les propriétaires qui, dans le haut Languedoc, l'Albigeois, le bas Languedoc, etc., cultivent à l'aide de maîtres valets, ont rarement des exploitations sur lesquelles on rencontre des cultures progressives et améliorantes.

Domestiques. — Les agents agricoles à gages sont très-utiles sur une exploitation quand ils sont aptes à bien exécuter des travaux spéciaux. Ainsi, les charretiers, bouviers, vachers, bergers, etc., habiles, moraux et honnêtes, rendent toujours dans les fermes d'importants services. Ordinairement ils sont plus dévoués que les journaliers, parce qu'ils font partie pour ainsi dire de la famille de l'exploitant.

Le cultivateur qui veut entreprendre une culture libre ou adopter un assolement appartenant à la culture améliorante ou industrielle, doit choisir des agents qui se distinguent par la force, l'adresse et l'intelligence ; il doit repousser les gens ivrognes et immoraux. En outre, il doit, sans être dans une défiance continuelle, exercer sur leurs actes la vigilance la plus attentive, et ne jamais oublier qu'il se doit à lui-même de leur donner quelques douceurs, quand aux époques des semailles et des récoltes il leur demande un travail excédant les occupations journalières. C'est avec raison qu'on a dit depuis longtemps : les bons cultivateurs font toujours les bons serviteurs agricoles.

Tâcherons. — Les tâcherons sont les ouvriers qui exécutent à forfait les plantations, binages, fauchages, arrachages, etc.

Il y a deux sortes de tâcherons : 1° les tâcherons sédentaires; 2° les tâcherons nomades.

Les premiers, quoique plus fixes que les domestiques, sont parfois plus exigeants. Souvent ils profitent des intempéries pour demander une augmentation de salaire. L'agriculteur qui fait droit par nécessité à une exigence semblable, doit se montrer sévère à l'époque de la morte saison envers les ouvriers qui ont été les plus récalcitrants.

Les tâcherons qui viennent de pays éloignés à l'époque de la moisson, sont toujours moins exigeants que les tâcherons de la localité, surtout lorsqu'ils ont la certitude d'être occupés pendant un certain temps.

Quoi qu'il en soit, si le travail exécuté par les tâcherons revient sans cesse à un prix moins élevé que quand il est confié à des agents à gages, il impose à l'exploitant une surveillance plus incessante. Si le domestique pendant son travail opère mal, c'est qu'il manque de savoir-faire; il n'en est pas de même de l'opération faite par le tâcheron; si son exécution laisse à désirer, c'est que l'ouvrier a agi en vue d'opérer rapidement et de gagner par jour une somme plus considérable.

L'agriculteur qui suit un assolement industriel comprenant des plantes sarclées, doit, autant que possible, faire exécuter par des tâcherons tous les travaux d'entretien et de récolte, en s'imposant la mission de suivre leur exécution d'une manière pour ainsi dire continue.

CHAPITRE IV.

LES CAPITAUX.

—

SECTION I.

Division des capitaux.

Les capitaux d'exploitation. — Les capitaux engagés : capital foncier, capital
mobilier, capital cheptel, capital vivant, capital mort. — Les capitaux
libres : capital de circulation ou capital de roulement, capital de réserve
ou capital disponible. — Les capitaux de fabrication. — Rapport entre le
capital engagé et le capital libre.

L'agriculture n'est productive que lorsqu'on lui consacre
les capitaux nécessaires. La somme totale ou le *capital d'exploitation* qu'il est indispensable de posséder, varie suivant
l'étendue des terres labourables et le système de culture
qu'on se propose d'adopter.

Les capitaux exigés par la culture des terres doivent être
divisés en trois classes principales, savoir :

1° Les capitaux engagés;
2° Les capitaux libres;
3° Les capitaux de fabrication.

Capitaux engagés. — Les capitaux engagés comprennent :

1° Le capital immobilier ou foncier;
2° Le capital mobilier.

Le *capital foncier* ou *capital immobilier* intéresse uniquement l'agriculteur qui exploite des terres qui lui appartiennent. L'intérêt annuel de ce capital est représenté par les
bénéfices réalisés chaque année. Un propriétaire agriculteur

qui obtiendrait annuellement un bénéfice net de 8000 fr. sur une ferme de 100 hectares qu'il aurait achetée 150 000 fr., et sur laquelle il emploierait un capital d'exploitation de 40 000 fr., soit 400 fr. par hectare, devrait déduire l'intérêt de ce capital s'il voulait connaître exactement quel est l'intérêt réel du capital foncier. Ainsi, dans cet exemple, il devrait défalquer des 8000 fr. précités la somme de 2000 fr. représentant l'intérêt à 5 pour 100 du capital nécessaire à la marche de l'entreprise, et le reliquat, qui serait de 6000 fr., lui permettrait de dire qu'en faisant valoir son domaine il retire un intérêt de 4 pour 100 de sa valeur vénale.

Le *capital mobilier* ou *capital cheptel* se subdivise en deux catégories, savoir :

> 1° Le capital vivant ;
> 2° Le capital mort.

Le *mobilier vivant* est représenté par les animaux de travail et de rente qui varient en nombre et en valeur, suivant les systèmes de culture et les assolements.

Le *mobilier mort* comprend les instruments, les machines et les ustensiles nécessaires à l'exploitation des terres, à l'ameublement des étables, écuries, etc., et à la préparation et à la conservation des produits.

Ainsi, le mobilier vivant représente les *machines animées* et le mobilier mort les *machines inanimées*.

Capitaux libres. — Les capitaux libres comprennent :

> 1° Le capital de circulation ;
> 2° Le capital de réserve.

Le *capital de circulation* ou *capital de roulement* sert à payer les agents de la culture, l'entretien du mobilier et des bâtiments, les assurances et les prestations, les frais généraux et le fermage ; il permet aussi d'acheter des engrais naturels ou commerciaux ; enfin, il comprend les capitaux disponibles, les valeurs en portefeuille et les *matières échangeables* produites : le blé, l'avoine, le colza, l'œillette, le tabac, les foins, les pailles, etc.

On l'appelle capital de circulation ou de roulement, parce qu'il se renouvelle pour ainsi dire continuellement par la vente des produits échangeables.

Le *capital de réserve* ou *capital disponible* est la somme qu'on possède en dehors du capital d'exploitation, et qui est déposée chez un banquier. Ce capital fructifie jusqu'au jour où il est nécessaire d'en disposer.

Ce capital est-il indispensable? non, sans doute, mais un agriculteur qui a pu le créer, n'est pas forcé, quand il manque de capitaux, de livrer à la vente des matières échangeables, quelle que soit leur valeur commerciale.

Le capital de réserve doit s'élever au minimum au cinquième du capital d'exploitation. Ainsi, un fermier qui a besoin de 50 000 fr. pour bien cultiver les terres qu'il a louées, doit avoir au moins 10 000 fr. en réserve.

J'ajouterai que le capital de réserve est aussi destiné à combler les pertes occasionnées par les épizooties, la grêle, la gelée, le feu ou les inondations.

Capital de fabrication. — Le capital de fabrication est représenté par la somme qu'on emploie pour organiser sur une exploitation, une féculerie, une distillerie, une briqueterie, une fabrique de tuyaux de drainage, etc. Cette somme ne doit pas être prélevée sur le capital d'exploitation ou sur la valeur réalisée par la vente des matières échangeables, car elle amoindrirait les forces vives de l'exploitation, et compromettrait son avenir.

Tout cultivateur qui veut annexer à son exploitation une usine agricole doit donc préalablement supputer les dépenses qu'il aura à faire, et le capital de roulement que nécessitera cette nouvelle entreprise, et examiner ensuite s'il peut disposer de la somme voulue. Il ne doit pas oublier que les *matières de fabrication* : pommes de terre, betteraves, etc., ainsi que les *produits fabriqués*, engagent toujours pour un certain temps un capital plus ou moins considérable selon la quantité de matières brutes qu'il peut travailler.

Rapports entre le capital engagé et le capital libre. — Le rapport existant entre le capital représenté par le cheptel et le capital de roulement, varie suivant les assolements et les systèmes de culture. En général, le capital fixe est toujours moins élevé que le capital libre. Ainsi, en moyenne, le premier est au second :: 4 : 5.

Nous préciserons ce rapport et le justifierons en étudiant les assolements.

SECTION II.

Valeur des divers capitaux.

Capitaux exigés par la culture semi-pastorale. — la culture granifère ou stationnaire, — la culture fourragère, — la culture industrielle, — la culture améliorante. — Conclusions.

La valeur totale du capital nécessaire pour exploiter un hectare de terre labourable varie suivant la nature et la fertilité du sol, les plantes qu'on peut cultiver, l'assolement et le système cultural qu'on doit adopter. Les lois générales que nous allons poser trouveront leur application lorsque nous nous occuperons de la mise en pratique des diverses successions de culture.

Ainsi, en étudiant les principaux assolements, nous ferons connaître quelle est la somme qu'il importe d'avoir par chaque hectare de terre labourable ou de prairie naturelle ou artificielle.

Afin que les données qui vont suivre coordonnent aussi exactement que possible avec les faits constatés journellement par l'observation, nous diviserons les cultures en cinq classes, savoir :

1° La culture semi-pastorale ;
2° La culture granifère ou stationnaire :
3° La culture fourragère :
4° La culture industrielle ;
5° La culture améliorante.

Puis nous établirons dans chacune de ces classes trois divisions représentant la nature ou la fertilité des terres, savoir :

1° Les terres légères ou pauvres :
2° Les terres moyennes ou de bonne qualité ;
3° Les terres fortes ou fertiles.

Suivant les remarques que j'ai faites, il y a presque simi-
litude entre les terres légères, moyennes et compactes, et les
sols pauvres, fertiles ou très-riches, quant au capital d'exploitation exigé par leur mise en culture d'une manière
rationnelle.

Culture semi-pastorale. — Les terres qui appartiennent à
cette classe sont pauvres ou de moyenne fécondité. Elles produisent en moyenne par hectare :

Les terres légères.........	10 hectolitres de seigle.	
Les terres moyennes..	16 —	—
Les terres fortes	12 —	de froment.

Voici quels sont les chiffres que je leur attribue d'une
manière générale :

	Valeur foncière.	Valeur locative.	Capital d'exploitation.
1° Terres légères.........	300 fr.	15 fr.	200 fr.
2° Terres moyennes......	500	25	250
3° Terres fortes.........	700	35	350
Moyennes.........	500 fr.	25 fr.	266 fr.

Il ressort de ces chiffres les rapports suivants :

1° Le capital est à la valeur foncière	::	100 : 150
2° — —	::	100 : 200
3° — —	::	100 : 200
Moyenne.........		100 : 183
1° Le capital est à la valeur locative	::	100 : 6.0
2° — —	::	100 : 8.0
3° — —	::	100 : 10.0
Moyenne........		100 : 8,0
1° La valeur foncière est à la rente	::	100 : 5,00
2° — —	::	100 : 4.00
3° — —	::	100 : 5.00
Moyenne........		100 : 4,66

On constate, en outre, que la rente multipliée par un
chiffre déterminé, permet aussi de connaître la valeur du

capital nécessaire. Ainsi, dans les trois exemples précités, le multiplicateur varie comme il suit :

Terres légères	13.3
Terres moyennes	10,0
Terres compactes	10,0
Moyenne	11.1

En général, comme je le constaterai bientôt, le multiplicateur de la rente s'abaisse quand la fertilité du sol s'accroît, et lorsque la valeur foncière et la rente s'élèvent.

On doit conclure de ces données qu'on peut aisément déterminer le capital d'exploitation qu'on doit posséder lorsqu'on connaît ou la valeur foncière ou la valeur locative.

Si une terre de consistance moyenne est achetée 400 fr. l'hectare, ou si elle est louée 25 fr. la même superficie, il faudra, pour connaître la valeur minimum du capital d'exploitation exigé par la culture semi-pastorale pure, établir 1° la proportion suivante :

$$200 : 100 :: 400 : x.$$

et 2° multiplier la rente du sol par le chiffre 10.

Dans la première hypothèse on aurait 200 fr., et dans la seconde 250 fr.

Ainsi, cette terre, si elle était soumise à un assolement appartenant à la culture pastorale mixte, exigerait par hectare un capital qui serait environ moitié de sa valeur foncière.

Culture granifère ou stationnaire. — Les terres sur lésquelles on suit l'assolement biennal ou triennal sont plus fécondes que les précédentes. Elles produisent en moyenne par hectare :

Terres légères	12	hectolitres de froment.
Terres moyennes	15	— —
Terres fortes	18	— —

Leur valeur foncière et locative, et le capital qu'elles exigent, sont représentés par les chiffres suivants :

	Valeur foncière.	Valeur locative.	Capital d'exploitation.
Terres légères...........	1000 fr.	30 fr.	250 fr.
Terres moyennes	1.500	45	300
Terres fortes.......... ...	2400	65	400
Moyennes.... ...	1630 fr.	47 fr.	333 fr.

Ces nombres permettent d'établir les rapports suivants :

1° Le capital est à la valeur foncière	:: 100 : 400
2° — —	:: 100 : 500
3° — —	:: 100 : 600
Moyenne......... .	100 : 500

1° Le capital est à la valeur locative	:: 100 : 12
2° — —	:: 100 : 15
3° — —	:: 100 : 16
Moyenne.........	100 : 14

1° La valeur foncière est à la rente	:: 100 : 3.00
2° — —	:: 100 : 3.00
3° — —	:: 100 : 2.70
Moyenne..	100 : 2.90

Les multiplicateurs de la rente varient comme il suit :

Terres légères................	8,3
Terres moyennes........	6.6
Terres fortes................	7.0
Moyenne	7.3

Une terre qu'on louerait 50 ou 70 fr., et sur laquelle on établirait une culture granifère, exigerait donc un capital d'exploitation de 340 à 450 fr. par chaque hectare cultivé.

Culture fourragère. — Les terres auxquelles on demande des plantes tantôt épuisantes, tantôt améliorantes, sont toujours de bonne qualité. Elles produisent en moyenne par hectare :

Terres légères............	16 hectolitres de froment.
Terres moyennes.....	18 — —
Terres fortes..............	21 — —

Voici les chiffres qu'on doit leur attribuer :

	Valeur foncière.	Valeur locative.	Capital d'exploitation.
Terres légères....	1600 fr.	50 fr.	400 fr.
Terres moyennes.	2000	65	500
Terres fortes.	2400	80	600
Moyennes...	2000 fr.	65 fr.	500 fr.

On déduit de ces chiffres les rapports suivants :

Le capital est à la valeur foncière	:: 100 : 400
2° — —	:: 100 : 400
3° — —	:: 100 : 400
Moyenne..........	100 : 400
1° Le capital est à la valeur locative	:: 100 : 13
2° — —	:: 100 : 13
3° — —	:: 100 : 13
Moyenne..........	100 : 13
1° La valeur foncière est à la rente	:: 100 : 3,12
2° — —	:: 100 : 3,25
3° — —	:: 100 : 3,33
Moyenne..........	100 : 3,23

Les multiplicateurs de la rente présentent les variations suivantes :

Terres légères..............	8.0
Terres moyennes..............	7.7
Terres fortes................	7.5
Moyenne.....................	7.7

Une terre, de consistance moyenne mais de bonne qualité, qu'on louerait 60 ou 75 fr., exigerait par conséquent un capital de 460 fr. ou 580 fr. par hectare.

Culture industrielle. — Les terres sur lesquelles on cultive alternativement des plantes alimentaires et des plantes industrielles, sont toujours fertiles. Elles produisent en moyenne par hectare :

Terres légères..............	21 hectolitres de froment.
Terres moyennes.............	24 — —
Terres fortes...............	27 — —

Voici les chiffres moyens que je leur attribue :

	Valeur foncière.	Valeur locative.	Capital d'exploitation.
Terres légères........	2500 fr.	80 fr	500 fr.
Terres moyennes.......	3200	100	600
Terres fortes.........	4000	120	800
Moyennes........	3230 fr.	100 fr.	633 fr.

De ces chiffres il résulte les rapports suivants :

    1° Le capital est à la valeur foncière   :: 100 : 500
    2°   —   —   :: 100 : 533
    3°   —   —   :. 100 : 500
                         Moyenne..........   100 : 511

    1° Le capital est à la valeur locative   :: 100 : 16,0
    2°   —   —   :: 100 : 16,6
    3°   —   —   :: 100 : 15,0
                         Moyenne.. ....   100 : 15,8

    1° La valeur foncière est à la rente   :: 100 : 3,10
    2°   —   —   :: 100 : 3,10
    3°   —   —   :: 100 : 3,00
                         Moyenne........ ..   100 : 3,03

Les chiffres multiplicateurs de la rente sont :

        Terres légères   6,2
        Terres moyennes....   6,0
        Terres fortes..   6,7
                Moyenne....   6,3

Le chiffre multiplicateur s'élève rarement à 8. Il n'atteint cette élévation que sur les exploitations où l'on cultive annuellement le lin ramé et la garance.

Il résulte de ces diverses données que le cultivateur qui voudrait exploiter une terre qu'il aurait louée 140 à 160 fr. l'hectare, devrait avoir un capital d'exploitation s'élevant à 880 ou 1000 fr. par hectare.

Culture améliorante. — La culture améliorante ayant pour but l'augmentation de la puissance et de la richesse du sol, et conséquemment l'accroissement de sa valeur vénale,

exige un capital considérable. Ce fait n'étonnera nullement
les agriculteurs qui ont appris par expérience combien sont
parfois importantes les sommes qu'on capitalise dans le sol
quand on adopte un assolement véritablement améliorant.

Les terrains qu'on soumet à cette culture ne sont pas fertiles; ils appartiennent à la culture semi-pastorale ou à la
culture granifère. Voici quels sont les chiffres qu'on peut
leur attribuer :

	Valeur foncière.	Valeur locative.	Capital d'exploitation.
Terres légères	300 fr.	15 fr.	700 fr.
Terres moyennes	500	25	600
Terres fortes	800	40	500
Moyennes.	533 fr.	27 fr.	600 fr.

Il résulte de ces données les rapports suivants :

1° Le capital est à la valeur foncière	:: 100 :	43
2° — —	:: 100 :	82
3° — —	:: 100 :	160
Moyenne	100 :	95

1° Le capital est à la valeur locative	:: 100 :	2.1
2° — —	:: 100 :	4.1
3° — —	:: 100 :	8.0
Moyenne	100 :	4.7

Les multiplicateurs de la rente varient comme il suit :

Terres légères	47,0
Terres moyennes	24,0
Terres fortes	12,5
Moyenne	27,8

Les multiplicateurs indiquent uniquement le capital exigé
par la culture. Les dépenses occasionnées par les constructions, la création des routes, le drainage, etc., seront sol-
dées par le capital de réserve que l'exploitant doit avoir,
qu'il soit propriétaire ou fermier du domaine.

Il résulte de ces chiffres que les capitaux nécessaires pour
entreprendre fructueusement une culture améliorante, sont

bien en raison inverse de la qualité et de la valeur vénale des terres.

Conclusions. — Des données générales qui précèdent on peut conclure :

1° Que le capital d'exploitation dans les cultures ordinaires est toujours en raison directe de la valeur foncière et de la valeur locative des terres ;

2° Que les multiplicateurs de la rente sont constamment en raison inverse de son élévation.

Si on groupe les moyennes précitées, on a comme résumé le tableau suivant :

	Valeur foncière.	Rente.	Capital par hectare.
Culture semi-pastorale....	500 fr.	25 fr.	266 fr.
— granifère.........	1630	47	333
— alterne.........	2000	65	500
— industrielle	3230	100	633
— améliorante.	533	27	600
Moyennes. ...	1578 fr.	52 fr.	466 fr.

	Rapports entre le capital et la valeur foncière.	Rapports entre le capital et la rente.
Culture améliorante	100 : 95	100 : 4,7
— pastorale mixte ..	100 : 183	100 : 8.0
— alterne..........	100 : 400	100 : 13.0
— granifère........	100 : 500	100 : 14.0
— industrielle......	100 : 511	100 : 15.8
Moyennes........	100 : 338	100 : 11,1

Ainsi, en moyenne, le capital d'exploitation nécessaire par chaque hectare est le tiers environ de la valeur foncière, et il est 9 fois plus fort que la rente ou la valeur locative.

La moyenne des multiplicateurs, en passant sous silence le chiffre concernant la culture améliorante, est 8, 1.

SECTION III.

Avances exigées par les cultures.

Nécessité de supputer les avances exigées par les cultures. — Données de
M. de Gasparin. — Avances exigées par la jachère, — les plantes fourragères, — les plantes alimentaires, — les plantes industrielles. — Capitaux
fixes et capitaux libres.

On ne doit pas adopter un assolement sans supputer préalablement les avances exigées par la culture des plantes qu'il
comprend. Ces avances par leur ensemble forment, sinon la
totalité, du moins la majeure partie du capital de circulation.

M. de Gasparin n'a pas passé cette importante question
sous silence, mais en indiquant les avances à faire pour les
diverses cultures portées au maximum, il a seulement mentionné les valeurs des travaux, des semences et des engrais
à fournir. Je regrette de ne pouvoir admettre les chiffres
qu'il a indiqués. Ces données depassent de beaucoup les
avances maxima qu'il faut faire par chaque hectare en culture, même dans les circonstances les plus difficiles. On en
jugera par les chiffres suivants que j'extrais du tableau qu'il
a publié :

Betterave.....	3581 fr. par hect.		Maïs............	700 fr. par hect.
Tabac..	2547	—	Pomme de terre.	661 —
Chanvre.. ...	2539	—	Froment.......	572 —
Luzerne.. . ..	1816	—	Ray-grass......	506 —
Carotte.. . . .	1322	—	Seigle........ ..	429 —
Rutabaga.	803	—	Avoine.... ...	352 —
Colza........ ..	769	—	Trèfle....	316 —
Lin..........	757	—		

Il résulte de ces chiffres qu'un assolement de cinq ans :
1° betterave; 2° avoine; 3° trèfle; 4° colza; 5° froment mis

en pratique sur une terre riche et bien fumée, exigerait
annuellement les avances suivantes :

<pre>
        Betterave.................... 3581 fr.
        Avoine.......................   352
        Trèfle.......................   316
        Colza........................   769
        Blé..........................   572
                        Total........ 5590 fr.
</pre>

Soit en moyenne par hectare 1120 fr.

Si la valeur locative était de 120 fr. et les impôts de 15 fr.
environ, les avances totales s'élèveraient en moyenne à
1255 fr. par hectare. Ce résultat ne concorde en aucune manière avec la pratique. Je ferai remarquer que cette avance
moyenne ne représente que la *moitié environ* du capital
d'exploitation.

Voici les chiffres dont je ferai usage lorsque j'étudierai les
assolements :

<pre>
        Jachère..................... 150 fr.
</pre>

A. *Plantes fourragères.*

Carotte......	600 fr.	Topinambour..........	250 fr.
Betterave...	400	Luzerne..............	200
Pomme de terre..	400	Sainfoin............	200
Chou à vaches...	350	Trèfle..............	200
Chou pommé...	300	Vesce, pois gris, etc.....	200
Rutabaga...	300	Lupuline, trèfle incarnat.	150

B. *Plantes alimentaires.*

Blé d'automne ...	400 fr.	Sarrasin	250 fr.
Blé de mars..	350	Haricots...........	250
Seigle....	250	Avoine............	250
Maïs........	250	Lentilles...........	200
Orge.	250		

C. *Plantes industrielles.*

Garance........	2500 fr.	Cardère...........	350 fr.
Lin..........	800	Pavot, œillette........	350
Tabac........	800	Navette............	300
Chanvre.	700	Cameline...........	250
Colza...	450		

Si l'on applique ces chiffres, on a les résultats suivants :

Assolement biennal.

Jachère.	150 fr.
Seigle.	250
Moyenne.	200 fr.

Assolement triennal.

Jachère.	150 fr.
Froment.	400
Avoine.	250
Moyenne.	266 fr.

ou

Jachère.	150 fr.
Froment	400
Maïs.	250
Moyenne.	266 fr.

Assolement quadriennal.

Rutabaga.	300 fr.
Avoine et orge.	250
Trèfle.	200
Froment d'hiver.	400
Moyenne.	292 fr.

Assolement quinquennal.

Betterave.	400 fr.
Avoine.	250
Trèfle.	200
Colza.	450
Blé.	400
Moyenne.	340 fr.

Ces avances moyennes représentent en grande partie le capital de circulation exigé par les assolements. En ayant égard au rapport existant entre le capital fixe et le capital libre (voy. p. 135), on détermine aisément le capital d'exploitation qu'il est indispensable d'avoir. Ainsi :

		Capital fixe		Capital libre.		Capital d'exploitation.
$4 : 5 :: x : 200$	$=$	160	$+$	200	$=$	360 fr.
$4 : 5 :: x : 266$	$=$	212	$+$	266	$=$	478
$4 : 5 :: x : 266$	$=$	226	$+$	266	$=$	478
$4 : 5 :: x : 312$	$=$	229	$+$	287	$=$	516
$4 : 5 :: x : 340$	$=$	272	$+$	340	$=$	612

Ainsi, le capital d'exploitation pourra varier :

1°	entre	350 et 400 fr.
2°	—	475 et 500
3°	—	475 et 500
4°	—	500 et 550
5°	—	600 et 650

Ces divers résultats peuvent être regardés comme des moyennes générales vraies.

SECTION IV.

Époques auxquelles on engage les valeurs formant le capital de roulement.

Importance d'un budget approximatif des dépenses qu'on aura à payer chaque année. — Tableau indiquant les époques des travaux de main-d'œuvre. — Exemples : assolements de trois ans ou de cinq ans. — Conclusion.

Les cultivateurs expérimentés conservent le moins possible d'argent en caisse, parce qu'il ne fructifie pas. Toutefois, s'ils ne gardent que la somme rigoureusement nécessaire pour pouvoir solder des dépenses imprévues d'une
faible valeur, tous connaissent parfaitement les sommes qu'ils
auront à payer à telles ou telles époques.

Tout agriculteur qui dirige une grande exploitation doit,
au commencement de chaque année, établir un budget approximatif des dépenses qu'il aura à faire pour ainsi dire
chaque mois. C'est en consultant de temps à autre cet état
de dépenses, qu'il connaîtra les sommes qu'il devra avoir
en caisse à telles ou telles époques. Alors, et alors seulement, il saura quand il encaissera des valeurs s'il doit les
conserver ou les adresser au banquier qui lui aura ouvert
un compte courant.

L'état indiquant les sommes qu'on aura à payer à telles ou
telles époques varie dans ses détails, suivant les successions
de cultures. Quoi qu'il en soit, il doit comprendre le prix
de location des terres, le gage des agents agricoles, les salaires des journaliers et des tâcherons, les achats de bestiaux
de rente lorsqu'on spécule sur l'engraissement des bêtes
bovines et des bêtes à laine, la valeur des engrais naturels

ou commerciaux qu'on doit importer sur le domaine, et en général toutes les dépenses importantes.

Les salaires des journaliers et des ouvriers travaillant à la tâche, sont les dépenses les plus importantes et les plus difficiles à prévoir. Je vais indiquer par le tableau suivant les époques de ces dépenses.

Plantes.	Printemps.	Été.	Automne.	Hiver.
Avoine	sarclages	récolte..	battage	battage.
Betterave	transplantation	binages.	arrachage	»
Cardère	binages	récolte..	transplantation	»
Carotte	binages	binages.	arrachage	»
Chou pommé	transplantation	binages.	récolte	»
Chou à vaches	transplantation	binages.	effeuillage	effeuillage.
Colza	binages	récolte..	transplantation	»
Chanvre	arrachage	récolte..	préparation	préparation.
Froment	sarclage	récolte..	battage	battage.
Luzerne	récolte	récolte..	récolte	épierrement.
Lin	sarclage	arrach.ᵉ	préparation	préparation.
Navette	»	récolte..	»	»
Orge	sarclage	récolte..	battage	battage.
Pavot	binages	récolte..	»	»
Pomme de terre	plantation	binages.	arrachage	»
Seigle	»	récolte..	battage	battage.
Sainfoin	récolte	récolte..	»	épierrement.
Trèfle	récolte	récolte..	»	épierrement.
Tabac	transplantation	binages.	effeuillage	mise en manoque.
Vesce d'hiver	récolte	»	»	»
Vesce de print.	»	récolte..	»	»

Supposons des assolements différents, et voyons à quelles époques on engagera des capitaux. Nous passons sous silence, bien entendu, les labours, hersages, semailles, etc., tous ces travaux étant exécutés par les animaux de travail et les ouvriers à gages.

1° *Assolement de trois ans.*

1. Jachère.
2. Blé d'hiver.
3. Avoine de printemps.

Si nous supposons cet assolement soutenu par une prairie artificielle, et mis en pratique sur une étendue de 100 hectares, les plantes occuperont chaque année les surfaces suivantes :

Froment	25 hectares.
Avoine	25 —
Luzerne	25 —

Si les terres labourables laissent à désirer quant à leur propreté, il faudra disposer d'un certain nombre de journaliers pendant les mois d'avril et de mai, puisqu'on sera forcé de faire sarcler le froment et l'avoine. Dans le cas contraire, la main-d'œuvre arrivera pour la première fois chaque année sur l'exploitation, à la fin de mai ou au commencement de juin, selon l'époque à laquelle on fauchera la luzerne pour la première fois.

Si la fenaison a lieu à la tâche, et si on paye pour tous les travaux 30 fr. par hectare, il sera nécessaire d'avoir à cette époque 750 fr. en disponibilité.

La moisson des deux céréales aura lieu en juillet ou août, suivant les latitudes et les années. Si on paye 30 fr. par hectare pour la coupe, la fabrication des liens, la mise en gerbes et la confection des dizeaux, on devra disposer à cette époque de 1500 fr.

Si le battage avait lieu en plein air aussitôt la récolte, et s'il revenait en moyenne à 1 fr. l'hectolitre, il serait nécessaire, si chaque hectare produisait 20 hectolitres de froment et 30 hectolitres d'avoine, d'avoir en caisse une somme supplémentaire de 1250 fr.

Enfin, après la moisson, on aura à faucher et à faner la seconde coupe de luzerne. Si ces travaux sont payés 20 fr. l'hectare, on aura à verser entre les mains des tâcherons une nouvelle somme de 500 fr.

En résumé, et en supposant l'exploitation précitée, située dans le département d'Eure-et-Loir, où le battage a lieu en grange pendant l'hiver, l'assolement triennal exigerait que l'exploitant puisse disposer de

750 fr. en juin, 1750 fr. en août et 1250 fr. en novembre.

Ce même cultivateur commettrait une faute impardonnable, si au mois de juin il encaissait 3750 fr., puisqu'il perdrait volontairement en agissant ainsi, environ 100 fr. d'intérêt.

2° Assolement de cinq ans.

1. Betterave	40 000 kilogr.	à l'hectare
2. Avoine	35 hectol.	—
3. Trèfle (foin)	5 000 kil.	—
4. Colza	20 hectol.	—
5. Blé	25 hectol.	—

Nous admettons aussi que cet assolement est soutenu par une prairie artificielle, et qu'il est suivi sur une exploitation de 100 hectares. Chaque sole aura donc au minimum une superficie de 17 hectares.

Voici les dépenses de main-d'œuvre qu'on aura à faire par chaque culture :

1° *Betterave :* 1er binage en mai à 18 fr.; 2e binage en juillet à 15 fr.; arrachage des racines en octobre, à raison de 40 fr. par hectare.

2° *Avoine :* sarclage en mai, à raison de 5 fr.; moisson en août, à raison de 30 fr.; battage pendant l'hiver coûtant 75 cent. l'hectolitre.

3° *Trèfle :* 1re coupe de juin à 30 fr.; 2e pousse récoltée en août, et payée 20 fr.

4° *Colza :* plantation en septembre, à raison de 30 fr.; binage en mars payé 16 fr.; récolte en juillet, payée après le nettoyage des semences, 1 fr. 25 l'hectolitre.

5° *Froment :* sarclage en mai, récolte à la fin de juillet, et battage pendant l'hiver, payé 1 fr. l'hectolitre.

Il résulte de ces détails que l'exploitatnt aura à payer en

Mars.. ...	Binage du colza.........	272 fr.	=	272 fr.
Mai..	Binage des betteraves....	306 fr.		
	Sarclage de l'avoine......	85	—	476 fr.
	Sarclage du froment.	85		
Juin........	Récolte du trèfle.........	510 fr.		
	Récolte de la luzerne.....	510	=	1020 fr.
Juillet.....	Récolte du colza	425 fr.		
	Binage des betteraves ...	255	=	1190 fr.
	Récolte du froment... ..	510		
Août.. ...	Récolte de l'avoine.......	510 fr.		
	Récolte du trèfle.........	340	—	1190 fr.
	Récolte de la luzerne. ...	340		
Septembre..	Plantation du colza.......	510 fr.	=	510 fr.
Octobre.....	Arrachage des betteraves.	680 fr.	=	680 fr.
Hiver......	Battage du froment... ..	425 fr.		
	Battage de l'avoine... ...	445	—	1072 fr.
	Epandage du fumier	102		
	Total			6410 fr.

Tous ces chiffres ont une valeur relative; ils s'élèveront
ou s'abaisseront suivant les produits et le taux des salaires
ou des travaux à la tâche.

SECTION V.

Les époques auxquelles les capitaux engagés deviennent libres.

Comment on dégage les capitaux engagés par les cultures. — Les plantes céréales. — Les plantes oléagineuses. — Les plantes textiles. — Les plantes tinctoriales. — Importance du capital de réserve ou de prévoyance.

L'agriculteur dégage les capitaux qu'il a engagés dans son entreprise par la vente des produits commerciaux ou des animaux qui ont consommé les fourrages qu'il a récoltés.

On peut vendre les foins aussitôt après la fenaison; les pommes de terre et les betteraves immédiatement après qu'elles ont été arrachées.

Il n'en est pas de même des céréales; les grains et les pailles qu'elles fournissent ne peuvent être vendus qu'après le battage que l'on opère tantôt en août, tantôt depuis le mois de novembre jusqu'à la fin d'avril.

Les produits des plantes oléagineuses peuvent être livrés au commerce ou à l'industrie beaucoup plus tôt. Ainsi, il suffit que les graines de colza, navette, cameline, pavot, etc., séjournent quelques semaines dans les greniers après leur récolte qui a lieu à la fin de juin ou au commencement de juillet pour qu'elles soient livrables. Le déchet qu'elles subissent en séjournant longtemps dans les greniers engagent même à les vendre le plus tôt possible.

Les tiges du lin et du chanvre ne deviennent matières échangeables qu'après avoir été préparées. Ordinairement c'est pendant l'hiver qu'on s'occupe, dans les contrées où ces plantes textiles sont cultivées en grand, de les transformer en filasse.

Quant à la garance et au crocus, on livre au commerce les racines et le safran qu'ils fournissent pendant les premiers mois qui suivent leur récolte et leur dessiccation. On agit de la même manière à l'égard du produit du houblon.

Enfin, on ne peut livrer à la régie les feuilles de tabac qu'aux époques déterminées par les arrêtés préfectoraux et qui varient du 15 décembre au 15 février.

L'agriculteur qui exploite un domaine avec un faible capital et qui n'a pas à sa disposition un capital de réserve, doit donc prévoir avec soin les époques où il lui sera possible de réaliser les capitaux dont il a besoin pour la vente des produits qu'il a récoltés.

Toutefois, il agirait contrairement à ses intérêts s'il était forcé chaque année de vendre : 1° une certaine quantité de colza pour solder les dépenses de la moisson; 2° un nombre donné d'hectolitres de blé ou d'avoine afin d'avoir les sommes que réclameront les tâcherons après la plantation du colza ou l'arrachage des pommes de terre ou des betteraves.

Tout cultivateur qui vit au jour le jour, qui se trouve dans la triste nécessité de vendre ses denrées quelle que soit leur valeur sur les marchés, et qui, par conséquent, n'a pas assez de capitaux pour pouvoir conserver à volonté ses produits en magasin pendant au moins six mois, peut être certain de ne jamais faire beaucoup d'argent avec l'agriculture.

On comprendra facilement l'importance d'avoir toujours un capital de réserve placé chez un banquier. Ce *fond de prévoyance* est l'ancre de salut de l'agriculteur intelligent, puisqu'il lui permet d'attendre, lorsque les prix commerciaux ne sont pas rémunérateurs, que la hausse ait succédé à la baisse.

CHAPITRE V.

—

SECTION I.

Travaux exigés par les plantes suivant les récoltes qui les précèdent.

Froment cultivé après jachère. — colza, pavot, navette. — chanvre, lin, fèves, trèfle, maïs, sarrasin. — navets, pommes de terre, betterave, — luzerne. — Seigle d'automne — Avoine d'hiver. — Céréales de printemps après une céréale d'hiver. — après betterave, carotte ou pomme de terre, après luzerne, sainfoin ou pâturage. — Plantes à racines et à tubercules. — Plantes fourragères fauchables après une céréale, — cultivées en culture dérobée. — Plantes industrielles après plantes à racines et à tubercules, — après plantes fourragères fauchables, — après une céréale d'hiver, — après une prairie artificielle bisannuelle.

Il ne suffit pas de savoir si le sol qu'on exploite et le climat qu'on habite conviennent aux plantes qu'on se propose de cultiver, il faut aussi, si l'on veut réussir, connaître quels sont les travaux qu'il est nécessaire d'exécuter sur les terres qu'on leur destine. Ces travaux varient suivant les soles que ces plantes doivent occuper, c'est-à-dire les récoltes qui les précèdent.

Froment d'hiver. — Le froment d'automne occupe dans les assolements cinq positions différentes. Nous allons examiner successivement les unes et les autres.

A. *Froment cultivé après jachère.* — La jachère qui précède un froment d'hiver reçoit trois ou quatre labours. C'est par exception qu'on en exécute cinq et même six. Le dernier labour, qu'on appelle ordinairement *labour de semailles*, doit être exécuté quinze à vingt jours au moins avant de répandre la semence (voir LA PRATIQUE DE L'AGRICULTURE).

Lorsqu'on laboure quatre fois les jachères, on exécute le :

1er labour avant ou après les semailles de mars :
2e — en mai ou en juin :
3e — en juillet ou pendant le mois d'août :
4e — en septembre ou au commencement d'octobre.

Le nombre des labours varie suivant la propreté des terres, la manière d'être des plantes indigènes qui les envahissent et l'état des engrais qu'on doit y incorporer.

B. *Froment cultivé après colza, pavot, navette et cameline.* — Lorsque le froment d'automne suit le colza et le pavot, on exécute trois opérations, savoir :

1° Un déchaumage en juillet ou août :
2° Un labour en août :
3° Un deuxième labour en septembre ou octobre.

Le premier ne doit être fait que lorsque les graines de colza, de navette ou de cameline provenant de l'égrenage ont germé.

C. *Froment cultivé après chanvre, lin et fèves.* — La terre qui a porté une récolte de lin, chanvre ou fèves doit être façonnée deux fois :

1° Un déchaumage en août ou septembre :
2° Un labour ordinaire à la fin de septembre ou au commencement d'octobre.

Le déchaumage peut être remplacé par un labour superficiel.

D. *Froment venant après trèfle, maïs, sarrasin, millet, navet, betterave, pomme de terre ou carotte.* — Ces diverses plantes sont récoltées pendant les mois de septembre ou octobre. Les terres où elles ont végété sont ordinairement propres et en bon état. C'est pourquoi il suffit d'y faire *un seul labour.*

Le labour que l'on exécute sur les tréflières doit être profond, afin que le gazon soit bien enfoui et que le trèfle ne puisse végéter de nouveau.

E. *Froment après luzerne.* — Lorsqu'on fait suivre la luzerne par un blé d'automne, on la défriche à la fin de l'été à l'aide d'un labour profond. Cette opération est la seule qu'on exécute habituellement dans la région du midi.

Seigle d'automne. — Le seigle d'hiver est ordinairement précédé par des façons semblables à celles qu'on donne aux terres destinées au froment d'automne.

Avoine d'hiver. — L'avoine d'hiver vient toujours après un seul labour, qu'elle suive un blé d'hiver ou qu'elle soit précédée par un pâturage.

Céréales de printemps. — Les céréales de mars suivent ordinairement les céréales d'hiver, les plantes à racines et à tubercules, les prairies artificielles vivaces ou les pâturages naturels ou artificiels.

A. *Blé de mars, avoine ou orge de printemps après une céréale d'hiver.* — Lorsque les céréales de mars viennent après un blé ou un seigle d'automne on laboure deux fois les terres. On exécute le :

1er labour en novembre ou décembre :
2e — en février ou mars.

On peut aussi faire précéder le premier labour par un déchaumage exécuté en août aussitôt après la moisson. Cette opération a l'avantage de faciliter la germination des graines de plantes nuisibles que contient la couche arable.

B. *Céréales de printemps après betterave, carotte ou pomme de terre.* — Les terres sur lesquelles on a récolté des plantes à racines et à tubercules et qu'on destine aux céréales de mars exigent aussi deux labours, savoir :

1° Un labour exécuté en novembre et en décembre, avant les gelées;
2° Un labour opéré après les grands froids, en février ou mars.

C. *Avoine après luzerne, sainfoin ou pâturage.* — Les prairies artificielles vivaces qu'on veut faire suivre par une avoine de printemps sont défrichées en décembre ou en janvier au moyen d'*un seul labour profond*. Si le labour était superficiel, la luzerne continuerait à végéter et elle nuirait évidemment à la céréale de printemps.

Plantes à racines et à tubercules. — Les betteraves, carottes, rutabagas, pommes de terre, etc., demandent des terres bien préparées.

A. *Pomme de terre, betterave, carotte et topinambour après une céréale d'hiver.*— Les terres qu'on destine aux pommes de terre, betteraves, etc., exigent trois façons, savoir :

1° Un labour après les semailles d'automne;
.2° Un labour en février, après les grandes gelées;
3° Un labour en mars ou en avril.

Souvent on ne laboure que deux fois les terres destinées au topinambour.

B. *Rutabaga et navet après une céréale d'hiver.* — Le rutabaga et le navet cultivés en *culture spéciale* (voir LES PLANTES FOURRAGÈRES) exigent aussi qu'on laboure trois fois les terres qui leur sont destinées. Ainsi, on exécute :

1° Un labour en février ou mars;
2° Un labour en avril ou mai;
3° Un labour en mai ou juin.

Lorsque ces plantes sont précédées par un fourrage vert d'automne : seigle, vesce, pois gris, trèfle incarnat, etc., plantes qu'on fauche pendant les mois d'avril ou de mai, il suffit de labourer deux fois : 1° en mai, 2° en juin, quelques jours seulement avant la mise en place des plantes ou l'exécution de la semaille.

Les *choux pommés* et les *choux non pommés ou à vaches* demandent les mêmes opérations.

Plantes fourragères fauchables. — Ces plantes ne sont

pas très-exigeantes ; la plupart appartiennent à la classe des *plantes étouffantes.*

A. *Vesce, pois gris et jarosse après une céréale d'hiver ou de printemps.* — Ces plantes légumineuses doivent être semées à la fin de l'été ou au commencement de l'automne. On les fait précéder :

1° Par un déchaumage exécuté en juillet ou août :
2° Par un labour fait en août, septembre ou octobre.

Le *seigle d'automne* et l'*avoine d'hiver*, cultivés comme plantes fourragères, demandent la même préparation.

B. *Plantes cultivées en culture dérobée.* — Le *trèfle incarnat,* les *navets,* la *moutarde blanche* et la *spergule,* cultivés comme récoltes dérobées, n'ont pas besoin de terres complétement préparées. Ordinairement on répand leurs semences sur des terres qu'on a déchaumées ou labourées superficiellement pendant le mois de juillet ou le mois d'août

Plantes industrielles. — Les plantes industrielles exigent des préparations plus ou moins compliquées, selon leur manière d'être et l'état de la terre après la récolte qui les précède.

A. *Lin, chanvre, pavot, tabac après betterave, carotte et pomme de terre.* — Lorsqu'on veut faire suivre les plantes à racines et à tubercules par des plantes industrielles annuelles, il faut façonner deux ou trois fois la couche arable suivant l'époque à laquelle les semis doivent être pratiqués. Ainsi, on opère :

1° Un premier labour avant l'hiver :
2° Un second labour en février ou mars;
3° Un troisième labour en avril ou mai.

B. *Colza ou navette après vesce, jarosse ou pois gris d'hiver.* — Ces fourrages d'automne laissent la terre libre à la fin de mai ou pendant le mois de juin. Alors on exécute :

1° Un premier labour en juin ou juillet :
2° Un second labour à la fin d'août ou au commencement de septembre.

Les terres fortes ou argileuses exigent souvent trois labours. Le deuxième a lieu en août et le troisième quelques jours avant le semis ou la plantation.

C. *Colza ou navette après vesce, pois gris ou lentillon de printemps.* — Ces plantes n'étant fauchées qu'en juillet ou août remplacent un labour.

Ainsi, lorsqu'elles doivent être suivies par le colza d'hiver ou la navette d'automne, on n'exécute que deux façons, savoir :

1° Un premier labour en août ;
2° Un second labour en septembre.

Quelquefois on conduit le fumier sur la terre quand celle-ci est libre et on l'enterre par un labour. Alors cette façon est la seule qu'on donne à la couche arable.

D. *Colza ou navette après une céréale d'hiver ou de mars* — Lorsque le colza ou la navette d'automne doit suivre une céréale d'hiver ou une céréale de printemps on prépare les terres en exécutant :

1° Un déchaumage en juillet ou août ;
2° Un premier labour en août ;
3° Un second labour en septembre.

Quand la couche arable est propre, on la laboure aussitôt après la moisson et on l'ameublit de nouveau par un second labour au moment d'exécuter la plantation du colza ou le semis de la navette.

E. *Colza après trèfle ou sainfoin ayant dix-huit mois de végétation.* — Quand le colza doit suivre un trèfle ou un sainfoin âgé de dix-huit mois, on conduit sur la prairie artificielle, à la fin d'août ou au commencement de septembre, une demi ou un quart de fumure que l'on enfouit en même temps que la troisième pousse par un labour exécuté aussi profondément que le permet l'épaisseur de la couche arable. Ce labour de défrichement précède la plantation du colza de 15 à 20 jours.

F. *Cameline, moutarde blanche et moutarde noire après plantes fourragères bisannuelles.* — Lorsque la cameline ou la moutarde vient après un seigle ou une vesce d'hiver on laboure la terre une seule fois. Cette opération suffit toujours parce que ces plantes fourragères appartiennent à la classe des plantes étouffantes.

Je n'ai pas ajouté aux détails qui précèdent les roulages et les hersages qu'il faut exécuter pour compléter la préparation des terres, car ces opérations sont toujours plus ou moins nombreuses, selon la nature du sol et le volume des semences.

Je ferai observer, toutefois, que j'admets comme principe général qu'un labour, dans les circonstances ordinaires, c'est-à-dire sur les sols argileux et de moyenne consistance, est toujours suivi par un hersage à une dent (voir LA PRATIQUE DE L'AGRICULTURE).

SECTION II.

Travaux qu'on peut obtenir des attelages.

Labours. — Hersages. — Roulages. — Binages. — Transports.

Il n'est pas inutile de rappeler les travaux qu'on peut obtenir des attelages pendant une journée ordinaire de 9 à 10 heures.

Labours. — Les labours que l'on exécute avec les instruments aratoires sont nombreux. Voici les surfaces moyennes qu'on prépare en les exécutant :

1° Labour à plat.

	Avec des chevaux.	Avec des bœufs.
Sol compacte	40 ares.	25 ares.
Sol moyen.....................	50 —	33 —
Sol léger.................. ...	60 —	40 —

2° Labour en billons.

Charrue traînée par des chevaux.................. .... 65 ares.
—   — par des bœufs .... 50 —

3° Premier labour sur les jachères.

Labour d'hiver exécuté avec des chevaux.......... 30 ares.
—   — avec des bœufs............ 23 —

4° Deuxième labour sur les jachères.

Labour exécuté au printemps avec des chevaux..... 40 ares.
—   . — avec des bœufs....... 33 —

5° Troisième labour sur les jachères.

Labour exécuté en été avec des chevaux........... 50 ares.
—   — avec des bœufs............ 40 —

6° Labour de semailles.

Labour exécuté avec des chevaux................ ...... 45 ares.
—   — avec des bœufs............ ...... 35 —

VIII   11

7° Labour exécuté avec bisocs.

Instrument traîné par des chevaux................. 80 ares.
   —   —   par des bœufs.................. 70 —

8° Labour fait avec l'extirpateur.

Instrument à 5 socs traîné par des chevaux........ 150 ares.
   —   à 7 socs   —   par des bœufs.......... 200 —

9° Labour exécuté avec un scarificateur.

Herse Bodin traînée par deux chevaux............. 250 ares.
Herse Bataille traînée par trois chevaux........... 400 —

Hersages. — Les données qui suivent concernent le travail de la herse Valcour ou de la herse trapézoïdale des environs de Paris :

Hersage exécuté sur un sol labouré .... 200 ares.
   —   sur un semis..................... 150 —
   —   sur un sol argileux............... 125 —
   —   sur un sol moyen. .... 200 —
   —   sur un sol léger.................. 300 —
Hersage répété 2 fois sur le même champ.......... 150 ares.
   —   3 fois   —   .... 80 —
   —   4 fois   —   .... 60 —

Roulages. — On peut rouler avec un

Rouleau uni, ayant 1^m.50 de longueur........... 400 ares.
   —   ayant 2 mètres de longueur .... 600 —
Rouleau brise-mottes, de 1^m,50 de longueur....... 300 —

Binages. — Une houe à cheval traînée par un seul cheval permet de

Biner par jour environ 150 ares.

Il résulte des chiffres qui précèdent qu'un hectare exige :

Labour ordinaire..... Sol moyen........... 4 journées de cheval.
                    — 6   —   de bœuf.
Hersage ordinaire.... Herse légère......... 1/2 journée de cheval.
                    — forte........... 1   —   —
Hersage sur semaille.. Herse légère .... 1/3 de journée de cheval.
                    — forte........... 2,3   —   —
Roulage............ Rouleau uni et moyen 1/4 de journée de cheval.
                    — brise-mottes. 2/3   —   —
Binage à la houe à cheval. .... 2/3 de journée de cheval.

Transports. — J'ajouterai à ces données les chiffres suivants :

Un chariot ordinaire ou une charrette traînée par deux chevaux transporte à chaque voyage :

200 bottes ou 1000 kilogr. de foin ;
90 à 100 gerbes de blé ou de seigle, pesant chacune 10 à 13 kilogr. ;
1000 kilogr. ou 1 mètre cube 1/4 de fumier consommé.

Un cheval traîne sur une route en bon état de 700 à 1000 kilogr. de denrées agricoles.

On peut transporter dans une voiture traînée par trois à quatre chevaux :

30 à 40 hectolitres de froment ;
40 à 50   —   de seigle ;
50 à 60   —   d'avoine ;
35 à 40   —   de colza.

Lorsque le marché est éloigné de 8000 mètres de la ferme, on peut faire deux voyages par jour. Au delà de 16 000 à 24 000 on ne peut en faire qu'un seul. Enfin, quand la distance à parcourir varie entre 30 000 et 40 000 mètres, chaque voyage exige deux jours.

SECTION III.

Nombre de journées d'attelage exigées par les cultures.

Froment après jachère, — trèfle. — Colza après blé d'hiver, — trèfle
de 18 mois. — Conclusion.

Les plantes agricoles exigent plus ou moins de journées
d'attelage, selon la position qu'elles occupent dans les assolements et suivant aussi la nature des terres où elles sont
cultivées.

Il est très-important, lorsqu'on a intérêt à supputer le prix
de revient des produits, de bien déterminer les labours, hersages et roulages qu'on aura à exécuter. Nous croyons que
quelques exemples suffiront pour justifier l'importance d'une
appréciation faite avec soin.

Nous supposons le froment occupant deux positions différentes : l'une après jachère, l'autre après trèfle. Nous admet-
trons ensuite que le colza est cultivé d'abord après une céréale d'hiver ou de printemps et ensuite après un trèfle ou
un sainfoin âgé de 18 mois seulement.

Froment après jachère. — Une jachère bien entendue reçoit ordinairement quatre labours et deux hersages. Nous aurons donc par hectare :

```
1er labour exécuté en février ou mars.......  6 journées de cheval.
2e   —   exécuté en mai ou juin..........  5        —
Hersage croisé avant la fumure...........  1        —
3e labour exécuté en juillet et août........  4        —.
4e   —   exécuté en septembre ou octobre..  4 1/3    —
Hersage pour enterrer les semences........  1 1 3    —
                       Total.............  21 j. 2/3
```

Soit environ 22 journées de cheval ou 11 journées d'attelage.

Froment après trèfle. — Le froment cultivé après un trèfle ou un sainfoin de 18 mois exige seulement :

Un labour en septembre, soit..............	5 journées de cheval.
Hersage sur défrichement	1 —
Hersage après la semaille	1 1/3 —
Total..............	7 j. 1/3

Ainsi, le froment qui suit un trèfle de 18 mois exige beaucoup moins de journées de cheval que le froment qui est précédé par une jachère. Cette différence a une grande importance et exerce une influence considérable sur le prix de revient du blé. En effet, si chaque journée de cheval coûte 2 fr., les 14 journées supplémentaires exigées par la jachère augmenteront les dépenses de 28 fr. Si maintenant chaque hectare produit en moyenne 20 hectolitres de blé, le prix de revient de chaque hectolitre se trouvera par ce fait augmenté de 1 fr. 40. Ce résultat justifie de nouveau tout ce qu'on a dit en faveur des assolements dans lesquels les céréales d'automne sont précédées par des prairies artificielles, bisannuelles ou vivaces.

Colza après blé d'hiver. — Sur les exploitations bien dirigées, la plantation du colza qui suit une céréale d'automne ou de printemps est précédée par les travaux suivants :

1° Déchaumage en août avec un scarificateur.	1 journée de cheval.
2° Hersage en septembre.	1 —
3° Labour avant la plantation.............	5 —
Total.......	7 journées de cheval.

Quand le déchaumage est remplacé par un labour ordinaire, on a :

Travaux signalés précédemment	7 journées de cheval.
Labour de déchaumage	4 —
Total.............	11 journées de cheval.

Colza après trèfle de 18 mois. — Le colza qui suit un

trèfle de 18 mois est toujours précédé par un seul labour
exécuté en août. Alors on a :

Labour de défrichement...................... 4 journées de cheval.

Ce qui établit une différence de 7 journées de cheval en faveur du colza placé après un trèfle.

Cette différence, il est vrai, est minime quand le colza est
cultivé sur quelques hectares; mais elle mérite d'être prise
en considération, comme nous le démontrerons plus loin,
quand on opère annuellement sur 15 ou 20 hectares, puisqu'on économise de 100 à 140 journées de cheval et qu'on
simplifie par là les travaux des attelages, qui sont toujours
très-nombreux pendant les mois de septembre et d'octobre
lorsqu'on suit un assolement appartenant à la culture industrielle,

En résumé, il n'est pas possible de déterminer à l'avance
le nombre de journées de cheval exigées par telles ou telles
plantes si on ignore les positions qu'elles occupent dans les
assolements, c'est-à-dire les cultures qui les précèdent.

SECTION IV.

Nombre d'animaux d'attelage exigés par les systèmes de culture.

Comment on connaît le nombre d'animaux d'attelage qu'on peut avoir. — Exemples. — Influence exercée par la manière d'être des charrues. — Nombre d'animaux exigé par les différents systèmes de culture.

Il est difficile d'indiquer d'une manière rigoureuse le nombre d'animaux d'attelage qu'il faut avoir si l'on ne connaît :

1° L'assolement ;
2° La manière d'être des instruments aratoires qu'on doit employer ;
3° La nature et la configuration des terres arables ;
4° L'étendue totale de l'exploitation ;
5° Le morcellement des terres ;
6° L'éloignement des champs de la ferme.

Supposons deux fermes ayant chacune une superficie de 100 hectares et soumises l'une et l'autre au même assolement.

La *première ferme* a des terres argileuses, accidentées, divisées en champs de 4 à 5 hectares éloignés les uns des autres et situés à une assez grande distance des bâtiments d'exploitation.

La *seconde exploitation* existe au milieu d'une plaine ; ses terres ont une consistance moyenne et elles sont divisées en pièces de 4 à 5 hectares groupées les unes à côté des autres autour des bâtiments.

Il est incontestable que la première ferme devra posséder un plus grand nombre d'animaux que la seconde exploitation car les labours et les transports y seront plus difficiles. Ajoutons que les animaux perdront chaque jour beaucoup de temps soit pour se rendre dans les champs, soit pour revenir à la ferme.

Enfin, la forme, la massivité des charrues et les habitudes locales obligent les exploitants à entretenir plus d'animaux de travail que le nombre rigoureusement nécessaire. La culture triennale en usage dans la région septentrionale compte ordinairement une charrue ou trois chevaux par 40 hectares, soit un cheval pour 13 à 14 hectares ; mais les cultivateurs qui, dans les mêmes circonstances, ont remplacé la charrue avec avant-train par l'araire ou par une charrue à roues plus légère ou mieux confectionnée, n'attellent jamais plus de deux chevaux à chaque instrument. Il suit de là que sur la même superficie, 40 hectares, ils n'emploient que deux animaux, soit un cheval par 20 hectares.

On observe de semblables anomalies dans tous les systèmes de culture. C'est pourquoi il est presque impossible d'indiquer *à priori* le nombre exact d'animaux de travail exigé par tel ou tel assolement.

Quoi qu'il en soit, on peut, en négligeant les causes qui font varier le nombre des animaux d'attelage de ferme en ferme dans une contrée où l'on suit un système unique de culture, indiquer d'une manière générale l'étendue qu'on accorde à chaque cheval et le nombre d'animaux de travail qu'on possède par 100 hectares.

On compte par chaque cheval :

1° Culture pastorale mixte de............ 20 à 25 hectares.
2° Culture granifère avec jachère......... 18 à 20   —
3° Culture fourragère... .... 14 à 16   —
4° Culture industrielle.................. 12 à 14   —
5° Culture libre..... ..... ,........... 10 à 12   —

On possède sur 100 hectares :

1° Culture pastorale mixte.............. 4 à 5 chevaux.
2° Culture granifère.................... 5 à 6   —
3° Culture fourragère. .... 6 à 7   —
4° Culture industrielle................. 7 à 8   —
5° Culture libre....................... 8 à 10   —

Si chaque charrue est traînée par deux animaux, on devra
avoir par 100 hectares :

        1° Culture pastorale mixte.............   2 charrues ou attelages.
        2° Culture granifère................   2 à 3   —   —
        3° Culture fourragère..............   2 à 3   —   —
        4° Culture industrielle.............   3 à 4   —   —
        5° Culture libre. ....   4 à 5   —   —

En général, un cheval est remplacé par deux bœufs.

Quelques exemples concernant la culture justifieront les
données qui précèdent :

        Ferme de Rouvray (Eure-et-Loire),   106 hectares et 6 chevaux.
          —   de Mignières (Eure-et-Loire), 200   —   et 11 chevaux.
          —   de Mervilliers (Eure-et-Loire), 300   —   et 16 chevaux.
        Soit, en moyenne, 1 cheval pour 18 à 19 hectares.

Les fermes des environs de Chartres qui achètent des fumiers de cavalerie et qui ont des transports exceptionnels à
faire ont généralement un cheval par 15 à 16 hectares.

SECTION V.

Répartition par mois des travaux d'attelage.

Les travaux des attelages doivent être répartis uniformément pendant toute l'année. — Conséquences résultant d'une bonne ou d'une mauvaise répartition. — Marche à suivre quand on veut connaître si les travaux exigés par un assolement sont bien distribués. — Exemple. — Les saisons agricoles.

Il ne suffit pas pour qu'un assolement puisse être regardé comme bon qu'il réponde à la nature et à la fertilité des terres, au climat, etc., etc., il faut encore qu'il soit conçu de telle sorte que les travaux des attelages soient répartis à peu près également pendant toute l'année

Si les travaux des animaux de travail ne se succédaient pas régulièrement; si pendant plusieurs mois ils étaient très-nombreux tandis qu'ils seraient insignifiants dans d'autres, ces mêmes animaux, à des moments donnés, étant surchargés d'ouvrage, l'exploitant serait obligé d'occuper plus d'animaux de trait que le nombre rigoureusement nécessaire ou d'acheter quelques animaux supplémentaires pour les vendre lorsque les travaux seraient moins nombreux. Dans les deux cas, on augmenterait sans profit les dépenses. Celles-ci pourraient même devenir importantes si les animaux achetés pour un certain temps étaient revendus à perte ou s'ils restaient inactifs pendant un certain temps dans les écuries.

En général, on ne doit acheter des animaux supplémentaires que lorsque des circonstances impérieuses les rendent indispensables, car ces animaux obligent l'exploitant à posséder des harnais plus nombreux et à trouver parmi les journaliers des charretiers temporaires et souvent très-inhabiles dans la conduite des chevaux ou des bœufs.

Lorsqu'on veut connaître comment les travaux des attelages exigés par un assolement sont distribués pendant l'année on trace 13 colonnes sur une feuille de papier. Alors on inscrit dans la première colonne, qui est plus large que les autres, la nature des travaux qu'on aura à exécuter, puis on note dans les autres colonnes, en tête desquelles on a écrit les noms des douze mois de l'année, les journées de cheval nécessaires pour exécuter ces travaux.

Quand tous les chiffres ont été inscrits, on additionne chaque colonne. Les totaux indiquent le nombre de journées de travail pendant chaque mois.

Supposons qu'on veuille savoir comment seront répartis les travaux des attelages sur une exploitation de 80 hectares sur laquelle on se propose de suivre l'assolement triennal appartenant à la culture granifère.

Comme cet assolement doit être soutenu par des prairies artificielles occupant le quart des terres labourables, il en résultera que chaque sole aura une étendue de 20 hectares.

L'exploitation présentera donc chaque année :

20 hectares en jachère ;
20   —   en blé d'automne ;
20   —   en avoine ou orge ;
20   —   en luzerne ou sainfoin.

Ces diverses soles nécessiteront les travaux suivants :

1° JACHÈRE. — *Premier labour* exécuté en février ou mars, 120 journées de cheval, soit 60 en mars et 60 en avril.

Deuxième labour fait en mai et en juin, 100 journées, soit 80 en mai et 20 en juin. Je surcharge le mois de mai parce que les labours de jachère sont les seuls travaux qu'on y exécute.

Troisième labour, 80 journées, 20 en juin, 40 en juillet et 20 en août.

Quatrième labour fait en septembre ou la première quinzaine d'octobre, 87 journées, soit 75 en septembre et 12 en octobre.

Hersage sur le deuxième labour avant la conduite du fumier, 20 journées en juin.

Fumure. Conduite de 400 000 kilogr. de fumier à raison de 10 voyages par jour, les champs étant supposés éloignés de 900 à 1200 mètres de la ferme et chaque voiture attelée de deux chevaux. Nous aurons donc 10 voyages $\times$ 2000 kilogr. $=$ 20 000 kilogr. $\times$ 20 journées $=$ 400 000 kilogr., soit 40 journées de cheval, 10 en juin et 30 en juillet.

2° FROMENT. — *Hersage sur semence*, 27 journées en octobre.

Hersage sur blé en végétation, 20 journées, 10 en mars, 10 en avril.

Rentrée des gerbes, 50 gerbes par hectare, et pour les 20 hectares 10 000 gerbes. 10 voyages par jour à 120 gerbes pour 2 chevaux, soit 16 journées de cheval en août.

3° AVOINE. — *Premier labour*, 120 journées, soit 60 en novembre et 60 en décembre.

Deuxième labour, 120 journées, soit 60 en janvier, 60 en février.

Hersage sur semence, 27 journées, 15 en février et 12 en mars.

Rehersage de l'avoine, 20 journées, 15 en avril et 5 en mai.

Rentrée des gerbes, 350 gerbes à l'hectare ou 7000 pour les 20 hectares. 10 voyages par jour à 100 gerbes, soit 14 journées de cheval en août.

4° LUZERNE. — *Hersage* à la fin de l'hiver, soit 10 journées en février et 10 en mars.

Première coupe, 4000 kilogr. ou 800 bottes de 5 kilogr. à l'hectare, soit pour les 20 hectares 80 000 kilogr. ou 16 000 bottes. 10 voyages par jour à 200 bottes, soit 16 journées de cheval en juin.

Deuxième coupe, 3000 kilogr. ou 600 bottes de foin, soit en totalité 12 000 bottes. 10 voyages par jour à 200 bottes, soit 12 journées de cheval.

Si nous inscrivons toutes ces données dans le tableau mentionné précédemment, nous aurons l'ensemble suivant :

NATURE DES TRAVAUX.	Janvier.	Février.	Mars.	Avril.	Mai.	Juin.	Juillet.	Août.	Septembre.	Octobre.	Novembre.	Décembre.
	j.	j.	j.	j.	j.	j.	j.	j.	j.	j.	j.	j.
Jachère — 1er labour	»	»	60	60	»	»	»	»	»	»	»	»
Jachère — 2e —	»	»	»	»	80	20	»	»	»	»	»	»
Jachère — Hersage	»	»	»	»	»	20	»	»	»	»	»	»
Jachère — Conduite du fumier	»	»	»	»	»	10	30	»	»	»	»	»
Jachère — 3e labour	»	»	»	»	»	20	40	20	»	»	»	»
Jachère — 4e —	»	»	»	»	»	»	»	»	75	12	»	»
Froment — Hersage sur semences	»	»	»	»	»	»	»	»	»	27	»	»
Froment — au printemps	»	»	10	10	»	»	»	»	»	»	»	»
Froment — Rentrée des gerbes	»	»	»	»	»	»	»	16	»	»	»	»
Avoine — 1er labour	»	»	»	»	»	»	»	»	»	»	60	60
Avoine — 2e —	60	60	»	»	»	»	»	»	»	»	»	»
Avoine — Hersage sur semences	»	15	12	»	»	»	»	»	»	»	»	»
Avoine — Rehersage	»	»	»	15	5	»	»	»	»	»	»	»
Avoine — Rentrée des gerbes	»	»	»	»	»	»	»	14	»	»	»	»
Luzerne — Rentrée. 1re coupe	»	»	»	»	»	16	»	»	»	»	»	»
Luzerne — 2e coupe	»	»	»	»	»	»	»	12	»	»	»	»
Luzerne — Hersage	»	10	10	»	»	»	»	»	»	»	»	»
Totaux	60	85	92	85	85	86	70	62	75	49	60	60

Quand on compare entre eux ces divers totaux on voit qu'ils sont peu différents les uns des autres. En définitive, le mois de mars est le seul qui soit un peu chargé. Il n'y a pas lieu de s'en préoccuper, car si les circonstances l'exigent on pourra ne terminer les semailles d'avoine que pendant le mois d'avril ou reporter la première moitié du premier labour de jachère au mois suivant. A cette époque de l'année les jours sont plus beaux et plus longs. On pourra aussi décharger les mois de novembre et de décembre en labourant une partie de la troisième sole pendant la seconde quinzaine d'octobre.

Si on prend la moyenne de tous les totaux mensuels et si on la divise par le nombre moyen de jours ouvrables de chaque mois, on obtient un chiffre représentant le nombre minimum de chevaux que l'exploitation devra posséder.

Chaque mois, déduction faite des dimanches et fêtes et des jours pluvieux, ne compte pas en moyenne au delà de 18 jours ouvrables. Si donc on divise la moyenne des totaux, qui est de 74 pour 18, on obtient le chiffre 4.

On peut aussi, lorsqu'on observe des différences assez grandes entre les divers totaux mensuels, n'avoir égard qu'à la moyenne des six plus forts nombres. La moyenne des mois de février, mars, avril, mai, juin et septembre est 84. Si on divise cette moyenne par 18, on obtient 4 66/100, chiffre qui indique qu'il ne sera pas nécessaire d'avoir plus de 5 chevaux.

En supposant 20 jours ouvrables par mois, on constaterait encore que 4 chevaux seraient insuffisants pendant six mois de l'année.

Le tableau qui précède indique les travaux que l'on aura à exécuter pendant chaque saison.

Toutefois, l'année agricole ne commence pas en même temps que l'année civile et les saisons agricoles n'ont pas cette uniformité de durée qu'on leur accorde ordinairement. Ainsi, pour les agriculteurs de la région septentrionale :

L'hiver dure 106 jours ou 3 mois et demi; il commence après les semailles d'automne et se termine à l'époque des semailles d'avoine de mars.

Le printemps dure 122 jours ou 4 mois; il commence avec les semailles de printemps et finit au moment de la récolte des foins.

L'été dure 2 mois ou 60 jours; il commence à la fenaison et se termine avec la moisson.

L'automne dure 75 jours ou 2 mois et demi et finit avec les semailles des céréales d'hiver.

Il suit de là que l'on aura à employer, d'après le tableau précité, pendant

L'hiver................	210 journées de cheval.
Le printemps..........	357 —
L'été.................	178 —
L'automne.............	124 —
Total..........	869 journées de cheval.

Les saisons agricoles ne commencent pas aux mêmes époques dans la région du midi.

L'hiver dure 60 jours ou deux mois; il commence au 1er décembre et se termine au 31 janvier.

Le printemps dure 120 jours ou 4 mois; il commence le 1er février et se termine à la fin de mai.

L'été dure 3 mois et demi; il commence le 1er juin et finit avec les vendanges.

L'automne dure 2 mois et demi; il commence à la mi-septembre et se termine à la fin de novembre.

SECTION VI.

Travaux qu'on peut exiger des journaliers.

Les travaux de main-d'œuvre sont confiés, ainsi que nous l'avons dit, à des journaliers ou à des tâcherons.

Voici la quotité de travail qu'on peut exiger par jour d'un ouvrier valide, intelligent et convenablement payé. Ces données serviront de base pour les calculs que nous aurons à faire dans le cours de cet ouvrage.

Arrachage...... ..	Betterave.............	8 à 10 ares.
Battage.........	Froment...............	150 litres.
	Avoine...............	300 —
Binage..........	Betterave, colza.......	10 à 15 ares.
Bottelage........	à 3 liens..............	300 à 400 bottes.
	à 1 lien..............	500 à 600 —
Coupe du colza........................		15 à 20 ares.
Fanage..........	Prairie ordinaire.......	35 à 40 ares.
	— productive.....	25 à 30 —
Fauchage.......	Prairie naturelle.......	30 à 40 ares.
	— artificielle......	50 à 60 —
Moisson.........	à la faucille.	18 à 20 ares.
	à la faux.............	40 à 60 —
	à la sape.............	30 à 40 —
Liage des gerbes.......................		500 à 700 gerbes.
Transplantation........................		8 à 15 ares, selon le

nombre de plants par mètre carré.

En connaissant le prix moyen de la journée de travail on peut aisément, à l'aide de ces données, déterminer le prix des travaux à la tâche. Supposons le prix de la main-d'œuvre à 2 francs par jour pendant le mois de juillet. Si l'on veut proposer la coupe des blés à la tâche à des ouvriers agissant avec la faucille il faudra multiplier 5 × 2 francs. 10 francs sera le prix minimum qu'on devra offrir par hectare.

SECTION VII.

Prix moyens des travaux exécutés à la tâche.

Les prix des travaux à la tâche sont plus ou moins élevés selon la valeur de la main-d'œuvre.

Voici les chiffres que nous avons admis comme base :

Arrachage.	Betterave.	25 à 30 fr. l'hectare.
	Pavot.	15 à 20 —
	Lin ordinaire.	20 à 30 —
	Lin ramé.	35 à 50 —
Battage au fléau.	Froment.	1ᶠ, » l'hectolitre.
	Orge.	» ,60 —
	Avoine.	» ,30 —
	Pavot.	1 ,50 —
	Colza.	1 ,25 —
Bottelage.	à 3 liens.	1 ,50 les 100 bottes.
	à 1 lien.	1 , » —
Binage des plantes sarclées.	Premier binage.	20 à 25 fr. l'hectolitre.
	Deuxième —	16 à 18 —
	Troisième —	12 à 15 —
Criblage des semences		»ᶠ,10 l'hectolitre.
Fanage des prairies.		12 à 15 fr. l'hectare.
Fauchage des prairies.		8 à 10 fr. l'hectare.
Moisson.	Blé et seigle.	20 à 30 fr. l'hectare.
	Avoine.	15 à 20 —
Plantation du colza.		20 à 30 fr. l'hectare.
Sarclage des céréales.		3 à 5 fr. l'hectare.

Ces prix étaient moins élevés il y a vingt ans. Cette augmentation a pour cause l'accroissement des salaires et la rareté des bras dans les campagnes à l'époque de la fenaison, de la moisson et de l'arrachage des racines et des tubercules.

SECTION VIII.

Journées de main-d'œuvre exigées par les cultures.

Froment. — Avoine. — Luzerne. — Colza. — Betterave.

Toutes les plantes n'exigent pas le même nombre de journées de main-d'œuvre. Les plus exigeantes sous ce rapport sont les plantes à racines et à tubercules et les plantes industrielles. Celles qui en demandent le moins sont les céréales et surtout les plantes fourragères fauchables.

Lorsqu'on a arrêté un assolement, il est nécessaire, avant de le mettre en pratique, de supputer le nombre de journées de main-d'œuvre qu'il exigera annuellement. C'est en agissant ainsi qu'on arrive à connaître si on trouvera dans la localité un nombre suffisant de journaliers et quelles seront les dépenses en main-d'œuvre qu'on aura à solder.

Supposons qu'on a intérêt à savoir le nombre de journées de main-d'œuvre exigées par le froment, l'avoine, le trèfle ou la luzerne, le colza et la betterave.

Froment. — Cette céréale, après sa germination, ne demande que des sarclages. Quand elle est presque mûre on la coupe à la faucille, à la faux ou à la sape.

Supposons encore qu'elle soit moissonnée à la faux. Nous aurons alors pour chaque hectare cultivé :

	Hommes.	Femmes.
Sarclages divers..	» journées.	4 journées.
Fauchage......	2 —	2 —
Liage..... ,.....	1 —	1 —
Chargement..............	1 —	» —
Mise en meules.	1 —	» —
Battage au fléau..........	12 —	» —
Totaux......... ...	17 journées.	7 journées.

Cette céréale est supposée produire 20 hectolitres à l'hectare.

Avoine. — Cette plante est semée en mars et cultivée sur une terre labourée à plat.

	Hommes.	Femmes.
Sarclages divers	» journées.	4 journées.
Fauchage	2 —	2 —
Liage	1 —	1 —
Chargement	1 —	» —
Mise en grange	1 —	» —
Battage au fléau	10 —	» —
Totaux	15 journées.	7 journées.

Je ne compte que quatre journées de femmes, parce que je suppose que la propreté du sol est ordinaire.

Cette avoine doit produire 30 hectolitres à l'hectare.

Luzerne. — Cette plante fournit deux coupes.

	Hommes.	Femmes.
Fauchage	4 journées.	» journées.
Fanage	2 —	6 —
Mise en meule	2 —	6 —
Bottelage	4 —	3 —
Totaux	12 journées.	15 journées.

La luzerne est supposée produire 4000 kilogr. de foin à la première coupe et 3000 kilogr. à la seconde.

Colza. —Cette oléagineuse est semée en pépinière et transplantée au commencement d'octobre.

	Hommes.	Femmes.
Transplantation	8 journées.	4 journées.
Binage	8 —	» —
Coupe	6 —	» —
Battage au fléau	5 —	5 —
Criblage	1 —	» —
Totaux	28 journées.	9 journées.

Cette plante doit produire en moyenne 20 hectolitres par hectare.

Betterave. — Cette plante est semée en place et en lignes.

	Hommes.	Femmes.
Premier binage	10 journées.	» journées.
2ᵉ binage et éclaircissage	10 —	» —
Arrachage	8 —	» —
Décolletage et nettoyage	» —	8 —
Chargement	2 —	» —
Mise en silos	10 —	» —
Totaux	40 journées.	8 journées.

La betterave doit produire en moyenne 40 000 kilogr. de racines par hectare ou environ 80 mètres cubes.

Ces diverses plantes se classent naturellement de la manière suivante :

	Hommes.	Femmes.	Total.
Luzerne	12 journées.	15 journées.	27 journées.
Avoine	15 —	7 —	22 —
Froment	17 —	7 —	24 —
Colza	28 —	9 —	37 —
Betterave	40 —	8 —	48 —

Le lin, le chanvre, le tabac et la garance exigent une main-d'œuvre plus considérable que le colza et la betterave.

On doit conclure de ces quelques exemples que la culture des plantes sarclées et de la plupart des plantes industrielles n'est possible en grand que dans les contrées où la population est à la fois abondante et active.

Le grand nombre de journées exigées par le colza, la betterave, etc., etc., permet de dire qu'il est très-important, si on veut que les recettes brutes dépassent de beaucoup les dépenses, de préférer pour l'exécution des binages des travaux de récolte, etc., les tâcherons aux journaliers.

SECTION IX.

Répartition par mois des travaux de main-d'œuvre.

Utilité des tableaux indiquant la répartition par mois des travaux de main-d'œuvre. — Difficultés que présente leur rédaction. — Ces tableaux font connaître le nombre de journées qu'on a à solder mensuellement. — Exemple. — Marche à suivre pour connaître le nombre de faucheurs ou de moissonneurs dont on aura besoin.

Le tableau indiquant la répartition par mois des journées d'attelage n'est pas le seul qu'il faut établir. On se trouve aussi dans la nécessité de connaître comment la main-d'œuvre exigée par l'assolement qu'on veut adopter se répartira dans le courant de l'année. On résout aussi ce second problème à l'aide d'un tableau spécial.

Le tableau indiquant la répartition par mois de la main-d'œuvre présente un autre intérêt. Il permet d'arrêter à l'avance les bras dont on aura besoin pendant la fenaison, la moisson, etc.

En outre, il fait connaître, lorsqu'il a été dressé avec soin, 1° le nombre de journées d'hommes et de femmes qu'on aura à solder chaque mois; 2° la somme qu'on devra avoir en caisse mensuellement.

Les tableaux indiquant la répartition par mois des travaux de main-d'œuvre, se font facilement quand il s'agit de successions de culture appartenant à l'agriculture fourragère ou à la culture céréale; mais leur exécution présente quelques difficultés s'il est question d'assolements industriels. Dans ce dernier cas, il est important de bien connaître toutes les opérations culturales exigées par les plantes qu'on se propose de cultiver et surtout les époques auxquelles elles doivent être faites.

Les nombreux détails que j'ai donnés dans LES PLANTES INDUSTRIELLES permettront, si l'on a égard à la région dans laquelle on réside, de dresser ces tableaux de manière qu'ils soient aussi complets que possible.

On trouvera dans LA PRATIQUE DE L'AGRICULTURE toutes les données nécessaires pour évaluer le nombre de journées de main-d'œuvre exigé par les divers travaux : sarclage, fauchage, fanage, bottelage, etc., etc. Toutefois, les données que j'ai inscrites dans ce volume, page 175, suffiront pour dresser les tableaux concernant la culture des principales plantes agricoles : froment, seigle, avoine, betterave, luzerne, trèfle, sainfoin et colza.

En général, les récoltes des plantes céréales et des plantes composant les prairies artificielles et naturelles, exige moins de journées de main-d'œuvre dans la région méridionale que dans les contrées septentrionales. On sait que les pluies prolongent souvent dans le Nord la fenaison et la moisson.

Nous prendrons comme application la ferme de 80 hectares pour laquelle nous avons dressé le tableau de l'emploi des animaux de travail. On se rappelle que cette exploitation a chaque année 20 hectares en blé d'hiver, 20 hectares en céréales de mars, 20 hectares en luzerne ou sainfoin et 20 hectares en jachère.

Cette ferme étant située dans le département d'Eure-et-Loir, nous admettons que les céréales sont fauchées à l'époque de leur maturité, mises en gerbes, conservées en meules et battues en grange par des ouvriers à l'aide du fléau.

. Le tableau qu'il est indispensable de disposer doit aussi présenter treize colonnes (voir page 183).

TABLEAU INDIQUANT LA RÉPARTITION DES TRAVAUX DE MAIN-D'OEUVRE EXIGÉS PAR L'ASSOLEMENT TRIENNAL.

NATURE DES TRAVAUX.	Janvier.		Février.		Mars.		Avril.		Mai.		Juin.		Juillet.		Août.		Septemb.		Octobre.		Novemb.		Décemb.	
	H.	F.	H.	F.	H.	F.	H.	F.	H.	F.	H.	F.	H.	F.	H.	F.	H.	F.	H.	F.	H.	F.	H.	F.
Prairies — Fauchage..	»	»	»	»	»	»	»	»	»	»	40	»	»	»	40	»	»	»	»	»	»	»	»	»
Prairies — Fanage....	»	»	»	»	»	»	»	»	»	»	20	60	»	»	20	60	»	»	»	»	»	»	»	»
Prairies — Emmeulage	»	»	»	»	»	»	»	»	»	»	20	60	»	»	20	60	»	»	»	»	»	»	»	»
Prairies — Bottelage..	»	»	»	»	»	»	»	»	»	»	40	20	»	»	40	20	»	»	»	»	»	»	»	»
Prairies — Emmagas^ge.	»	»	»	»	»	»	»	»	»	»	10	»	»	»	10	»	»	»	»	»	»	»	»	»
Froment — Sarclage...	»	»	»	»	»	»	»	80	»	»	»	»	»	»	»	»	»	»	»	»	»	»	»	»
Froment — Fauchage..	»	»	»	»	»	»	»	»	»	»	»	»	40	40	»	»	»	»	»	»	»	»	»	»
Froment — Liage......	»	»	»	»	»	»	»	»	»	»	»	»	»	»	20	20	»	»	»	»	»	»	»	»
Froment — Emmeulage	»	»	»	»	»	»	»	»	»	»	»	»	»	»	20	»	»	»	»	»	»	»	»	»
Avoine — Sarclage...	»	»	»	»	»	»	»	»	»	80	»	»	»	»	»	»	»	»	»	»	»	»	»	»
Avoine — Fauchage..	»	»	»	»	»	»	»	»	»	»	»	»	»	»	40	»	»	»	»	»	»	»	»	»
Avoine — Liage......	»	»	»	»	»	»	»	»	»	»	»	»	»	»	20	20	»	»	»	»	»	»	»	»
Avoine — Emmeulage	»	»	»	»	»	»	»	»	»	»	»	»	»	»	10	»	»	»	»	»	»	»	»	»
Battage — Froment...	40	»	40	»	40	»	40	»	»	»	»	»	»	»	»	»	»	»	»	»	40	»	40	»
Battage — Avoine....	34	»	34	»	34	»	34	»	»	»	»	»	»	»	»	»	»	»	»	»	34	»	34	»
Totaux.........	74	»	74	»	74	»	74	80	»	80	130	140	40	40	240	180	»	»	»	»	74	»	74	»

Les colonnes des mois sont séparées par une ligne afin d'inscrire d'un côté les journées des hommes et de l'autre les journées des femmes.

La fauchaison des prairies artificielles a lieu en juin. La moisson des céréales commence dans la seconde quinzaine de juillet; on la termine habituellement pendant la seconde quinzaine d'août.

Ainsi, l'assolement triennal appartenant à la culture céréale mis en pratique sur 80 hectares exige 40 journées de faucheurs en juin, juillet et août.

Si le fauchage devait être terminé en 8 jours, il faudrait arrêter 5 faucheurs. Si on voulait aussi terminer le fanage dans le même laps de temps, on serait forcé d'avoir 10 à 12 faneuses.

Si au mois d'août l'avoine avait terminé rapidement ses dernières phases de végétation et si on voulait couper en 5 jours les 20 hectares qu'elle occupe, il faudrait s'arranger de manière à avoir 8 faucheurs.

Quant au battage des céréales, comme il a lieu en grange et qu'on peut compter pour ce travail 25 jours ouvrables par mois, on sera forcé, si on veut que cette opération soit terminée en 6 mois, d'avoir chaque jour 3 batteurs en grange.

CHAPITRE VI.

LE MATÉRIEL.

—

Les instruments qu'il est nécessaire d'avoir varient suivant les assolements. — On ne doit acheter que les instruments et appareils dont on a besoin. — Les cultures seules doivent appeler les machines agricoles. — Instruments exigés par l'agriculture pastorale mixte, — la culture céréale, — la culture fourragère, — la culture industrielle. — Influence exercée par la nature du sol, les marnages, etc. — Instruments supplémentaires.

Les cultivateurs praticiens ont toujours un matériel agricole satisfaisant, mais peu compliqué. Les agriculteurs qui débutent dans la carrière agricole, au contraire, s'imaginent qu'il est urgent d'avoir un matériel compliqué, et que plus ils pourront se procurer d'instruments nouveaux et de machines modernes dites perfectionnées et plus ils gagneront d'argent. C'est une profonde erreur.

Les instruments aratoires qu'il est nécessaire d'avoir sont plus ou moins nombreux, selon l'étendue de l'exploitation qu'on dirige et le système de culture qu'on veut suivre. D'un autre côté, ces machines sont plus ou moins variées, suivant la nature des terres qu'on doit cultiver et l'assolement qu'on a choisi.

Si l'on veut réussir on ne doit pas engager inutilement et même avec perte des capitaux considérables ; il faut, au début, n'acheter que les instruments, les appareils et les machines dont on a réellement besoin. Les autres instruments et machines seront introduits sur le domaine quand la nécessité l'exigera. Je ferai observer qu'on ne doit jamais oublier cette importante maxime agricole : *Les cultures doivent seules appeler les instruments et les machines.* C'est mal connaître la pratique de l'agriculture que de croire qu'on doit suivre tel système de culture ou tel autre, ou cultiver une plante de préférence à d'autres parce qu'on a acheté telle ou telle machine agricole.

On cite chaque jour les revers qu'ont éprouvés les propriétaires riches qui ont entrepris de faire valoir. Ces non-réussites ont eu souvent pour cause un engouement irréfléchi en faveur des instruments nouveaux. Je connais un de ces néophytes qui achète sans les connaître tous les instruments et machines qu'on lui propose. Ce qui est plus remarquable, c'est qu'il ignore comment on règle et gouverne la plupart de ceux qu'il possède. S'il avait employé à acheter des engrais la somme importante qu'il a follement dépensée depuis 1855, son exploitation serait aujourd'hui mieux pourvue de fourrages et son bétail serait plus nombreux et en meilleur état. En outre, les cultivateurs intelligents de la contrée dans laquelle il réside auraient plus de confiance dans les conseils qu'il se plaît à leur donner.

Tout cultivateur éclairé doit s'attacher à avoir des instruments simples, solides et d'une conduite facile. Le prix d'un instrument bien construit n'est jamais trop élevé s'il est nécessaire et s'il doit contribuer à diminuer les capitaux engagés par les cultures.

Enfin, avant d'acheter un instrument ou une machine, il faut bien se rendre compte de son utilité et examiner comment on pourra le faire réparer s'il venait à se détériorer.

Les instruments, appareils et machines qu'on achète sans nécessité représentent un capital qui reste improductif et qui s'anéantit même avec le temps. La plupart des cultivateurs anglais ont, quoi qu'on en dise, des instruments peu nombreux et plus simples. Le faible matériel que j'ai trouvé dans les fermes en Angleterre et en Écosse prouve une fois de plus de la manière la plus évidente combien est grand le bon sens pratique des intelligents agriculteurs de ces pays.

L'*agriculture pastorale mixte* exige peu d'instruments et de machines, parce que ses cultures ne sont pas très-variées. Elle oblige à posséder seulement des :

Charrues ou araires,	Machine à battre.
Herses,	Tarare.
Rouleaux,	Cylindre trieur,
Buttoir ou areau.	Voitures.

La *culture céréale* exige les mêmes instruments et machines. Toutefois, lorsque ce système est suivi sur des terres un peu fortes et fécondes et sur des fermes appartenant à la grande culture, on doit avoir comme instruments et machines complémentaires un ou plusieurs :

Bisocs,	Faucheuse mécanique,
Scarificateur.	Moissonneuse mécanique.

La *culture fourragère* demande d'abord tous les instruments et les machines exigés par la culture céréale ; en outre elle oblige à avoir un ou plusieurs :

Semoir à cheval.	Coupe-racines,
Rayonneur,	Hache-paille,
Charrue sous-sol.	Laveur de racines.
Houe à cheval.	

La *culture industrielle* est l'agriculture qui demande le matériel le plus complet. Toutefois, ce matériel varie suivant les plantes qu'elle cultive. Ainsi, indépendamment de tous les instruments et machines que la culture fourragère oblige à acheter, elle force le cultivateur à posséder un ou plusieurs :

Concasseur de grain et concasseur de tourteaux,
Civières et bâches s'il cultive des plantes oléagineuses.
Broies et sérans s'il cultive le chanvre ou le lin.

Tous ces systèmes de culture demandent, en outre, des charrettes ou des chariots et des tombereaux.

Voici, sous un point général, les instruments et les machines qu'on doit avoir quand on fait valoir une ferme ayant 100 hectares.

	Culture céréale.			Culture fourragère.			Culture industrielle.		
Charrues ordinaires...	4 ou 1		p^r 25^hect	5 ou 1		p^r 20^hect	6 ou 1		p^r 16^hect
— bisocs......	1	1	100	1	1	100	1	1	100
— sous-sol.....	1	1	100	2	1	50	1	1	100
Buttoirs............	1	1	100	2	1	50	2	1	50
Scarificateur.........	1	1	100	1	1	100	1	1	100
Herses.............	4	1	25	5	1	20	6	1	16
Rouleaux...........	2	1	50	2	1	50	2	1	50
Semoir.............	»	»	»	1	1	100	1	1	100
Houe à cheval.......	»	»	»	2	1	50	2	1	50
Machine à battre.....	1	1	100	1	1	100	1	1	100
Tarare.............	1	1	100	1	1	100	1	1	100
Cylindre trieur.......	1	1	100	1	1	100	1	1	100
Coupe-racines........	»	»	»	1	1	100	1	1	100
Hache-paille.........	1	1	100	1	1	100	1	1	100
Charettes ou chariots.	3	1	33	3	1	33	3	1	33
Tombereaux.........	2	1	50	4	1	25	3	1	33

Ainsi, les instruments et les machines sont d'autant plus nombreux que le système de culture est plus compliqué.

Si la culture fourragère exige plus de véhicules que la culture céréale, c'est qu'elle produit ordinairement des betteraves, des carottes, etc., plantes qu'on arrache au commencement de l'automne et qu'on transporte ordinairement à la ferme à l'aide de tombereaux.

Les terres non calcaires sur lesquelles on exécute des marnages ou des chaulages obligent aussi à posséder des véhicules plus nombreux que ceux que nécessite l'exploitation des terres calcaires.

Enfin, j'ajouterai que la culture industrielle et surtout la culture libre, pour lesquelles on a ordinairement de nombreux transports à exécuter, exigent toujours des voitures en plus grand nombre que la culture céréale.

Les nombres inscrits dans le tableau précédent comprennent les charrues et les herses supplémentaires destinées à remplacer dans un moment donné les instruments qui seraient temporairement hors de service par suite de détériorations.

Les instruments et machines agricoles qui me paraissent nécessaires pour cultiver une exploitation de 100 hectares ne forment pas une nomenclature invariable.

Ceux que j'ai inscrits dans le tableau ci-dessus sont le résultat d'une évaluation moyenne. Aussi est-ce bien à tort qu'on penserait qu'il est indispensable d'avoir exactement toutes les charrues, herses, tombereaux, etc., qui y figurent.

CHAPITRE VII.

LES MATIÈRES FERTILISANTES.

—

Il faut trois choses pour réussir lorsqu'on a choisi un assolement : 1° de l'intelligence pratique; 2° des capitaux suffisants ; 3° fumer la terre à une dose convenable.

Lorsqu'on ne fume pas suffisamment le sol qu'on cultive, les matières organiques qu'il contient disparaissent d'année en année et la fécondité de la couche arable diminue plus ou moins promptement selon les plantes qu'on y cultive.

Cet épuisement est tantôt général, tantôt spécial. Il est général quand les plantes enlèvent à la terre toutes les matières utiles qu'elle contient. Il est spécial si les plantes ne font disparaître que quelques-uns de ses éléments solubles constitutifs.

On remédie à cette prostration de fertilité à l'aide des fumiers, des engrais animaux, des engrais végétaux et de plusieurs engrais commerciaux.

Nonobstant, la fumure doit être aussi exactement que possible en rapport, quant à ses effets, avec les besoins des plantes qu'on se propose de cultiver et la durée de l'assolement qu'on a choisi.

En caractérisant d'une manière générale les divers systèmes de cultures, nous avons distingué les systèmes agricoles qui ont permis à la terre de conserver son degré de richesse, des systèmes à l'aide desquels on a diminué ou élevé la fécondité des terres arables. Ces systèmes si différents les uns des autres se maintiendront tant qu'on continuera à conserver aux fumures leur même degré de fertilisation.

Les fumures, quelles qu'elles soient, se composent de deux parties distinctes. La première, que j'appellerai *fumure d'entretien*, est principalement destinée à maintenir à la terre son degré de richesse. La seconde, que je nommerai *fumure de fertilisation*, est appliquée dans le but d'accumuler dans le sol à chaque rotation une certaine quantité de matières organiques et d'augmenter par là la fertilité de la terre.

Si l'on se contente, dans une culture donnée, d'appliquer simplement une fumure d'entretien, on maintient la richesse du sol toutes les fois que la faculté épuisante des plantes n'excède pas la force de la fumure. Alors on fait de la *culture stationnaire*.

Quand, par contre, les plantes, après avoir accompli toutes leurs phases d'existence, ont enlevé entièrement la fumure d'entretien et soutiré de plus à la terre une partie de sa richesse naturelle et initiale, le sol, par suite de cette *culture épuisante*, reste moins productif, puisqu'il a perdu une partie de sa fécondité.

Enfin, si la fumure est complète, c'est-à-dire si elle comprend d'abord tout l'engrais nécessaire aux plantes composant l'assolement et ensuite une quantité plus ou moins grande de parties organiques et inorganiques utiles excédant leurs besoins et destinée à rester dans le sol à la fin de la rotation, ce dernier augmente en fécondité. Ainsi, quand à chaque rotation on capitalise dans la terre l'engrais constituant la fumure d'augmentation, on fait de la *culture améliorante*.

Il ressort de ces observations que l'engrais est tout en agriculture et rend la terre plus ou moins féconde et les systèmes de culture et les assolements plus ou moins productifs.

On fertilise convenablement les terres dans le nord de la France, mais dans les autres contrées, en général, on n'attache pas assez d'importance aux engrais et surtout aux fumiers. C'est pourquoi l'agriculture est encore très-arriérée dans un grand nombre de localités. Sans être anglomane, je dirai que les Anglais nous ont devancés depuis longtemps dans l'emploi des engrais.

Il est très-vrai qu'on achète aussi en France des engrais commerciaux et que les quantités employées atteignent annuellement un chiffre considérable, mais on emploie généralement fort mal ces engrais artificiels. Si, au lieu de les destiner uniquement aux plantes alimentaires et même aux plantes industrielles, on les utilisait pendant quelques années dans la culture des plantes fourragères, on arriverait en peu de temps à doubler le nombre des animaux domestiques et à fabriquer deux fois plus de fumier. C'est donc bien à tort qu'on ne cesse de répéter, en France, dans les localités où l'agriculture a fait encore peu de progrès : *des engrais! des engrais!* Le jour où à ces cris de détresse succéderont ces mots : *des fourrages! des fourrages!* on pourra fabriquer plus de fumier et obtenir des récoltes plus abondantes, car si *les petites fumures* sont suivies de *petites récoltes* et par conséquent de *petits bénéfices*, les *grosses fumures* ont pour résultats de *grosses récoltes* et de *gros bénéfices!*

Toutes les fumures n'ont pas la même durée d'action. Les unes agissent pendant trois, quatre et quelquefois cinq années; les autres disparaissent à la fin de la deuxième année. Enfin, quelques-unes n'agissent que pendant l'année où elles ont été appliquées. Ces anomalies sont naturelles; elles résultent de la facilité avec laquelle se décomposent les éléments qui constituent les engrais. La poudrette, le guano, la colombine, le sang, etc., appartiennent à la classe qui comprend les engrais annuels; la chair de cheval desséchée, le tourteau, le noir animal, le fumier décomposé, etc., doivent être rangés parmi les matières fertilisantes qui agissent pendant deux années. Enfin, les chiffons de laine, les fumiers frais, etc., persistent dans le sol pendant trois ou quatre années.

Les *fumures de longue durée* ne conviennent pas aux plantes annuelles et très-exigeantes; on doit les réserver de préférence pour les plantes bisannuelles ou vivaces. Les *fumures de courte durée* sont principalement en usage dans la culture des plantes industrielles annuelles; on les applique aussi sur les plantes bisannuelles ou vivaces en végétation dans le but d'accroître leur vigueur et leur développement.

En général, il vaut mieux, surtout sur les terres légères, perméables et brûlantes pendant l'été, fumer tous les deux ou trois ans que d'appliquer en tête de chaque rotation des fumures considérables destinées à satisfaire les besoins des plantes pendant cinq ou six années consécutives. Les terres calcaires et les sols sablonneux demandent des fumures plus répétées que les terres argileuses ou argilo-siliceuses.

Les *engrais naturels organiques* constituent seuls la base de la fertilité des sols. Ces engrais sont :

1° Les fumiers;
2° Les déjections solides et liquides;
3° Les débris animaux;
4° Les engrais composés : boues de ville, etc.;
5° Les engrais végétaux secs ou verts.

Ces engrais, appliqués à des doses suffisantes, permettront partout de soutenir les cultures les plus épuisantes, sans amoindrir nullement la richesse normale de la terre. On peut aussi s'en servir dans la culture améliorante avec les mêmes avantages, puisqu'ils peuvent tous accroître la proportion des parties organiques contenues dans le sol.

Les déjections solides, mais pulvérulentes, telles que la poudrette, le guano du Pérou, sont souvent très-utiles dans les *cultures de transition* pendant lesquelles on manque toujours de fumier.

Au besoin, on peut remplacer ces engrais par des tourteaux pulvérisés, de la chair de cheval en poudre.

Enfin, au début d'un assolement, les *engrais végétaux verts* dispensent souvent d'acheter de très-fortes quantités de fumiers. Ces engrais spéciaux conviennent spécialement aux terres calcaires situées dans la région méridionnale.

Les *engrais naturels inorganiques* ne sont pas indispensables, mais appliqués dans une juste proportion ils fournissent à la couche arable des parties calcaires ou alcalines qui sont utilisées avec avantage par les végétaux ou qui, en réagissant sur les matières organiques, rendent les terres plus actives. Ces engrais modifient aussi très-souvent et d'une manière heureuse la puissance des sols argileux et des sols sablonneux. Mais si la marne, la chaux, les faluns, etc., augmentent l'activité des terres riches en bases organiques, ils ne peuvent être appliqués d'une manière continue sur le même sol, car lorsque leur emploi n'est pas suivi ou précédé d'une fumure ordinaire, il en résulte avec le temps une diminution de fécondité. Aussi est-il utile de ne point oublier que les *engrais minéraux* ne suppléent jamais les *engrais organiques*, à moins qu'il soit question de terres de bruyères nouvellement défrichées et riches en matières végétales acides ou de terres tourbeuses.

Les marnages et les chaulages bien faits ont souvent une grande influence sur la mise en pratique de plusieurs assolements. Ainsi, sans leur concours on éprouvera toujours de grandes difficultés pour substituer sur une terre argilo-siliceuse ou schisteuse un assolement comprenant des plantes légumineuses à un assolement composé exclusivement de plantes appartenant à la famille des graminées.

L'action des engrais minéraux calcaires est telle qu'un marnage suffit quelquefois pour faire passer presque subitement une terre argilo-siliceuse à sous-sol imperméable, mais assainie par le drainage, de la période pacagère dans la période fourragère.

Les *engrais artificiels* bien fabriqués et ayant une valeur fécondante réelle sont appelés à exercer une heureuse influence sur les destinées de l'agriculture. Malheureusement on spécule très-souvent sur la bonne foi des agriculteurs en leur livrant des engrais commerciaux contenant une forte proportion de matières inertes ou d'humidité. Espérons que ces menées spéculatives auront bientôt un terme.

LIVRE IV.

LES PRODUITS FOURNIS PAR LES PLANTES.

CHAPITRE I.

RENDEMENTS MOYENS DES PLANTES FOURRAGÈRES.

Les plantes fourragères sont plus ou moins productives, selon la nature, la proprété et la fertilité des terres où elles sont cultivées.

Voici les produits moyens qu'elles donnent et que j'ai mentionnés dans LES PLANTES FOURRAGÈRES.

1° Racines et tubercules.

	Récolte excellente.	Récolte bonne.	Récolte passable.	Récolte mauvaise.
Betterave.........	45 000 kil.	30 000 kil.	20 000 kil.	15 000 kil.
Carotte	45 000	30 000	20 000	12 000
Navet............	35 000	25 000	18 000	10 000
Navet sur chaume..	20 000	15 000	10 000	5 000
Rutabaga.........	40 000	30 000	20 000	12 000
Pomme de terre ...	350 hect.	250 hect.	175 hect.	100 hect.
Topinambour......	400	300	200	100

2° Tiges et feuilles vertes.

	Récolte excellente.	Récolte bonne.	Récolte passable.	Récolte mauvaise.
Chou cabus.......	100 000 kil.	60 000 kil.	40 000 kil.	20 000 kil.
Maïs.............	100 000	60 000	40 000	20 000
Chou non pommé..	120 000	100 000	60 000	40 000
Moha...	30 000	20 000	15 000	10 000
Trèfle incarnat.....	40 000	30 000	20 000	10 000

3° *Foins.*

Luzerne............	10 000 kil.	8 000 kil.	5 000 kil.	3 000 kil.
Sainfoin...........	7 000	5 000	3 500	2 500
Trèfle.............	8 000	6 000	4 000	2 000
Ray-grass..... ...	10 000	8 000	5 000	2 500
Vesce............ ..	5 000	4 000	3 000	2 000
Pois gris..........	6 000	5 000	4 000	3 000

Ces divers rendements moyens caractérisent les produits
fournis par des plantes bien cultivées, végétant sur des sols
qui répondent par leur nature à leur exigence et appropriées
au climat sous lequel elles végètent.

J'admets que les mots :

Récolte excellente = sol très-riche.
   —   bonne   = — fertile.
   —   passable = — de moyenne fécondité.
   —   mauvaise = — pauvre.

Ainsi, une terre très-féconde et bien cultivée ne donnera
pas, en moyenne, par hectare, au delà de 10 000 kilog. de
foin de luzerne et 45 000 kilog. de betterave. D'un autre côté,
un sol qui ne produira communément que 2000 kilog. de
foin de trèfle, devra inévitablement être classé parmi les
terres de médiocre fécondité.

CHAPITRE II.

RENDEMENTS MOYENS DES PLANTES ALIMENTAIRES.

—

Les plantes alimentaires comprennent les céréales et les
légumineuses à cosses. Les unes et les autres sont moins exigeantes que les plantes industrielles.

A. *Rendement en grain.*

	Récolte excellente.	Récolte bonne.	Récolte passable.	Récolte mauvaise.
Froment............	35 hect.	25 hect.	16 hect.	10 hect.
Blé de mars........	40	30	20	12
Seigle.............	30	25	18	10
Escourgeon........	35	25	18	15
Orge de mars.......	40	30	20	15
Avoine d'hiver.....	35	30	20	16
Avoine de mars.....	45	35	25	15
Maïs...............	35	25	18	12
Sarrasin...........	40	30	20	15
Féverole...........	45	35	25	15

Les chiffres composant la quatrième colonne paraîtront
élevés si on les compare aux produits qu'on obtient ordinairement sur les terres pauvres où les fumures sont insuffi-
santes. Je rappellerai que ces chiffres indiquent des rendements très-inférieurs s'il s'agit de terres de bonne qualité,
mais qu'ils caractérisent bien les produits qu'on peut espérer
récolter sur des terres appartenant à la période pacagère
mais bien cultivées et convenablement fumées.

Enfin, j'ajouterai que ces divers rendements ne concernent
que les plantes bien appropriées, quant à leurs exigences,
aux terres sur lesquelles elles doivent être cultivées de préférence.

B. *Rapport moyen de la paille au grain.*

Froment........	paille	:	grain	::	250	:	100
Seigle..........	—	:	—	::	250	:	100
Orge............	—	:	—	::	200	:	100
Avoine..........	—	:	—	::	200	:	100
Maïs............	—	:	—	::	250	:	100
Sarrasin........	—	:	—	::	150	:	100
Féverole........	—	:	—	::	250	:	100

Ainsi, un hectare qui produirait :

25 hectolitres ou 2000 kil.	de blé	donneraient	5000 kil. de paille.
25	—	1800	de seigle	—	4700	—
30	—	1900	d'orge	—	3800	—
30	—	1500	d'avoine	—	3000	—
25°	—	1900	de maïs	—	4700	—
30	—	1900	de sarrasin	—	2800	—
30	—	2400	de féverole	—	4800	—

En général, la paille est plus abondante sur les terrains argileux et dans les années humides que sur les sols secs et dans les années où les pluies sont peu abondantes.

CHAPITRE III.

—

Les plantes industrielles ne doivent être cultivées que sur des terres riches appartenant à la période industrielle (voir LES PLANTES INDUSTRIELLES).

A. PRODUITS DIVERS.

	Récolte excellente.	Récolte bonne.	Récolte passable.	Récolte médiocre.
1° Plantes oléagineuses.				
Colza............ ...	35 hect.	25 hect.	20 hect.	15 hect.
Navette...	25	20	16	12
Pavot..............	30	25	18	14
Cameline..........	20	16	12	8
2° Plantes tinctoriales.				
Gaude.......... ...	4000 kil.	3000 kil.	1500 kil.	1000 kil
Garance.	6000	4000	2500	. 1500
3° Plantes textiles.				
Lin (filasse)........	900 kil.	600 kil.	400 kil.	200 kil.
Chanvre (id.).	1500	1000	800	400
4° Plantes narcotiques.				
Tabac (Nord).......	2500 kil.	2000 kil.	1500 kil.	1000 kil
Tabac (S. O.).......	900	600	450	300

Les produits signalés dans la quatrième colonne sont ceux que l'on obtient quand on cultive les plantes industrielles sur des terres appartenant encore aux périodes de fécondité pacagère et fourragère. Ces rendements, par leur valeur brute, ne couvrent pas les dépenses qu'ils ont occasionnées.

En général, on ne doit introduire les plantes industrielles dans les assolements ou sur une exploitation que quand on a

la certitude de pouvoir obtenir, au minimum, les rendements
qui forment la troisième colonne. J'ai dit précédemment que
la culture de la plupart des plantes industrielles nécessitait
des dépenses considérables. Aussi doit-on, si on veut réussir
en les cultivant, supputer avec soin tous les déboursés qu'elles
exigent, et mettre ces dépenses en parallèle avec les recettes
qu'on peu faire avec leurs produits.

B. RAPPORTS DE LA PAILLE AUX GRAINES.

Colza........	paille : graine	::	250 : 100
Pavot.......... ...	— : —	::	250 : 100
Navette........	— : —	::	150 : 100

Ainsi, un hectare qui produirait :

25 hectolitres ou 1750 kil. de colza donneraient 4300 kil. de paille.
20   —   1250   de pavot   —   3000   —
18   —   1200   de navette —   1800   —

Dans les années sèches, les crucifères produisent plus de
paille que dans les années humides. La même remarque a
lieu si on compare deux cultures de colza situées sur des
sols différents. Les plantes cultivées sur une terre argileuse
produisent toujours plus de paille que si elles végétaient
dans un sol léger.

LIVRE V.

LA PRODUCTION ET LA CONSOMMATION DES ENGRAIS.

CHAPITRE I.

STATIQUE AGRICOLE.

—

Les systèmes phorométriques ou agronométriques. — Système proposé par Thaër. — Théorie proposée par de Woght. — Système de Thaër modifié par Warembey. — Système proposé par Goeritz. — Conclusion.

On a cherché depuis un demi-siècle à apprécier la faculté épuisante des plantes cultivées à l'aide de données particulières dont l'ensemble constitue ce qu'on a appelé *phorométrie*, *euphorimétrie* ou *agronomométrie*.

Les systèmes proposés sont nombreux et la plupart reposent sur des bases très-différentes les unes des autres. Je ne puis me dispenser d'examiner les théories qui ont spécialement attiré l'attention des agronomes français. Du reste, cet examen prouvera, je n'en doute pas, combien ces moyens d'appréciation de l'épuisement des plantes sont peu utiles aux cultivateurs.

Système proposé par Thaër. — Einhoff, en analysant les grains de diverses céréales, trouva que la quantité de sucs nourriciers, c'est-à-dire le gluten, l'amidon et le mucilage sucré, y existaient dans les proportions suivantes :

Froment......	78 pour 100	Org·.........	65 à 70 pour 100
Seigle........	70 —	Avoine........	58 —

Ainsi, un hectolitre de :

Blé   pesant 78 kil. contiendrait 60,84 de sucs nourriciers.
Seigle —   73   —   51,10   — .
Orge   —   65   —   39,65   —
Avoine —   41   —   23,78   —

D'après ces données, Thaër admit que les récoltes de grains proprement dits étaient en proportion directe de la substance nutritive qu'elles contiennent et qu'elles doivent épuiser le sol dans les rapports proportionnels suivants :

Froment......... . 13   Orge.............. 7
Seigle............ 10   Avoine. 5

Ainsi, 6 hectolitres de seigle sont égaux, quant à l'épuisement qu'ils occasionnent, à :

4 hectolitres 61 litres de froment,
8   —   58 — d'orge,
12   —   »   — d'avoine.

Si l'on suppose, dit Thaër, qu'un hectolitre de seigle appauvrisse le sol de $9°,25$, chaque hectolitre de :

Froment l'épuisera de......... $11°,89$
Orge   —   de......... 6 ,40
Avoine   —   de......... 4 ,57

Mais les plantes ne s'emparent que d'une partie de la fertilité de la couche arable, puisqu'on peut obtenir une récolte nouvelle aussitôt qu'elles ont disparu de la surface de la terre. Thaër admet hypothétiquement que sur un terrain dont la fertilité égale 100 degrés,

Le froment appauvrit le sol de.... 40 degrés.
Le seigle   —   de.... 30   —
L'orge   —   de.... 25   —
L'avoine   —   de.... 25   —

Il reconnaît, en outre, que la jachère soutire des principes fertilisants de l'atmosphère, mais que la quantité de particules nutritives ainsi absorbée est d'autant plus grande que le sol est plus riche. Ainsi :

10 degrés de fertilité reçoivent de la jachère...		4°
20	—	—	...	6
30	—	—	...	8
	—	—	...	10
50	—	—	...	11
60	—	—	...	12
70	—	—	...	13
80	—	—	...	14
90	—	—	...	15

Thaër admet encore que la fertilité du sol transformé en pâturage s'accroît sous l'influence des excréments du bétail et sous celle de la végétation des plantes; mais il pose comme principe que cet accroissement de fécondité est plus ou moins grand, suivant que le sol était plus ou moins fertile au moment où il a été abandonné à lui-même. Ainsi :

10 degrés de fécondité reçoivent du pâturage...		4°
20	—	—	...	6
30	—	—	...	8
40	—	—	...	10
50	—	—	...	11
60	—	—	...	12
70	—	—	...	13
80	—	—	...	14
90	—	—	...	15

L'addition de fécondité occasionnée par le trèfle varie aussi suivant que la prairie artificielle a été plus ou moins productive. Thaër croit qu'on peut poser en principe que :

60 degrés de fécondité reçoivent du trèfle.....		10°
70	—	—	.....	12
80	—	—	.....	14
90	—	—	.....	16

Enfin, le savant agronome suppose que chaque voiture de bon fumier du poids de 1000 kilogr. appliqué sur un hectare aurait la fécondité de 1 degré, et qu'un terrain qui rapporte

4 hectolitres 35 litres en sus de ses semences sans le concours d'engrais a une fécondité égale à 40 degrés. Cette fécondité, dit-il, est le dernier point d'appauvrissement auquel on doive laisser tomber un champ de terre moyenne; car pour qu'on puisse l'ensemencer de nouveau sans trop l'épuiser il faut lui appliquer de nouveaux engrais, ou le laisser en pâturage, ou le mettre en jachère.

Toutefois, le cultivateur peut à volonté élever ou abaisser cette fécondité, suivant la quantité d'engrais qu'il y conduit et les récoltes qu'il y obtient. Ainsi, si une terre ayant 40 degrés de fécondité est mise en jachère et si elle reçoit 50 voitures de fumier, sa richesse totale sera représentée de la manière suivante :

Fécondité naturelle.................... 40^0
Jachère........................... 10
50 000 kilogr. de fumier. 50
               Total............... 100^0

Comme la force d'absorption du seigle est de 30 pour 100 et qu'un hectolitre de cette céréale enlève $9^0,25$ de fécondité, il faudra conclure que le sol doit produire, sauf l'influence de causes accidentelles, 3 hectolitres 27 litres de seigle en sus de la semence, et que la fécondité laissée dans le sol par cette céréale égalera 70^0. Si le seigle est suivi par une avoine, la terre présentera, après la récolte de cette seconde céréale, qui appauvrit la fertilité de 25 pour 100, une fécondité égale à $52^0,52$. Quant au produit, il aura été de 3 hectolitres 82 litres en sus de la semence, puisque chaque hectolitre d'avoine absorbe $4^0,57$ de fécondité.

Cet exemple suffira pour prouver combien le système de Thaër est vague et hypothétique.

Il est évident aujourd'hui que l'illustre créateur de l'agriculture scientifique est tombé dans une profonde erreur lorsqu'il a attribué 10 degrés de fécondité à des terrains agricoles et qu'il a arrêté l'échelle de la fertilité à 90 degrés. M. de Gasparin parle de terres calcaires situées dans le midi qui, au moyen d'une année de jachère alternant avec une année de blé, produisent indéfiniment et sans engrais 8 hectolitres de froment qui enlèvent au sol $95°,12$. D'après le système de Thaër, qui est maintenant tombé pour ainsi dire dans l'oubli, un tel terrain devrait avoir $322°,11$ de fécondité, et la fertilité laissée dans le sol après la récolte du blé serait encore de 237 degrés !

Système proposé par de Woght. — De Woght, reconnaissant combien le système proposé par Thaër laisse à désirer, adopta celui que de Wulfen avait proposé en 1815 et qui l'avait conduit à dire que la fécondité a pour cause les principes nutritifs contenus dans le sol et l'aptitude de ce sol à les mettre en action pour les approprier à la végétation.

Ainsi, la *fécondité* devait être la résultante de la *richesse* représentée par les matières organiques assimilables contenues dans le sol et de l'*activité*, cette force occulte que le sol possède de rendre ces mêmes matières susceptibles d'être absorbées par les plantes en les mettant en action, en les élaborant dans un temps plus ou moins long.

De Wulfen avait admis comme principe :

1° Que le produit en céréales est dans un rapport direct avec la fécondité du sol;

2° Que lorsque le nombre de degrés de la fécondité est connu on trouve les nombres qui doivent représenter les deux facteurs de la richesse et de l'activité au moyen de la différence des produits que donne une même plante cultivée deux fois de suite sur le même champ, en la supposant chaque fois précédée par une jachère, afin que l'activité reste égale à elle-même; cette différence doit être, au degré de fécondité indiqué par la première récolte, ce que l'épuisement est à la richesse.

3° Qu'on doit trouver, à l'aide de cette proportion, le facteur de la richesse par lequel on divise le nombre des degrés de la fécondité pour trouver le facteur de la richesse.

4° Que le produit de la multiplication de la richesse par l'activité est toujours moindre que le nombre qui représente la richesse;

5° Que l'épuisement du sol par les céréales est proportionnel à la quantité de matières nutritives contenues dans le grain, et que cet épuisement doit être soustrait du nombre qui exprime la richesse;

6° Enfin, qu'on peut compenser la diminution de l'activité du sol par de fréquents labours, hersages, etc., donnés à la couche arable.

En adoptant le moyen proposé par de Wulfen, de Woght remplaça le mot *activité* par le mot *puissance*. Dans la pensée de Wulfen, l'effet de l'activité sur la richesse est une fécondité inférieure à cette richesse, parce que les substances organiques contenues dans le sol sont les seules matières qui puissent fournir des principes nutritifs aux plantes, et que leur propre masse est toujours supérieure à celle des principes élaborés. Selon de Woght, l'effet de la puissance sur la richesse est au contraire une fécondité supérieure à cette richesse; car, suivant lui, la terre a la faculté d'absorber les fluides atmosphériques qui pénètrent ensuite dans les végétaux à travers les spongioles de leurs racines, soit directement, soit après s'être combinés avec quelques-uns des éléments de l'humus.

Ainsi, la puissance représente, comme l'activité, les propriétés physiques de la couche arable.

D'après de Woght :

$$F = \text{Fécondité}, \qquad R = \text{Richesse}, \qquad P = \text{Puissance}.$$

De là ces deux équations :

$$R = \frac{F}{P} \quad \text{et} \quad P = \frac{F}{R}.$$

Pour déterminer la puissance, la richesse et la fécondité, de Woght a pris pour point stable de son échelle comparative un champ de 21 ares, qui, ayant reçu 5 voitures de fumier à demi consommé ou 435 pieds cubes, produisit 840 livres de blé, mesure de Hambourg, environ 5 hectolitres 30 litres; il assigna à cette fécondité le chiffre 720, qu'il prit ensuite comme unité. Une partie non fumée de la même pièce ayant aussi 21 ares et ayant dans la même année et dans des circonstances égales et semblables donné 700 livres de blé, il trouva le chiffre de la fécondité en établissant la proportion suivante :

$$840 : 720 :: 720 : x,$$

d'où x égale 600 degrés de fécondité.

Après avoir déterminé, je dirai même choisi le chiffre de la fécondité, il fallait également trouver celui de la puissance. De Woght prit le nombre 8, par la seule raison que ce chiffre avait été assigné aux terres de qualité moyenne par ceux qui s'étaient déjà occupés de statique agricole. La fécondité du champ qui avait produit sans fumier 700 livres de blé par 21 ares étant désignée par le chiffre 600 et la puissance par 8, la richesse devait être le nombre qui multiplié par 8 égalerait 600, c'est-à-dire 75.

C'est ainsi que de Woght est arrivé à fixer :

La *puissance* à........ . 8 degrés,
La *richesse* à.... ...... 75 —
La *fécondité* à.......... 600 —

car $\qquad 75^0 \times 8P = 600^0.$

Si on ajoute 2° de richesse à un sol en contenant 75, on aura :

non pas	$77°R + 8°P$	$= 86°F$,
non pas	$75°R + 10°P$	$= 85°F$,
mais bien	$75° + 2°R \times 8°P$	$= 616°F$.

c'est-à-dire 16 degrés de plus qu'avant l'addition des 2 degrés de richesse. ·

Si on ajoute 2 degrés de puissance, on aura :

$$75°R \times 8° + 2°P = 750°F.$$

c'est-à-dire 150 degrés de puissance en sus.

Ces unités comparatives fixées, il devenait alors possible de juger ce qu'une addition de fumier à la puissance ou à la richesse produirait d'augmentation de fécondité. De Woght ayant ajouté 5 voitures de fumier par 21 ares sur une portion du même champ, il obtint 840 livres de blé. De là il conclut que cette fumure avait augmenté la richesse naturelle du sol d'une quantité de degrés correspondant à l'augmentation de 140 livres de blé. Ainsi :

$$700 : 600 :: 840 : x.$$

d'où
$$x = 720.$$

La fécondité a donc été augmentée de 120 degrés et par suite la richesse de 15 degrés. Chaque voiture a augmenté cette richesse de 3 degrés.

Toutes choses égales d'ailleurs, ce système n'est pas exact en ce qu'il repose sur une valeur donnée arbitrairement à la puissance. Aussi, comme le fait remarquer très-judicieusement M. de Gasparin, de Woght n'a pas tardé à voir que la puissance augmentait ou diminuait selon les saisons et les circonstances météorologiques. Ainsi, un champ qui avait 90° de richesse lui produisait par hectare 2130 kilogr. de blé, ce qui supposait 792 degrés de fécondité et 8°,8 de puissance, au lieu de 8. C'était donc alors 0°,8 de puissance qui étaient ajoutés par là. M. F. Bella a constaté le même fait quand il a voulu appliquer ce système phorométrique à la culture de Grignon.

Voici, d'après de Woght, quels sont les degrés de fécondité que les plantes agricoles exigent pour donner des récoltes satisfaisantes :

Colza............	1000 degrés.	Pommes de terre..	600 degrés.
Froment..........	720 —	Seigle...........	650 —
Vesces...........	700 —	Avoine...........	500 à 600 —
Orge.............	650 à 700 —	Spergule.........	500 —
Trèfle...........	600 à 700 —		

Mais, suivant de Woght, ce serait une erreur de croire qu'une récolte épuise en proportion de la fécondité qu'elle exige. Aussi est-il important de ne pas oublier qu'il existe une différence entre l'épuisement de la richesse par le produit même de la récolte et la détérioration des parties essentiellement organiques, qui est le résultat du mode de végétation de telle ou telle plante. Ainsi, telle plante épuise la richesse et augmente la puissance, telle autre accroît ces deux termes; enfin, dans tel ou tel état, la puissance du sol est plus ou moins détériorée par la même récolte.

J'ajouterai qu'il existe aussi des plantes qui, tout en épuisant la richesse par leurs produits, augmentent la puissance par les cultures qu'elles exigent.

Ainsi, d'après de Woght :

100^k de froment	épuisent	2^0,46	de richesse et diminuent la fécondité de		19^0,58
100 de p. de terre	—	0,21	—	—	1,68
100 de colza	—	3,30	—	—	26,40
100 de seigle	—	2,21	—	—	17,62
100 d'orge	—	2,21	—	—	17,68
100 d'avoine	—	2,46	—	—	19,68

Le sarrasin rend à la puissance ce qu'il enlève à la richesse.

La vesce, la spergule, produisent les mêmes effets ; quelquefois même elles ajoutent et à la puissance et à la richesse.

Quoi qu'il en soit, et ainsi que Yung le fait observer, de Woght, malgré ses immenses travaux, n'a pu arriver à un ensemble systématique de faits généraux et constants : car chacune de ses données doit subir, suivant les localités, une correction dépendant de la différence du climat et même du sol. Ce fait vrai explique pourquoi, malgré l'étude si remarquable que M. Briaune en a faite, ce système phorométrique est aujourd'hui complétement abandonné par ceux-là même qui avaient battu des mains lorsqu'il fut publié pour la première fois en France.

Système de Thaer modifié par Varembey. — Convaincu que le système proposé par Thaër manquait de vérité et de précision convenables ; persuadé que cet illustre rénovateur de l'agriculture allemande, en voulant mesurer exactement les variations de la fécondité du sol, s'était engagé dans le vague des hypothèses, M. Varembey a modifié profondément quelques-unes des bases sur lesquelles il s'appuyait, dans le but de rendre son système plus pratique et de lui donner plus de justesse et de précision.

M. Varembey admet comme principe général, en se fondant sur des observations recueillies en Allemagne, que chaque voiture de fumier ordinaire du poids de 1000 kilogr. répandue sur un hectare augmente en moyenne :

La récolte de froment de	35 litres.	La récolte d'orge de....	42 litres.
— de seigle de..	35 —	— d'avoine de ..	58 —

et que la fécondité des terres s'élève de degrés en degrés jusqu'à 100.

Chaque degré de cette échelle euphorimétrique, suivant M. Varembey, équivaut à l'effet de végétation que produit

une voiture de fumier ordinaire du poids de 1000 kilogr. sur
une surface d'un hectare.

De ces principes généraux il résulte que chaque degré de
fécondité du sol produit par hectare 35 litres de blé, 35 litres
de seigle, 42 litres d'orge ou 58 litres d'avoine. Mais comme
ces divers produits n'absorbent qu'une partie du degré de
fécondité, il s'ensuit que 1 degré de fécondité absorbé produit :

En blé............. 87 litres.   En orge........... 106 litres.
En seigle......... 116   —   En avoine........ 233   —

et que :

Un hectolitre de blé absorbe 1^0,143 ou 1143 kil. de fumier.
        —   de seigle —   0 ,857   857   —
        —   d'orge   —   0 ,600   600   —
        —   d'avoine   —   0 ,428   428   —

C'est à l'aide de ces données que M. Varembey arrive à
pouvoir préciser le nombre de degrés de fertilité qui se
trouve dans un sol quelconque en culture, lorsqu'il connaît
le produit de la dernière récolte en céréales, soit blé, seigle
ou avoine.

S'il s'agit de mesurer la fertilité d'un sol qui a produit
20 hectolitres 40 litres d'avoine par hectare à la dernière récolte, on a :

        1 hectolitre : 0^0,428 :: 20 hect. 40 litres : x,
d'où $x = 8^0$,730.

Mais l'avoine n'absorbe que 25 pour 100 de la fécondité du
sol ; on aura donc :

        25^0 : 100 :: 8^0,73 : x,
d'où $x = 34^0$,92.

Or, la récolte en ayant absorbé 8^0,73, le sol possède encore 26^0,19, c'est-à-dire une fertilité égale à l'effet de végétation que produirait une fumure de 26 190 kilogr. de fumier ordinaire.

On peut aussi, à l'aide de ces mêmes données, déterminer, lorsqu'on connaît le nombre de degrés de fécondité que renferme un champ, quelle quantité de blé, seigle, etc., qu'on pourra récolter par hectare.

Supposons que la fécondité d'un sol s'élève à 45 degrés et qu'on veuille connaître combien il produira de blé par hectare; on aura :

$$1^{\circ} : 35 \text{ litres de blé} :: 45^{\circ} : x .$$

d'où $x = 15$ hectol. 75 litres.

Mais il y existe d'autres agents de la fertilisation dont l'observation a constaté la puissance, tels que la *jachère*, les *légumineuses* et les *pâturages*.

Adoptant les idées de Thaër, M. Varembey conclut que la fécondité ajoutée au sol par la jachère, le trèfle et les pâturages est d'autant plus forte que la fertilité de la terre est plus élevée.

Un sol ayant.....	6° gagne par la jachère.....	3°, »
—	7 —	3 ,10
—	8 —	3 ,20
—	9 —	3 ,30
—	10 —	3 ,40
—	-11 —	3 ,50
—	12 —	3 ,60
—	13 —	3 ,70
—	14 —	3 ,80
—	15 —	3 ,90
—	16 —	4 , »
—	17 —	4 ,10
—	18 —	4 ,20
—	19 —	4 ,30
—	20 —	4 ,40
—	25 —	4 ,90
—	30 —	5 ,40
—	40 —	6 ,40
—	50 —	7 ,40
—	60 —	8 ,40
—	80 —	10 ,40
—	100 —	12 ,40

Cette table est basée sur ce principe, que la fécondité résultant de la jachère augmente de 1 degré à mesure que la fertilité préexistante dans le sol augmente de 10 degrés.

M. Varembey admet, en outre, que le trèfle, le sainfoin, la luzerne augmentent la fécondité de 1° à mesure que la fertilité s'élève de 5 degrés.

Ainsi :

Un sol ayant.....	6°,50 gagne par an......	»°,40
—	7 —	» ,60
—	8 —	» ,80
—	9 —	1
—	10 —	1 ,20
—	11 —	1 ,40
—	12 —	1 ,60
—	13 —	1 ,80
—	14 —	2
—	15 —	2 ,20
—	16 —	2 ,40
—	17 —	2 ,60
—	18 —	2 ,80
—	19 —	3
—	20 —	3 ,20
—	25 —	4 ,20
—	30 —	5 ,20
—	40 —	7 ,20
—	50 —	9 ,20
—	75 —	14 ,20
—	100 —	19 ,20

L'augmentation de fécondité due à l'influence des pâturages n'est pas plus grande que celle due à la jachère.

Ainsi, par le pâturage :

Un sol ayant.....	3° gagne annuellement de....	1°,40
—	4 —	1 ,60
—	5 —	1 ,80
—	6 —	2
—	7 —	2 ,20
—	8 —	2 ,40
—	9 —	2 ,60
—	10 —	2 ,80
—	11 —	3
—	15 —	3 ,80
—	20 —	4 ,80

Au delà de 20 degrés, 1 degré de plus dans le sol augmente l'amélioration produite par le pâturage de $0°,10$ seulement.

Si on applique ces données à l'assolement triennal appartenant à la culture granifère mis en pratique sur une terre ayant une fécondité naturelle de $26°,19$, on aura :

<pre>
Fécondité naturelle................... 26°,19
Jachère...............................   5 ,04
20 000 kilogr. de fumier.............. 20
        Total de la fécondité........ 51°,23
</pre>

Le blé, venant après la jachère et la fumure, produira 17 hectolitres 93 litres[1]. Après cette récolte, la fécondité se traduira ainsi :

<pre>
Fécondité totale...................... 51°,23
Fécondité épuisée..................... 20 ,49
        Fécondité restante........... 31°,74
</pre>

Après l'avoine, qui suit le froment et qui donnera un produit de 18 hectolitres 40 litres, la fécondité restera comme il suit :

<pre>
Fécondité totale...................... 31°,74
Fécondité épuisée.....................   7 ,87
        Fécondité restante........... 23°,87
</pre>

Ces résultats démontrent que l'assolement triennal pur détériore le sol à chaque rotation de $2°,39$ et qu'il ne peut se soutenir qu'à l'aide de fortes fumures.

Si, sur le même sol, on adopte l'assolement suivant :

<pre>
1° Jachère fumée,   3° Trèfle deux années,
2° Blé,   4° Avoine.
</pre>

on aura :

<pre>
Fécondité restante après le blé........ 31°,74
Fécondité produite par le trèfle....... 11
        Fécondité totale .... 42°,74
</pre>

____

[1]. Ces produits et ceux qui suivent ne comprennent pas la semence.

Cette fécondité permettra de récolter 24 hectolitres 78 litres d'avoine. Après cette récolte on aura :

Fécondité totale............ .... $42^0,74$
Fécondité épuisée. ....,... $10 ,60$
Fécondité restante. .... $32^0,14$

On peut, à la place de l'avoine, cultiver du seigle. Cette céréale donnera un produit de 14 hectolitres 95 litres, et le sol, après la récolte, présentera une fécondité de $28^0,93$.

Dans le premier cas, le sol aura augmenté de $5^0,95$, et dans le second de $2^0,74$.

Si le trèfle n'occupe le sol qu'une année et si on le fait suivre par un froment d'hiver, on a :

Fécondité restante.................... $31^0,74$
Fécondité produite par le trèfle......... $5 ,50$
Fécondité totale. .... $37^0,24$

Cette fécondité permettra au froment de donner par hectare 11 hectolitres 82 litres. Comme cette récolte aura enlevé au sol $13^0,50$ de fécondité, celle restante ne s'élèvera plus qu'à $23^0,68$, et la couche arable aura été détériorée de $2^0,51$.

Si la jachère reçoit 30 000 ou 40 000 kilogr. au lieu de 20 000 kilogr., on aura :

	1°	2°
Fécondité naturelle.	$26^0,19$	$26^0,19$
Effets de la jachère........	$5 ,04$	$5 ,04$
Fumure...................	$30 ,00$	$40 ,00$
Fécondité totale.......	$61^0,23$	$71^0,23$
Blé produit.. . $21^h,43^{lit}$	$24^h,93^{lit}$	
Ayant épuisé	$24^0,49$	$28^0,39$
Fécondité restante	$36^0,74$	$42^0,84$
Augmentation due au trèfle.	$6 ,52$	$7 ,76$
Fécondité totale.......	$43^0,26$	$50^0,60$
Blé produit.. $15^h,14^{lit}$	$18^h,02^{lit}$	
Ayant épuisé.	$17 ,30$	$20 ,59$
Fécondité restante	$25^0,96$	$30^0,01$

Ainsi, dans le premier cas, la fécondité aura diminué de $0^0,23$, tandis que dans le second elle aura été augmentée de $3^0,82$.

Je ne poursuivrai pas plus loin l'application du système de M. Varembey. Je crois que ces quelques exemples suffiront pour reconnaître que cet auteur n'a pas modifié très-heureusement la méthode proposée par Thaër.

Sans doute M. Varembey est resté dans la voie logique des faits, en rejetant loin de lui les conjectures admises par les Allemands, en repoussant de l'euphorimétrie des chiffres arbitraires; mais il n'a pas prouvé que son système coordonnait avec la science et la pratique. En effet, toute terre déjà féconde et fertilisée avec 30 000 et 40 000 kilogr. de fumier par hectare produira, après un trèfle de 18 mois, une récolte de froment plus abondante que celle que les chiffres qu'il a proposés permettent de supputer.

Système proposé par Gœritz. — Le système que Gœritz a proposé est différent des méthodes qui précèdent, mais il n'a sur celles-ci aucun avantage.

Cet auteur admet d'abord que les terres, depuis le sol argileux le plus compact jusqu'au sol sablonneux le plus léger, doivent être divisées en vingt classes.

La terre la plus légère a une valeur de 2^0, elle fait partie de la première classe; la terre argileuse, dite bonne terre à froment, a une valeur de 100^0; elle appartient à la dernière classe.

Si l'on suppose, dit-il, une terre à seigle donnant par hectare, déduction faite de la semence, 12 hectolitres 83 litres, et éprouvant par cette récolte une perte de 30^0, on aura par chaque hectolitre de :

Froment	$10^0,09$	Orge	$5^0,27$
Seigle	$7,63$	Avoine	$3,75$

car si :

Le seigle enlève...	30°	L'orge enlèvera...	21°
Le froment enlèvera	40	L'avoine........ ...	15

Gœritz compte par hectare pour les légumineuses venues à maturité 20 degrés de perte de fécondité ; mais, à raison de l'influence favorable qu'elles exercent sur le sol, il leur tient compte de 10 degrés d'augmentation de fécondité, en sorte que la terre, après leur enlèvement, ne serait appauvrie que de 10 degrés. Pour les pommes de terre, la perte serait seulement de 20 degrés, à cause de 10 degrés d'amélioration qu'elles font naître.

Enfin Gœritz admet comme principes généraux les faits suivants :

1° 4000 kilogr. de fumier sont nécessaires pour rendre au sol 10 degrés de fécondité;

2° Une bonne jachère d'été fournit aussi à la terre 10 degrés;

3° L'influence que le pâturage exerce sur la fécondité est égale à 10 degrés;

4° Les riches enfouissements de végétaux en pleine floraison, tels que ceux fournis par le lupin blanc, le seigle, le sarrasin, le colza, la féverolle, peuvent élever la fécondité jusqu'à 20 degrés;

5° Les plantes récoltées en vert élèvent aussi la fécondité à 10 degrés; les vesces et le trèfle l'augmentent souvent de 12 degrés.

Si on applique ces données à un assolement quadriennal ou de quatre ans, établi sur un sol argileux et combiné comme il suit :

1re année.	Pommes de terre, produisant 1500 kil. de tubercules.		
2e	—	Avoine de printemps........	30 hectolitres.
3e	—	Trèfle.	
4e	—	Froment, produisant........	24 hectolitres.

on aura :

```
Fumure.........................    40 000ᵏ = 100 degrés.
1° Pommes de terre, enlevant..............   20   —
                                            ─────
            Fécondité restante........      80   —
2" Avoine, diminuant la fécondité de.......  15   —
                                            ─────
            Fécondité restante........      65   —
3° Trèfle, augmentation de fécondité.......  10   —
                                            ─────
            Fécondité totale .........      75   —
4" Froment, diminuant la fécondité de.....   40   —
                                            ─────
            Fécondité restante........      35   —
```

L'augmentation serait donc, au bout de 4 ans, de 35 degrés. Ainsi, sur 40 000 kilogr. de fumier, 14 000 resteraient
dans le sol à la fin de chaque rotation. J'observerai que j'ai
pris dans l'exemple qui précède les chiffres les plus élevés
représentant l'épuisement causé par les plantes. Ainsi, Gœritz fait remarquer que les sols compacts perdent beaucoup
moins que les sols sablonneux. Le froment, qui diminue la
fécondité de 40 degrés dans les sols légers, n'enlève que
26 degrés dans les sols argileux. On voit combien ce système
s'éloigne des faits constatés par la pratique.

Si, au lieu de l'assolement quadriennal, on suppute sur
l'assolement de trois ans, on a les résultats suivants :

```
Jachère................    20 000ᵏ de fumier = 50 degrés.
        Effets dus à la jachère...........   10   —
                                            ─────
            Fécondité totale..........      60   —
Froment, produisant 20 hectol. et épuisant..  40   —
                                            ─────
            Fécondité restante........      20   —
Avoine, donnant 25 hectol. et épuisant.....   15   —
                                            ─────
            Fécondité restante........       5   —
```

Ce reliquat de fécondité concorde avec les faits, mais il
n'infirme pas l'utilité du système proposé par Gœritz.

Dans les deux exemples ci-dessus, j'ai supposé que la fécondité naturelle était faible dans le premier cas et élevée

dans le second. J'aurais pu admettre le contraire, sans pour cela obtenir des résultats différents dans la fécondité restante : car dans ce système phorométrique l'épuisement occasionné par les plantes n'est pas en raison directe des produits qu'elles donnent.

Conclusion. — Les conclusions auxquelles je suis arrivé en examinant les théories précédentes proposées pour déterminer l'absorption et la quantité de fumier exigée par les plantes, me dispensent d'exposer les systèmes imaginés par Kressig, Hlubeck et de Thunen.

En général, chaque auteur apprécie l'épuisement occasionné par les grains d'une manière différente. Ainsi, 100 kilogr. de froment enlèveraient au sol, suivant Kreyssig, 1060 kilogr. de fumier, selon de Thunen 800 kilogr., et d'après Burger 294 kilogr.

Enfin, alors que Thaër admet que 1000 kilogr. de fumier représentent 1 degré de fécondité, Hlubeck constate que 100 kilogr. de fumier d'étable suffisent pour constituer dans le sol le même degré de richesse.

Le système proposé par de Thunen est tout aussi hypothétique que ceux qui l'ont précédé. De Thunen affirme que l'assolement triennal : 1° jachère fumée avec 36 voitures de fumier, 2° seigle, 3° orge, épuise la terre de 570 degrés à la fin de chaque rotation, déficit qui exigerait un supplément de 18 voitures de fumier.

Ainsi, l'assolement triennal forcerait de fertiliser la jachère avec 54 voitures de fumier. Suivant de Thunen, on fabriquerait tout l'engrais que demande cet assolement si, sur 100 hectares, on en consacrait 64 aux plantes fourragères ! Ce résultat me dispense d'insister davantage sur l'inutilité de la phorométrie.

CHAPITRE II.

—

Les plantes n'épuisent pas la terre au même degré. — Chiffres indiqués
comme représentant les facultés épuisantes des plantes. — Erreurs com-
mises. — Nombres qu'il convient d'adopter dans la culture des plantes
fourragères, alimentaires et industrielles.

Toutes les plantes n'épuisent pas la terre au même degré.
Les unes lui enlèvent une très-faible quantité de matières
organiques; les autres, en y puisant une très-forte proportion de matières nutritives, diminuent d'une manière notable sa richesse et sa fécondité.

Suivant Thaër, l'épuisement occasionné par les plantes serait proportionnel à la quantité de substances contenues dans
les produits qu'elles donnent.

Cette loi n'est pas exacte. Les choux non pommés et le
maïs-fourrage, qui fournissent souvent jusqu'à 100 000 kilogr.
de tiges et feuilles vertes, sont moins épuisants que le lin,
le chanvre, le tabac et le colza, dont les produits à l'état
vert, sont bien moins élevés.

Depuis le commencement de ce siècle, la pratique d'abord
et la science ensuite ont représenté les facultés épuisantes
des plantes par des chiffres; mais ces données ont été jusqu'à
ce jour bien peu utiles, parce qu'elles ne concordent pas avec
les faits.

On en jugera par le tableau suivant, qui comprend les
nombres indiqués dans le but de faire connaître la quantité
de fumier absorbée par le blé et la paille qui le fournit.

Ainsi 100 kilogr. de froment exigeraient, suivant :

De Woght.............	797 kil. de fumier.	
Burger.................	1333	—
Nivière.................	1000	—
Kreissig.	1176	—
Thaër.............	1428	—
De Gasparin.............	2197	—
Moyenne...........	1322 kil. de fumier.	

Soit 13 kilogr. de fumier pour 1 kilogr. de froment.

Ainsi, d'après le résultat moyen précité, un froment d'hiver qui produirait 25 hectolitres ou 2000 kilogr. de blé enlèverait à la terre 26 440 kilogr. de fumier. Ce même produit, d'après le chiffre indiqué par M. de Gasparin, demanderait une fumure de 43 940 kilogr. par hectare, sur laquelle il resterait dans le sol 1560 kilogr. d'engrais.

Si on porte la valeur du fumier à 10 fr. les 1000 kilog., l'engrais consommé par le blé s'élèverait, si on a égard à la moyenne inscrite au bas du tableau précédent, à 440 fr. Alors chaque hectolitre de froment devrait solder pour sa quote-part de l'engrais appliqué 10 fr. 60, c'est-à-dire la moitié du prix moyen auquel il est vendu en France. Cette part afférente de la fumure nécessaire est évidemment trop élevée. Si chaque hectolitre de froment avait à solder une valeur en engrais aussi considérable, la culture de cette céréale se solderait le plus souvent en perte.

Je ne poursuivrai pas l'examen des chiffres indiqués comme représentant l'épuisement des plantes agricoles. J'ai démontré dans LES PLANTES FOURRAGÈRES et LES PLANTES INDUSTRIELLES, en étudiant chaque plante, quelle valeur on devait accorder aux nombres publiés soit en France, soit en Allemagne.

Voici les chiffres que j'ai déduits d'observations et d'expériences faites avec beaucoup de soin. Je ne crois pas me

tromper en disant que ces données permettront de déterminer d'une manière exacte les fumures qu'il est nécessaire
d'appliquer par hectare, si on veut obtenir des plantes des
produits satisfaisants eu égard à la puissance et à la fécondité de la couche arable.

Je ferai remarquer, toutefois, que je ne considère pas les
nombres que je propose comme invariables. On doit les regarder comme à peu près et élever ou diminuer les unités et
même les dizaines afin de chiffrer avec des nombres ronds.

A. *Plantes fourragères.*

	Par 100 kilogr. de racines ou de tubercules.	
Navet......................	100 kil. de fumier	
Pomme de terre.............	75	—
Topinambour.	85	—
Betterave..................	65	—
Carotte....................	60	—
Rutabaga..................	50	—

	Par 100 kilogr. de fourrage vert.	
Chou cabus......	90 kil. de fumier	
Chou non pommé.............	90	—

	Par 100 kilogr. de fourrage sec.	
Luzerne....................	600 kil. de fumier.	
Sainfoin...................	500	—
Trèfle.....................	400	—
Vesce.....................	300	—
Pois gris..................	300	—
Jarosse....................	300	—

B. *Plantes céréales.*

	Par 100 kilogr. de grains.	Par hectolitre de grains.
Blé....................	640 kil.	500 kil.
Seigle.................	630	460
Maïs..................	510	400
Avoine................	600	300
Orge..................	560	350
Sarrasin..............	560	350

C. *Plantes industrielles.*

	Par 100 kilogr. de graines.	Par hectolitre de graines.
Pavot.....	1100 kil.	700 kil.
Colza.., ...	1050	730

	Par 100 kilogr. de tiges sèches.
Lin .... ,	1500 kil.
Chanvre.	1500

	Par 100 kilogr. de têtes sèches.
Cardère............. ...... •	1500 kil.

	Par 100 kilogr. de racines ou de feuilles.
Tabac..	4000 kil.
Garance..	2000

Je justifierai, dans le chapitre suivant, l'utilité de ces chiffres représentant la faculté épuisante des plantes appartenant à l'agriculture.

CHAPITRE III.

LA FORCE DES FUMURES.

Force des fumures proposées. — Quantité de fumier par hectare et par an.
— Comment on détermine la quantité de fumier qu'il faut appliquer quand
on a choisi un assolement. — Exemples. — Assolements de la culture
céréale, de la culture fourragère et de la culture industrielle.

Depuis un demi-siècle on ne cesse de répéter que :

10 000 à 15 000 kil. de fumier constituent une fumure très faible.
16 000 à 25 000   —   —   — faible,
26 000 à 35 000   —   —   — ordinaire,
36 000 à 50 000   —   —   — forte,
51 000 à 75 000   —   —   — extraordinaire.

De plus, on ajoute qu'il faut fumer les terres labourables
si on veut obtenir des récoltes abondantes, à raison de
40 000 kilogr. de fumier par hectare. Ce conseil n'a aucune
valeur. On en jugera par le tableau ci-après indiquant, suivant la durée des assolements, la quantité de fumier qu'on
appliquerait par hectare et par an.

Assolement de 3 ans............. 13 500 kil.
    —   de 4 ans.. .... 10 000
    —   de 5 ans........ ..... 8 000
    —   de 6 ans.............. 6 700
    —   de 7 ans.............. 5 700

La fumure doit être en rapport avec la faculté épuisante
des plantes.

Plus les assolements sont exigeants, plus doivent être
fortes les fumures.

Mais convient-il de fumer les terres, comme l'a proposé

M. de Gasparin, dans le but d'obtenir des récoltes maximum ? Oui, si l'on veut améliorer la terre ou faire de l'agriculture avec de l'argent. Non, si on cultive dans le but de faire de l'argent avec l'agriculture.

Voici comment on détermine la quantité de fumier qu'il faut appliquer par hectare lorsqu'on a choisi un assolement :

On suppute, aussi exactement que possible, les produits maximum que les plantes qu'on doit cultiver peuvent donner sur les terres qui leur sont destinées. Alors on multiplie les rendements présumés par la quantité de fumier que les plantes absorbent et que j'ai indiquée dans le chapitre précédent; le résultat total représente la force de la fumure qu'il est nécessaire d'appliquer par hectare pour toute la durée de la rotation.

Supposons qu'on veuille mettre en pratique sur cinq fermes différentes cinq assolements particuliers. Si on veut connaître la quantité de fumier qu'il conviendra d'appliquer en tête de chaque assolement ou pendant le cours de la rotation, on devra effectuer les calculs ci-après :

A. ASSOLEMENT DE LA CULTURE CÉRÉALE.

1º Assolement biennal.

Jachère.
Seigle pouvant produire 18 hectolitres par hectare.

2º Assolement triennal.

Jachère.
Froment pouvant produire 18 hectolitres par hectare.
Avoine   —   30   —

Dans le premier cas, nous aurons :

18 hect. × 460 kil. = 8000 kil. de fumier.

Dans la seconde hypothèse, nous aurons :

18 hect. × 500 kil..... ..... . = 9 000 kil. de fumier.
30   × 300   .... = 9 000   —
Total............. 18 000 kil. de fumier.

La *fumure minimum* qu'il faudra appliquer par hectare
sera donc de 8000 kilogr. pour l'assolement biennal et de
18 000 kilogr. pour l'assolement triennal.

B. Assolement de la culture fourragère.

Assolement quadriennal.

Betterave pouvant produire 30 000 kil. de racines par hectare.
Avoine de mars   —   35 hectolitres   —
Trèfle.
Blé d'hiver pouvant produire   25 hectolitres par hectare.

Nous aurons donc :

Betterave 300 quintaux   × 65 kil. =   20 000 kil. de fumier.
Avoine   35 hectolitres × 300   =   10 500   —
Froment   25   × 500   =   12 500   —

Total.............. 43 000 kil. de fumier.

Soit une fumure de 45 000 kilogr. environ.

C. Assolement de la culture industrielle.

1° *Assolement de cinq ans.*

Betterave pouvant produire 40 000 kil. de racines par hectare.
Blé de mars   —   30 hectol.   —
Trèfle.
Colza   pouvant produire   25 hectolitres par hectare.
Blé d'hiver   —   28   —   —

2° *Assolement de six ans.*

Colza   pouvant produire   30 hectolitres par hectare.
Blé   —   30   —   —
Tabac   —   1500 kil. de feuilles par hectare.
Blé   —   30 hectolitres par hectare.
Pavot   —   25   —   —
Blé   —   30   —   —

Dans la première hypothèse, on aura :

Betterave 400 quintaux   × 65 kil. = 26 000 kil. de fumier.
Blé   30 hectolitres × 500   =   15 000   —
Colza   25   × 730   =   18 000   —
Blé   26   × 500   =   13 000   —

Total.. .... 72 000 kil. de fumier.

Dans la seconde supposition, on aura :

Colza	30 hectolitres	× 730 kil.	= 22 000 kil. de fumier.
Blé	30	× 500	= 15 000 —
Tabac	15 quintaux	× 4000	= 60 000 —
Blé	30 hectolitres	× 500	= 15 000 —
Pavot	25	× 700	= 17 000 —
Blé	30	× 500	= 15 000 —

$$\text{Total.............. } 144\,000 \text{ kil. de fumier.}$$

Ces deux fumures pourront être appliquées de la manière suivante :

	Assolement de 5 ans.		Assolement de 6 ans.
Sole de betterave .	50 000 kil.	Sole de colza.....	50 000 kil.
Sole de colza.....	22 000	Sole de tabac.....	50 000
Total........	72 000 kil.	Sole de pavot	45 000
		Total........	145 000 kil.

Le trèfle, qui précède le colza dans l'assolement de 5 ans, complète, par les débris qu'il laisse dans le sol, la fumure, qui devrait être de 30 000 kilogr. si le colza suivait une récolte non améliorante.

La fumure exigée par l'assolement sextennal paraîtra considérable. On ne doit pas oublier que nous supposons des produits moyens très-élevés. En Flandre, où cette succession de culture est souvent suivie, la fumure totale qu'on lui consacre est ni moins ni plus forte.

Si l'on répartit les diverses fumures totales que je viens de déterminer sur les soles qui composent les assolements, on trouve que chaque hectare en culture reçoit par an les quantités suivantes de fumier :

1° Assolement biennal.........	8 000 kil.
2° — triennal.......	9 000
3° — quadriennal.....	11 000
4° — quinquennal....	15 000
5° — sextennal.......	24 000

On doit donc conclure de ces résultats que la quantité de fumier appliquée par hectare est bien proportionnelle à la faculté épuisante des plantes qui composent les assolements et aux produits qu'elles peuvent donner sur les terres où elles sont cultivées.

Ainsi, ce n'est pas le produit maximum que donnent le froment, le colza, etc., sur les terres les plus fécondes, auquel il faut avoir égard, mais bien le nombre d'hectolitres qu'ils peuvent produire sur l'exploitation où ils doivent végéter.

Je rappellerai que je prends toujours pour base le fumier de ferme bien fait et à demi décomposé. Enfin, j'ajouterai qu'une fumure donnée exerce toujours une influence plus grande sur les terres déjà riches, calcaires et non acides, que sur les sols pauvres, encore acides et dépourvues, pour ainsi dire, de carbonate de chaux ou de parties alcalines.

CHAPITRE IV.

LES PLANTES QUI CONCOURENT A LA FABRICATION DES FUMIERS.

—

Plantes qui fournissent des litières. — Plantes céréales, légumineuses et industrielles. — Quantité de fumier fournie par 100 kilogr. de paille. — par 100 kilogr. de racines et tubercules. — par 100 kilogr. de fourrages verts ou secs. — Données appliquées à des assolements.

Il est nécessaire, quand on veut connaître si un assolement donné peut se suffire à lui-même ou quelle quantité de fumier il permettra de fabriquer annuellement, de supputer le poids total des litières et des fourrages verts et secs qu'il fournira.

Alors, à l'aide de quelques calculs, il y a possibilité de déterminer approximativement la quantité de fumier qu'on pourra produire chaque année.

Les *plantes qui fournissent des litières* sont nombreuses. La liste suivante comprend les végétaux agricoles les plus répandus :

A. *Plantes céréales.*

Froment.	Orge.
Seigle.	Maïs.
Avoine.	Millet.

B. *Plantes légumineuses.*

Féverolle.	Haricot.

C. *Plantes industrielles.*

Colza.	Cameline.
Navette.	Moutarde.
Pavot.	Tabac.

Les tiges des pois, vesces, sont généralement utilisées

comme fourrages secs; les tiges de cardère sont employées comme combustible.

J'ai fait connaître précédemment (voir livre IV, p. 196) les plantes qu'on cultive pour l'alimentation des animaux domestiques. Tous les végétaux appartenant à cette classe concourent aussi à la fabrication des engrais.

J'ai indiqué, en traitant des fumiers dans LES MATIÈRES FERTILISANTES, la méthode à suivre pour supputer la quantité de fumier qu'on peut fabriquer avec une quantité donnée de paille, de fourrages verts ou de foin. Je rappellerai qu'il faut réduire toutes les litières et tous les aliments à l'état sec et en multiplier le résultat par 1,80.

Ce nombre 1,80 est la moyenne des multiplicateurs que j'ai admis pour les divers animaux domestiques. Il est un peu plus élevé que le chiffre unique proposé par Schwerz. Les agriculteurs qui n'ont que des chevaux et des bêtes à laine doivent adopter le multiplicateur moyen 1,30.

Voici les quantités de fumier sur lesquelles on peut compter, si cet engrais est bien récolté et conservé avec soin dans des fosses ou sur des plates-formes pendant trois à quatre mois seulement :

A. Pailles employées comme litières.

100 kil. de paille de froment donnent....		160 kil. de fumier.	
100	— de seigle	—	160 —
100	— d'avoine	— ...	160 —
100	— d'orge	—	160 —
100	— de sarrasin	—	150 —
100	— de féverolle	—	160 —
100	— de colza	—	160 —
100	— de pavot	—	160 —
100	— de navette	—	160 —
100	— de maïs	....	160

Il résulte de ces données qu'on peut obtenir par chaque

quintal ou chaque hectolitre de graines récoltées les quantités suivantes de fumier :

	Par 100 kilogr. de graines.	Par hectolitre.
Froment.....................	400 kil.	320 kil.
Seigle.....................	480	350
Avoine.....................	320	200
Orge.....................	320	210
Maïs.....................	480	370
Sarrasin.....................	230	150
Féverolle.....................	400	320
Colza.....................	320	230
Navette.....................	190	130
Pavot.....................	400	260

Ces résultats moyens sont basés sur les quantités de paille
qu'on récolte ordinairement sur des terres qui sont de bonne
qualité sans être très-fraîches ou très-fertiles.

B. *Racines et tubercules.*

100 kil. de betterave	donnent.....	35 kil. de fumier.
100 de pommes de terre —	.....	50 —
100 de carotte —	.....	30 —
100 de topinambour —	.....	40 —
100 de navet —	.....	24 —
100 de rutabaga —	.....	30 —

La faible quantité de matières fertilisantes fournie par ces
racines et tubercules tient à la grande quantité d'eau qu'on
observe dans leurs tissus.

C. *Plantes fourragères fauchables.*

	Par 100 kilogr. à l'état vert.	Par 100 kilogr. à l'état sec.
Prairies naturelles...........	45 kil.	150 kil.
Luzerne, sainfoin...........	45	150
Trèfle, lupuline...........	45	150
Vesce, jarosse, etc...........	45	150
Feuilles de choux, navets....	20	»
Feuilles de betteraves, etc....	20	»

Supposons qu'on ait intérêt à supputer la quantité de fu-

mier qu'on pourra fabriquer à l'aide des produits par les assolements suivants :

1° Assolement quadriennal.

1. Betterave, produisant...... 30 000 kil. de racines.
2. Avoine de mars, — ...... 35 hectolitres.
3. Trèfle, — ...... 5 000 kil. de foin.
4. Blé d'hiver, — ...... 25 hectolitres.

Nous aurons :

Betterave... 300 quintaux de racines × 35 = 10 500 kil. de fumier.
Avoine...... 35 hectolitres (paille) × 200 = 7 000 —
Trèfle...... 50 quintaux de foin × 150 = 7 500 —
Blé d'hiver.. 25 hectolitres (paille) × 320 = 8 000 .

Total................... 33 000 kil. de fumier.

Ainsi, cet assolement ne permettra pas de fabriquer au
delà de 33 000 kilogr.; nous avons constaté dans le chapitre
précédent qu'il en exigeait environ 43 000 kilogr.

2° Assolement quinquennal.

1. Betterave, produisant.... 40 000 kil. de racines par hectare.
2. Blé de mars, — .... 30 hectolitres —
3. Trèfle, — .... 7 000 kil. de foin —
4. Colza, — ... 25 hectolitres —
5. Blé d'hiver, — .... 26 — —

On aura donc :

Betterave...... 400 quintaux × 35 = 14 000 kil. de fumier.
Blé de mars.... 30 hectolitres × 320 = 9 600 —
Trèfle......... 70 quintaux × 150 = 10 500 —
Colza......... 25 hectolitres × 230 = 5 800 —
Blé d'hiver..... 26 — × 320 = 8 400 —

Total................ 48 300 kil. de fumier.

Si l'on compare ce résultat à la quantité de fumier exigée
par cet assolement, on constatera encore un déficit s'élevant
à 21 000 kilogr. environ.

Nous examinerons dans quelques instants par quels moyens
on comble les déficits précités.

CHAPITRE V.

LES PLANTES QUI NE PARTICIPENT PAS A LA FABRICATION DES ENGRAIS.

—

L'agriculture cultive plusieurs plantes qui consomment beaucoup de fumier, mais qui ne fournissent pas de matériaux destinés à fabriquer cet engrais.

On doit placer en première ligne les plantes suivantes :

Le lin,   La cardère,
Le chanvre,   Le pastel.

Les tiges de la cardère, comme celles du houblon, sont généralement employées comme combustible.

On range en seconde ligne les plantes ci-après :

Garance.   Safran.

La garance fournit des tiges qu'on utilise comme fourrage vert ou sec, mais la quantité récoltée par hectare est si faible, qu'elle ne peut exercer une grande influence sur la production du fumier.

La même observation peut être faite à l'égard du safran et même de la chicorée à café, dont les feuilles sont aussi utilisées dans l'alimentation du bétail.

Ainsi, les plantes mentionnées ci-dessus ne doivent pas être confondues avec les végétaux qui fournissent des produits qui assurent dans une proportion plus ou moins grande l'empaillement des étables, bergeries ou écuries, et l'existence des animaux de rente et de travail.

CHAPITRE VI.

L'ÉTENDUE QUE DOIVENT AVOIR LES CULTURES FOURRAGÈRES.

—

L'étendue des prairies doit être en rapport avec le nombre d'animaux qu'on doit avoir. — Cette étendue est toujours en raison inverse de la fertilité de la couche arable. — Balance entre le fumier absorbé par les plantes et le fumier qu'on peut fabriquer avec leurs produits. — Étendues en prairies exigées par les plantes épuisantes. — Exemples.

Ainsi que je l'ai dit plus haut, les plantes cultivées par l'agriculture forment deux classes principales, savoir :

1° Les plantes épuisantes,
2° Les plantes améliorantes.

Les premières ne se suffisent pas à elles-mêmes, c'est-à-dire que les matériaux qu'elles fournissent ne permettent pas de fabriquer une quantité de fumier égale à celle qu'elles absorbent : ce qui nécessite l'adjonction de cultures fourragères plus ou moins étendues, selon la fertilité des terres, ou une certaine quantité d'engrais importée sur le domaine.

Les secondes n'épuisent pas la couche arable, ou du moins elles fournissent assez de matériaux pour qu'on puisse fabriquer autant de fumier qu'elles en absorbent.

Quel rapport doit exister entre les plantes épuisantes et les plantes améliorantes?

En 1757, la Société d'agriculture de Bretagne a résolu cette question dans les termes suivants :

« L'étendue des prairies doit être déterminée par la quantité de bétail qu'on doit entretenir, et le nombre de bestiaux dépend de la quantité d'engrais qu'exige la culture. »

Toutefois, comme les prairies naturelles et les prairies artificielles sont plus ou moins productives, selon la nature et
la richesse du sol, on doit conclure que leur étendue sera
toujours, comme le dit Yvart, en raison inverse de la fertilité de la couche arable. Ainsi, cette surface sera plus grande
dans les contrées pauvres que dans les pays riches, dans les
localités où les prairies ne sont fauchées qu'une seule fois
que dans les contrées où elles fournissent deux, trois et
même quatre coupes.

Le rapport qui doit exister entre les plantes cultivées pour
assurer l'existence des animaux de travail et de rente et la
surface qu'on peut accorder aux plantes dont les produits
doivent être vendus est le problème le plus important de
toutes les questions que l'étude des successions de culture
permet de poser. Ce rapport varie suivant les assolements;
néanmoins, il peut être aujourd'hui facilement résolu. On
en jugera par les détails qui vont suivre.

Examinons d'abord le déficit qui existe entre le fumier absorbé et le fumier produit :

	Fumier absorbé		Fumier produit		Déficit	
	par 100 kil.	par hectol.	par 100 kil.	par hectol.	par 100 kil.	par hectol.
Blé...............	640 kil.	500 kil.	400 kil.	320 kil.	240 kil.	180 kil.
Seigle...........	630	460	480	350	150	110
Avoine.........	600	300	320	200	280	100
Orge............	560	350	320	210	240	140
Maïs	610	460	480	370	120	90
Colza...........	1050	730	320	230	730	500
Pavot...........	1100	700	400	260	700	440
Tabac..........	4000	»	»	»	4000	»
Chanvre.......	1500	»	»	»	1500	»
Lin.............	1500	»	»	»	1500	»
Garance........	2000	»	»	»	2000	»
Betterave......	65	»	35	»	30	»
Carotte........	60	»	30	»	30	»
Pommes de terre	75	»	50	»	25	»
Navet..........	100	»	24	»	76	»

Ainsi, aucune des plantes précitées ne se suffit à elle-même, aucune ne fournit assez de matériaux pour qu'on puisse fabriquer à l'aide des animaux de rente ou de travail une quantité de fumier égale à celle qu'elles absorbent.

Voici les quantités de foin nécessaires pour combler le déficit qu'on observe entre l'absorption et la production du fumier :

	Par chaque 100 kilogr.	Par chaque hectolitre.
Blé	160 kil. de foin.	120 kil. de foin.
Seigle	100 —	73 —
Orge	160 —	90 —
Avoine	186 —	66 —
Maïs	80 —	60 —
Colza	490 —	330 —
Pavot	470 —	290 —
Tabac	2650 —	» —
Chanvre	1000 —	» —
Lin	1000 —	» —
Garance	1330 —	» —
Betterave	20 —	» —
Carotte	20 —	» —
Pommes de terre	16 —	» —
Navet	50 —	» —

Loin de moi la pensée, je le répète, de proposer tous ces nombres comme invariables. Un jour, j'en conserve l'espérance, la science indiquera très-exactement la faculté épuisante des plantes et la quantité de fumier qu'on pourra fabriquer avec les produits qu'elles fournissent. En attendant, je suis en droit de considérer les données que j'ai admises comme les plus exactes et les plus pratiques de toutes celles qui ont été proposées jusqu'à ce jour en France, en Angleterre ou en Allemagne. Les faits que je mentionnerai dans la suite de ce travail justifieront, je n'en doute pas, leur valeur agricole et leur utilité.

Il résulte des quantités de foin inscrites dans le tableau précédent que les plantes qui y sont mentionnées doivent être soutenues, par chaque 100 kilogr. de graines ou de racines ou de tubercules qu'elles produisent, par les étendues suivantes en fourrages :

	Prairie produisant 3000 kil. de foin.	Prairie produisant 4000 kil. de foin.	Prairie produisant 5000 kil. de foin.	Prairie produisant 6000 kil. de foin.
	ares	ares	ares	ares
Froment.....	5,33	4.00	3,20	2.67
Seigle.......	3,33	2.50	2,00	1.67
Orge	5,33	4.00	3.20	2.67
Avoine	6.20	4,65	3,72	3.10
Maïs........	2.60	2.00	1.60	1.33
Betterave....	0,66	0,50	0,40	0,33
P. de terre...	0,53	0,40	0,32	0.27
Colza........	16.30	12,20	9.80	8.13
Pavot........	15,66	11.75	9.40	7,83
Tabac	88,66	66.50	53.20	43,33
Chanvre	33,00	25.20	20.00	16,66
Lin	33,00	25.00	20.00	16,66
Garance.....	44.33	33.25	26.60	22.16
Carotte......	0,66	0.50	0,40	0,33
Navet.......	1.66	1.25	1,00	0.83

Appliquons ces diverses données à la culture de quelques plantes épuisantes. Supposons des produits divers, afin que les résultats soient mieux compris :

A. *Froment d'automne.*

Produits par hectare.	Poids total du grain.	Prairies donnant 3000 kil. de foin.	Prairies donnant 4000 kil. de foin.	Prairies donnant 5000 kil. de foin.	Prairies donnant 6000 kil. de foin.
hectol.	kilogr.	ares	ares	ares	ares
16	1280	67,72	51.20	40,96	33,36
18	1440	76.75	57,60	46,08	38,44
20	1600	85,28	64,00	51,20	42,72
22	1760	93.80	70,40	56,32	46,99
25	2000	106,60	80,00	64,00	54,40
30	2400	127,92	96,00	76,80	65,08

Les chiffres inscrits dans les quatre dernières colonnes indiquent les étendues en prairies naturelles ou artificielles qui sont nécessaires pour soutenir chaque hectare en blé.

Par conséquent, les contrées où le froment produit peu n'ont pas besoin d'avoir une étendue en plantes fourragères

aussi considérable que les localités dans lesquelles cette céréale donne 25 et 30 hectolitres par hectare.

En d'autres termes, le blé est d'autant plus productif qu'il
est soutenu par une plus grande surface consacrée à la culture des plantes fourragères. On dit donc avec raison : *Qui
veut du blé doit faire des prés ; avec des prés on a du blé ; sans
prés, point de blé ; plus on a de prés, plus on a de blé !*

B. *Avoine de printemps.*

Les faits concernant la culture de l'avoine confirment la
loi générale précitée :

Produit par hectare.	Poids du grain.	Prairies produisant 3000ᵏ de foin.	Prairies produisant 4000ᵏ de foin.	Prairies produisant 5000ᵏ de foin.	Prairies produisant 6000ᵏ de foin.
hectol.	kilogr.	ares	ares	ares	ares
20	1000	62,00	46.50	37.20	31.00
25	1250	77.50	58,12	46.50	38.75
30	1500	93,00	69.75	56.80	46.50
35	1750	108.50	74.36	65,10	54.25
40	2000	124,00	93.00	74.40	62.00
45	2250	139.50	104.62	83.20	68.75

Quand on compare les surfaces en fourrages exigées par
le froment aux étendues nécessaires pour soutenir la culture
de l'avoine, on voit que ces dernières surfaces sont moins
grandes que les étendues exigées par le blé.

C. *Betterave.*

La betterave ne se suffit pas elle-même. Voici les surfaces
en prairies qu'elle oblige à posséder :

Produits par hectare.	Prairies produisant 3000 kil. de foin.	Prairies produisant 4000 kil. de foin.	Prairies produisant 5000 kil. de foin.	Prairies produisant 6000 kil. de foin.
kilogr.	ares	ares	ares	ares
25 000	165.00	125,00	100,00	82.00
30 000	198,00	150,00	120,00	99.00
35 000	231,00	175,00	140,00	115,00
40 000	264,00	200,00	160.00	142,00

D. *Colza d'hiver.*

Le colza est aussi très-épuisant. Il exige les étendues suivantes :

Produit par hectare.	Poids total du grain.	Prairies produisant 4000 kil. de foin.	Prairies produisant 5000 kil. de foin.	Prairies produisant 6000 kil. de foin.
hectol·	kilogr·	ares	ares	ares
18	1260	153.72	123,48	102.71
20	1400	170.80	137.20	114,24
25	1750	213,50	171,50	142,80
30	2100	256.20	205,80	171,36
35	2450	298.90	240,10	199.90

L'étendue considérable en prairies artificielles ou naturelles exigée par le colza permet de dire que cette plante industrielle ne peut être cultivée que sur les exploitations où l'on récolte beaucoup de fourrages.

J'appliquerai les données qui précèdent à trois assolements différents.

1° Assolement triennal.

Je supposerai une ferme ayant une étendue de 100 hectares sur laquelle on désire mettre en pratique l'assolement suivant :

    1° Jachère labourée et fumée.
    2° Blé d'hiver, produisant............ 20 hectolitres.
    3° Avoine de printemps, produisant... 30   —

Les terres peuvent porter une luzernière ou un sainfoin donnant en moyenne 5000 kilogr. de foin par hectare.

D'après les tableaux ci-dessus concernant la culture du froment et de l'avoine :

    Chaque hectare de blé exigera........ 51 ares de prairie.
    Chaque hectare d'avoine.............. 57   —
                      Total......... 108 ares.

Il faut conclure de ce résultat que le froment et l'avoine, pour rester productifs, doivent être soutenus par une étendue en prairies artificielles moitié moindre que la surface qu'elles couvrent chaque année.

Les 100 hectares précités seront donc divisés de la manière suivante :

```
Jachère ....  ...........  25 hectares
Froment...................  25     —
Avoine ...................  25     —
Luzerne .................  25     —
                          ──────────
            Total........... 100 hectares.
```

Les 25 hectares de luzerne ou de sainfoin seront placés en dehors de la rotation.

Les fermes de la Beauce sur lesquelles on suit encore l'assolement triennal de la culture céréale ont la plupart le quart environ de leurs terres arables occupé par une prairie artificielle formée par une légumineuse vivace.

2° Assolement quadriennal.

Supposons maintenant qu'on veuille adopter sur une ferme, ayant aussi 100 hectares, un assolement de 4 ans, ainsi composé :

```
1° Betterave, produisant....... 30 000 kilogr.
2° Avoine de mars ...........     35 hectol.
3° Trèfle ...................   6 000 kilogr.
4° Blé d'hiver...............     25 hectol.
```

L'étendue nécessaire en prairies artificielles sera déterminée par les résultats suivants :

```
Chaque hectare en betterave exigera.  99 ares.
     —          en avoine .........   54
     —          en froment........   54
                                    ──────
            Total..............  207 ares.
```

Soit 2 hectares en prairies artificielles : 1 hectare en trèfle et 1 en luzerne ou sainfoin.

Les 100 hectares devront donc être divisés en cinq soles

ayant chacune une étendue de 20 hectares. Ainsi, chaque année, on devra cultiver :

A. Plantes céréales.

Froment..............	20 hectares.	
Avoine..............	20 —	
Total........	40 hectares, ci...	40 hectares.

B. Plantes fourragères.

Betterave............	20 hectares.	
Trèfle..............	20 —	
Luzerne...............	20 —	
Total........	60 hectares, ci...	60 hectares.
	Total général............	100 hectares.

Ainsi, l'assolement quadriennal précité exige une étendue moins grande en prairies artificielles situées en dehors de la rotation que l'assolement triennal. Il devait en être ainsi à cause de la troisième sole, qui est occupée par le trèfle.

Si le trèfle et la luzerne ne produisaient que 5000 kilogr. de foin par hectare, l'assolement pour fournir les mêmes produits en betteraves, en froment et en avoine devrait être soutenu par 24 hectares en prairies artificielles.

Dans cette dernière hypothèse, si les plantes fourragères fauchables ne couvraient annuellement que 20 hectares, il faudrait combler le déficit entre l'absorption et la production du fumier en achetant chaque année une certaine quantité de guano, tourteaux, etc.

En résumé, l'assolement de 4 ans précité avec une sole hors de rotation se suffit à lui-même s'il est appliqué sur des terres riches produisant 6000 kilogr. de foin par hectare, mais il ne se soutient pas lorsqu'on le met en pratique sur des sols appartenant encore à la période de fertilité fourragère.

3° Assolement septennal.

Enfin, admettons qu'on ait intérêt de connaître si l'assole-

ment de 7 ans adopté à Grignon se suffit à lui-même. Cet assolement est ainsi disposé :

```
1° Betterave, produisant ...  40 000 kilogr.
2° Avoine de mars...........      35 hectol.
3° Trèfle..................     6 000 kilogr.
4° Froment d'hiver.........       25 hectol.
5° Vesce, maïs, etc... .....    6 000 kilogr.
6° Colza d'automne ........       25 hectol.
7° Blé d'hiver.............        25    —
```

Chaque plante épuisante exigera par hectare :

```
Betterave....................   142 ares.
Avoine.......................    54
Blé..........................    54
Colza. ......  ..............   142
Blé........................      54
         Total...........       446 ares.
```

Soit 4 hectares 46 ares en plantes fourragères non épuisantes pour les 5 hectares occupés par les plantes épuisantes.

Les terres labourables de la ferme de Grignon ont une
étendue de 240 hectares. Chaque sole a 30 hectares de superficie.

Chaque année on y observe :

```
1re sole. Betterave........    30 hectares.
2e   —   Avoine...........     30   —
4e   —   Froment..........     30   —
6e   —   Colza............     30   —
7e   —   Froment..........     30   —
         Total...........     150 hectares.
```

Si l'on établit le rapport suivant :

5 hectares : 4 hectares 46 :: 150 : *x*

on constate que l'assolement qu'on y suit exige 134 hectares en prairies fauchables.

Voici les étendues qu'on y remarque chaque année :

Trèfle	30 hectares.
Vesce, maïs..............	30 —
Luzerne................	30 —
Prairies naturelles.........	20 —
Total...........	110 hectares.

La différence qu'on aperçoit entre la surface occupée par les plantes fauchables et la superficie que les prairies devraient couvrir permet de dire que l'assolement en usage à Grignon ne doit pas se soutenir. En effet, les plantes qui le composent ne conservent la productivité qu'elles y ont acquise que parce qu'on importe chaque année sur le domaine une quantité assez grande d'engrais commerciaux : poudrette ou tourteaux.

Je passe sous silence l'emploi des feuilles de betteraves et de carottes et les pâturages existants dans le parc qu'on utilise à l'aide du troupeau. Si l'on avait égard à ces diverses ressources, on constaterait qu'il y manque encore de 15 à 16 hectares de prairies fauchables.

CHAPITRE VII.

LE NOMBRE DE KILOGRAMMES BRUTS OU VIVANTS QU'ON DOIT NOURRIR ANNUELLEMENT.

—

Doit-on avoir une tête de gros bétail par hectare ? — Qu'entend-on par une tête de gros bétail ? — Comment on parvient à connaître le nombre de kilogrammes bruts ou vivants qu'on peut nourrir par hectare. — Le poids brut dépend de la quantité de fumier exigée par l'assolement. — Exemples. — Nécessité d'avoir égard à la production des pailles.

Depuis un demi-siècle on ne cesse de répéter que pour bien cultiver il est nécessaire d'avoir une tête de gros bétail par hectare.

On ajoute qu'il faut posséder aussi une tête de bétail par :

      60 ares si les prairies sont bonnes.
      100 ares   —   passables.
      160 ares   —   mauvaises.

Enfin, on soutient que 80 ares de terres labourables suffisent, s'ils sont bien cultivés, pour nourrir une bête à cornes adulte et que cette tête de gros bétail doit fournir assez de fumier pour fertiliser un hectare.

D'après ces dernières hypothèses, une exploitation ayant une étendue de 100 hectares sur lesquels on suivrait l'assolement triennal soutenu par une luzerne ou un sainfoin placé en dehors de la rotation, devrait posséder 25 têtes de gros bétail. Ces animaux fourniraient assez de fumier pour fertiliser les 25 hectares de jachère, et ils seraient nourris avec le foin récolté sur la sole située en dehors de la rotation dont l'étendue est aussi de 25 hectares.

Ces diverses propositions n'ont aucune valeur, car que

doit-on entendre par une tête de gros bétail? A-t-on pris comme type pour l'espèce bovine, ou la vache normande, ou la vache landaise; pour l'espèce chevaline, le cheval boulonais ou le cheval limousin? On sait que ces animaux sont très-différents les uns des autres quant à leur poids brut, leur exigence et la quantité de fumier qu'ils produisent annuellement.

Maintenant, si l'exploitation possède des bêtes à laine au lieu de vaches, quel rapport choisira-t-on? Admettra-t-on qu'une bête bovine est représentée par 10 ou 12 moutons ou brebis? Ce rapport pourra être exact s'il est question de métis mérinos bien étoffés ou d'animaux appartenant aux races picarde et barbarine; mais il sera incontestablement trop faible si on possède des moutons solognots ou ardennois.

Les erreurs qu'on peut commettre en adoptant les données qui précèdent et qu'on trouve inscrites encore dans les ouvrages les plus accrédités nous permettent de dire qu'il faut désormais chercher, non pas la quantité de têtes de gros bétail, mais le nombre de kilogrammes bruts ou vivants qu'on peut nourrir ou qu'il faut posséder par chaque hectare de terres labourables et de prairies naturelles ou artificielles. Cette méthode bien appliquée ne peut pas un seul instant tromper le cultivateur.

Voici la méthode que nous proposons :

1° Il faut supputer aussi exactement que possible la quantité moyenne de foin et de paille qu'on récoltera annuellement.

2° On doit déterminer aussi avec soin le poids moyen brut ou vivant des animaux qu'on a l'intention d'avoir.

3° Il faut ensuite supputer combien de foin les animaux consommeront chaque année eu égard à leur poids brut et à leur destination.

4° De plus, il faut déduire de la quantité de foin et de paille qu'on récoltera tous les ans, les aliments et la litière qu'exigeront les animaux de travail.

5° Enfin, on connaîtra le nombre de quintaux vivants qu'on pourra nourrir en divisant le reliquat du foin par la quantité exigée annuellement par 100 kilogr. poids brut.

Supposons qu'on veuille apprécier le nombre de quintaux bruts qu'on pourra entretenir sur deux exploitations ayant chacune 100 hectares, mais sur lesquelles on a adopté deux assolements différents : un assolement triennal appartenant à la culture granifère et un assolement quadriennal appartenant à la culture fourragère :

1° *Assolement triennal.*

1° Jachère.............................. 25 hectares.
2° Blé d'hiver.... produisant 20 hectolitres.. 25   —
3° Avoine de mars   —   30   —   .. 25   —
Luzerne hors rotation.   —   5000 kil. de foin.. 25   —
                        Total............... 100 hectares.

Cet assolement exigera 6 chevaux comme animaux de travail. Si chaque cheval pèse 600 kilogr. poids brut et si on lui donne par jour 2 pour 100 de foin, chaque ration journalière comprendra 12 kilogr. Or :

365 jours $\times$ 12 kilogr. $=$ 4380 kilogr. $\times$ 6 têtes $=$ 26 280 kilogr.

Ainsi, les 6 chevaux consommeront chaque année environ 27 000 kilogr.

Si l'on déduit cette quantité de la récolte totale qui s'élève à 125 000 kilogr., il restera en magasin 98 000 kilogr. de foin, de luzerne ou de sainfoin.

Supposons 2 vaches seulement du poids de 500 kilogr., parce qu'on a intérêt à spéculer de préférence sur les bêtes à laine et voyons le nombre qu'on pourra entretenir annuellement.

Chaque vache consommera par jour 15 kilogr. de foin ou 3 pour 100 kilogr. de poids vivant. On aura donc :

$$15 \text{ kilogr.} \times 2 \text{ têtes} = 30 \text{ kilogr.} \times 355 = 10\,950 \text{ kilogr.}$$

En déduisant ces 11 000 kilogr. des 98 000 kilogr. de foin il restera en faveur des bêtes à laine 87 000 kilogr.

Si les moutons ou brebis pèsent en moyenne 40 kilogr. bruts et si on leur donne chaque jour 1 kilogr. 200, soit 3 pour 100 de leur poids vivant, chaque tête consommera par an 438 kilogr. de foin. Si maintenant on suppose 270 jours de nourriture à la bergerie et 90 jours d'alimentation au pâturage, chaque tête ne consommera annuellement que 324 kilogr. de foin.

Dans les deux hypothèses, on pourra facilement déterminer le nombre de têtes qu'on pourra entretenir par jour et par an.

Dans le premier cas, on aura :

$$\frac{87\,000}{438} = 198 \text{ têtes du poids moyen de 40 kilogr.}$$

Dans le second exemple, on aura :

$$\frac{87\,000}{1^{\text{kil}},200 \times 270 \text{ jours}} = 271 \text{ têtes ayant le même poids.}$$

En résumé, la sole de luzerne permettra d'avoir :

6 chevaux pesant ensemble....		3 600 kilogr. bruts.	
2 vaches	—	1 000	—
271 bêtes à laine	—	10 900	—
Total................		15 500 kilogr. bruts.	

Si on répartit ce poids vivant par chaque hectare, on a :

Prairie artificielle....	620 kilogr.
Étendue totale................	155 —

Ainsi, avec l'assolement triennal on entretient sur l'ensemble du domaine un quart de tête de gros bétail par hectare et à l'aide de la luzerne une forte tête par chaque hectare qu'elle occupe. D'un autre côté, on voit que 14 têtes ovines du poids moyen de 40 kilogr. bruts équivalent à une grosse tête du poids de 560 kilogr.

2° Assolement quadriennal.

1° Betterave...	produisant	30 000 kilogr......	20	hectares.
2° Avoine.....	—	35 hectolitres...	20	—
3° Trèfle......	—	5 000 kil. de foin..	20	—
4° Blé d'hiver..	—	25 hectolitres...	20	—
Luzerne hors rotation.	—	6 000 kil. de foin..	20	—
		Total...............	100	hectares.

Cette succession de culture obligera à avoir au minimum 7 chevaux de travail. Si chaque cheval pèse en moyenne 600 kilogr. poids brut, il consommera chaque jour 12 kilogr. de foin. Or :

$$365 \times 12 = 4380 \text{ kilogr.} \times 7 \text{ têtes} = 30\,660 \text{ kilogr..}$$

Soit en moyenne 31 000 kilogr. de foin.

On récoltera annuellement :

600 000 kilogr. de betterave ou......	185 000 kil. de foin.	
Trèfle.........................	100 000	—
Luzerne.......................	120 000	—
Total...............	405 000 kil. de foin.	

Si l'on diminue de cette production les 31 000 kilogr. de foin que consommeront les chevaux, il restera en magasin 374 000 kilogr. de foin.

Supposons que l'exploitation ait intérêt à produire du lait et voyons combien de vaches normandes elle pourra soumettre en moyenne chaque année à la stabulation permanente ou absolue.

Chaque vache pèse en moyenne 500 kilogr. Si chaque tête reçoit par jour 20 kilogr. de foin, soit 4 pour 100 de leur poids brut, la quantité qu'elle consommera annuellement s'élèvera à 7300 kilogr. Or :

$$\frac{405\,000 \text{ kilogr.}}{730 \text{ kilogr.}} = 51 \text{ têtes.}$$

Il résulte de ces données que l'assolement quadriennal mis en pratique sur une terre de bonne qualité permettra de nourrir chaque année :

7 chevaux pesant ensemble.....	4 200 kilogr. bruts.	
51 vaches — ...	25 500 —	
Total...............	29 700 kilogr. bruts.	

Ce résultat donne par hectare :

Plantes fourragères.................	495 kilogr.
Étendue totale...	297 —

Soit une tête de gros bétail par chaque hectare en betterave, trèfle ou luzerne ou un peu moins des deux tiers d'une grosse tête pour l'ensemble du domaine.

Examinons maintenant si dans les deux exemples les animaux entretenus recevront une quantité suffisante de litière

L'assolement triennal fournira les pailles suivantes :

25 hectares blé..........	× 4000 =	100 000 kilogr.	
25 — avoine.......	× 3000 =	75 000 —	
Total............		175 000 kilogr.	

Or :

$$\frac{175\,000 \text{ kilogr. de paille}}{155 \text{ quintaux poids brut}} = 1128 \text{ kilogr.}$$

Chaque quintal brut recevra donc par an 11 quintaux de paille.

Si chaque tête reçoit :

	Par jour.	Par an.		Totalité.
6 chevaux............	6 kil.	2300 kil.	=	14 000 kil.
2 vaches............	10	3650	=	8 000
271 bêtes à laine....	1500	550	=	150 000 kil.
Total général...............				172 000 kil.

la production en paille sera suffisante.

Voyons quelle sera la quantité de paille que l'assolement

quadriennal permettra de répandre journellement dans l'écurie et la vacherie.

On récoltera :

$$
\begin{array}{llll}
\text{20 hectares blé} & \dots\dots & \times 5000 = & 100\,000 \text{ kilogr.} \\
\text{20} \quad - \quad \text{avoine} & \dots\dots & \times 3500 = & \underline{70\,000} \\
& \text{Total} \dots\dots\dots & & 170\,000 \text{ kilogr.}
\end{array}
$$

Or :

$$
\frac{170\,000 \text{ kilogr. de paille}}{297 \text{ quintaux de poids vivant}} = 572 \text{ kilogr.}
$$

Si chaque tête reçoit :

	Par jour.	Par an.		Totalité.
7 chevaux	6 kil.	2300 kil.	=	16 000 kil.
55 vaches	7,500	2800	=	154 000
Total général				170 000 kil.

l'empaillement dans l'écurie sera satisfaisant; celui de la vacherie sera un peu faible pour des vaches soumises à la stabulation complète et elle obligera à ne sortir la litière que quand elle aura été bien modifiée par les urines ou les bouses.

En résumé, la quantité de têtes de gros bétail, ou pour mieux dire le nombre de quintaux bruts ou vivants qu'on peut et doit même entretenir sur une exploitation lorsqu'on ne vend ni paille ni foin, dépend :

1° De la quantité de fumier exigée par l'assolement qu'on a choisi ;

2° De l'étendue et de la production des plantes fourragères.

J'ai constaté, page 127, que l'assolement quadriennal précité exigeait une fumure de 45 000 kilogr. par hectare ; j'ai démontré, page 233, que les matériaux qu'il fournissait ne permettaient pas de fabriquer au delà de 33 000 kilogr. de fumier pour la même superficie ; j'ai, en outre, prouvé, page 241, qu'il devait être soutenu par une luzerne placée en dehors de la rotation et ayant une étendue égale à la surface des soles ordinaires ; enfin, je viens de démontrer que cet assolement produit 405 000 kilogr. de foin et 175 000 kilogr. de paille, avec lesquels on peut entretenir annuellement en moyenne 317 quintaux de poids vivant, soit 7 chevaux et 55 vaches.

Si je convertis le foin et la paille en fumier à l'aide du multiplicateur indiqué page 231, je trouve qu'on pourra disposer chaque année de 900 000 kilogr. d'engrais. Ainsi :

$$
\begin{aligned}
&405\,000 \text{ kil. de foin produiront}\ldots\quad 620\,000 \text{ kil. de fumier.} \\
&175\,000 \qquad\text{de paille} \quad - \quad\ldots\quad \underline{283\,000 \qquad\qquad -} \\
&\qquad\qquad\quad \text{Total}\ldots\ldots\ldots\ldots\quad 903\,000 \text{ kil.}
\end{aligned}
$$

La sole qu'on devra fumer tous les ans a 20 hectares. Or,

$$20 \text{ hectares} \times 45\,000 \text{ kilogr.} = 900\,000 \text{ kilogr.}$$

Chaque vache devra donc produire annuellement 15 000 kilogrammes de fumier et chaque cheval 11 000 kilogrammes. Ces productions concordent exactement avec les faits qui s'observent tous les ans sur les exploitations qui entretiennent des vaches en stabulation absolue (voir LES MATIÈRES FERTILISANTES).

LIVRE VI.

LES LOIS DES ASSOLEMENTS.

CHAPITRE I.

LES THÉORIES PHYSIOLOGIQUES.

Loi formulée par Rozier. — Les plantes à racines fibreuses et les plantes à racines pivotantes. — Loi proposée par de Candolle. — Les matières excrémentitielles des plantes. — La loi établie par Rozier est la seule admissible.

La première loi physiologique concernant les assolements a été formulée par l'abbé Rozier à la fin du siècle dernier. Cette loi était ainsi conçue : *Les plantes puisent leur nourriture dans le sol à des profondeurs différentes suivant la manière d'être de leurs racines.* De là, la nécessité de faire suivre les plantes à racines fibreuses ou traçantes par des végétaux à racines longues et pivotantes et réciproquement.

Rozier concluait avec raison que, pendant la durée de la rotation, les plantes qui se succèdent suivant cette loi utilisent les engrais situés dans toute l'épaisseur de la couche arable. Cette observation est vraie. On sait, en effet, que les racines fibreuses, ayant beaucoup de chevelu, se nourrissent près de la surface et que les racines longues et pivotantes s'alimentent plus spécialement dans la partie inférieure de la couche arable.

Ainsi, d'après la loi précitée, on doit faire suivre le froment, le seigle, l'orge, l'avoine, etc., qui ont des racines nombreuses et déliées et qui se développent ordinairement dans la couche arable, par le trèfle, la luzerne, le sainfoin, le colza, le chanvre, etc., dont les racines pénètrent souvent jusque dans le sous-sol, où elles trouvent des matières utiles et solubles que les eaux y ont entraînées.

La plupart des assolements qui appartiennent à la culture fourragère satisfont à la loi admise par Rozier. L'assolement quadriennal, dit de Norfolk, en est un exemple très-remarquable. Cette succession de culture comprend :

1° Betteraves ou carottes (*plantes à racines pivotantes*).
2° Céréales de mars (*plantes à racines fibreuses*).
3° Trèfle rouge (*plantes à racines pivotantes*).
4° Blé d'hiver (*plantes à racines fibreuses*).

Pictet a combattu la loi physiologique que l'on doit à Rozier, mais les raisons sur lesquelles il s'appuie ne concordent pas avec les faits recueillis chaque jour par l'observation.

Toutes choses égales d'ailleurs, cette théorie a moins préoccupé les savants que la loi formulée il y a trente ans par de Candolle et qui était ainsi conçue : *Les plantes réussissent mal sur un terrain qui vient de porter des végétaux de la même espèce, du même genre ou de la même famille.* De Candolle a tiré cette loi du principe suivant : Les plantes laissent dans la terre des excrétions pour lesquelles elles ont une grande répugnance quand ces mêmes excrétions ont été produites par des végétaux qui leur sont similaires.

Mais les plantes, quelles qu'elles soient, produisent-elles réellement des matières excrémentitielles? Jusqu'à ce jour ce fait n'a pas été clairement démontré. Si Brugmans a vu suinter des gouttelettes de l'extrémité des racines de la pen-

sée (*Viola arvensis*, L.), si Plenk a remarqué de petits gru-
meaux aux extrémités des racines de la scabieuse des champs
(*Scabiosa arvensis*, L.), enfin, si Macaire avance que les diverses légumineuses et graminées exsudent des matières
plus ou moins gommeuses, aucun physiologiste n'a démontré jusqu'à ce jour que ces matières pussent nuir au développement de végétaux semblables à ceux qui les ont produites.
C'est donc bien gratuitement que de Humboldt et de Candolle
ont conclu à l'impossibilité de faire suivre les plantes d'une
même espèce sur le même terrain. Si la loi formulée par de
Candolle était exacte, la luzerne n'aurait sur une terre
donnée qu'une existence très-limitée, puisque ses excrétions,
matières âcres et nuisibles à son développement, entrave-
raient promptement sa végétation. On sait que cette légumineuse persiste souvent pendant 8, 10 et même 12 années sur
le même champ, tout en y donnant chaque année des coupes
abondantes.

En résumé, la seule loi physiologique à laquelle il faut
avoir égard lorsqu'on choisit ou que l'on combine un assolement est celle qu'a établie Rozier, parce qu'elle s'identifie
avec la pratique de l'agriculture.

CHAPITRE II.

LA THÉORIE CHIMIQUE.

—

Éléments puisés par les plantes dans l'atmosphère et la couche arable. — L'ammoniaque de l'air est-il la seule source de l'azote contenu dans les végétaux? — Opinion émise par Liebig, soutenue par M. Ville, et combattue par M. Boussingault. — Matières inorganiques prélevées dans le sol par les plantes. — Loi formulée par Macaire. — Les plantes ont-elles un pouvoir d'élection? — Matières minérales contenues dans les plantes agricoles. — Substances inorganiques enlevées à la terre par l'assolement triennal et un assolement quinquennal. — Balance chimique. — Succession des plantes au point de vue chimique. — La loi chimique qu'on doit regarder comme vraie.

Priestley, et plus tard de Saussure, ont constaté que les plantes puisaient dans l'atmosphère de l'oxygène et du carbone et qu'elles demandaient à l'eau de l'oxygène et de l'hydrogène. En outre, ils ont reconnu que les plantes devaient aussi trouver ces divers éléments dans la couche arable.

A l'époque où ces expérimentateurs publiaient les résultats de leurs recherches on n'ignorait pas que les tiges, les racines, les graines contenaient de l'azote, mais on était loin de penser que ce corps avait une très-grande influence sur le développement des végétaux. Mais l'azote est-il fourni aux plantes par les engrais ou les végétaux le puisent-ils dans l'atmosphère? Cette question a donné lieu, dans ces dernières années, à des théories très-diverses. Liebig considère l'ammoniaque de l'air comme la seule source de l'azote contenu dans les végétaux et M. G. Ville affirme que les plantes s'assimilent directement l'azote gazeux de l'atmosphère. M. Boussingault ne partage pas les opinions émises par ces deux chimistes. Les expériences qu'il a faites lui ont permis de considérer le sol et les engrais comme les seuls détenteurs de l'azote assimilable. Cette théorie est celle que nous adopterons parce qu'elle s'harmonise complétement avec les données pratiques sur lesquelles reposent nos observations et nos études.

Mais les plantes ne puisent pas seulement dans le sol des gaz et de l'eau, elles y prélèvent aussi des parties minérales en dissolution dans ce liquide. Ces parties inorganiques, après avoir pénétré dans les plantes, s'accumulent dans leurs tissus, se combinent avec les acides qu'elles y rencontrent et se solidifient. C'est ainsi que la chaux, la potasse, la silice, etc., se transforment en carbonates, sulfates, phosphates, oxalates, malates, etc., sels qui donnent plus ou moins de solidité aux tiges, aux ramifications, aux feuilles et aux fruits.

Les fumiers bien faits et mélangés qu'on ajoute au sol fournissent aux plantes toutes les matières organiques et inorganiques dont elles ont besoin. L'eau, qui est indispensable à leur existence et à leur développement, provient des pluies, des rosées ou des irrigations.

Toutes les plantes ne puisent pas dans le sol les mêmes matières inorganiques. Les unes y absorbent plus de silice que de chaux; les autres y puisent principalement de la soude; enfin, quelques-unes ne végètent convenablement que lorsqu'elles peuvent s'approprier une notable quantité de phosphates terreux.

De là la loi chimique formulée par Macaire : *Les plantes de la même espèce ne peuvent se succéder sur le même terrain, car elles ne trouvent plus dans la couche arable les aliments dont elles ont besoin.* Cette théorie est vraie quand on l'applique à des terrains peu fertiles ou mal fumés, mais elle n'a pas sa raison d'être si on veut en faire usage sur des terres très-fécondes ou abondamment fumées. Les engrais complexes restituent à la couche arable tous les éléments minéraux et azotés enlevés par les récoltes quand on les applique à des doses convenables.

Mais les plantes ont-elles un pouvoir d'élection, c'est-à-dire peuvent-elles choisir dans le sol les substances qui leur conviennent le mieux? Cette grave question n'a pas encore été résolue.

Toutefois, on sait à n'en pas douter que les végétaux s'approprient à peu près les mêmes matières, mais dans des proportions différentes. C'est pourquoi il est utile, comme l'a prouvé M. Boussingault, lorsqu'on a choisi un assolement, d'établir une balance entre les principes minéraux contenus dans les récoltes sur lesquelles on peut compter et les mêmes matières inorganiques introduites dans le sol par les engrais.

Le résultat obtenu indique s'il est nécessaire d'ajouter aux fumiers appliqués des engrais spéciaux riches en soude, en potasse, en phosphate, etc.

Afin qu'on puisse comparer d'une manière générale les principaux éléments terreux consommés par les plantes, je ferai connaître, d'après les analyses de MM. Anderson, Boussingault, Fresénius, Johnston, Sprengel, Sibson, Voelcker, Way, etc., le poids des parties terreuses que contiennent les récoltes par 1000 kilogr. à l'état normal.

J'ai jugé utile de prendre une moyenne des analyses connues, afin que les résultats puissent être appliqués dans toutes les circonstances. Pour opérer d'une manière exacte, il faudrait faire analyser les produits que fournit la terre qu'on cultive et bien connaître la composition des engrais qu'on peut employer. L'agriculteur praticien hésitera avec raison à s'engager dans une voie aussi coûteuse.

1000 kilogr. contiennent les parties terreuses suivantes :

A. PLANTES FOURRAGÈRES.

1° *Betterave.*

Potasse	2^{kil},995

Potasse 2kil,995
Soude .... 0 ,460
Chaux .... 0 ,536
Acide phosphorique. 0 ,460
Acide sulfurique. ... 0 ,042

2° *Pomme de terre.*

Potasse 4kil,964
Soude.. .... Traces
Chaux .... 0 ,173
Acide phosphorique. 0 ,684
Acide sulfurique.... 1 ,089

3° *Carotte.*

Potasse 3kil,930
Soude............. 0 ,600
Chaux .... 0 ,700
Acide phosphorique. 0 ,160
Acide sulfurique. ... 0 ,600

4° *Chou-rave.*

Potasse 3kil,627
Soude............. 0 ,284
Chaux .... 1 ,020
Acide phosphorique. 1 ,340
Acide sulfurique.... 1 ,143

5° *Rutabaga.*

Potasse 7kil,396
Soude............. 1 ,352
Chaux .... 2 ,228
Acide phosphorique. 1 ,948
Acide sulfurique. ... 2 ,486

6° *Navet.*

Potasse 4kil,297
Soude............. 0 ,811
Chaux .... 3 ,490
Acide phosphorique. 1 ,393
Acide sulfurique. ... 1 ,872

7° *Chou.*

Potasse 1kil,170
Soude............. 2 ,042
Chaux .... 2 ,097
Acide phosphorique. 1 ,237
Acide sulfurique.... 2 ,148

8° *Vesce en vert.*

Potasse 5kil,290
Soude .... » »
Chaux .... 5 ,740
Acide phosphorique. 0 ,823
Acide sulfurique. ... 0 ,358

9° *Foin de prairies naturelles.*

Potasse 24kil,992
Soude .. .. » »
Chaux .... 21 ,056
Acide phosphorique. 4 ,008
Acide sulfurique.... 2 ,904

10° *Foin de trèfle rouge.*

Potasse 16kil,000
Soude............. Traces
Chaux .... 14 ,956
Acide phosphorique. 3 ,830
Acide sulfurique.... 1 ,520

11° *Foin de luzerne.*

Potasse 33kil,160
Soude .... » »
Chaux .... 21 ,790
Acide phosphorique. 7 ,800
Acide sulfurique.... 5 ,790

12° *Foin de sainfoin.*

Potasse 21kil,140
Soude .... » »
Chaux .... 14 ,580
Acide phosphorique. 5 ,610
Acide sulfurique. ... 2 ,028

13° *Foin de lupuline.*

Potasse 28kil,500
Soude .... » »
Chaux .... 22 ,500
Acide phosphorique. 8 ,770
Acide sulfurique. ... 5 ,420

14° *Foin de ray-gras.*

Potasse 7kil,066
Soude .... 1 ,809
Chaux .... 5 ,720
Acide phosphorique.
Acide sulfurique....} 11 ,008

B. Plantes alimentaires.

1° *Froment.*

	Grain.	Paille.
Potasse	6^{kil},265	4^{kil},765
Soude	Traces	0 ,155
Chaux	0 ,615	4 ,403
Acide phosphorique	9 ,982	1 ,605
Acide sulfurique	0 ,212	0 ,518

2° *Seigle.*

	Grain.	Paille.
Potasse	4^{kil},416	6^{kil},944
Soude	2 ,224	0 ,124
Chaux	0 ,986	3 ,624
Acide phosphorique	9 ,750	1 ,528
Acide sulfurique	0 ,196	0 ,332

3° *Avoine.*

	Grain.	Paille.
Potasse	4^{kil},076	8^{kil},907
Soude	Traces	1 ,599
Chaux	1 ,999	3 ,017
Acide phosphorique	4 ,708	1 ,090
Acide sulfurique	0 ,316	1 ,490

4° *Orge.*

	Grain.	Paille.
Potasse	3^{kil},962	2^{kil},300
Soude	1 ,275	» »
Chaux	0 ,765	2 ,012
Acide phosphorique	8 ,910	0 ,250
Acide sulfurique	0 ,316	0 ,775

5° *Maïs.*

	Grain.	Paille.
Potasse	4^{kil},875	2^{kil},835
Soude	0 ,210	0 ,060
Chaux	2 ,430	9 ,780
Acide phosphorique	6 ,735	0 ,810
Acide sulfurique	0 ,420	1 ,590

6° *Fèves.*

	Grain.	Paille.
Potasse	12^{kil},639	12^{kil},756
Soude	0 ,027	2 ,736
Chaux	2 ,595	12 ,774
Acide phosphorique	9 ,561	4 ,410
Acide sulfurique	1 ,350	1 ,926

7° *Sarrasin*.

	Grain.	Paille.
Potasse	1^{kil},742	4^{kil},144
Soude	4 ,020	» »
Chaux	1 ,332	8 ,792
Acide phosphorique	10 ,014	3 ,600
Acide sulfurique	0 ,432	2 ,708

8° *Pois*.

	Grain.	Paille.
Potasse	5^{kil},890	10^{kil},815
Soude	3 ,275	2 ,226
Chaux	20 ,170	1 ,587
Acide phosphorique	4 ,130	9 ,987
Acide sulfurique	1 ,308	3 ,380

C. Plantes industrielles.

1° *Colza*.

	Grain.	Paille.
Potasse	10^{kil},072	4^{kil},065
Soude	Traces	9 ,660
Chaux	5 ,164	10 ,005
Acide phosphorique	18 ,380	2 ,380
Acide sulfurique	0 ,212	3 ,800

2° *Chanvre*.

	Tiges sèches.
Potasse	7^{kil},500
Soude	1 ,650
Chaux	12 ,950
Phosphate terreux	18 ,250
Acide sulfurique	0 ,750

3° *Lin*.

	Grain.	Tiges sèches.
Potasse	9^{kil},780	5^{kil},890
Soude	1 ,268	5 ,910
Chaux	5 ,580	7 ,425
Acide phosphorique	15 ,224	6 ,525
Acide sulfurique	0 ,616	1 ,595

4° *Tabac*.

	Feuilles sèches.
Potasse	46^{kil},132
Soude	» »
Chaux	67 ,545
Acide phosphorique	6 ,232
Acide sulfurique	7 ,505

Supposons qu'on veuille savoir si le fumier exigé par l'assolement triennal appartenant à la culture céréale apportera dans le sol toutes les substances terreuses enlevées à la terre par le froment et l'avoine.

La terre sur laquelle cet assolement est mis.en pratique produit en moyenne par hectare 18 hectolitres de froment et 30 hectolitres d'avoine. Ces deux céréales sont soutenues par un hectare de luzerne placée en dehors de la rotation. La fumure appliquée sur la jachère est en moyenne de 20 000 kilogrammes par hectare.

Si le fumier a été bien fabriqué et si on l'a obtenu en mélangeant avec soin les fumiers provenant des écuries, bergeries, vacheries et porcherie, il contiendra par chaque 1000 kilogrammes les éléments suivants :

Potasse et soude	$5^k,100$
Chaux	5 ,700
Acide phosphorique	2 ,000
Acide sulfurique	1 ,300
Azote	4 .000

Voici les parties inorganiques que les récoltes enlèveront à la couche arable :

	Potasse et soude.	Chaux.	Acide phosphor.	Acide sulfurique.	Azote.
1440 kil. blé, grains	$9^k.021$	$0^k.885$	$14^k.374$	$0^k.305$	$28^k,800$
3600 blé, paille	17 .712	15 ,850	5 .778	1 .864	16 .800
1500 avoine, grains	6 ,114	2 ,985	7 .056	0 .474	28 .500
3000 avoine, paille	31 ,518	9 .051	3 .270	5 .470	9 .000
Totaux	$64^k.365$	$28^k,571$	$30^k.478$	$8^k.113$	$77^k,100$
La fumure apportera	91 .800	102 .600	36 .000	23 .400	80 .000
Il restera comme boni	$27^k.435$	$74^k.029$	$5^k.522$	$15^k.287$	$3^k,000$

Ce reliquat répété pendant deux ou trois rotations et ajouté aux parties minérales apportées par une fumure complète permettra à un moment donné d'établir une luzernière productive.

Voyons maintenant ce qui adviendra si on adopte sur une

terre en période industrielle un assolement de 5 ans ainsi conçu :

1° Betterave...... produisant .. 40 000 kil.
2° Avoine de mars.   —   ...   35 hect. ou 1750 kil.
3° Tréfle rouge....   —   ...   6 000 kil. de foin.
4° Colza..........   —   ...   24 hect. ou 1700 kil.
5° Blé d'hiver....   —   ...   25 hect. ou 2000 kil.

Cette succession de culture exigera une fumure de 70 000 kilogrammes à l'hectare.

Les récoltes enlèveront à la couche arable les principes suivants :

	Potasse et soude.	Chaux.	Acide phosphor.	Acide sulfurique.	Azote.
Betterave.	138^k.200	21^k,440	18^k.400	0^k,480	84^k,000
Avoine, grain	10 ,963	1 ,076	17 ,465	0 ,371	33 ,250
Avoine, paille.	17 ,219	15 ,410	5 ,617	1 ,813	10 ,500
Tréfle.	97 ,032	89 ,736	22 ,980	9 ,120	114 ,000
Colza, grain.............	17 ,122	8 ,778	31 ,246	0 ,360	47 ,260
Colza, paille.............	59 ,606	42 ,021	10 ,125	16 ,150	31 ,870
Blé, grain.	12 ,530	1 ,230	19 ,969	0 ,424	40 .000
Blé, paille.............	24 .090	22 ,015	8 ,025	2 ,590	15 ,000
Totaux.......	376^k,762	201^k,706	123^k.727	31^k.308	375^k,880
Le fumier apporte........	357 .000	399 .000	140 .000	91 ,000	280 ,000
Excédant..........	»	197^k.294	16^k.273	59^k.692	» »
Déficit.	19^k.762	» »	» »	» »	95^k.880

Le déficit en potasse, soude et azote n'est pas réel, car les 10 000 kilogr. de feuilles de betterave laissées sur le sol après l'arrachage de cette plante fourragère et les 5000 kilogrammes de racines de trèfle qui resteront dans la couche arable après son défrichement fourniront au sol plus de parties alcalines et d'azote qu'il n'en faut pour établir l'équilibre entre les éléments des récoltes et les parties minérales des engrais.

J'ai passé sous silence la sole de luzerne ou de sainfoin située en dehors de la rotation.

Si la fumure ne dépassait pas 60 000 kilogr. par hectare,

il faudrait appliquer pendant la rotation un engrais quelconque qui contiendrait :

Potasse et soude	51 kil.
Chaux	57
Acide phosphorique	20
Acide sulfurique	13
Azote	40

250 kilogrammes de guano du Pérou ou 600 kilogrammes de tourteau d'œillette suppléeront très-bien aux 10 000 kilogrammes de fumier.

Ainsi, en ayant égard aux chiffres représentant la quantité de fumier enlevé par les récoltes et que j'ai indiqués dans le Livre V, on détermine la fumure qu'il faut appliquer par hectare et qui fournit aux plantes toutes les substances inorganiques nécessaires à leur développement.

On a souvent répété dans ces derniers temps qu'on devait combiner les assolements de manière qu'une plante qui enlève beaucoup de phosphate soit suivie par une plante avide de potasse ou de soude. De plus, on a dit que lorsqu'un terrain contient des silicates d'une désagrégation difficile ou lente on ne peut y cultiver du froment que de trois en trois ans. Enfin, on a ajouté que si les proportions d'alcali et de silice devenus solubles dans l'espace de trois ou quatre ans ne suffisaient qu'à une seule récolte de froment on ne pourrait guère, dans l'intervalle, y cultiver d'autres plantes sans qu'elles portassent préjudice à la récolte de cette céréale.

Ces conseils sont judicieux, mais le cultivateur ne peut en aucune manière avoir égard aux lois qu'on en déduit. L'assolement quinquennal précité peut être signalé comme excellent, car il satisfait à toutes les conditions possibles. Cependant, si on a égard seulement aux matières inorganiques que contiennent les récoltes, on constate qu'il laisse à désirer puisqu'on fait suivre deux plantes avides de potasse et de soude, le trèfle et le colza, et trois plantes qui enlèvent au sol beaucoup d'acide phosphorique, le trèfle, le colza et le froment. J'ajouterai que souvent en pratique on fait suivre avec avantage un trèfle par un tabac, quoique ces deux plantes appartiennent à la classe qui comprend les végétaux calcaires et le maïs par le navet, qu'on a rangé parmi les les plantes à potasse.

Si ces dernières théories n'ont aucune valeur, on ne doit pas pour cela, dans l'étude des assolements, repousser le concours de la chimie. Les nombreuses analyses qu'elle a faites et celles qu'elle peut exécuter permettront toujours de s'assurer si les engrais appliqués sont en rapport avec les parties minérales contenues dans les récoltes qu'on peut demander à un sol.

Les tableaux qui précèdent n'indiquent pas l'oxygène, l'hydrogène, l'acide carbonique, la silice, l'oxyde de fer, l'alumine et la magnésie qu'on observe dans les plantes, parce que ces substances sont abondantes dans toutes-les terres. Je n'ai eu égard qu'aux éléments qui ont une véritable influence sur l'efficacité des engrais. J'ai jugé utile aussi de passer sous silence les nitrates, l'ammoniaque, les phosphates que contiennent les eaux pluviales, parce que ces éléments ne dispensent pas de l'emploi des engrais.

En résumé, la loi chimique, la seule importante dans l'étude des assolements, peut être formulée de la manière suivante : *Tous les assolements exigent qu'on ajoute au sol à l'aide des engrais plus de matières organiques et minérales que la somme des mêmes matières contenues dans les récoltes produites dans le cours de la rotation.*

CHAPITRE III.

LA JACHÈRE.

Définition. — On donne le nom de *jachère*, ou *versaine*, ou *verchère*, à la terre qu'on abandonne à elle-même pendant une année.

Ainsi, la jachère est une terre improductive puisqu'on ne lui demande pas de denrées agricoles.

Pendant cet abandon, on la laboure, on la herse et on la fertilise en lui appliquant des engrais.

On ne doit pas confondre *les friches* avec les jachères. Une terre en friche reste abandonnée à elle-même sans être labourée pendant 2, 3, 4 ou 6 années.

On connaît plusieurs sortes de jachères :

1° La *jachère morte* ou *jachère absolue*, qui ne fournit aucun produit et qu'on désigne souvent sous le nom de *jachère complète* ou *jachère annuelle*.

2° La *jachère verte*, ou *jachère fourragère*, ou *jachère incomplète*, où l'on cultive accidentellement sur toute son étendue ou sur une partie de sa surface des plantes destinées à y être enfouies comme engrais vert ou à être données aux animaux domestiques comme fourrages verts.

3° La *jachère d'été*, qui ne dure que quelques mois. Elle suit ordinairement les plantes qu'on récolte à la fin du printemps, au mois de juin ou au commencement de juillet, et elle précède les plantations de colza ou les semailles des céréales d'automne.

4° La *jachère d'hiver*, dont la durée n'excède pas quatre à cinq mois. Elle suit les céréales d'hiver ou de printemps et elle précède les plantes sarclées à racines ou tubercules.

5° La *demi-jachère* ne dure jamais plus de six mois. Elle existe pendant toutes les saisons.

6° La *jachère accidentelle* est celle qu'on adopte à un moment donné dans le but de débarrasser le sol des plantes nuisibles vivaces qui l'ont envahi.

Historique. — La jachère est aussi ancienne que le monde. Toutefois, dans les premiers âges, sa périodicité n'était pas bisannuelle ou trisannuelle; elle ne revenait sur la même terre que tous les sept ans. Ainsi, on lit dans le quinzième chapitre du *Lévitique* que la septième année sera le sabbat de la terre, l'année du repos du Seigneur.

La jachère en usage de nos jours a pris naissance il y a fort longtemps. On est porté à penser que son origine remonte à l'époque où les peuples étaient à la fois pasteurs et agriculteurs. En effet, les premiers agriculteurs durent l'adopter pour donner aux terres arables, dont la fécondité diminuait, la richesse nécessaire pour qu'elles pussent produire de nouveau des récoltes céréales. Aussi permit-elle d'obtenir des terres épuisées des récoltes supérieures à celles qu'on eût réalisées sans elle et fit-elle bientôt comprendre aux agriculteurs que l'étendue des emblavures ne peut servir, dans aucune contrée, à mesurer la production du sol. Par son concours, en effet, on a pu se convaincre qu'une seule récolte est souvent plus profitable que deux, et qu'il importe beaucoup plus d'assurer les produits sur une surface assez restreinte que de vouloir cultiver une trop vaste étendue.

Ainsi, dans le principe, l'adoption de la jachère fut un véritable progrès agricole.

On ne doit pas oublier qu'à l'époque où la jachère revint tous les deux ou trois ans sur le même champ la terre arable n'était pas rare comme maintenant et que la nature, par les plantes qu'elle produisait sur les champs non cultivés, fournissait surabondamment aux besoins des animaux domestiques.

Ce ne fut que plus tard, quand le besoin de la production fourragère se fit sentir et que les cultivateurs se refusèrent à l'impulsion que leur donnaient les esprits éclairés, que la jachère, mal comprise, fut mise en parallèle avec les circonstances économiques. C'est alors que, mal étudiée, mal comprise par ceux qui s'opiniâtraient au passé et se refusaient à toute modification demandée par les circonstances nouvelles, elle devint, dans la plupart des cas, un système funeste.

Les champs jachérés restent-ils en repos? — La plupart des agriculteurs qui ont conservé le système des jachères se rappelant ce qu'ont dit les anciens : « Laissez reposer alternativement le champ moissonné, afin que le sol épuisé ou fatigué puisse se remette et acquérir une nouvelle fécondité, » croient encore que les terres en jachère restent à l'état de repos. La science, appuyée de l'expérience, a fait depuis longtemps justice de cette erreur en prouvant que la nature a horreur de l'oisiveté. En effet, la nature ne se repose jamais, elle travaille sans cesse, même pendant le repos de ceux qui donnent un essor à sa fécondité. C'est donc avec raison qu'on disait en France, en 1757, que la jachère n'est pas, à proprement parler, le repos de la terre, mais bien sa préparation.

Influence exercée par la jachère. — L'influence que la jachère exerce sur le sol est incontestable.

Les labours multipliés qu'elle exige détruisent une foule de mauvaises herbes, ameublissent la couche arable et augmentent la fécondité du sol en l'exposant à l'influence fécondante et continuelle de l'air, de la lumière, de la chaleur et des pluies.

On ne peut nier aujourd'hui l'action bienfaisante des labours exécutés en temps opportun. On sait d'une part qu'ils facilitent la désagrégation des molécules terreuses, la solubilité des parties alcalines et qu'ils font naître des réactions, des combinaisons sous l'influence de la chaleur et de la pluie, de l'autre qu'ils permettent à la terre d'absorber une foule de principes directement assimilables fournis par les eaux pluviales, l'acide carbonique, l'ammoniaque, etc., éléments indispensables à la vie des plantes.

Enfin, les mauvaises herbes, enterrées par les labours successifs, fournissent à la terre des matières organiques, qui augmentent un peu, en se décomposant, sa richesse initiale.

Ainsi, sous l'influence de la jachère, la puissance de la terre, qu'il faut considérer comme un réceptable passif des matériaux utiles et même nécessaires aux plantes, est considérablement augmentée par les modifications que subissent les éléments du sol sous l'action des opérations répétées auxquelles il est soumis. C'est pourquoi on peut obtenir d'une terre jachérée et fertilisée avec une quantité de fumier déterminée une récolte plus abondante que si elle n'eût pas été abandonnée à elle-même à l'état de jachère.

On le voit, d'après ce qui précède, la puissance de la jachère est immense. C'est donc avec raison que Schwerz s'écrie : « Si la nature pouvait être vaincue, elle le serait par la jachère ! »

Doit-on proscrire la jachère? — La jachère doit-elle être proscrite de tous les assolements?

De nos jours des hommes éminents ont consacré leur existence à combattre et à faire disparaître la jachère dans un grand nombre de localités où elle était religieusement conservée et lui ont substitué avec succès un système de culture plus productif.

En doit-on conclure qu'à une époque antérieure et dans tous les cas le système des jachères a toujours été inférieur au système de culture qui lui a été substitué et qu'aujourd'hui même la jachère doit être proscrite dans toutes les circonstances? Non, assurément, car la jachère a eu et a encore sa raison d'être dans les contrées où l'agriculture est pauvre. Ne sait-on pas, du reste, que l'assolement biennal, où la jachère alterne avec des céréales, se soutient sans engrais extraordinaires? que l'assolement triennal, qu'il a fallu substituer à la culture biennale quand elle n'a plus suffi à alimenter les populations dont le nombre croissait sans cesse, donne plus de blé, proportionnellement à la quantité de fumier employée, que n'en donnent les assolements dont la jachère a été bannie et qui lui ont été substitués dans un grand nombre de localités.

Avant de proscrire la jachère il faut tenir compte du capital d'exploitation qu'on possède, de la nature et de la fertilité des terres qu'on cultive et examiner si on pourra acheter des engrais ou fabriquer à l'avenir une plus grande quantité de fumier.

Si la jachère n'existe plus dans les contrées riches et fertiles et si on ne l'observe plus aux environs des grands centres de population, cela tient à la rente élevée du sol et à la facilité avec laquelle on se procure tous les engrais dont on a besoin.

La jachère est encore très-répandue dans les provinces du midi où les agriculteurs ont une prédilection justifiée pour la culture presque exclusive des céréales.

Circonstances où elle est nécessaire. — Dans quelles circonstances convient-il de conserver encore la jachère?

La jachère a sa raison d'être dans les localités où les terres se louent de 15 à 50 fr. l'hectare, où les capitaux agricoles sont peu considérables, où la population est peu nombreuse et la main-d'œuvre rare et chère, où la culture des plantes fourragères-racines et celle des fourrages annuels présentent, à cause du climat, de grandes difficultés.

Elle est aussi nécessaire sur les exploitations où les terres arables sont très-argileuses et peu fertiles, où l'on manque d'engrais, où la terre, fatiguée par des récoltes salissantes, est très-enherbée.

Enfin, la jachère est encore nécessaire dans les pays où les baux l'imposent aux agriculteurs.

Ajoutons qu'elle sera conservée longtemps, malgré ses défauts, dans les pays où les cultivateurs manquent d'instruction, où ils se glorifient de rester attachés aux anciens systèmes culturaux, qu'ils soient lucratifs ou très-onéreux, ou qu'ils soient mis en pratique sur des terres ayant peu ou beaucoup de puissance et de fécondité.

Avantages qu'on doit lui attribuer. — La jachère telle que je l'ai définie est très-utile lorsqu'elle est nécessaire :

1° Elle améliore la terre sans le concours des engrais,

2° Elle ameublit la couche arable;

3° Elle favorise la germination des graines des plantes nuisibles;

4° Elle nettoie la couche arable et remplace les plantes sarclées;

5° Elle permet d'utiliser les attelages pendant l'été;

6° Elle facilite l'approfondissement du sol ;

7° Elle permet l'application de la marne, de la chaux, etc., pendant la belle saison ;

8° Elle facilite le parcage des bêtes à laine ;

9° Elle permet d'enfouir les fumiers plusieurs mois avant l'époque des semailles d'automne ;

10° Elle favorise l'emploi des engrais verts ;

11° Elle rend la répartition des travaux des animaux de trait plus régulière ;

12° Elle n'oblige pas à posséder un capital d'exploitation très-considérable ;

13° Elle permet de faire naître des céréales d'hiver toujours propres et productives, si elle a été convenablement préparée et fumée ;

14° Elle rend plus assimilable par les plantes la fumure que des labours répétés ont incorporée à la terre.

Je compléterai cet exposé en rappelant :

1° Qu'une terre compacte exige moins d'animaux de travail ou des animaux moins forts et un matériel moins coûteux, quand elle reste de temps à autre en jachère, que lorsqu'elle est soumise à un assolement appartenant à la culture intensive.

2° Que la jachère a cet immense avantage qu'on peut la modifier à l'infini dans sa durée, dans son commencement.

Tous ces avantages expliquent clairement pourquoi la jachère est arrivée jusqu'à nous triomphant, dans un grand nombre de circonstances, de tous ses détracteurs.

Inconvénients qu'elle possède. — Si la jachère est une opération utile dans les pays pauvres, puisqu'elle augmente la puissance et par conséquent la richesse du sol, elle doit être regardée comme une pratique très-onéreuse dans les contrées où la rente du sol excède 40 à 50 fr. par hectare, en ce qu'elle accroît le prix de revient du blé ou du seigle. Ainsi, mise en pratique sur des terres déjà fertiles ou de bonne qualité, la jachère a l'inconvénient d'amoindrir la rente annuelle du sol.

Sur une telle terre les produits qu'on peut obtenir en suivant un autre système de culture, ont une valeur assez élevée pour solder l'excédant des frais qu'il faut s'imposer pour la remplacer par des cultures fourragères annuelles bien autrement lucratives.

En définitive, on doit se garder de proscrire ou de prôner d'une manière absolue la jachère. Si on la supprime sans avoir les capitaux que son abandon exige, la nature reprend ses droits et les terres restent moins productives. Par contre, si on la conserve sur les exploitations où elle doit être abolie, on se prive de bénéfices importants qu'une culture mieux appropriée aux circonstances aurait permis de réaliser.

Ainsi donc, malheur au cultivateur qui voudra supprimer la jachère là où elle est nécessaire ou la conserver lorsqu'elle est inutile ou onéreuse !

CHAPITRE IV.

LA SYMPATHIE ET L'ANTIPATHIE DES PLANTES.

—

Les plantes ont-elles de la sympathie pour elles-mêmes? — Opinion émise par Virgile et soutenue par Schubart et par Thaër. — Terrains ne produisant depuis longtemps que du froment, des betteraves, etc. — Toutes les plantes sont antipathiques avec elles-mêmes quand elles sont cultivées sur des sols mal fumés. — Toutes les plantes sont sympathiques avec elles-mêmes lorsqu'elles végétent sur des terres abondamment fumées. — Les terres doivent répondre par leurs propriétés physiques et chimiques aux exigences des plantes.

Les plantes ont-elles de la sympathie ou de l'antipathie pour elles-mêmes, c'est-à-dire peuvent-elles être cultivées avec succès plusieurs fois de suite sur le même champ? Cette question a donné lieu, depuis un demi-siècle, à de nombreuses controverses.

Virgile regardait les plantes comme très-antipathiques. Cette opinion a été soutenue de nos jours avec beaucoup de force par Schubart. Thaër s'est engagé dans la même voie et il a combattu les opinions émises par les écrivains qui ont avancé que les plantes étaient sympathiques pour elles-mêmes.

Si l'on étudie avec soin les faits naturels, on constate chaque jour qu'un grand nombre de plantes se succèdent sans inconvénients sur le même terrain. Si les essences forestières avaient une aversion pour elles-mêmes, elles ne se perpétueraient pas sur le même sol depuis plusieurs siècles. D'un autre côté, la vigne dans le Bordelais, le Languedoc et la Bourgogne, et le houblon en Angleterre auraient refusé depuis longtemps de croître avec vigueur et d'y donner des produits satisfaisants. Enfin, les graminées et les légumineuses, qui forment le fond des bonnes prairies naturelles, dont la création remonte souvent à une époque très-éloignée de notre âge, auraient cessé, il y a bien des années, d'y prospérer.

D'ailleurs, on n'ignore pas qu'en Russie on cultive depuis très-longtemps le froment sur lui-même sans le concours d'engrais; que la betterave est cultivée dans la Flandre plusieurs fois de suite sur la même terre; que le blé est répété plusieurs fois de suite dans le Comtat et la plaine du Vaunage; que la pomme de terre revient en Irlande jusqu'à trois et même cinq fois de suite sur le même champ; qu'en Hongrie certaines terres ne produisent, depuis plusieurs siècles, que du tabac ou du blé.

C'est donc bien à tort qu'on soutient encore que le trèfle ne peut revenir sur le même sol qu'après cinq ou six cultures consécutives de plantes qui ne lui sont pas similaires.

Je n'ai jamais cru aux théories qu'on a basées sur l'antipathie. C'est pourquoi, il y a dix années, je n'ai pas craint, à l'époque du concours ouvert pour la chaire d'agriculture à l'École impériale de Grignon, de dire : « Le trèfle est antipathique avec lui-même! le trèfle n'est pas antipathique avec lui-même! » Ces propositions ont été vivement critiquées, mais ceux qui m'ont attaqué dans le *Siècle* auraient certainement gardé le silence s'ils avaient pu étudier la culture de cette légumineuse sur des terrains de nature et de fertilité différentes.

Qu'on ne l'oublie pas, tout est dans tout, et avec des engrais variés et appliqués en quantité suffisante sur un sol propre et bien préparé, on ne constatera jamais que le trèfle est antipathique avec lui-même.

Les faits que j'ai observés depuis vingt-cinq ans me permettent de dire :

1° Toutes *les plantes sont antipathiques* avec elles-mêmes quand elles sont cultivées sur un sol pauvre, mal préparé et mal fumé.

2° Toutes *les plantes sont sympathiques* avec elles-mêmes quand elles végètent sur une terre féconde, bien cultivée et abondamment fumée.

Pourquoi en Russie et dans les marais du Poitou cultive-t-on depuis quatre cents ans du froment sur froment sans le concours d'aucun engrais? C'est que dans les deux situations la terre a une richesse exceptionnelle, une fécondité extraordinaire. Le jour où cette fertilité sans exemple aura été notablement amoindrie, il faudra recourir aux fumiers et adopter des assolements appartenant à la culture améliorante ou fourragère.

Mais il faut distinguer la non-réussite des plantes due à des causes accidentelles et indépendantes de la fertilité du sol de la non-réussite qui a pour cause une prostration de fécondité.

Ainsi, si le blé ne réussit pas après un autre blé quand la terre est fertile, cela tient souvent à la propreté de la couche arable ou à la préparation qui lui a été donnée.

Quand la terre répond par ses propriétés chimiques et physiques aux exigences des plantes, on peut sans crainte cultiver blé sur blé, betterave sur betterave, colza sur colza et faire revenir le trèfle tous les quatre ans sur le même champ. Si ces plantes végétaient difficilement, on devrait éviter leur retour à de courts intervalles sur la même sole. Toutefois, cet insuccès ne pourrait pas être attribué à l'antipathie qu'elles ont pour elles-mêmes, mais bien à la terre qui ne contiendrait pas alors une suffisante quantité de matières inorganiques et organiques susceptibles d'être absorbées par les plantes.

En définitive, avec des engrais variés et contenant tous les principes alimentaires nécessaires à la vie végétale, les plantes sont toujours sympathiques avec elles-mêmes; sans engrais ou avec des engrais insuffisants et ne contenant pas tous les éléments indispensables, les plantes sont antipathiques avec elles-mêmes.

Dans le premier cas, elles réussissent tous les ans pour ainsi dire sur la même terre; dans la seconde hypothèse, il faut combiner les assolements dé manière qu'elles ne végètent de nouveau sur la même division qu'après quatre, cinq ou six années.

CHAPITRE V.

L'ALTERNAT.

—

Nécessité de faire suivre des plantes appartenant à des familles différentes. — Loi déduite des remarques faites par Virgile. — On doit autant que possible faire précéder une plante salissante par une plante nettoyante, une plante épuisante par une plante améliorante. — L'alternat n'existe pas dans la culture granifère, et il est pour ainsi dire inconnu dans les contrées où les terres sont fécondes et bien fumées. — La culture libre n'a point égard aux principes qui régissent l'alternat.

Une plante, je l'ai dit précédemment, ne donne pas annuellement des récoltes productives si la terre ne reçoit pas des engrais en abondance. De là la nécessité, dans les circonstances ordinaires, de varier les cultures afin de mieux utiliser les forces productives de la terre et de faire suivre une graminée par une légumineuse, une légumineuse par une crucifère. Ce principe, admis pour la première fois par Virgile, peut être formulé de la manière suivante :

On ne doit jamais cultiver deux fois de suite sur la même terre des plantes de même nature et appartenant à la même famille.

Ainsi, quand un assolement comprend deux céréales ou deux crucifères, on doit les *alterner* avec des plantes appartenant à d'autres familles.

L'*alternat* ne repose pas sur l'antipathie ou la sympathie des plantes par elles-mêmes. Il a pour base la culture des plantes fourragères et des plantes céréales. Il permet toujours de mieux enchaîner les procédés culturaux et de réaliser de plus grands bénéfices que le système des jachères.

J'ajouterai qu'il faut aussi combiner les assolements de manière qu'une plante nettoyante précède une plante salissante, qu'une plante épuisante soit suivie par une plante améliorante et qu'une plante à racines fibreuses soit précédée par une plante à racines longues et pivotantes.

Enfin, il est nécessaire, si une fumure contient peu de matières minérales salines, de la faire suivre par des plantes qui exigent beaucoup de parties organiques.

Ces divers principes, concernant la variabilité des récoltes, ne régissent pas les assolements de la culture granifère et les assolements destinés aux terres très-riches, ainsi que la culture libre.

Sur les terres très-fécondes l'alternat n'existe pas pour ainsi dire, puisque la plupart du temps on ne cherche pas à éviter le retour fréquent, sur une terre donnée, de plantes similaires ou de la même espèce.

Dans la culture libre, si lucrative à cause de la masse considérable d'engrais qu'elle emploie et du grand capital dont elle dispose, on demande souvent à la même sole deux récoltes consécutives de blé ou de colza.

Les récoltes sarclées, dans la culture *alterne*, remplacent très-avantageusement la jachère complète.

En général, on doit, sous tous les rapports, faire varier le plus possible les cultures sur un même champ. Quand on demande à une terre les mêmes productions d'une manière continue, il s'établit toujours une lutte incessante entre l'homme et la nature. Si dans ce combat le cultivateur manque d'engrais et conséquemment de capitaux, la nature reste toujours victorieuse et la terre perd de jour en jour de sa puissance productive.

CHAPITRE VI.

LA COORDINATION DES PLANTES.

—

Les plantes doivent être groupées de manière qu'on puisse facilement donner aux terres les préparations qu'elles exigent. — Il faut aussi les coordonner de façon que toutes les semailles et toutes les récoltes n'arrivent pas au même moment. — Principes qui régissent la coordination des plantes dans les assolements.

Il est nécessaire, quand on combine un assolement, de grouper les plantes de manière que celle qui précède puisse être récoltée bien avant la semaille de celle qui suit. Ainsi, il faut qu'on puisse facilement, après la récolte de la première, donner à la terre tous les travaux de préparation qu'elle exige avant l'époque de la semaille de la seconde.

En d'autres termes, il doit s'écouler entre la récolte de l'une et la semaille de l'autre le temps nécessaire pour que tous les travaux exigés par la terre soient parfaitement exécutés.

Ainsi, dans le nord, le colza est souvent mal placé après un froment de mars ou une avoine de printemps, parce que la récolte de ces deux céréales ayant lieu très-tardivement, ne permet pas de préparer convenablement les terres avant le moment de la plantation, qui doit être faite à la fin de l'été.

Cette observation concerne aussi les assolements mis en pratique sur des terres fortes ou très-argileuses et dans lesquelles les betteraves sont suivies par un blé d'automne.

Dans la région de l'ouest, le sarrasin, qu'on ne récolte qu'en septembre, et qu'on bat en plein air pendant la fin de l'été et le commencement de l'automne, retarde toujours les semailles des céréales d'hiver, à tel point qu'on est souvent forcé de les terminer quand les pluies ont détrempé les terres.

Enfin, il faut choisir les plantes de façon que toutes les semailles n'arrivent pas au même moment et toutes les récoltes à la même époque. La répartition des travaux d'attelage ou de main-d'œuvre laisserait beaucoup à désirer s'il en était ainsi et l'exploitant aurait à surmonter de nombreuses difficultés pour bien opérer tous les travaux et les exécuter surtout en temps utile.

Ainsi, il faut grouper les récoltes de telle sorte :

1° Que les plantes les plus exigeantes soient rapprochées le plus possible des fumures ;

2° Que les rotations soient terminées par les plantes les moins exigeantes ;

3° Que le sol soit toujours dans un parfait état d'ameublissement, de propreté et de fertilité au moment des semailles ou des plantations ;

4° Que les plantes cultivées en lignes suivent les fumures ;

5° Que les prairies artificielles vivaces ou bisannuelles puissent être établies sur la sole occupée par les céréales les plus voisines de la fumure ;

6° Qu'on puisse, s'il y a pénurie de fourrages, demander à la terre entre deux plantes, froment et maïs, froment ou tabac, froment ou seigle, une récolte intercalaire de navet ou de trèfle incarnat ;

7° Que la répartition des travaux d'attelages soit aussi régulière que possible pendant toutes les saisons ;

8° Que la force de la fumure réponde aux exigences des plantes, afin qu'il y ait équilibre entre la production et la consommation des engrais ;

9° Que les plantes ne soient pas plus exigeantes que la quantité de fumier qu'on peut fabriquer ou acheter ;

10° Que les plantes nettoyantes précèdent les plantes salissantes ;

11° Que les plantes salissantes soient précédées par une
jachère bien entendue, c'est-à-dire bien préparée, ou par
une plante étouffante ;

12° Que la valeur des produits bruts fournis par les
plantes soit en rapport avec les capitaux que leur culture
engage ;

13° Que l'étendue consacrée aux plantes fourragères cor-
responde aux exigences du bétail que l'exploitation doit
avoir.

Je compléterai ces principes quand je traiterai de la mise
en pratique des assolements.

CHAPITRE VII.

LES PLANTES HORS D'ASSOLEMENT.

—

Les plantes vivaces doivent être placées hors des assolements. — Lorsqu'on défriche une luzerne ou un sainfoin, on fait rentrer dans la rotation la sole qu'elle occupait. — Les assolements auxquels appartiennent les prairies artificielles vivaces ont une durée de 25 à 30 ans. — Nombre de soles qu'il faut établir.

Les plantes à l'aide desquelles on combine les assolements sont annuelles, bisannuelles ou trisannuelles.

Doit-on admettre dans les successions de culture les plantes vivaces, la luzerne et le sainfoin? Ordinairement lorsqu'on établit une luzernière, dont la durée sera de cinq à six ans, on la considère comme placée hors de l'assolement; à l'époque de son défrichement, on fait rentrer la sole qu'elle occupait dans la rotation et on admet que la luzernière nouvellement créée est sortie de l'assolement.

Si cette prairie artificielle soutient un assolement de quatre ans comprenant les cultures suivantes :

1° Betterave ou pomme de terre;
2° Avoine ou blé de printemps;
3° Trèfle rouge;
4° Blé d'automne.

On dit que l'assolement est quadriennal avec une sole de luzerne placée en dehors de la rotation.

Plusieurs agriculteurs ne suivent pas cette règle et considèrent les prairies artificielles comme faisant partie de l'assolement.

Cette manière d'agir laisse beaucoup à désirer. Ainsi, si

l'assolement précédent renferme une luzerne ayant en moyenne six années, la durée de chaque rotation sera de vingt-cinq ans. On est forcé de prolonger autant cette succession, parce que la luzerne ne peut revenir sur la sole où elle a déjà végété que lorsque toutes les divisions ont porté une prairie artificielle vivace.

Si l'assolement est ainsi modifié, il comprendra :

1° 1re, 2e, 3e et 4e années :
    Racines, céréales de mars, trèfle et blé d'hiver.
2° 5e, 6e, 7e et 8e années :
    Racines, céréales de mars, trèfle et blé d'hiver.
3° 9e, 10e, 11e, 12e, 13e, 14e, 15e, 16e et 17e années :
    Racines, céréales de mars, six années de luzerne et une céréale.
4° 18e, 19e, 20e et 21e années :
    Racines, céréales de mars, trèfle et blé d'hiver.
5° 22e, 23e, 24e et 25e années :
    Racines, céréales de mars, trèfle et blé d'hiver.

Après cette longue rotation, on recommence l'assolement. Alors la luzerne revient sur la même sole à la trente-septième année, c'est-à-dire après un intervalle de vingt-cinq ans.

Quand on suit un assolement aussi long, on se trouve dans la nécessité de cultiver la luzerne ou le sainfoin sur toutes les soles.

Cette succession est possible sur les fermes où les terres ont toutes la même composition, mais elle présente des difficultés sur les exploitations qui présentent des terres de diverses natures.

Il est préférable de placer toutes les plantes vivaces à longue durée en dehors des rotations, parce qu'on peut choisir plus aisément les soles qui leur conviennent le mieux.

Lorsqu'on fait entrer dans un assolement de quatre ans la luzerne et le sainfoin, si ces deux légumineuses occupent des soles différentes, la succession de culture se prolonge pendant trente années. Ainsi, on a :

1° 1re, 2e, 3e et 4e années :
  Racines, céréales de mars, trèfle et blé d'hiver.
2° 5e, 6e, 7e, 8e, 9e, 10e, 11e, 12e et 13e années :
  Racines, céréales de mars, six années de sainfoin et une céréale.
3° 14e, 15e, 16e et 17e années :
  Racines, céréales de mars, trèfle et blé d'hiver.
4° 18e, 19e, 20e et 21e années :
  Racines, céréale de mars, trèfle et blé d'hiver.
5° 22e, 23e, 24e, 25e, 26e, 27e, 28e, 29e et 30e années :
  Racines, céréale de mars, six années de luzerne et une céréale.

Si ces deux assolements de longue durée étaient suivis sur deux exploitations ayant chacune une étendue de 100 hectares, on devrait établir :

1° Cinq soles de 20 hectares sur la ferme où l'on mettrait en pratique l'assolement ne comprenant qu'une seule prairie artificielle vivace.

2° Six soles de 16 hectares 65 ares sur l'exploitation où l'on adopterait la succession dans laquelle on aurait fait entrer une luzernière et un sainfoin.

Dans le premier cas, on aurait chaque année :

1° 40 hectares de céréales d'automne et de printemps;
  60   —   de plantes fourragères.

Dans la seconde hypothèse, on récolterait chaque année :

2° 33hect,30 de céréales d'hiver ou de mars;
  66   ,60 de plantes fourragères.

Quand les prairies artificielles sont placées en dehors de la rotation, s'il y a nécessité de cultiver simultanément la luzerne et le sainfoin, on consacre à cette dernière légumineuse une étendue plus ou moins grande dans la sole située en dehors de l'assolement.

La succession de culture précitée et composée de quatre

récoltes soutenues par une luzerne retirée de la rotation permettra d'avoir aussi chaque année 40 hectares de céréales et 60 hectares en plantes fourragères.

J'indiquerai plus tard comment on sort une sole d'un assolement et comment on la fait rentrer dans la rotation.

LIVRE VII.

CHAPITRE I.

LES VARIÉTÉS D'ASSOLEMENTS.

Assolements avec ou sans jachère. — Assolements avec récoltes sarclées, — à fourrages, — à céréales, — à bétail. — Assolements épuisants, améliorants, ou se soutenant d'eux-mêmes.—Assolements à rotations régulières et à récoltes variables. — Assolements pour les terres pauvres et les sols riches, les terres légères et les sols compactes. — Assolements aux petits et aux gros capitaux, aux petites et aux grosses fumures et aux petites et aux grosses récoltes.

Les assolements en usage en France, en Angleterre et en Allemagne sont très-nombreux. Ils diffèrent les uns des autres, suivant le nombre des récoltes qui les composent, leur destination, les terres où ils peuvent être mis en pratique, leur faculté épuisante ou améliorante, etc., etc. Je vais définir les uns et les autres.

Assolements avec jachère. — On donne le nom d'*assolements avec jachère* aux successions de culture qui comprennent, quelle que soit leur durée, une ou deux jachères.

Ces assolements appartiennent à la culture pastorale mixte et à la culture céréale ou granifère. On ne les observe ordinairement que sur les fermes où les terres labourables sont pauvres ou peu fertiles et compactes ou argileuses.

Assolements sans jachère. — Les assolements qui ne comportent pas de jachère appartiennent à la culture fourragère, à la culture industrielle et à la culture améliorante.

La jachère, dans ces successions de culture, est remplacée par une ou plusieurs soles comprenant des plantes nettoyantes ou étouffantes.

Assolements avec récoltes sarclées. — Les assolements dans lesquels une ou plusieurs soles sont occupées par des plantes fourragères, alimentaires et industrielles constituent les successions de culture auxquelles on a donné le nom d'*assolements avec récoltes sarclées*.

Les plantes qui composent ces soles exigent, pendant leur végétation, des sarclages et surtout des binages qui ameublissent et nettoient la couche arable en faveur des végétaux qui forment les soles qui les suivent.

Assolements à fourrages. — Les successions de culture que l'on a appelées *assolements à fourrages* renferment plus de soles en plantes fourragères que de soles consacrées à la culture des plantes alimentaires et des plantes industrielles.

Ces assolements font partie de la culture fourragère et de la culture améliorante. Ils sont destinés principalement à assurer l'existence d'un nombreux bétail.

Assolements à céréales. — Les successions de culture dans lesquelles on observe plus de soles à graines alimentaires que de soles à fourrages sont connues depuis longtemps sous le nom d'*assolements à céréales*.

Ces assolements appartiennent à la culture granifère; ils fournissent beaucoup de paille, mais ils sont très-épuisants. On doit les soutenir par des prairies naturelles ou des prairies artificielles placées en dehors de la rotation.

Assolements à bétail. — Tous les assolements à l'aide

desquels on entretient un grand nombre d'animaux domestiques sont connus sous le nom d'*assolements à bétail*.

Ces successions de culture font partie de la culture pastorale mixte, de la culture fourragère et de la culture améliorante.

Assolements épuisants. — Les successions de culture qui, à chaque rotation, diminuent par les récoltes qui les composent la fertilité de la terre, portent le nom d'*assolements épuisants*.

Ces assolements appartiennent à la culture épuisante.

Assolements améliorants. — Les assolements qui comprennent peu de plantes épuisantes et plus de la moitié des soles en plantes fourragères, doivent être désignés sous le nom d'*assolements améliorants*.

Ces successions de culture font partie de la culture fourragère et de la culture améliorante. C'est par leur concours qu'on peut améliorer la couche arable et augmenter sa valeur vénale et sa valeur locative.

Assolements se soutenant d'eux-mêmes. — On dit qu'*un assolement se soutient de lui-même* quand on peut fabriquer avec les fourrages et les pailles qu'il fournit autant de fumier qu'il en exige pour donner de bonnes récoltes et pour que la terre conserve son degré de richesse et de fécondité.

Assolements à rotations régulières. — On désigne sous le nom d'*assolements à rotations régulières* les successions de culture qui ne subissent jamais de modifications une fois qu'elles ont été arrêtées.

Ces assolements appartiennent à la culture fixe.

Assolements à récoltes variables. — Les assolements appartenant à la culture libre, et qu'on modifie suivant les circonstances, doivent être désignés sous le nom d'*assolements à récoltes variables*.

Ces successions de culture ne peuvent être suivies que sur les exploitations ou l'on a intérêt à accroître ou diminuer de temps à autre l'étendue consacrée aux plantes fourragères, alimentaires ou industrielles.

Assolements pour les terres pauvres. — On désigne sous ce nom les successions de culture composées de plantes peu exigeantes. Ces assolements ont pour base la jachère ou les pâturages artificiels.

Assolements pour les terres riches. — Les successions de culture qui comprennent des plantes très-épuisantes ne peuvent être adoptées que sur des terres fertiles et abondamment fumées. C'est pourquoi on les a désignées sous le nom d'*assolements pour les terres riches.*

Assolements propres aux terres légères. — Les assolements composés de plantes fourragères, alimentaires ou industrielles végétant très-facilement sur des terres sablonneuses ou granitiques ont été appelées *assolements propres aux terres légères.*

Ils font partie de tous les systèmes de culture.

Assolements propres aux terres très-calcaires. — Sous ce titre on désigne les assolements qui ont été combinés à l'aide de plantes qui ont une grande aptitude sur les terres crayeuses ou les sols qui contiennent du carbonate de chaux dans une grande proportion.

Assolements propres aux terres fortes. — Les successions de culture composées de plantes fourragères, alimentaires et industrielles qui réussissent bien sur les terres argileuses, lourdes, humides ou froides, sont connues depuis longtemps sous le nom d'*assolements propres aux terres fortes.*

On rencontre ces assolements dans tous les systèmes de culture.

Assolements aux petits capitaux. — Sous ce nom on

comprend toutes les successions de culture qui exigent peu d'avances ou engagent un faible capital.

Ces assolements appartiennent à la culture extensive.

Assolements aux gros capitaux. — Les *assolements aux gros capitaux* sont ceux qui nécessitent un très-fort capital d'exploitation. Ils font partie de la culture intensive ou de la culture améliorante et de la culture industrielle.

Assolements aux petites fumures. — On désigne sous ce nom les assolements peu exigeants et qu'on met en pratique sur les terres pauvres.

Assolements aux grosses fumures. — Les successions de culture composées de plantes très-exigeantes et très-épuisantes ont été appelées *assolements aux grosses fumures*.

Ces assolements font partie de la culture intensive.

Assolements aux petites récoltes. — Les *assolements aux petits produits* sont ceux que l'on adopte sur les terres pauvres alors qu'on manque de capitaux et qu'on ne peut appliquer de fortes fumures. Ils appartiennent à la culture extensive.

Assolements aux grosses récoltes. — Tous les assolements exigeant de fortes avances et de grandes fumures donnent toujours des produits considérables. C'est pourquoi on les a appelés *assolements aux grosses récoltes*.

Ces assolements sont suivis dans les contrées où la culture intensive est possible.

CHAPITRE II.

DURÉE DES ROTATIONS.

—

Assolements à courtes rotations. — Assolements à longues rotations. — Assolements de courte durée ou à court terme. — Assolements de longue durée ou à long terme.

Les assolements ont une durée plus ou moins longue, selon leur manière d'être. Les uns reviennent sur le même champ tous les deux, trois ou quatre ans. La rotation des autres se prolonge pendant six, huit ou douze années.

Assolements à courtes rotations. — Les successions de culture ayant une courte durée, comme les assolements biennaux, triennaux et quadriennaux n'exigent généralement qu'une seule fumure, qu'on applique sur la première sole ou en tête de la rotation.

Suivant les circonstances et les assolements, la première sole est occupée par une jachère morte, ou une jachère verte ou par une récolte sarclée. En outre, chaque rotation est terminée par une céréale d'hiver ou de printemps.

Lorsque la durée de la rotation est de cinq années, l'on applique aussi la fumure sur la première sole, mais souvent dans le but de la compléter et d'augmenter ses effets, l'on répand sur la troisième sole un engrais pulvérulent ou l'on y conduit une quantité de fumier égale au quart, au tiers ou à la moitié de la fumure qu'on a appliquée en tête de la rotation.

En général, les *assolements de courte durée* conviennent mieux que les rotations longues pour les terres légères, les sols sablonneux ou crayeux, dans lesquels les fumures disparaissent toujours très-promptement.

J'ajouterai qu'on applique toujours plus aisément sur une terre donnée un *assolement à court terme* qu'une succession de culture ayant une longue durée.

Sauf les assolements appartenant à la culture semi-pastorale, les assolements n'ayant que trois à cinq années de durée doivent être adoptés de préférence aux assolements à longue rotation sur les terres pauvres ou les sols de moyenne fécondité.

Assolements à longues rotations. — Les successions de culture qui comprennent plus de cinq à six soles sont connues sous le nom d'*assolements à longues rotations.*

Ces assolements sont toujours plus compliqués que les assolements à courtes rotations, mais ils ne font pas revenir les mêmes plantes aussi fréquemment sur les mêmes champs. En outre, ils permettent d'alterner plus facilement les plantes de manière à éviter la succession immédiate de plantes de la même espèce ou appartenant au même genre et à la même famille.

Ces assolements exigent, pendant leur durée, plusieurs fumures ou une fumure complète et une ou plusieurs demi-fumures, que l'on doit appliquer sur les prairies artificielles bisannuelles ou pour les plantes fourragères dites étouffantes ou pour les plantes industrielles qu'on cultive en lignes et qui exigent des binages pendant leur croissance. Il est très-important de ne pas appliquer ces demi-fumures directement pour les plantes alimentaires qu'on sème à la volée et qui redoutent l'envahissement du sol par les mauvaises herbes.

Si l'on appliquait sur la première sole tout le fumier exigé par l'assolement, les récoltes venant en cinquième, sixième, septième et huitième années ne trouveraient plus dans le sol assez d'engrais pour végéter avec vigueur et il y aurait impossibilité d'en espérer des produits satisfaisants.

Quand on suit un *assolement à longue durée* sur une terre qui *dévore* les fumiers ou les engrais organiques, il est très-utile de fertiliser la couche arable toutes les deux ou trois années.

Cette importante observation s'applique aussi aux *assolements à long terme* qui comprennent tous les deux ans, pour ainsi dire, des plantes industrielles très-épuisantes ou qui, accomplissant en quelques mois seulement toute leur végétation, doivent trouver dans la couche arable des engrais solubles en abondance.

Toutes choses égales d'ailleurs, les assolements à longue rotation, à l'exception toutefois des successions de culture appartenant à la culture semi-pastorale, ne doivent être choisis de préférence à d'autres que lorsqu'on veut les suivre sur des terres déjà fertiles ou de bonne qualité.

CHAPITRE III.

ASSOLEMENTS DE LA PÉRIODE FORESTIÈRE.

—

Circonstances où les assolements à base d'essence résineuse sont possibles.
— Leur disposition. — Nécessité de faire précéder les semis de pins par
des cultures de céréales. — Époque des semis. — Abri que les jeunes pins
exigent. — Éclaircissage. — Époque des exploitations. — Produits obtenus
sur un hectare. — Augmentation de la valeur du fonds. — Cultures qui
suivent l'exploitation. — Bénéfices qu'on peut réaliser par hectare.

Les terres légères, sablonneuses, peu profondes, sèches
l'été et humides l'hiver, et appartenant encore à la période
forestière, sont trop pauvres pour qu'on puisse songer à les
utiliser par la culture pastorale mixte ou la culture granifère, à moins d'être propriétaire du fonds et de pouvoir engager dans le sol pendant longtemps des capitaux considérables.

Le seul système cultural possible sur des terres aussi
mauvaises consiste à les défricher et à y semer du *pin maritime* (PINUS MARITIMA, L.).

Ce mode de culture est déjà ancien. Il a été proposé et mis
en pratique, pour la première fois, dans la Sarthe, il y a plus
d'un demi-siècle, par Vétillart. De Morogues l'a introduit en
Sologne avec succès il y a quarante ans. On le continue de
nos jours dans cette ancienne province et dans la région de
l'ouest.

Cette culture, ayant pour base une essence résineuse, comprend des assolements à long terme qui diffèrent peu les uns
des autres.

L'assolement le plus approprié aux terres légères de la Sologne, du Maine, de la Bretagne est ainsi conçu :

La première année on défriche le sol inculte en y pratiquant deux ou trois labours ou en y opérant un écobuage suivi par un labour. A l'automne suivant on sème du seigle e on fait suivre cette céréale par une avoine ou une deuxièmet récolte de seigle. A la quatrième année, époque à laquelle elle est suffisamment préparée, on sème à la volée, au mois de mai ou de juin, du pin maritime ou *sapin du Mans* à raison de 12 à 15 kilogr. de graines désailées par hectare. On peut au besoin remplacer le sarrasin par une avoine ou un seigle.

On peut semer la graine de pin maritime sans l'abriter par une plante, mais les semis exécutés de cette manière ne réussissent pas toujours, parce que le pin maritime a besoin d'être protégé quand il est jeune contre les hâles, les gelées et l'ardeur du soleil.

Lorsqu'on sème du sarrasin on peut l'abandonner à lui-même, c'est-à-dire ne pas le récolter. Alors, aux mois d'août et de septembre les tiges s'affaissent sur le sol, où il forme une excellente couverture protectrice pendant l'hiver et l'été suivant. Cette couverture a aussi l'avantage de fixer, pendant les fortes chaleurs, plus de fraîcheur dans le sol et de nuire à la végétation des bruyères et de l'ajonc marin.

Lorsqu'on répand la graine de pin maritime en même temps que le seigle ou l'avoine, il est nécessaire de moissonner ces céréales à mi-hauteur ou pour mieux dire de les couper de manière que le chaume ait de 20 à 30 centimètres de haut. Si on moissonnait ces plantes suivant les procédés ordinaires, on couperait avec la faux ou à l'aide de la faucille une partie des jeunes essences résineuses. Les pins maritimes que l'on étête périssent toujours.

Le pin maritime ne réussit directement sur une lande que lorsque celle-ci a été écobuée. C'est pourquoi on a intérêt à faire suivre le défrichement à la charrue par plusieurs récoltes de céréales.

On active la végétation de ces plantes alimentaires en appliquant par hectare de 4 à 6 hectolitres de noir animal ou de phosphate de chaux.

Le pin maritime peut être semé en automne dans la région du sud-ouest, mais en Bretagne, dans le Maine, la Sologne et le Berry on doit le semer de préférence au printemps. En agissant ainsi, les oiseaux, les mulots, les musaraignes, etc., dévorent moins de graines, puisque, par suite de l'élévation graduelle de la température, elles germent plus facilement et plus vite.

Enfin, on doit se garder, pendant les cinq ou six premières années de la *sapinière*, d'y conduire les bêtes à laine, ces animaux qui sont avides des jeunes pousses du pin maritime nuiraient inévitablement au développement de cette essence résineuse. En général, le pâturage des moutons n'est possible sans danger pour les jeunes pins, pour les animaux et surtout pour le bon état de leurs toisons, que lorsque la pinière a été éclaircie une première fois.

On commence l'éclaircissage des pinières vers la cinquième année. Les fagots que l'on obtient à l'aide de cette opération compensent à peine les déboursés qu'ils occasionnent.

Le deuxième éclaircissage est plus productif. Il fournit en moyenne 400 fagots par hectare. On l'opère quand les pins sont âgés de huit ans.

La troisième éclaircie est généralement faite quand ils ont atteint douze à treize ans. Ce dépressage permet de vendre par hectare environ 20 stères de bois à charbon et 400 fagots.

Enfin, lorsqu'on exploite la pinière à l'age de seize ans, on obtient en moyenne les produits suivants :

80 stères de bois paré, à 5 fr.	400 fr.
10 stères de bois à charbon, à 2 fr.	20
500 cotterets, à 25 fr. le 100.	125
1600 fagots ou bourrées, à 5 fr. le 100.	80
Total.	625 fr.
Frais d'exploitation à déduire.	200
Reste comme bénéfice.	425 fr.

Si l'on ajoute :

Premier éclaircissage, produit net.	» fr.
Deuxième éclaircissage, —	10
Troisième éclaircissage, —	30
On a par hectare comme revenu total.	465 fr.

Ou par hectare et par an : 29 fr.

M. de Béhague a fait connaître qu'une pinière de seize ans donnait un revenu annuel moyen de 36 fr. 50 par hectare.

Ainsi, à l'aide d'une somme de 6 à 10 fr., représentant la valeur de la graine du pin maritime et les frais que sa semaille occasionne, on retire d'une terre pauvre et inculte et valant au maximum 150 à 200 fr. par hectare, lorsqu'on y établit une pinière destinée à être abattue à l'âge de seize ans, un produit net annuel qui élève la rente du sol à près de 15 pour 100.

Mais l'introduction du pin maritime dans les assolements destinés à être mis en pratique sur des sols de très-mauvaise qualité ne permet pas seulement de retirer du capital foncier un intérêt très-élevé, l'association de cette essence résineuse aux céréales a aussi pour avantage d'améliorer le fonds sur lequel on la fait naître.

En effet, le pin maritime, par ses racines qui sont pivotantes et qui pénètrent souvent jusque dans le sous-sol lorsque les terres arables sont peu profondes et par la grande quantité d'*aiguilles* qui tombent annuellement de ses rameaux, modifie et les propriétés physiques et les propriétés chimiques du sol. Ce changement est souvent tel qu'une terre encore dans la période forestière passe dans la période fourragère, par suite de l'influence que le pin maritime exerce sur sa fécondité et sa richesse. C'est pourquoi il n'est pas rare qu'on puisse adopter, après le défrichement d'une pinière, un assolement appartenant à la culture fourragère.

Toutefois, si lorsqu'un semis de pins maritimes a réussi, la terre arable gagne en activité ou en puissance, en richesse et en fécondité, il est très-important de ne pas faire disparaître, par suite d'un nouvel assolement mal choisi et imparfaitement approprié aux circonstances, la fertilité acquise par la terre.

Si l'on veut ne pas escompter au détriment de l'avenir et absorber entièrement les engrais organiques provenant de la décomposition des détritus des pins maritimes et des plantes indigènes qui ont végété sous l'influence de leur abri, l'on devra éviter, après la disparition des essences résineuses, de demander à la terre un grand nombre de récoltes consécutives de plantes épuisantes.

Au début de l'assolement mentionné précédemment, les céréales ont été soutenues à l'aide du noir animal. On pourra répéter l'emploi de cet engrais dans la culture des plantes alimentaires qui compléteront la rotation.

Après ces récoltes, on devra fumer la couche arable si l'on tient à lui maintenir le degré de fertilité dont elle aura profité.

Un tel assolement peut être facilement adopté. Le seigle et l'avoine couvrant, par la valeur brute de leurs produits, presque tous les frais de défrichements, on pourra l'appliquer chaque année sur des terres incultes non encore défrichées sans immobiliser une partie importante du capital d'exploitation.

Si la propriété se compose de 200 hectares de terres vaines et vagues et si on se propose de défricher cette étendue en vingt-cinq années, on aura à exécuter annuellement les travaux suivants :

1re *année*. — Défrichement de 8 hectares et leur ensemencement en seigle.

2e *année*. — Défrichement sur 8 hectares et semis de seigle et d'avoine sur 16 hectares.

3e *année*. — Défrichement : 8 hectares. Semis : seigle, 8 hectares ; avoine, 8 hectares ; sarrasin, 8 hectares, et pin maritime, 8 hectares.

4e *année*. — Défrichement : 8 hectares. Semis : seigle, 8 hectares ; avoine, 8 hectares ; sarrasin, 8 hectares, et pin maritime, 8 hectares.

5e *année*. — Mêmes travaux.

6e *année*. — Mêmes travaux.

7ᵉ année. — Mêmes travaux.

8ᵉ année. — Mêmes travaux, et premier éclaircissage des pins maritimes semés la 3ᵉ année.

9ᵉ année. — Mêmes travaux, et premier éclaircissage des pins maritimes semés la 4ᵉ année.

10ᵉ année. — Mêmes travaux. Premier éclaircissage des pins semés la 5ᵉ année.

11ᵉ année. — Mêmes travaux. Premier éclaircissage des pins semés la 6ᵉ année, et deuxième dépressage des pins semés la 3ᵉ année.

12ᵉ année. — Mêmes travaux. Premier éclaircissage des pins semés la 7ᵉ année, et deuxième dépressage des pins semés la 4ᵉ année.

13ᵉ année. — Mêmes travaux. Premier éclaircissage des pins semés la 8ᵉ année, et deuxième dépressage des pins semés la 5ᵉ année.

14ᵉ année. — Mêmes travaux. Premier éclaircissage des pins semés la 9ᵉ année, et deuxième dépressage des pins semés la 6ᵉ année.

15ᵉ année. — Mêmes travaux. Premier éclaircissage des pins semés la 10ᵉ année, deuxième dépressage des pins semés la 7ᵉ année, et troisième éclaircissage des pins semés la 3ᵉ année.

16ᵉ année. — Mêmes travaux. Premier éclaircissage des pins semés la 11ᵉ année, deuxième dépressage des pins semés la 8ᵉ année, et troisième éclaircissage des pins semés la 4ᵉ année.

17ᵉ année. — Mêmes travaux. Premier éclaircissage des pins semés la 12ᵉ année, deuxième dépressage des pins semés la 9ᵉ année, et troisième éclaircissage des pins semés la 5ᵉ année.

18ᵉ année. — Mêmes travaux. Premier éclaircissage des pins semés la 13ᵉ année, deuxième dépressage des pins semés la 10ᵉ année, et troisième éclaircissage des pins semés la 6ᵉ année.

19ᵉ année. — Mêmes travaux. Premier éclaircissage des pins semés la 14ᵉ année, deuxième dépressage des pins semés la 11ᵉ année, et troisième éclaircissage des pins semés la 7ᵉ année.

20ᵉ année. — Mêmes travaux. Premier éclaircissage des pins semés la 15ᵉ année, deuxième dépressage des pins semés la 12ᵉ année, troisième éclaircissage des pins semés la 8ᵉ année, et exploitation de la pinière créée la 3ᵉ année.

21ᵉ année. — Mêmes travaux. Premier éclaircissage des pins semés la 16ᵉ année, deuxième dépressage des pins semés la 13ᵉ année, troisième éclaircissage des pins semés la 9ᵉ année, exploitation de la pinière créée la 4ᵉ année, et défrichement de la pinière exploitée la 20ᵉ année.

22ᵉ année. — Mêmes travaux. Premier éclaircissage des pins semés la 17ᵉ année, deuxième dépressage des pins semés la 14ᵉ année, troisième éclaircissage des pins semés la 10ᵉ année, exploitation de la pinière créée la 5ᵉ année, défrichement de la pinière exploitée la 21ᵉ année, et semis de sarrasin sur la partie défrichée l'année précédente.

23ᵉ *année.* — Mêmes travaux. Premier éclaircissage des pins semés la 18ᵉ année, deuxième dépressage des pins semés la 15ᵉ année, troisième éclaircissage des pins semés la 11ᵉ année, exploitation de la pinière créée la 6ᵉ année, défrichement de la pinière exploitée la 22ᵉ année, semis de sarrasin sur la partie défrichée l'année précédente, et récolte du seigle ou du froment qui occupe la sole ensemencée la 22ᵉ année en sarrasin.

24ᵉ *année.* — Mêmes travaux. Premier éclaircissage des pins semés la 19ᵉ année, deuxième dépressage des pins semés la 16ᵉ année, troisième éclaircissage des pins semés la 12ᵉ année, exploitation de la pinière créée la 7ᵉ année, défrichement de la pinière exploitée la 22ᵉ année, semis de sarrasin sur la partie défrichée l'année précédente, récolte du seigle ou du froment semé la 23ᵉ année après le sarrasin, et récolte de l'avoine ou du seigle semé sur la sole qui avait porté l'année précédente une première céréale.

Ainsi, depuis la deuxième jusqu'à la vingt et unième année on récoltera annuellement :

8 hectares de seigle,
8 — d'avoine.

Et à partir de la vingt-deuxième année on aura à récolter :

La 22ᵉ année, seigle 8 hect., avoine 8 hect., et sarrasin, 8 hect.
La 23ᵉ année, froment 8 hect., seigle 8 hect., avoine 8 hect., et sarrasin 8 hect.
La 24ᵉ année, froment 8 hect., seigle 8 hect., avoine 16 hect., et sarrasin 8 hect.

Soit en totalité la vingt-quatrième année 40 hectares en plantes alimentaires ou le cinquième de l'étendue totale de l'exploitation. A cette époque toutes les pinières auront été créées et elles couvriront 152 hectares.

En résumé, avec un faible capital, mais en comptant avec le temps et en s'appuyant sur le pin maritime, on parviendra, à l'aide de l'assolement que je décris, à quintupler la valeur d'une terre très-médiocre tout en réalisant annuellement des bénéfices importants, eu égard à la valeur vénale de la terre sur laquelle on opère.

Les bénéfices nets annuels, à dater de la vingtième année,

époque de l'exploitation totale de la pinière créée au début de l'entreprise, s'élèveront à plus de 4000 fr. Ce profit dépassera 5000 fr. à la vingt-troisième année. Je passe sous silence le produit net réalisé à l'aide des bêtes à laine qu'on aura intérêt à avoir, puisqu'elles trouveront dans les pinières, à partir de la dixième année, de quoi se sustenter une très-grande partie de l'année.

On comprendra qu'une telle opération sera plus lucrative encore si l'on peut y annexer plusieurs hectares d'anciennes terres labourables auxquelles on ne demandera pour ainsi dire que des fourrages. Les pailles provenant des 16 hectares ensemencés chaque année en seigle et en avoine suffiront, quelque peu productives que soient ces céréales, pour fabriquer tout le fumier qu'exigeront ces cultures spéciales. Les fourrages récoltés sur les anciennes terres alimenteront les animaux de travail et le troupeau lorsque ce dernier sera forcé de séjourner à la bergerie.

CHAPITRE IV.

ASSOLEMENTS DE LA PÉRIODE PACAGÈRE.

—

SECTION I.

Assolements suivis sur les terres anciennement défrichées.

La culture pastorale mixte. — Assolement du Mecklembourg. — Assolement du Wurtemberg. — Assolement de l'Angleterre. — Assolement de la France : successions en usage dans le Berry, les Ardennes, la Vendée. — Avantages que présente le genêt. — Détails concernant l'assolement suivi dans la Vendée. — Examen de l'assolement adopté dans la Mayenne. — Influence exercée par le système pastoral mixte sur les spéculations faites à l'aide des animaux domestiques.

La culture pastorale mixte. — L'*agriculture pastorale mixte* est le système cultural qui offre le plus d'intérêt, celui qu'il importe le plus de bien connaître. Elle consiste à abandonner pendant plusieurs années une partie des terres arables, afin qu'elles se couvrent d'herbes et se transforment d'elles-mêmes en pâturage.

Ce système agricole a pris naissance en France vers le septième siècle. C'est en effet vers cette époque que l'on allia la culture des céréales à l'existence des pâturages, c'est-à-dire que l'homme-pasteur devint agriculteur. On sait qu'à cette époque, dans le nord de la Gaule, les forêts et les pâturages se disputaient la possession du sol et que les habitants de la Grande-Bretagne, au dire de Jules-César, vivaient de lait et de chair (*lacte et carne vivant*).

Ainsi, dans ce système on demande à la terre un certain

nombre de récoltes de céréales, et lorsqu'elle ne fournit plus
des produits satisfaisants, on l'abandonne à elle-même pendant trois, quatre, six et même huit années. Pendant ce repos, la couche arable s'engazonne naturellement et favorise
par là l'existence des animaux domestiques : bœufs, vaches,
moutons, etc. Donc, si par la culture consécutive du blé ou
du seigle la terre diminue de fécondité, elle revient au même
degré de richesse sous l'influence exercée par le pâturage.
Ce fait explique pourquoi les terres de la Vendée, du Limousin, etc., soumises à la culture pastorale mixte, conservent
depuis plusieurs siècles leur même degré de fécondité.

Les sols argileux ou argilo-siliceux conviennent spécialement à la culture à base de pâturage. Les terres siliceuses ou
granitiques lui sont moins favorables, parce que les pâturages qu'on y observe sont toujours moins herbus. Il en est
de même des terres qui contiennent une forte proportion de
carbonate de chaux.

En général, plus les terres sont fortes et compactes et plus
elles sont favorables à la production herbifère. En effet, on
y remarque toujours moins de plantes inutiles que sur les
sols légers et secs, et le ray-grass, le poa, le trèfle blanc y
végètent avec vigueur et d'une manière presque permanente.

Les pâturages existant sur les terres sablonneuses et peu
profondes sont les moins productifs. Quelquefois même ils
ne suffisent pas pendant l'été à la nourriture du bétail, parce
que les plantes qui les composent sont arrêtées dans leur
végétation par la chaleur élevée de l'atmosphère et le manque
d'humidité du sol.

Ainsi, la culture semi-pastorale ne s'identifie bien avec les
sols pauvres que lorsque ces derniers sont situés sous des
climats tempérés ou brumeux.

J'ajouterai que cette culture est nécessaire sur les terres

qui ne peuvent produire le trèfle, la luzerne ou le sainfoin
comme plantes fauchables, puisqu'elle suffit à nourrir les
animaux qui assurent la végétation des plantes servant à
l'alimentation de ceux qui la mettent en pratique. Sans elle
les terres refuseraient dans beaucoup de cas de produire des
céréales et forceraient l'homme à ne plus être à la fois pasteur et agriculteur.

Nonobstant, l'agriculture semi-pastorale ne peut être
adoptée avec succès que dans les localités où les terres labourables sont morcelées et entourées de haies, de fossés ou
de murailles sèches. Les haies vives ou forestières ont un
avantage considérable quand elles sont bien entretenues;
elles maintiennent une plus grande fraîcheur dans le sol
pendant l'été et elles s'opposent à l'action desséchante des
vents du nord, de l'est ou de l'ouest. L'avantage des haies
vives est si bien reconnu dans les contrées où l'on suit l'a-
griculture pastorale mixte qu'on a soin de diviser les champs
trop étendus et de planter les berges des fossés créés sur les
terres arables conquises sur les landes ou les terres incultes.
Le morcellement et les clôtures rendent le pâturage plus
productif et ils élèvent la valeur vénale de la terre.

Cette agriculture a toute sa pureté primitive dans la Vendée, le Limousin, la Sologne, la Bretagne, l'Anjou, le Berry,
les Ardennes, etc. Elle est nécessaire dans les pays où la
rente du sol est peu élevée, où la couche arable est pauvre,
où la main-d'œuvre est rare, où les capitaux consacrés à
l'agriculture sont faibles, où les voies de communication
sont rares et mal entretenues. Elle fournit à l'homme ce
dont il a besoin pour sa nourriture et celle des animaux
qu'il possède.

Ainsi, ce système de culture favorise à la fois la production de la viande, du lait et de la laine et celle des grains

alimentaires, sans exiger un travail incessant et des avances considérables.

L'agriculture semi-pastorale est en même temps améliorante, puisqu'elle oblige à transformer successivement toutes les terres arables en pâturages et ceux-ci en terres labourables. Lorsque les prairies naturelles lui viennent en aide, elle permet d'entretenir un nombreux bétail, qui fournit assez d'engrais pour accroître progressivement la fertilité des terres déjà améliorées par le pâturage. C'est à ce système pastoral mixte que le Wurtemberg doit sa prospérité agricole. Il est vrai que les céréales y occupent chaque annéé une étendue moins grande que celle qu'on leur consacre ordinairement dans la culture granifère, mais en revanche ces plantes alimentaires donnent, relativement aux capitaux qu'elles engagent, des récoltes plus productives.

Les terres que l'on consacre à la culture semi-pastorale sont exploitées le plus ordinairement par des métayers. Ces terres, d'une fertilité très-ordinaire, produisent en moyenne rarement au delà de 16 hectolitres de froment par hectare. La culture des plantes fourragères et la production des fumiers étant fort limitées, le métayer est toujours forcé d'appliquer de très-minimes fumures.

De là les faibles produits, 12 et même 10 hectolitres qu'y donne ordinairement le froment.

Les assolements de l'agriculture pastorale mixte sont les plus longs que l'on connaisse. Toutefois, leur durée est plus ou moins grande, selon les localités.

En général, le nombre de récoltes de céréales qu'on demande à la terre égale pour ainsi dire le chiffre d'années pendant lesquelles la couche arable reste en pâturage.

La culture pastorale comprend deux périodes : la première comprend l'*agriculture semi-pastorale ancienne ou primitive;* la seconde est représentée par l'*agriculture semi-pastorale moderne ou progressive.*

Dans la première, les animaux sont nourris par la nature elle-même, c'est-à-dire par les *pâturages naturels.*

Dans la seconde, l'homme, aidant la nature, c'est-à-dire créant à l'aide de semis des *pâturages artificiels*, est parvenu à entretenir sur une même étendue de terrain un plus grand nombre d'animaux et il a ainsi doublé ses produits et ses profits. Ces nouveaux pâturages exigent peu d'avances; ils ont eu une influence considérable sur la prospérité de l'agriculture en Angleterre et dans le Wurtemberg. On les fait naître en répandant au printemps, dans l'avant-dernière céréale de la rotation, des graines de ray-grass, de houlque, de trèfle rouge, etc.

Assolements du Mecklembourg. — Les assolements suivis dans le Mecklembourg remontent au commencement du dix-huitième siècle. Tous dérivent de l'assolement triennal, de la culture céréale. Les uns occupent les terres pendant six années; les autres ont une durée de dix à douze ans.

L'assolement de six ans comprend les soles suivantes :

Cet assolement est satisfaisant, puisque les trois sixièmes des terres sont en pâturage. Il est soutenu par des prairies naturelles destinées à fournir le foin nécessaire au bétail pendant l'hiver.

Ces terres produisent par hectare : seigle, 17 hectolitres; avoine, 23 hectolitres. La production herbifère des pâturages est évaluée à 2000 kilogr. de foin par hectare. La valeur locative des terres varie entre 28 et 35 fr.

L'assolement de neuf années est défectueux, parce qu'on demande à la terre quatre récoltes de suite après la jachère.

L'assolement décennal est préférable, les quatre céréales étant séparées par une jachère. Il est conçu comme il suit :

Ainsi cet assolement comprend quatre récoltes de céréales et quatre années de pâturages.

L'assolement de douze ans est ainsi composé :

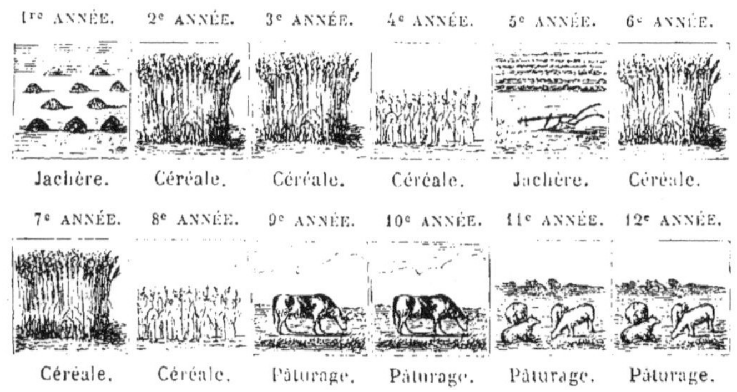

En général, les assolements du Mecklembourg sont peu estimés, parce qu'ils n'exercent pas sur la fécondité du sol une influence aussi sensible que les assolements en usage dans le Wurtemberg. Le grand nombre de céréales qu'on y observe oblige à posséder une étendue assez grande en prairies naturelles. Enfin on remarque que les pâturages, dans les assolements de longue durée, ne couvrent pas annuellement la surface qu'on devrait leur consacrer, puisque les céréales occupent la moitié des terres labourables.

Assolements du Wurtemberg. — Les assolements en usage dans le Wurtemberg n'ont pas pour soutien les prairies naturelles, et cependant ils se suffisent à eux-mêmes; c'est qu'ils ont pour base des pâturages créés artificiellement et qu'ils appartiennent à l'agriculture pastorale mixte moderne.

L'assolement le plus en usage est conçu comme il suit :

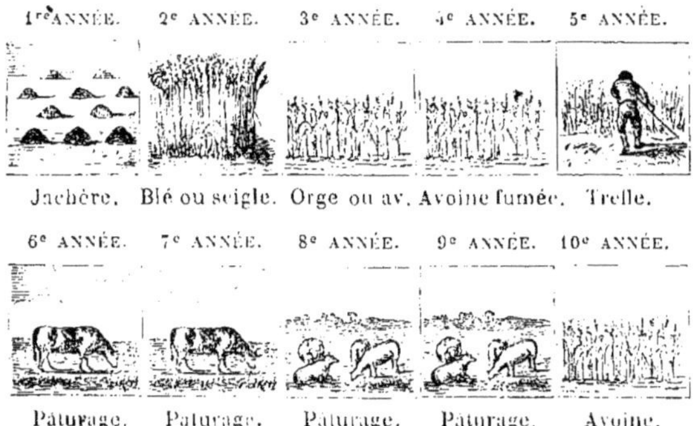

Le trèfle semé dans la deuxième céréale du printemps aide la nature dans la production du pâturage.

On a donc quatre récoltes de céréales et quatre récoltes fourragères productives.

Ce sont les pâturages artificiels qui soutiennent les céréales.

Assolements de l'Angleterre. — La culture pastorale mixte est très-répandue en Angleterre. Elle y est connue sous le nom de *culture avec pâturage*. Je me bornerai à signaler deux assolements.

Le premier est suivi dans le comté de Glasgow. Il est combiné comme il suit :

L'étendue consacrée à la nourriture du bétail excède donc la surface destinée à la culture des céréales. Ainsi on a trois soles fourragères pour deux soles de céréales.

Cet assolement est quelquefois remplacé par la succession suivante :

Ainsi cet assolement comprend trois soles fourragères et trois soles de plantes alimentaires.

Le second assolement est en usage dans le comté de Northumberland. Il a une supériorité marquée sur les assolements à pâturage en usage dans le nord de l'Angleterre, en ce qu'il aide davantage à la production du bétail. Voici l'ordre de succession des récoltes qui le composent :

Les deux soles occupées par les céréales fournissent assez de paille, le bétail vivant une grande partie de l'année au dehors des bâtiments d'exploitation.

On admet dans le Northumberland qu'on peut nourrir par hectare :

La 3e année, 17 à 18 moutons,
La 4e   —   , 12 à 13   —
La 5e   —   , 7 à 8   —

Ces animaux pèsent chacun, en moyenne, de 40 à 50 kilogr. brut.

Ainsi, on nourrit, par hectare : 1° de 700 à 900 kilogr.; 2° de 500 à 600 kilogr.; 3° de 300 à 400 kilogr. de poids vivant.

Quand on compare l'agriculture semi-pastorale anglaise à l'agriculture pastorale mixte du Mecklembourg et du Holstein, on est forcé de reconnaître qu'elle lui est bien supérieure. Dans le Holstein, on spécule principalement sur la production des céréales; en Angleterre, au contraire, on songe avant tout à produire le plus possible de bétail.

Les pâturages qui appartiennent à la culture pastorale mixte et qu'on admire en Angleterre et surtout en Écosse, ont toujours pour base le ray-grass. Quand les terres sont de bonne qualité, comme dans les Lothians, on allie cette graminée au trèfle rouge et au trèfle hybride. Sur les terres plus légères, on la sème avec le timothy, la lupuline et le trèfle blanc. Dans les deux cas la prairie artificielle fournit, l'année qui suit le semis, une coupe que l'on convertit en foin ou qu'on fait consommer en vert, et qui est plus ou moins abondante, selon les circonstances.

Lorsque la prairie temporaire a été fauchée, on la laisse repousser pour la faire pâturer par le bétail pendant une ou deux années. Le pâturage est bon, et il aide puissamment à l'existence et à l'amélioration des bêtes bovines et ovines.

Voici les mélanges recommandés par M. Lawson :

A. *Prairies artificielles à une coupe et à une année de pâturage.*

	Sols moyens.	Sols compactes.
Ray-grass anglais	19^{kil},000	19^{kil},000
— d'Italie	11 ,000	11 ,000
Lupuline	4 ,000	2 ,500
Timothy	2 ,500	2 ,500
Dactyle	2 ,500	2 ,500
Trèfle hybride	2 ,500	2 ,500
— rouge	7 ,500	7 ,500
— blanc	5 ,000	5 ,000
Totaux	54^{kil},000	52^{kil},500

B. *Prairies artificielles à une coupe et à deux années de pâturage.*

	Sols moyens.	Sols compactes.
Ray-grass anglais	19^{kil},000	19^{kil},000
— d'Italie	11 ,000	11 ,000
Lupuline	1 ,250	2 ,500
Timothy	2 ,500	2 ,500
Dactyle	2 ,500	2 ,500
Trèfle hybride	2 ,500	2 ,500
— rouge	10 ,000	10 ,000
— blanc	5 ,000	5 ,000
Totaux	53^{kil},750	55^{kil},000

Ces mélanges sont coordonnés pour 1 hectare. On les sème au printemps, lorsqu'on répand la semence d'orge ou d'avoine. Il est utile de répandre d'abord les graines grosses et légères, et de semer ensuite les semences fines et lourdes.

Mais il ne suffit pas que le semis ait été bien fait et qu'on ait confié à la terre des semences de bonne qualité, il faut aussi, si on veut pouvoir compter l'année suivante sur une bonne récolte de foin, répandre, au mois de septembre ou octobre, une légère fumure formée de fumier à demi décomposé. Cet engrais exercera une grande influence sur la réussite de la prairie artificielle et surtout sur l'avenir du pâturage.

En France, on ne comprend pas encore la nécessité d'accroître la vigueur des plantes composant les pâturages artificiels en leur appliquant en couverture des engrais de ferme. Quelquefois, quand les terres sont de bonne qualité, les agriculteurs écossais remplacent le fumier par un compost dans lequel ils ont fait entrer une certaine quantité de chaux vive ; ce compost terreux excite l'année suivante, d'une manière remarquable, la végétation des légumineuses.

Je suis convaincu qu'on peut créer dans la région de l'ouest et les montagnes du centre des pâturages aussi bien fournis et aussi productifs que ceux qu'on admire en Angleterre et en Écosse.

Les pâturages que j'y ai vus pendant les mois de juillet et septembre, et qui avaient été fumés l'automne précédent, étaient très-verts et bien gazonnés.

Assolements de la France. — Les successions de culture appartenant à l'agriculture pastorale mixte en usage en France sont très-variées.

On peut dire qu'elles forment deux catégories particulières. La première comprend tous les assolements de l'agriculture pastorale primitive ; la seconde embrasse les successions dans lesquelles les pâturages sont protégés par le genêt à balais (GENISTA SCOPARIA, La).

Dans le Berry, où les terres sont légères et pauvres, on suit généralement un assolement de six ans ainsi conçu :

Le pâturage ne devient passable qu'à la deuxième année.

Dans plusieurs localités de la même province, on a adopté

depuis longtemps, sur des terres de meilleure qualité, la succession suivante :

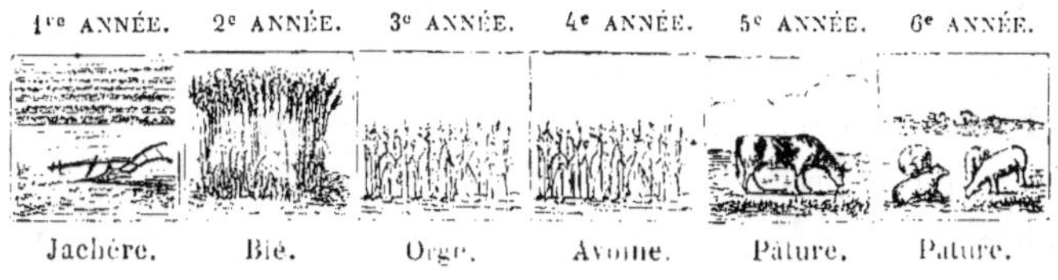

Cet assolement est mauvais, car il comprend trois céréales de suite. La jachère reçoit 20000 kilogr.

Dans les Ardennes, on suit l'assolement ci-après :

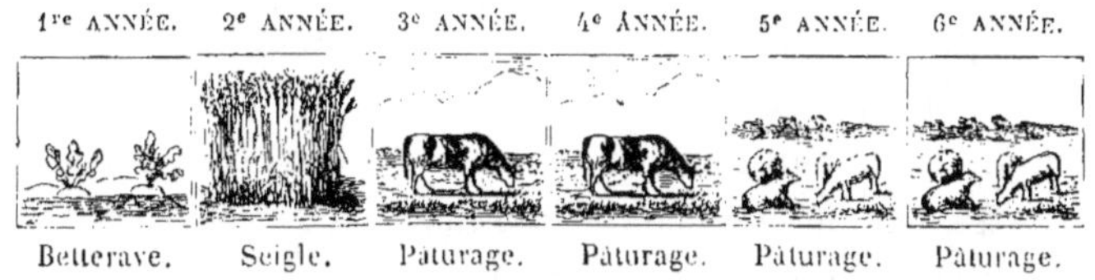

Le seigle produit de 25 à 27 hectolitres par hectare.

Le sol s'enherbe facilement. L'agrostis stolonifère y croît avec vigueur et forme un bon pâturage. On évalue que les pâturages donnent en foin : la première année, 2500 kilogr.; la deuxième, 3500 kilogr.; la troisième, 3000 kilogr., et la quatrième, 2500 kilogr.

En général, plus la terre est pauvre et plus grande doit être l'étendue consacrée aux pâturages.

Je ne multiplierai pas ces exemples. Ces trois successions indiquent suffisamment combien sont variables les assolements qui appartiennent à la culture pastorale mixte ancienne.

Lorsque l'on compare la richesse agricole des départements de l'ouest, on constate que la Vendée l'emporte de beaucoup sur les autres provinces voisines. Cette différence résulte-t-elle de la configuration et de la nature des terres labourables, ou du caractère, de l'intelligence et de l'aisance des populations? Non! elle a pour cause unique l'existence du genêt dans les terres abandonnées temporairement à la compascuité des animaux domestiques.

Dans le département du Morbihan, les terres labourables, après avoir produit plusieurs récoltes de céréales, restent pendant deux, trois et quelquefois quatre années à l'état de pâturages, et ne présentent généralement au bétail qu'une végétation spontanée très-faible; c'est qu'elles sont, à cause de leur nature granitique ou schisteuse, fort humides en hiver et toujours presque desséchées pendant l'été. On comprend qu'il est difficile à de telles terres de pouvoir acquérir par le repos qu'on leur accorde cette fécondité que possèdent toujours les terrains presque continuellement couverts d'une herbe abondante et de bonne qualité.

Sans doute le département du Morbihan est le moins favorisé de tous ceux qui composent l'ancienne province de Bretagne; mais, en laissant de côté les terres inaccessibles à la charrue, il n'en est pas moins vrai que les terres labourables se couvrent rarement d'un pâturage convenable quand on les abandonne à elles-mêmes pendant plusieurs années

Ces jachères permanentes ont une importance considérable à cause de la difficile réussite du trèfle, et elles justifient les avantages que présente sur les terres pauvres la culture pastorale mixte. Dans cette contrée si triste par ses immenses steppes de bruyères, la lande, en été comme en hiver, et quelles que soient les intempéries, est la grande pourvoyeuse, la mère nourrice des vaches, des bœufs, des chevaux et des bêtes à laine.

Que peut-on espérer d'un tel régime, et ne faut-il pas des races vigoureuses, en possession de caractères héréditaires de sobriété et de rusticité pour être arrivées jusqu'à nous

telles qu'elles sont? Malheureusement cet état de pauvreté
se continuera encore longtemps, à moins que les cultivateurs
ne consentent à imiter l'exemple des agriculteurs de la
Vendée, du Tarn, de l'Aude, etc., c'est-à-dire à couvrir de
genêts leurs jachères permanentes.

L'importance que j'attache au genêt n'est pas erronée. Partout où cet arbrisseau a envahi les pacages ou les pâturages
de la culture pastorale mixte, les animaux domestiques se
sont améliorés pour ainsi dire d'eux-mêmes, car là l'œuvre
de la nature a remplacé victorieusement celle de l'homme. Il
est facile au voyageur agricole qui parcourt la Bretagne de
suivre l'amélioration due à l'existence du genêt, s'il part des
environs de Ploërmel (Morbihan) pour se diriger vers Beau-
préau (Maine-et-Loire), en traversant les territoires des communes de Fougeray (Ille-et-Vilaine) et de Joué (Loire-Inférieure). D'abord, il constate que tous les troupeaux de bêtes
à laine se composent de petits animaux à laine noire ou
fauve, vivant presque exclusivement sur la lande ou à l'aide
des bruyères. Plus loin apparaissent quelques brebis blanches au milieu des bêtes noires, mais la taille est la même
pour les deux couleurs. Plus loin. encore il trouve des bêtes
blanches et des bêtes noires d'égale force numérique, mais
plus vigoureuses et vivant sur des terres couvertes de genêts
clair-semés, et ayant $0^m,60$ à $0^m,80$ d'élévation. Bientôt le
nombre des bêtes à laine blanche l'emporte sur les bêtes à
laine noire. Enfin le voyageur arrive dans le Bocage de la
Vendée, où il admire de magnifiques champs de genêts et de
beaux troupeaux entièrement blancs, d'une taille double de
celle du point de départ. Les moutons sont tout à fait transfor-
més, mais ils appartiennent toujours à la même race, car les
caractères intrinsèques n'ont pas changé tout le long de la route.

Le genêt, auquel sont dus ces changements qui accusent

une élévation de fécondité de la couche arable, fait partie des assolements aussi en usage dans les parties montagneuses du Languedoc. Ainsi on suit dans les montagnes Noires la succession de culture ci-après :

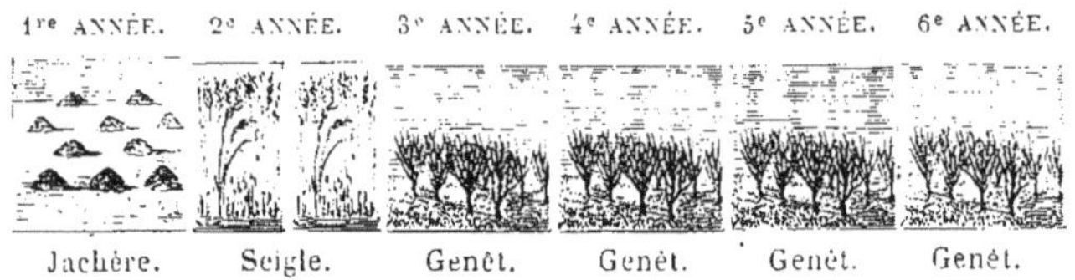

Dans les montagnes du Tarn, on a adopté l'assolement suivant :

Le seigle qui termine la rotation, suit un écobuage.

En général, la durée des assolements dans les montagnes du Languedoc, dépend de la fertilité du sol et de la facilité avec laquelle il s'enherbe.

Dans ces deux assolements, le pâturage naît de lui-même; il est plus ou moins productif, plus ou moins favorable à l'existence des animaux domestiques, selon la richesse la fraîcheur de la couche arable.

Dans le Bocage de la Vendée, où l'on a compris depuis longtemps la nécessité de bien nourrir les animaux qu'on

entretient, élève et engraisse, l'assolement le plus en usage
est conçu comme il suit :

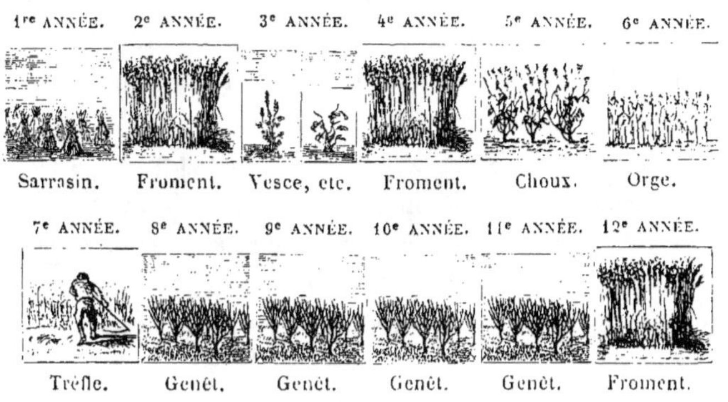

Lorsqu'en Vendée ou ailleurs on reconnaît la nécessité de
laisser en repos une terre que la culture des céréales a fatiguée ou épuisée, on y sème souvent de la graine de genêt, à
raison de 10 à 15 kilogr. à l'hectare. Ce semis se fait en mars
ou avril, lorsqu'on ne craint plus de gelées. On enterre la semence par le hersage ou le râtelage qu'on exécute à cette
époque dans le but d'ameublir la terre, de la débarrasser des
plantes adventices qui l'ont envahie, et de faciliter le talle-
ment du blé, de l'orge ou de l'avoine.

Dans les terres qui ont porté du genêt depuis longtemps,
souvent on n'en sème pas parce qu'il en vient suffisamment.
On peut aussi transplanter de jeunes pieds à la fin de l'été ou
au commencement de l'automne sur les champs qu'on veut
transformer en genêtières. Cette transplantation se fait à
l'aide du plantoir ou de la pioche.

Lorsque le genêt provient d'un semis fait au printemps, à
l'époque de la moisson il a généralement 0^m,10 à 0^m,15 de
hauteur. On doit avoir le soin de laisser un chaume un peu
élevé, c'est-à-dire de couper les tiges de la céréale protec-

trice à 0^m,20 environ du sol, afin de ne pas endommager les jeunes genêts, qui ont des tiges grêles.

L'année suivante, cet arbrisseau a atteint, vers la fin de l'été, une hauteur de 0^m,50 à 0^m,75. On peut alors y conduire le bétail. La troisième année révolue, il a souvent plus d'un mètre d'élévation.

Lorsque le semis a été exécuté à la volée et qu'il a réussi, on enlève pendant la seconde année tous les pieds qui se trouvent dans les sillons. On ne doit conserver que les genêts situés à la partie supérieure des billons, en les éclaircissant de manière à ce qu'ils soient situés à 0^m,30 ou 0^m,40 les uns des autres.

Les ramifications, qu'on ménage avec soin en ombrageant le sol, y fixent une plus grande fraîcheur pendant l'été et favorisent par là l'existence du pâturage.

Le genêt a exercé et exerce encore une influence considérable sur les progrès de l'agriculture de l'Anjou et de la Vendée. Aussi est-ce à bon droit qu'il faut le considérer comme étant intermédiaire entre l'ingratitude et la fécondité. S'il était cultivé plus en grand dans la Bretagne, la Sologne, le Limousin, le Berry, les Marches, etc., il est incontestable qu'il hâterait la fécondité des terres pauvres que l'on trouve encore dans ces anciennes provinces sur des étendues considérables. On ne doit pas oublier qu'il protége le bétail pendant l'été contre les rayons ardents du soleil, et durant l'automne, l'hiver et le printemps contre les vents violents et froids. Si la Vendée est si riche en bétail, c'est qu'elle peut disposer pendant toute l'année de bons pâturages, c'est que ses genêtières suppléent très-avantageusement à l'insuffisance des prairies artificielles ou naturelles.

L'agriculture pastorale mixte suivie dans la Vendée est satisfaisante, eu égard au mode d'exploitation en usage. J'ai dit que la plupart des fermes situées dans cette ancienne province étaient soumises au métayage.

Les terres arables, qu'on abandonne à elles-mêmes, restent généralement couvertes de genêts pendant quatre ou cinq ans. Lorsque le pâturage laisse à désirer quant à sa productivité, qu'il soit naturel ou artificiel, on arrache les genêts pour les mettre en fagots, on laboure la terre à laquelle on demande une récolte de froment, et l'on recommence une nouvelle rotation de l'assolement qu'on a choisi.

Si on met en pratique la succession de culture signalée page 319, on utilise ordinairement la *première jachère* formant la première sole, en y semant du millet ou du sarrasin principalement destiné à l'alimentation des animaux domestiques. Cette jachère est fumée et souvent on y applique de la chaux. Les chaulages ont pris une grande extension dans la Vendée depuis la création des routes stratégiques.

La jachère est suivie par un *froment* d'hiver. Cette céréale est ordinairement productive parce qu'elle végète sur un sol enrichi par le genêt, la fumure et le chaulage.

La *deuxième jachère* est occupée par du seigle cultivé comme plante fourragère, des vesces, du trèfle incarnat et des navets, plantes qui laissent la terre complétement libre au mois d'octobre, époque à laquelle on y sème de nouveau du froment d'automne.

La *troisième jachère* reçoit aussi une fumure et un chaulage lorsque la première jachère n'a pas été chaulée. Au mois de mai ou de juin on y plante des choux branchus ou des choux moelliers, qu'on effeuille pendant l'automne suivant, et que l'on coupe par le pied durant l'hiver. Cette culture fourragère est suivie, au mois de mars ou avril, par une semaille d'avoine ou d'orge.

Les métayers qui suivent encore l'agriculture pastorale

mixte ancienne abandonnent ensuite la terre à elle-même, qui ne tarde pas à se couvrir d'un pâturage naturel plus ou moins favorable au bétail, selon la nature et les propriétés physiques de la couche arable. Ce pâturage est alors protégé par le genêt.

Les métayers progressifs sèment dans l'orge ou l'avoine, comme cela a lieu en Angleterre et en Allemagne, du trèfle rouge auquel ils associent quelquefois du ray-grass anglais et souvent même du trèfle blanc. Ce mélange forme la *septième année* une prairie artificielle facilement fauchable. On l'abandonne ensuite au bétail comme pâturage pendant trois ou quatre ans, suivant la nature et la richesse du sol.

A la *onzième année*, on défriche le pâturage, on demande à la terre une nouvelle récolte de céréale. Le plus généralement on fait suivre ce défrichement par un froment, surtout lorsqu'on a incinéré les racines du genêt et répandu leurs cendres sur toute la surface du champ.

Quand le pâturage est situé sur une terre pauvre et légère, on termine la rotation par un seigle ou une avoine d'hiver, ou l'on prolonge d'une année l'existence du genêt pour faire suivre directement son défrichement par les plantes qui occupent la première sole de chaque rotation.

Ainsi, pendant chaque rotation la terre est occupée par quatre soles en céréales et huit soles destinées à assurer l'existence du bétail.

Cet assolement, qu'on peut aisément modifier dans ses détails, est certainement la succession de culture qu'on doit choisir de préférence lorsqu'on exploite des terres encore peu fertiles.

Les métairies de la Vendée ont une étendue moyenne de 40 hectares. Cette surface est divisée en champs ayant une surface de 2 à 3 hectares. Chaque pièce est entourée de haies vives très-élevées et en bon état. En général, la rente des terres labourables, dans les contrées traversées par des routes bien entretenues et pas trop éloignées de fours à chaux, varie entre 40 et 50 fr. l'hectare. Chaque métairie possède ordinairement un dixième de son étendue totale en prairies naturelles en parfait état et souvent arrosées.

Sur une telle ferme, on observera donc chaque année, si on suit l'assolement de 12 ans précité :

1° *Céréales.*			2° *Plantes fourragères.*		
2ᵉ sole.	Froment.....	3 hect.	1ʳᵉ sole.	Sarrasin......	3 hect.
4ᵉ —	Froment.....	3 —	3ᵉ —	Vesce, etc...	3 —
6ᵉ —·	Orge	3 —	5ᵉ —	Choux	3 —
12ᵉ —	Froment.....	3 —	7ᵉ —	Trèfle........	3 —
	Total........	12 hect.		Total........	12 hect.

Si on ajoute à la surface consacrée aux plantes fourragères les 4 hectares de prairies naturelles et les 12 hectares en pâturages artificiels, on constate que l'étendue totale des terres destinées à assurer l'existence et l'engraissement des bêtes à cornes et des bêtes à laine s'élève à 28 hectares. Cette étendue explique comment la Vendée et une partie de l'Anjou parviennent à engraisser chaque année près de 80000 bœufs.

Les pâturages naturels, abrités par le genêt et les pâturages artificiels, secondent puissamment l'élevage et l'engraissement de l'espèce bovine.

Suivant la statistique de la Vendée, publiée en 1808 par Cavoleau, on comptait à cette époque :

1 bœuf pour.............	5 à 6	hectares.
1 vache pour.............	15 à 16	—
1 bouvillon pour.	15 à 16	—
1 bœuf de 2 ans pour.....	15 à 16	—
1 bête à laine pour.	2	hectares.

Aujourd'hui, grâce à l'extension accordée à la culture fourragère, à l'amélioration des prairies naturelles, et à la substitution des pâturages créés par l'homme aux pâturages dus uniquement à l'action secrète de la nature et à l'influence exercée par le genêt, on compte :

```
1 bœuf pour..............  3 à 4 hectares.
1 vache pour..............  6 à 8     —
1 bouvillon pour..........  7 à 8     —
1 bœuf de 2 ans pour. ....  7 à 8     —
1 bête à laine pour. .......  1 hectare.
```

Les métairies sur lesquelles on suit l'agriculture pastorale mixte perfectionnée, entretiennent annuellement 25 à 35 têtes de gros bétail du poids moyen de 500 kilogr. brut. Ainsi on y trouve ordinairement :

```
10 à 14 bœufs,
 5 à  7 vaches,
 4 à  6 élèves bovines de 1 à 2 ans,
 4 à  6     —      de l'année,
30 à 50 bêtes à laine,
 3 à  5 porcs,
 1 cheval.
```

Ces animaux seraient plus nombreux encore si la Vendée ne spéculait pas sur l'engraissement des bœufs.

Les terres de cette province sont argilo-siliceuses, schisteuses ou granitiques. Les terres un peu fortes sont regardées avec raison comme les plus favorables au système pastoral mixte. Comme on y entretient chaque année un grand nombre d'animaux, ces terres, malgré leurs défauts, donnent de très-belles récoltes de froment. En moyenne, cette céréale y produit de 16 à 18 hectolitres par hectare.

Les jachères sont fumées à raison de 30 à 40 mètres cubes, soit 20 000 à 30 000 kilogr. de fumier. Comme elles occupent chaque année 9 hectares, il s'ensuit qu'on doit pouvoir fabriquer annuellement en moyenne 250 000 kilogr. On admet généralement dans la Vendée que chaque bête à cornes du poids moyen de 500 à 600 kilogr., quoique vivant une partie de l'année dans les pâturages ou sur les prairies naturelles, produit encore en moyenne par an 10 mètres cubes, soit environ 7000 kilogr. Ainsi, si sur une métairie de 40 hectares on comptait 35 têtes de gros bétail, on pourrait conduire chaque année sur les jachères environ 250 000 kilogr. de fumier.

Examinons si ces données coordonnent avec les faits.

Les plantes exigeront la quantité de fumier ci-après :

```
9 hectares froment   =  18 hectol. × 500 kil. × 9 = 81 000 kil
3    —      orge     =  30    —     × 350  —  × 3 = 30 000  —
2    —      choux    = 500 quint× ×  75   —  × 2 = 75 000  —
1    —      betterave= 300    —     ×  65   —  × 1 = 19 000  —
2    —      navet    = 200    —     × 100   —  × 2 = 40 000  —
3    —      sarrasin =  20 hectol. × 350   —  × 3 = 21 000  —
                              Total?........... 266 000 kil.
```

Si pendant chaque rotation on fume la première, la deuxième et la troisième sole, on aura chaque année à fertiliser 9 hectares. Chaque hectare devra donc recevoir environ 30 000 kilogr. de fumier.

Les produits consommés par les animaux ou employés comme litières permettront de fabriquer la quantité suivante de fumier :

```
9 hectares froment   =  18 hectol. × 320 kil. × 9 = 52 000 kil.
3    —      orge      =  30    —     × 210  —  × 3 = 19 000  —
3    —      sarrasin  =  20    —     × 150  —  × 3 =  9 000  —
2    —      choux     = 500 quint× ×  40   —  × 2 = 40 000  —
1    —      betterave = 300    —     ×  35   —  × 1 = 10 000  —
2    —      navet     = 200    —     ×  25   —  × 2 = 10 000  —
1    —      vesce     =  50    —     × 150   —  × 1 =  7 500  —
3    —      trèfle    =  50    —     × 150   —  × 3 = 22 500  —
4    —      prairies  =  60    —     × 150   —  × 4 = 36 000  —
                              Total............... 206 000 kil.
```

Ainsi, la balance entre la consommation et la production du fumier ne s'équilibre pas. On comble le déficit qu'on observe : 1° en employant comme litière les feuilles qui tombent des haies forestières, les ajoncs, les bruyères qu'on récolte annuellement sur les cheintres des champs cultivés ou en pâturages et sur des terres incultes; 2° en important du noir animal, de la charrée et de la chaux. Le Vendéen qui cultive une ferme ayant 40 hectares, achète ordinairement chaque année pour 400 fr. d'engrais commerciaux. Enfin, souvent il augmente la masse de ses engrais en répandant dans la cour de sa métairie des genêts, des ajoncs et des bruyères. Ces végétaux, après avoir été modifiés par les véhicules, les animaux et les pluies sont ensuite mêlés aux fumiers.

Le nombre considérable d'animaux qu'on entretient sur chaque métairie n'a rien d'anomal, si on se rappelle que les plantes fourragères et les pâturages couvrent annuellement 28 hectares. Si on admet, ainsi qu'on le constate en parcourant le Bocage de la Vendée, que les animaux y vivent six mois dans les pâturages et six mois dans les étables, il sera facile, si on connaît les ressources fourragères, de supputer le poids vivant qu'on pourra posséder.

Tous les aliments convertis en foin donnent les résultats suivants :

```
150 000 kilogr. de choux.......... = 24 000 kilogr.
 30 000    —    de betterave...... =  9 000   —
 40 000    —    de navet.......... =  7 500   —
  5 000    —    de vesce, etc..... =  5 000   —
 15 000    —    de trèfle ........ = 15 000   —
 24 000         de prairies....... = 24 000   —
                Total............... 84 500 kilogr.
```

Si chaque tête bovine reçoit en foin 3 pour 100 de son poids brut, elle en consommera par jour 15 kilogr., si elle pèse en moyenne 500 kilogr. Toutefois, comme elle trouve dans les pâturages et sur les prairies, pendant six mois, une nourriture suffisante, il en résulte qu'elle n'exigera annuellement que 2500 kilogr. de foin. La quantité précitée, les 84 000 kilogr., permettront donc d'entretenir chaque année 34 têtes ou 17 000 kilogr. de poids brut.

Les animaux qu'on y possède donnent l'ensemble suivant :

```
12 bœufs.... ..... × 600 kilogr. =  7 200 kilogr.
 6 vaches ......... × 600  —    =  3 600  —
 5 bouvillons...... × 300  —    =  1 500  —
 5    —     ..... × 150  —    =    800  —
40 moutons........ ×  50  —    =  2 000  —
 4 porcs.......... × 100  —    =    400  —
 1 cheval......... × 500  —    =    500  —
        Total............... 16 000 kilogr.
```

Soit, par chaque hectare, 400 kilogr.

Ainsi, à l'aide de la culture pastorale mixte perfectionnée,
on entretient annuellement dans la Vendée 34 têtes de gros
bétail sur une étendue de 40 hectares, soit une tête pour
1 hectare 17 ares !

Cette culture exige plus de capitaux que l'agriculture pastorale primitive, qui possède beaucoup moins d'animaux sur
la même étendue. Voici comment se répartit, par chaque
hectare, le capital d'exploitation dont elle a besoin :

A. *Capitaux engagés.*

```
Animaux...................... 48 p. 100, ou 192 fr.
Mobilier..................... 7     —      28
Engrais...................... 10    —      40    soit 260 fr.
```

B. *Capitaux libres.*

```
Main-d'œuvre................. 10 p. 100, ou  40 fr.
Denrées en magasin.......... 10    —      40
Entretien du mobilier....... 5     —      20
Frais généraux.............. 2 1/2 —      10
Assurance, prestation....... 2 1/2 —      10
Intérêt des capitaux........ 5     —      20    soit 140 fr.
        Total.................. 400 fr.
```

La valeur du bétail s'élève donc à 7700 fr. environ. Elle
comprend :

```
12 bœufs. ................. × 300 fr. = 3600 fr.
 6 vaches................. × 200    = 1200
10 bouvillons ............ × 160    = 1600
40 bêtes à laine.......... ×  25    = 1000
 1 cheval................. × 400    =  400
        Total................. 7800 fr.
```

Ainsi, quiconque veut mettre en pratique la culture vendéenne appartenant à l'*agriculture pastorale mixte moderne* doit
posséder un capital de 400 fr. environ par chaque hectare de
terres labourables ou de prairies naturelles.

Les prairies naturelles que l'on remarque dans la Vendée
sont bien entretenues, mais elles ne fournissent généralement qu'une coupe. Après la fauchaison, on les abandonne
de nouveau à elles-mêmes pendant les mois de juillet et
d'août. Le regain qu'elles produisent sert à préparer les
bœufs et les moutons qu'on doit engraisser pendant l'automne et l'hiver.

Les cultivateurs qui, dans la région de l'ouest, ne récoltent
guère de foin ou cultivent encore peu de plantes fourragères,
vendent souvent vers la Saint-Jean les bœufs à l'aide desquels ils ont préparé les terres qu'ils ont ensemencées en
sarrasin ou blé noir. Les Vendéens profitent ordinairement
de cette circonstance pour acheter une, deux ou trois paires
de bœufs âgés de six à sept ans. Ces animaux, en arrivant
dans la Vendée, sont confinés nuit et jour dans les genètières
jusqu'au commencement de septembre. Alors on choisit les
bœufs qui sont en meilleur état ou qui commencent à être en
chair; on les conduit dans les prairies pour qu'ils utilisent
les regains. Ce pâturage les rafraîchit de nouveau et achève
de les bien préparer. Dès que l'on constate l'apparition de gelées blanches, qu'on regarde avec juste raison comme incom-
patibles avec l'engraissement, on les rentre dans les étables
pour les alimenter avec des choux et des navets. On termine
leur engraissement en leur donnant du foin et des grains
concassés ou réduits en farine. Les aliments humides favorisent le développement de la chair; les aliments secs développent plus spécialement le suif ou la graisse. Ces bœufs sont
vendus sur les marchés du Bocage pendant les mois de fé-

vrier, mars et avril. On les expédie ensuite à Sceaux et à Poissy.

Lorsque le Vendéen a terminé sa campagne d'engraisse-ment, il se rend dans les foires qui ont lieu dans l'Anjou et la Bretagne. Il y conduit de jeunes bouvillons de deux ans à deux ans et demi, et il ramène en Vendée un certain nom-bre de bêtes bovines adultes, mais maigres, destinées à vivre dans les genêtières jusqu'à la fin de l'été.

Ces diverses transactions commerciales expliquent com-ment on arrive, dans le Bocage de la Vendée, à posséder constamment à peu près le même nombre d'animaux.

Il résulte de ces faits que le cultivateur qui, dans cette an-cienne province, suit l'agriculture semi-pastorale, s'occupe principalement de l'élevage et de l'engraissement des bêtes bovines. La spéculation sur l'entretien de ces animaux est le partage des contrées voisines, dans lesquelles l'engraisse-ment des bœufs est pour ainsi dire inconnu.

Le genêt, auquel sont dus en grande partie les progrès considérables que l'agriculture vendéenne a faits depuis un demi-siècle, fournit, lorsqu'il est âgé de quatre à six ans, un combustible qui n'est pas sans valeur dans les contrées où le bois est peu abondant. Ainsi, en Bretagne comme dans la Vendée, on coupe cet arbrisseau rez terre et on le met en fa-gots qu'on vend facilement aux boulangers ou aux chaufour-niers à raison de 7 à 10 fr. le 100. Le genêt âgé de cinq ans donne de 500 à 700 fagots par hectare.

Influence de la culture pastorale mixte sur les spécula-tions animales. — L'agriculture pastorale mixte fait naître des spéculations animales très-diverses. Dans les montagnes, l'élevage des bêtes à laine ou des bêtes bovines, et même de l'espèce chevaline, est une nécessité. Sur les plateaux, le cul-tivateur multiplie de préférence l'espèce ovine et engraisse souvent quelques lots de moutons. Ailleurs, où les haies divisent et subdivisent les champs, la multiplication et l'engraissement de l'espèce bovine constituent des industries agricoles très-lucratives.

La fertilité de la terre et la manière d'être des assolements modifient considérablement les spéculations qui permettent au cultivateur de convertir en argent les productions herbifères. Lorsque la terre est sortie de la période pacagère, quand la culture des céréales fournit des pailles suffisantes pour l'empaillement des étables et des écuries, enfin lorsque le trèfle est fauchable, puis pâturable, et que les prairies naturelles et la culture des racines suffisent à la nourriture du bétail pendant l'hiver, le cultivateur peut diriger ses vues vers l'éducation du gros bétail.

Lorsque la terre appartient encore à la période céréale, et qu'elle produit des fourrages nombreux et d'excellente qualité; quand la culture de la betterave, des navets, des vesces, de la luzerne, etc., est facile et productive, l'agriculteur pourra s'occuper de l'engraissement mixte ou de pouture de l'espèce bovine, à moins qu'il ne se trouve placé dans une contrée où la vente du lait, la fabrication du fromage et du beurre lui permettent d'entretenir une grande vacherie.

Ainsi, dans le Bocage de la Vendée on engraisse des bœufs du pays, du Maine, de la Saintonge, du Poitou, de l'Auvergne, etc. Ces animaux sont âgés de six à douze années; ils ont été élevés dans les contrées qui leur ont donné les noms sous lesquels on les désigne, mais ils ont généralement travaillé dans les provinces voisines de la contrée dans laquelle on les engraisse.

On multiplie et on élève aussi l'espèce bovine dans la région de l'ouest, mais cette industrie n'a pas l'importance qu'on lui accorde à bon droit dans les montagnes du Limousin, du Quercy, etc. Lorsque les jeunes bœufs ont utilisé pendant une ou deux années les pâturages abrités par les genêts, les Vendéens, comme je l'ai dit précédemment, les vendent à des marchands qui les conduisent dans toutes les contrées environnantes, où ils séjournent comme animaux de travail pendant plusieurs années.

Ce genre de spéculation est aussi en usage dans le Nivernais, le Berry, le Bourbonnais, le Lyonnais, etc., et il est bien rare qu'il ne procure pas à ceux qui le mettent en pratique des bénéfices importants.

Enfin il existe des localités où les pâturages de la culture semi-pastorale servent aussi à nourrir, depuis le mois de juillet jusqu'au milieu de l'automne, des moutons que l'on engraisse à la bergerie pendant l'hiver, et depuis le printemps jusqu'au moment où les foins sont enlevés des prairies, des poulains d'un an ou des juments poulinières.

Ainsi donc, l'agriculture pastorale mixte, plus qu'aucun autre système de culture, favorise l'existence du bétail, quelles que soient la nature et la fertilité de la terre.

Dans les périodes pacagère et fourragère, les spéculations animales, à cause des bénéfices nets qu'elles donnent, auront toujours une prééminence marquée sur la culture des céréales. Aussi est-ce à bon droit que le bétail doit être regardé comme un moyen de passer, sans transition aucune et sans courir aucun inconvénient de la vie pastorale mixte, à l'existence agricole proprement dite. Si, dans la période céréale appartenant à ce système de culture, quelques-unes des industries animales nécessitent un capital d'exploitation et de circulation assez considérable, le produit net que ces spéculations permettront de réaliser n'en surpassera pas moins les bénéfices que l'on est en droit d'espérer de la culture des plantes alimentaires, surtout si on a égard à la fertilité du sol, à la taille et au poids des animaux sur lesquels on veut spéculer, et si on n'a point adopté des spéculations de fantaisie que les usages et les débouchés ne commandent pas.

Ainsi l'homme, qui subsiste aux dépens des animaux, doit s'intéresser à la culture pastorale mixte dans les localités où les terres se louent moins de 40 à 50 fr. l'hectare. Sans cette culture et les animaux domestiques, si nécessaires à l'existence de la société, le sol ne présenterait qu'un champ aride et sauvage. En effet, c'est que la culture des céréales et la multiplication du bétail sont corrélatives sur les terres pauvres, et que l'homme ne peut y sacrifier l'une à l'autre sans compromettre ses propres intérêts.

Conclusion. — Des considérations qui précèdent, je puis conclure ainsi :

1° La culture pastorale mixte consiste dans la transformation successive des terres arables en pâturages et des pâturages en terres arables.

2° Cette agriculture favorise l'élevage et l'engraissement du bétail et assure la réussite des céréales.

3° Les céréales y réussissent d'autant mieux que le sol s'engazonne plus promptement et plus complétement.

4° La lenteur avec laquelle l'engazonnement du sol a lieu est toujours en raison directe de la pauvreté de la couche arable et du nombre de récoltes des céréales qu'elle a produites.

5° Un sol pauvre s'améliore plus facilement par le pâturage que par la fauchaison.

6° La durée du pâturage est en raison inverse de la richesse de la terre.

7° Les pâturages sont d'autant plus utiles qu'on éprouve davantage de difficultés pour obtenir des fourrages fauchables.

8° Le pâturage et les déjections du bétail rétablissent peu à peu les champs épuisés.

9° Le genêt rend les pâturages naturels plus productifs.

10° Cet arbrisseau n'est pas indispensable sur les terres où les pâturages artificiels réussissent bien.

11° Le nombre de quintaux vivants qu'on peut obtenir par hectare, à l'aide de la culture pastorale mixte, dépend de la productivitédes pâturages.

12° L'agriculture moderne pastorale mixte entretient plus d'animaux que l'agriculture semi-pastorale ancienne.

13° Cette agriculture exige moins d'avances, moins d'attelages et un matériel moins grand que l'agriculture fourragère.

14° Au fur et à mesure qu'on avance, quand la culture est bien coordonnée, les recettes augmentent et les dépenses diminuent.

15° Enfin l'agriculture pastorale mixte est d'autant plus lucrative, qu'elle est mieux perfectionnée et qu'on la met en pratique sous un climat brumeux ou humide, et sur un sol accidenté, un peu argileux et boisé.

SECTION II.

Assolements propres aux terres de landes.

Historique des défrichements. — Nature et aridité des terres de landes. — Insuccès des défrichements de landes. — Les terres de landes forment trois classes distinctes. — Plantes qui les caractérisent. — Nécessité de supputer préalablement les dépenses qu'occasionnent leur défrichement, les routes, les fossés et les bâtiments d'exploitation. — Épuisement du sol. — Conseils donnés par Columelle. — On doit éviter d'énerver le sol par l'emploi répété des engrais calcaires. — Principes généraux. — Défrichements exécutés par M. Trochu, M. Chambardel, M. Lecouteux, M. Avenier. — Conclusion.

Historique des défrichements. — L'agriculture des régions du centre, de l'ouest et du sud-ouest est bien moins prospère que l'agriculture du nord-ouest, du nord et du nord-est. Cette infériorité tient principalement à la nature et à la pauvreté des terres, et à l'exiguité des capitaux consacrés à la culture; elle se maintiendra longtemps encore, si les propriétaires ne trouvent le moyen de faire à leurs terres les avances qu'elles exigent impérieusement.

Il n'est pas de contrées en France qui offrent autant de terres vaines et vagues que les anciennes provinces de Bretagne, de Gascogne, du Berry et de la Sologne. Ces *landes* ou *terres incultes* y occupaient, en 1854, une superficie de 1 897 000 hectares.

Ces terres, ordinairement couvertes de bruyères et d'ajoncs, sont très-ingrates à cultiver. Leur aridité provient de ce qu'elles reposent généralement sur un sous-sol friable ou cohérent imperméable, une couche argileuse ou un *alios* qui les rend humides depuis l'automne jusqu'au printemps, et sèches et brûlantes pendant l'été. C'est aux bruyères qu'elles produisent en abondance et à l'humidité surabondante dont elles sont imprégnées durant les saisons pluvieuses qu'on doit attribuer l'aridité qui les caractérise à un si haut degré.

Au siècle dernier, la France agricole s'est beaucoup préoccupée des essais entrepris par de Turbilly dans l'ancienne province d'Anjou, dans le but de transformer en terres arables et productives des terrains couverts de temps immémorial de bruyères et d'ajoncs. Ces expériences devaient, en effet, par les résultats qu'elles promettaient, exciter l'attention générale. Hélas! cette tentative fut infructueuse.

Cet insuccès frappa vivement l'esprit des agriculteurs et il eut en Europe autant de retentissement qu'en avaient eu les premiers succès. Arthur Young le rendit plus éclatant encore en racontant dans ses *Annales* les causes de cette non-réussite.

Cette tentative néanmoins porte avec elle un précieux enseignement, car elle révèle les conséquences qui doivent résulter d'une pratique agricole que le bon sens et la science blâment sévèrement. Aussi mérite-t-elle, sous tous les rapports, d'être connue et méditée des agriculteurs qui voudraient défricher de grandes étendues de terres de bruyères.

Depuis cette époque, dans un grand nombre de provinces, on a souvent tenté de rendre des terres de landes à la culture; mais la plupart de ceux qui ont fait de nouveaux essais n'ont pas réussi. Ces revers ont les mêmes causes :

1° Un manque de connaissances scientifiques et pratiques;
2° Des capitaux insuffisants.

Il faut remarquer que les défricheurs qui ont échoué dans leurs entreprises ont presque tous annoncé dans des écrits d'un style souvent très-séduisant, que leur succès était complet et qu'on devait prendre comme modèle les procédés culturaux qu'ils avaient imaginés et suivis. Le temps a fait justice de ces fausses idées, de ces étranges prétentions, et aujourd'hui les praticiens se gardent bien de confondre ces publicistes avec les écrivains qui ont publié le tableau fidèle d'une réussite complète et vraie.

Tout défrichement de terres de bruyères ou de landes exige une étude approfondie du sol et une connaissance parfaite des difficultés que présente une telle entreprise.

Division des terres de landes. — Les terres de landes forment quatre classes distinctes :

1° La *première classe* comprend les sols profonds, sains et perméables. Ces terrains produisent simultanément la *fougère* ou le *genêt*, le *grand ajonc*, des *bruyères* et des *graminées*. On les regarde à bon droit comme les plus faciles à transformer promptement en bonnes terres arables.

2° La *deuxième classe* renferme toutes les terres ayant une profondeur moyenne, et à la surface desquelles l'eau, durant l'hiver, ne séjourne pas en abondance. Ces terrains sont abrités par des *ajoncs*, des *bruyères* et des *graminées*.

3° La *troisième classe* comprend les terrains qui ont peu de profondeur et qui sont toujours humides en hiver. Souvent même la surface de ces terres incultes est couverte de flaques d'eau qui les transforment momentanément en vrais marécages. On remarque sur ces terrains la *grande bruyère* appelée *brande* ou *brumaille*, la *bruyère commune*, la *bruyère ciliée*, le *petit ajonc* et diverses *graminées*. Ces terrains sont plus infertiles que les précédents.

4° La *quatrième classe* renferme les terres de landes les plus ingrates. Ces terrains sont très-arides, souvent très-noirâtres et toujours couverts d'eau pendant l'hiver. On n'y rencontre que la *bruyère tétralix* ou *bruyère des marais* et la *bruyère ciliée*. Les graminées y sont peu abondantes. On n'y rencontre jamais d'ajoncs.

On ne doit pas utiliser, par la culture des plantes fourragères ou céréales, les terrains qui appartiennent à la quatrième classe. De tels sols doivent être exclusivement réservés à la culture des essences forestières, feuillues ou résineuses.

Nécessité de supputer préalablement les capitaux exigés par les défrichements. — Mais il ne suffit pas de savoir distinguer les terrains qui peuvent être améliorés, avec le temps, par la culture des plantes fourragères alliée à la culture des plantes alimentaires, il faut aussi, si on veut réussir, supputer préalablement avec exactitude les dépenses que nécessiteront :

1° Les travaux de défrichement :
2° La création des routes et des fossés :
3° La construction des bâtiments d'exploitation.

C'est lorsque le défricheur aura sagement calculé le *capital d'amélioration*, appelé aussi *capital de création*, que l'entreprise doit immobiliser, indépendamment du *capital foncier*, qu'il pourra connaître s'il peut obtenir un succès réel.

Ce premier problème une fois résolu, il est nécessaire de déterminer le *capital d'exploitation* qu'on doit avoir.

On connaîtra la quotité du *capital fixe* en appréciant les dépenses qu'il faudra faire pour acheter :

1° Les animaux de travail ;
2° Le bétail de rente ;
3° Le matériel d'exploitation ;
4° Les engrais.

Le *capital libre* ou *capital de circulation* sera représenté par :

1° Les fourrages qu'il faut nécessairement importer sur le domaine pendant les premières années ;
2° Les semences qu'on devra acheter ;
3° Les dépenses occasionnées par la nourriture et les salaires des aides à gage ;
4° La valeur de la main-d'œuvre réclamée par les défrichements et la culture ;
5° Les frais généraux.

VIII   22

Si l'on ajoute au capital d'amélioration et au capital d'exploitation un dixième de leur valeur totale pour le *capital de réserve*, on détermine très-exactement le *capital général* exigé par l'entreprise.

Si beaucoup de défricheurs de landes, dont les noms sont bien connus des agriculteurs, n'ont pas réussi en Sologne, en Bretagne et dans la Guyenne, c'est qu'ils ne s'étaient pas rendu compte à l'avance de la quotité du capital général qu'ils devaient posséder.

Ainsi pour réussir, lorsqu'on entreprend un défrichement, il faut deux choses :

1° Avoir un capital suffisant;
2° Posséder toutes les connaissances pratiques et scientifiques qu'exige la rédaction exacte et mûrie d'un plan de culture.

L'étude préalable de toutes les phases d'un défrichement est plus nécessaire qu'on ne le suppose généralement; quiconque la néglige ne peut avec sûreté entreprendre un défrichement de terres incultes sur une grande étendue.

A côté de cet écueil, sur lequel je ne puis trop insister, se range naturellement le mode de culture mis en pratique.

Épuisement du sol. — Jusqu'à ce jour, la plupart des défricheurs de landes ont trop oublié que la fécondité des terres de bruyères et d'ajoncs n'est que passagère. Considérant leur richesse comme indéfinie, ils ont négligé la culture des plantes fourragères et leur ont demandé trois, quatre et même cinq ou six récoltes consécutives de plantes épuisantes. Il est vrai qu'ils n'ont pas, comme Turbilly, *écobué* ou *brûlé* les terres pauvres qu'ils voulaient transformer en terres arables; mais, renonçant, pour ainsi dire, aux fumiers, ils ont employé du noir animal, de la chaux, etc. Quelle a été la conséquence d'un tel système de culture? La terre a perdu la fertilité qu'elle possédait et elle est redevenue presque stérile.

Les conseils donnés par Columelle aux défricheurs des terres incultes sont encore opportuns. On en jugera :

« Si une terre de bruyère transformée en terre labourable est plus productive que beaucoup d'autres sols, ce n'est pas parce que la couche arable est plus nouvelle, mais parce qu'ayant été suffisamment fécondée par les feuilles des arbrisseaux et les herbes qui y végétaient sans culture, elle répond mieux aux exigences des plantes. Mais il arrivera nécessairement après le défrichement que le terrain, privé des plantes qui l'enrichissaient, maigrira promptement.

« Si donc les terres incultes répondent, après quelques années de culture, moins largement à nos espérances, il ne faut en accuser la vieillesse de la couche arable, mais notre propre négligence. Car les récoltes y seront toujours abondantes, si nous voulons en quelque sorte renouveler la terre par des engrais fréquents, opportuns et sagement distribués. »

Lorsqu'on renonce à épuiser, à énerver complétement les matières organiques existant dans le sol, par l'emploi répété des engrais minéraux, la lande conserve sa force productrice et continue à donner de bonnes récoltes. Mais pour cela il faut que la deuxième céréale qui vient après le défrichement soit suivie par une fumure en rapport avec les besoins des plantes qui composent l'assolement qu'on veut mettre en pratique. Si cette fumure excède les exigences des plantes, une certaine quantité de matières organiques s'accumulent de nouveau dans la couche arable, et la richesse et la fécondité du sol s'accroissent de rotation en rotation.

Emploi des engrais calcaires. — Les défricheurs de landes auront toujours facilement de la chaux ou de la marne le jour où ils posséderont les capitaux qu'ils doivent avoir. On

rencontre en Sologne, dans le Berry, en Bretagne et dans la
Guyenne de la marne, de la chaux, du falun. Ces engrais
minéraux, bien employés et suivis ou précédés par une fumure, auront une puissante action sur les terres de lande en
neutralisant le principe acide qu'elles renferment et qui s'oppose à la décomposition des matières végétales ou du terreau, qui les rend noirâtres et inertes. C'est, en effet, en
chaulant, en marnant ou en falunant les terres nouvellement
défrichées qu'on est parvenu à anéantir leur principe astrin-
gent, si contraire à la végétation des céréales et surtout des
légumineuses.

Il n'est pas nécessaire, toutefois, que le calcaire, si indispensable aux terres de bruyère, soit à l'état de carbonate;
l'expérience prouve chaque jour que le calcaire uni à l'acide
phosphorique a aussi une influence prépondérante sur les
matières organiques acides et sur le développement et la
production de toutes les plantes. Ainsi on peut remplacer la
marne, la chaux, la craie, le falun, par des os réduits en
poudre, du noir animal résidu de raffinerie et du phosphate
de chaux fossile.

Quoi qu'il en soit, on doit utiliser ces divers engrais minéraux avec prudence. Si depuis trente ans l'emploi du noir
animal a permis d'imprimer, dans l'ancienne province de
Bretagne, une grande impulsion aux défrichements des terres incultes; s'il a permis à un grand nombre de propriétaires de jouir des bénéfices accordés par les lois qui régissent
la mise en culture des terres de lande, je dois constater, bien
à regret, que son emploi répété a été la cause unique de chu-
tes éclatantes. Les mêmes faits ont eu lieu dans la Touraine.
Ainsi plusieurs défricheurs, séduits par l'abondance des produits que fait naître le noir animal sur des terres riches en
matières organiques, ont renouvelé sans réflexion son emploi

sur le même terrain pendant plusieurs années. L'usage répété de cet engrais minéral a épuisé si complétement les terres
nouvellement défrichées qu'elles sont restées presque improductives.

Principes généraux. — De ce qui précède, je puis conclure :

1° Que la fécondité des terres de lande dure peu, si elle
n'est pas soutenue après le défrichement par des engrais organiques appliqués en abondance;

2° Que les céréales qui suivent le défrichement sont toujours plus productives que celles qui viennent ensuite;

3° Que la lande ne sort de son inertie que lorsqu'on y applique des engrais calcaires carbonatés ou phosphatés;

4° Que l'emploi sans discernement des engrais minéraux
ramène la terre à sa faiblesse primitive;

5° Que le défricheur ne doit pas oublier qu'un défrichement nécessite des capitaux spéciaux et considérables;

6° Qu'une telle opération ne peut être entreprise que lorsqu'on est propriétaire du fonds ou qu'on en jouit en vertu
d'un bail de longue durée.

Défrichements exécutés par M. Trochu. — M. Trochu a
a entrepris à Belle-Isle-en-mer (Morbihan), en 1807, de défricher 133 hectares de terres incultes appartenant généralement à la première classe des terres de bruyères. Cette grande
étendue de landes a été convertie en terres arables dans l'espace de vingt années. Chaque année, M. Trochu a donc défriché en moyenne 7 hectares 50.

Aujourd'hui, ces terres constituent une propriété remarquable sous tous les rapports. Cette exploitation a valu à
M. Trochu, en 1860, la *prime d'honneur du Morbihan.*

Ces terres furent achetées aux prix suivants : 12 hectares à
120 fr.; 138 hectares à 76 fr.; soit, en moyenne, près de

80 fr. Aujourd'hui, elles valent en moyenne environ 1000 fr. l'hectare.

M. Trochu ne trouva sur cette vaste lande que quelques bâtiments construits par Gabriel Brutté de Réaumur, lorsque ce dernier en entreprit sans succès en 1768 le défrichement. Les constructions qu'on y observe aujourd'hui sont simples, nombreuses et bien distribuées. Elles forment un parallélogramme dont les côtés ont environ 120 et 140 mètres. Des chemins bien entretenus y aboutissent sur chacun des côtés. Ces voies de communication traversent la propriété dans diverses directions. Elles ont coûté 100 fr. par kilomètre. Tous les champs sont entourés de fossés en bon état et garnis d'une haie vive bien fournie.

Ce nouveau domaine est ainsi divisé :

Terres labourables, 60 hectares; essences résineuses et feuillues, 47 hectares; prairies naturelles, 16 hectares; verger, 4 hectares; jardin, cours, bâtiments, 6 hectares. L'assolement que M. Trochu y a adopté en 1851 lui permet d'entrenir une tête et demie de gros bétail par hectare. Je mentionnerai cette succession de culture en parlant des assolements qui appartiennent à la culture fourragère. Voyons quel est l'assolement qu'il a suivi pendant la première période de sa culture.

Bien convaincu *qu'on ne doit jamais entreprendre un défrichement de landes sans être pourvu à l'avance d'une quantité de fumier proportionnée à l'étendue qu'on veut défricher annuellement,* M. Trochu créa une petite exploitation sur les 12 hectares de terres qu'il avait achetés à raison de 120 fr., dont les cultures se bornèrent presque exclusivement à des plantes fourragères et aux denrées nécessaires pour la consommation de l'exploitation. C'est donc avec raison qu'il signale cette ferme comme ayant été le noyau de ses défrichements.

Les fourrages que M. Trochu trouvait sur cette ferme, et les litières qu'il récoltait sur les terres non encore défrichées, lui ayant permis d'établir une vraie fabrique de fumiers, il put suivre généralement sur les landes qu'il transformait en terres arables l'*assolement améliorant* ci-après :

La *première sole* était fertilisée à l'aide de 45 000 kilogr. de fumier. De plus, M. Trochu y appliquait 50 tombereaux ou un poids égal de sables marins coquilliers contenant 83 pour 100 de carbonate de chaux.

La *deuxième sole*, qui était occupée par des *pommes de terre*, *rutabagas* ou *navets*, recevait 18 000 kilogr. de fumier et 20 tombereaux de sables marins calcaires.

La *troisième sole* recevait aussi 20 tombereaux de sable coquillier. En outre, on y conduisait les racines qui, à l'époque du défrichement de la lande, c'est-à-dire trois ans auparavant, avaient été stratifiées avec du fumier et couvertes ensuite d'une couche de terre dans le but d'y maintenir une humidité favorable à leur décomposition.

Enfin la *quatrième sole*, qui était occupée par du *ray-grass d'Italie* ou du *seigle* cultivé comme fourrage vert, recevait aussi 18 000 kilogr. de fumier et 20 tombereaux de sables marins.

Ainsi, pendant l'espace de quatre années, chaque hectare était fertilisé à l'aide de 90 000 kilogr. de fumier et de 110 tombereaux de sable calcaire. Cette fumure considérable est-elle partout possible? Je ne le pense pas. Toutefois on devra recourir à tous les moyens pour augmenter celle qu'on ne doit pas négliger d'appliquer.

Au début de ses défrichements, M. Trochu acheta quatre chevaux, six vaches et trois cents moutons. Ces animaux furent nourris à l'aide des landes, des fourrages récoltés sur la petite ferme et de foin acheté à raison de 12 à 18 fr. les 1000 kilogr. A la troisième année, il fit l'acquisition de six autres chevaux. Ces animaux d'attelage supplémentaires lui permirent de transporter sur son exploitation les vidanges des casernes et des établissements publics de la ville de Palais. Il recueillit aussi dans cette bourgade des plâtres, des vases de mer, des salures, des débris de fabrique, de poissons salés. Toutes ces matières augmentèrent notablement la quantité et la qualité des fumiers qu'il fabriquait.

Les défrichements exécutés à la charrue lui coûtèrent 101 fr. 77 c. par hectare. Ces travaux, exécutés avec soin et en temps opportun, et l'excellente fumure qu'il appliquait pour la première récolte, permirent au blé de donner, en moyenne, par hectare 17 hectolitres 96 litres, semence déduite. Ce magnifique rendement moyen justifie complétement ce principe posé par M. Trochu : *Les fumiers et les engrais calcaires appliqués en abondance sur les terres nouvellement défrichées sont doublement payés par de bonnes récoltes et par l'amélioration du sol.*

Enfin, je dirai que M. Trochu ne faisait jamais une dépense concernant ses défrichements sans être à peu près assuré de rentrer avec bénéfice dans ses avances, et qu'ayant admis en principe, quand il commença ses travaux, que le temps remplacerait l'argent qui lui faisait défaut, il a eu le bonheur de prouver que le vieux proverbe breton :

Lande tu fus, lande tu es, lande tu seras,

ne concernait plus les landes qu'il a si habilement et victorieusement défrichées.

Défrichements exécutés par M. Chambardel. — En 1844,
M. Chambardel entreprit de défricher une immense étendue
de landes qui existaient sur la terre de Marolles (Indre-et-
Loire), qu'il venait d'acquérir. Le sol était argilo-siliceux; il
avait 0^m, 16 à 0^m, 20 de profondeur; le sous-sol, formé par
une argile compacte, était complétement imperméable.

En 1849, c'est-à-dire après cinq années, toutes les anciennes terres et les terrains de lande étaient en culture. A cette
époque, M. Chambardel disait : « Plus de friches, plus de
bruyères, plus de ravins, plus de marais; il serait impossible
de trouver la plus petite parcelle de terre inculte. Partout
les chemins ont été redressés et des fossés bordent les pièces
de terre; de magnifiques récoltes ont remplacé les friches et
les bruyères; plus de 12 000 mûriers sont plantés et de nombreuses plantations bordent les chemins; enfin des constructions vastes et commodes ont remplacé les anciennes, et ce
n'est pas exagérer que de dire qu'on rencontre partout l'aspect de la fertilité la plus complète. »

M. Chambardel obtint ces prétendus résultats en suivant
sur les landes défrichées l'assolement ci-après :

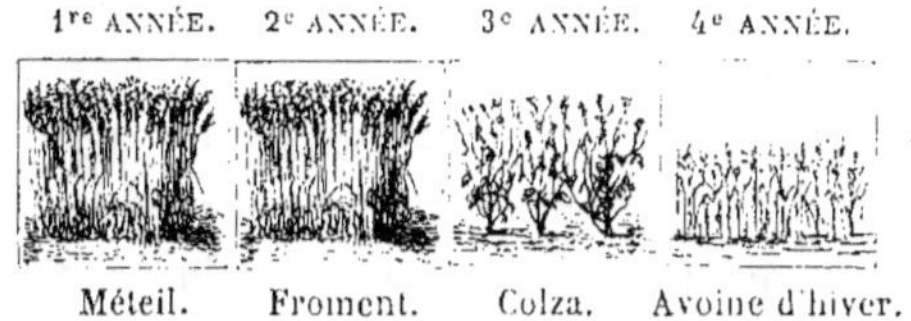

Suivant M. Chambardel, ces plantes donnaient par hectare : méteil, 30 hectolitres; froment, 30 hectolitres; colza,
40 hectolitres; avoine d'hiver, 35 hectolitres.

Ces brillantes récoltes étaient obtenues à l'aide du noir
animal résidu de raffinerie. Cet engrais était employé, pour
toutes les récoltes, à la dose de 4 hectolitres 50 par hectare;

il servait à praliner les semences. M. Chambardel ne s'est jamais préoccupé ni des quatre à cinq récoltes successives qu'il demandait à la terre, ni de l'épuisement de la terre par l'effet du noir animal. Il était persuadé que, quand bien même toutes les matières organiques contenues dans la terre de bruyère nouvellement défrichée seraient transformées en humus après cinq années de culture, la couche arable serait néanmoins plus fertiles que les meilleures anciennes terres de la Touraine !

Les faits n'ont pas justifié les espérances de M. Chambardel, et les brillantes récoltes qu'il disait obtenir, et la belle propriété qu'il croyait avoir créée en cinq années ne l'ont pas sauvé d'une ruine complète.

M. Gaulier a suivi aussi à la Selle (Indre-et-Loire) une culture épuisante. Après le défrichement, il a demandé aux terres de bruyère quatre récoltes : 1° froment, 2° froment, 3° colza, 4° avoine. Il fumait le tout avec 8 hectolitres 50 de noir animal !

Quand on compare les défrichements de Bruté aux défrichements de Marólles, on constate une différence bien grande dans les procédés mis en pratique. Sur la première ferme, le défricheur a agi dans l'intérêt de l'avenir de son sol ; sur la seconde, l'agriculteur n'a songé qu'au présent. Ainsi, d'un côté on a fait fortune, c'est-à-dire on a réalisé de l'argent avec l'agriculture ; de l'autre, on s'est ruiné en faisant de l'agriculture avec de l'argent.

Les mécomptes de M. Chambardel, la non-réussite des sociétés formées en Bretagne dans le but de défricher jusqu'à 500 hectares de landes, préviendront certainement d'autres revers.

Défrichements exécutés par M. Lecouteux. — M. Lecouteux a entrepris, depuis trois années, de défricher 200 hec-

tares de landes appartenant à la propriété qu'il possède à
Lamothe-Beuvron (Loir-et-Cher). Il a adopté l'assolement
suivant :

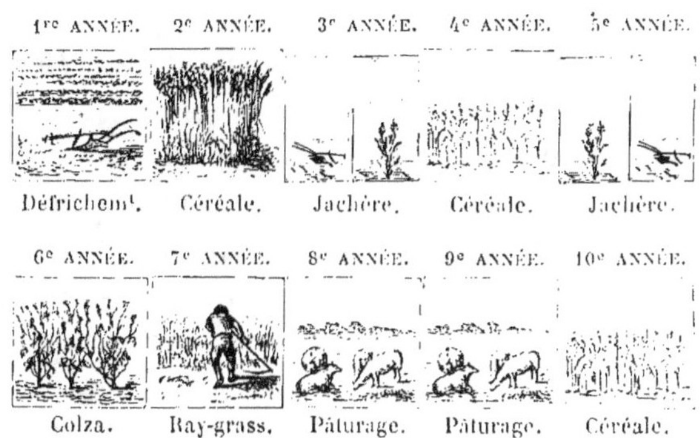

Cet assolement appartient à la culture extensive, mais est-il
améliorant?

M. Lecouteux fait revenir la jachère tous les deux ans dans
la première période de la rotation. La première sole est fertilisée à l'aide de 300 kilogr. de guano ou de 5 hectolitres de
noir azoté, ou bien de 500 kilogr. de phosphate de chaux fossile. La moitié des jachères qui occupent les troisième et cinquième soles est fécondée au moyen d'une fumure verte;
l'autre partie reçoit des engrais commerciaux ; guano, noir
azoté ou phosphate fossile.

Les deuxième, quatrième et dixième soles sont embla-
vées en escourgeon, avoine d'hiver et seigle ou froment,
selon la nature de la couche arable. La sixième sole est
occupée par des céréales ou du colza. Enfin M. Lecouteux
sème, deux ans après la récolte de ces deux dernières plantes, du ray-grass d'Italie qu'il fait faucher l'année suivante
et qui est ensuite pâturé pendant deux années.

M. Lecouteux ne se propose pas de suivre indéfiniment cet
assolement sur les terres qu'il a défrichées. A la fin de la pre-

mière rotation, il le remplacera par une succession différente et dans laquelle les plantes fourragères occuperont annuellement une surface qui sera en rapport avec l'étendue consacrée aux plantes céréales, oléagineuses, etc.

Il a été conduit à adopter cet assolement de préférence à d'autres, parce qu'il demande des fourrages à des terres cultivées depuis plusieurs années et qu'il pose comme principe qu'*on peut cultiver une terre de bruyère nouvellement défrichée pendant une dizaine d'années sans le secours des fumiers.* Je regrette d'être obligé de dire que je ne puis considérer cette loi comme celle qui doit régir la culture des terres arables conquises sur la nature, qu'elle soit ou non soutenue par des terres anciennes et favorables à la végétation des plantes-racines et des fourrages fauchables.

On peut suivre sur les terres de landes nouvellement défrichées trois systèmes différents de culture :

1° La culture épuisante;
2° La culture stationnaire;
3° La culture améliorante.

Le premier système de culture fait disparaître avec le temps toutes les matières organiques du sol, de sorte que ce dernier n'a plus qu'une seule propriété qui réside dans sa *puissance*.

Le deuxième système de culture permet de conserver à la terre le degré de fécondité auquel elle est tombée après la première ou la seconde année de culture.

Le troisième système de culture élève progressivement cette même richesse de manière qu'elle égale à un moment donné la fécondité des terres anciennes de bonne qualité, car par son concours on fait naître dans le sol cette *vieille force* qui est l'apanage des terres productives et qu'on ne trouve jamais sur les landes nouvellement transformées en terres arables, si on y suit une culture stationnaire.

L'assolement adopté à Cercay par M. Lecouteux me paraît appartenir à la culture stationnaire. En effet, les engrais commerciaux calcaires et le guano, ainsi que les fumures vertes, qu'il faut regarder comme des *engrais annuels*, ne feront pas naître dans le sol cette *arrière-graisse* dont l'utilité n'est plus maintenant contestée. Cette vieille force ne peut apparaître que lorsqu'on applique des fumiers ou des engrais organiques excédant les besoins des plantes cultivées. Or, pendant la durée de la rotation, la terre produit quatre céréales d'hiver et une graminée fourragère un peu épuisante; ces cinq récoltes exigent au moins 40 000 kilogr. de fumier par hectare. Eh bien, je ne pense pas que les engrais commerciaux, la fumure verte et les deux années de pâturage soient assez puissants pour que la terre, après la dixième année de culture, ait une fécondité plus grande que la richesse qui la caractérise à l'époque de la première jachère, c'est-à-dire à la troisième année de culture.

Quoi qu'il en soit, l'assolement adopté à Cercay indique qu'il a été choisi par un agriculteur intelligent et désirant, avant tout, ne pas épuiser la richesse des terres qu'il a défrichées et qui ont une valeur locative de 12 fr. seulement. Le jour où M. Lecouteux pourra conduire du fumier sur la jachère morte ou verte, son assolement appartiendra incontestablement à la culture améliorante.

Les récoltes qu'on observe cette année (1861) à Cercay sont fort belles et font honneur à M. Lecouteux.

Les plus mauvaises terres de cette propriété ont été ensemencées en pins maritimes.

Défrichements exécutés par M. Avenier. — En 1835, M. Avenier entreprit de défricher 350 hectares de terres de landes situées à Guenrouet (Loire-Inférieure). Cette entreprise fut conduite rapidement. En huit années, M. Avenier défricha toutes les terres incultes. Celles-ci lui avaient coûté environ 230 francs l'hectare. Voici l'assolement qu'il avait adopté :

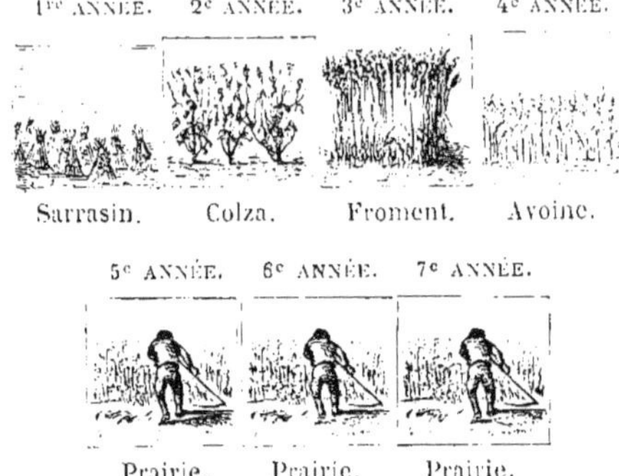

Le sarrasin, comme le colza, les céréales et les prairies, eut pour soutien principal le noir animal. A la huitième année, M. Avenier n'avait encore que 15 à 20 hectares en choux, rutabagas et navets, surface trop faible pour qu'il lui fût possible d'appliquer du fumier en quantité suffisante sur les terres défrichées au début de l'entreprise et sur les prairies créées sur les cinquième, sixième et septième soles.

Ce défrichement, avec lequel on fit beaucoup de bruit pendant dix années dans la région de l'ouest, échoua comme beaucoup d'autres. Cette chute était prévue par tous les agriculteurs intelligents. Il était, en effet, impossible, à l'aide de l'assolement choisi par M. Avenier, d'espérer que la terre continuerait à donner de belles récoltes. Ce revers prouve une fois de plus les conséquences fâcheuses qui découlent de l'adoption de la *culture épuisante* sur une terre de bruyère de qualité ordinaire.

Cet insuccès rappelle la tentative faite en 1828 par Busco et Dombasle fils pour défricher les terres incultes de la propriété du Verneuil (Maine-et-Loire). Ces agriculteurs avaient adopté l'écobuage, employaient du noir animal ou des cendres lessivées et cultivaient le colza, le blé, etc. J'ai vu en 1840 les terres sablonneuses du Verneuil; en les examinant, j'ai compris la faute commise par ces défricheurs. La culture qu'il fallait adopter sur de tels terrains était la culture extensive ayant pour base de bonnes fumures composées de fumier et non d'engrais minéraux. J'ajouterai que l'écobuage était, sans conteste, une mauvaise opération.

Conclusion. — En résumé, la transformation des terres incultes en terres arables productives ne présente aucune difficulté :

1º Si on opère sur une propriété non hypothéquée;

2º Si on possède suffisamment de capitaux ;

3º Si on peut disposer d'un certain nombre d'hectares de terres anciennes et de bonne qualité;

4º Si on évite d'épuiser entièrement les détritus des végétaux ;

5º Si on applique à la deuxième ou troisième année des fumiers en quantité suffisante;

6º Si on n'abuse pas de l'emploi des engrais minéraux ou excitants;

7º Enfin si on adopte, après la première période du défrichement, un assolement comprenant des plantes fourragères et des plantes céréales, et pouvant être rangé parmi les successions de culture qui appartiennent à la *culture améliorante*.

J'indiquerai l'assolement qui me paraît le mieux convenir aux terres de bruyère lorsque je traiterai de *la pratique des assolements*.

CHAPITRE V.

ASSOLEMENTS DE LA CULTURE FOURRAGÈRE.

—

Historique. — *Assolement biennal* — Les blés de betterave. — *Assolement quadriennal.* — Assolement de Norfolk. — Problème posé par de Morel-Vindé. — Moyen d'éviter le retour quadriennal du trèfle. — La non-réussite du blé d'hiver après un trèfle de dix-huit mois. — L'assolement de Norfolk se soutient-il? — Capitaux qu'il exige. — Assolement de quatre ans propre aux terres pauvres et légères. — *Assolement quinquennal.* — Assolements de M. Vallerand et de M. Crespel. — *Assolement sexennal.* — Assolement de Norfolk. — Assolements suivis à la Chevrolière et à Canisy. — Assolement du Yorkshire. — Assolement du Derbyshire. — *Assolement de douze ans suivi dans le Vaucluse.* — La luzerne fait partie de la rotation. — *Assolement de dix-huit ans mis en pratique dans la plaine de Nimes.* — Fourrage sec qu'il produit.

Historique. — La culture fourragère, ainsi que je l'ai dit, a été organisée pour la première fois par Tarello. En substituant cette nouvelle culture à la culture granifère, Tarello s'était proposé :

1° De nettoyer les terres infestées de mauvaises herbes ;
2° D'augmenter le rendement des céréales ;
3° D'obtenir beaucoup de fourrages ;
4° De nourrir un grand nombre d'animaux ;
5° D'obtenir un produit net plus élevé.

Ce système de culture est parvenu, de nos jours, à son dernier point de perfection. Les céréales qu'il comprend n'occupent jamais au delà de la moitié de l'étendue des terres labourables ; en outre, ces plantes alimentaires, alternant presque toujours avec des plantes fourragères, nettoyantes ou étouffantes, sont généralement propres et productives.

La culture fourragère ne repose pas sur la jachère nue ;

celle-ci n est utile accidentellement que lorsque les terres sont très-argileuses ou envahies par de nombreuses plantes indigènes à racines traçantes. Cette culture a pour appui l'existence du bétail, et ce dernier est soutenu par la production fourragère, qui est toujours abondante.

Les animaux de rente qu'on entretient à l'aide de cette culture vivent une grande partie de l'année à l'étable, car les champs ne leur offrent qu'un parcours très-peu étendu.

Les assolements appartenant à ce système cultural nécessitent des capitaux assez considérables, parce qu'ils obligent à posséder un mobilier important et varié, à employer une main-d'œuvre abondante, à faire de nombreux charrois, à acheter souvent des engrais commerciaux, etc., etc.

Pour réussir, quand on adopte la culture fourragère, il faut opérer sur des terres de bonne qualité et bien supputer préalablement les capitaux exigés par l'assolement qu'on veut mettre en pratique.

Assolement biennal. — On suit, depuis plusieurs années, sur diverses fermes, dans la région du nord, un assolement biennal ainsi connu :

La betterave est destinée aux fabriques de sucre indigène. Elle vient après la fumure et elle est suivie par une céréale.

Sur plusieurs exploitations, la seconde sole est occupée par un blé d'hiver. Sur d'autres, on y sème seulement du blé de mars ou une avoine de printemps.

Le blé d'hiver, que l'on appelle souvent *blé de betterave*, n'est pas toujours très-productif. Cette non-réussite tient à diverses causes. D'abord, le peu de temps qui s'écoule entre l'arrachage des betteraves et la semaille du froment ne permet pas de préparer la terre assez tôt pour que la couche arable puisse se tasser avant le semis. Ensuite, l'époque à laquelle on arrache les betteraves, la lenteur avec laquelle on exécute souvent cette opération, les difficultés qu'on a à vaincre pour opérer les charrois quand les pluies ont détrempé la terre, obligent souvent de faire les semailles de blé après le 20 octobre, époque que l'on considère avec raison comme trop tardive pour les départements du nord.

C'est pour ces divers motifs que plusieurs agriculteurs renoncent au blé d'hiver pour semer de préférence une céréale de mars. Le froment de mars comme l'avoine ou l'orge du printemps sont toujours très-propres et très-productifs. Souvent la valeur brute des récoltes qu'ils donnent dépasse de beaucoup la valeur intrinsèque du produit fourni dans les mêmes circonstances par le froment d'hiver.

Cet assolement biennal alterne est-il parfait sous tous les rapports lorsque la betterave précède une céréale de mars? Oui, lorsqu'il est mis en pratique sur des terres argilo-siliceuses, calcaires siliceuses, c'est-à-dire de consistance moyenne, profondes, saines et bien fumées. Peut-être objectera-t-on que la betterave revient trop fréquemment sur la même terre. Cette objection n'amoindrira en aucune manière les avantages que présente cette succession de culture. Les cultivateurs qui l'ont adoptée depuis vingt ans sur des terres bien fumées n'ont pas encore constaté de diminution dans le rendement de cette plante-racine. Je ferai remarquer que les terres où cet assolement est mis en ratique se distinguent par une parfaite propreté.

Mais cette succession de culture, si simple et si favorable quant à la répartition des travaux de main-d'œuvre et d'attelage, se suffit-elle à elle-même? Non, car la quantité de fumier qu'on peut fabriquer en utilisant les pailles et la pulpe provenant de la betterave est inférieure à la quantité de fumier qu'elle exige. Les faits suivants justifient ce principe :

	Produit par hectare.	Fumier exigé.	Fumier produit.	Déficit.
Betterave	35 000 kil.	22 500 kil.	12 500 kil.	10 000 k·l.
Blé de mars	30 hectol.	12 500	9 500	3 000
Totaux		35 000 kil.	22 000 kil.	12 000 kil.

Le déficit de 12 000 kilogr. n'est pas tout à fait exact, car, après l'arrachage de la betterave, il reste sur le sol une certaine quantité de feuilles et de collets qui élève la richesse de la terre. Nonobstant il est nécessaire, quand on suit un semblable assolement biennal, d'avoir en dehors de la rotation des prairies naturelles ou artificielles, ou d'importer sur l'exploitation un excédant de pulpe provenant de betteraves récoltées sur une autre ferme.

Cet assolement oblige à posséder un capital de 600 fr. environ par hectare, soit 320 fr. pour les capitaux libres et 280 pour les capitaux engagés.

Assolement quadriennal. — Cet assolement a pris naissance en Angleterre, dans le comté de Norfolk. C'est pourquoi on l'a appelé *assolement de Norfolk*. Il est principalement suivi dans la partie sud de ce comté où les terres ont une consistance moyenne. On le rencontre aussi dans le comté de Northampton et en Écosse dans le Lothian oriental.

Cet assolement quadriennal, très-connu en France, parce que la plupart des auteurs agricoles l'ont proposé aux cultivateurs, a servi de base à la plupart des successions de cultures qui ont été créées depuis et qui appartiennent aussi à la culture fourragère.. Il est composé comme il suit :

1re ANNÉE. 2e ANNÉE. 3e ANNÉE. 4e ANNÉE.

Navet.   Orge.   Trèfle.   Froment.

Ainsi, chaque année, les première et troisième soles sont occupées par des plantes fourragères, et les deuxième et quatrième soles sont consacrées aux plantes céréales. En d'autres termes, la moitié de l'étendue totale des terres labourables fournit annuellement des fourrages et l'autre moitié produit des pailles.

Cet assolement est parfait, car il satisfait à toutes les lois physiologiques et chimiques. La première sole est occupée par une plante pivotante et nettoyante, la seconde par une plante à racines fibreuses à la fois épuisante et salissante, la troisième par une plante pivotante, étouffante et améliorante, et la quatrième par une plante pivotante, épuisante et salissante. Enfin les navets exigent beaucoup de potasse, l'orge de l'acide phosphorique, le trèfle de la chaux, et le froment de l'acide phosphorique. Je ferai remarquer, en outre, que l'alternance des plantes est parfaite, puisque les deux graminées céréales sont séparées d'abord par une crucifère et ensuite par une légumineuse.

La première sole est occupée par des navets ou des rutabagas, des betteraves ou des pommes de terre ; on peut y cultiver simultanément des betteraves, des carottes, des navets, des pommes de terre, des choux pommés et des citrouilles. Toutes ces plantes appartiennent à la classe des plantes sarclées ou nettoyantes, et toutes résistent parfaitement aux plus fortes fumures.

Les Anglais ont préféré les navets aux autres plantes sarclées, parce que ces plantes-racines s'harmonisent très-bien avec la manière d'être du climat de l'Angleterre et qu'elles exercent une grande influence dans l'engraissement des bêtes bovines et des bêtes à laine. En France, où le climat est plus sec et plus chaud, on remplace ces plantes par les pommes de terre, les betteraves, etc.

Mais pour que la première sole soit entièrement consacrée aux plantes sarclées, il faut habiter une localité où la main-d'œuvre est abondante. Quand les ouvriers ou les tâcherons sont rares et la main-d'œuvre très-chère, on utilise une partie seulement de cette sole par des plantes-racines ; les autres parties sont occupées par des plantes fourragères fauchables : trèfle incarnat, vesce et pois gris de printemps, maïs et moha de Hongrie.

De Morel-Vindé, il y a quarante ans, recommanda l'adoption de l'assolement quadriennal de Norfolk. Il était convaincu que la betterave, cultivée comme plante saccharifère, remplit toutes les conditions nécessaires auxquelles doivent satisfaire les plantes sarclées pouvant remplacer très-heureusement la jachère. Si l'impôt établi sur le sucre indigène a limité en France le nombre des sucreries, et si, par conséquent, la surface consacrée annuellement à la culture de la betterave n'a pas l'étendue qu'elle pourrait avoir, la distillation de cette plante saccharine, industrie qui est toute nouvelle, a permis de donner une plus grande extension à sa culture et de la faire entrer dans divers assolements qui ne la contenaient pas encore.

Ainsi, dans les circonstances actuelles et sur un grand nombre d'exploitations situées dans la région septentrionale, la betterave répond au problème posé par de Morel-Vindé et qui était ainsi conçu : *Trouver, pour remplacer la jachère, une plante dont les produits aient un emploi ou débit certain, et dont la culture exige, dans le cours de l'année, des binages et des sarclages.*

La deuxième sole est généralement occupée, en Angleterre, par une orge de printemps. En France, on la destine, suivant les circonstances, au froment de mars, ou à l'avoine de printemps, ou à l'orge. Quelquefois on y cultive concurremment l'avoine et l'orge, le froment et l'avoine, ou ces trois plantes alimentaires.

Les plantes céréales qui occupent cette sole sont toujours placées dans d'excellentes conditions. Elles ont été précédées par un labour d'hiver et une seconde façon exécutée quelques jours avant la semaille; de plus, elles végètent sur un sol qui a été nettoyé et aéré l'année précédente, et elles trouvent dans la couche arable un reliquat de la fumure assez élevé pour qu'elles puissent donner des récoltes très-satisfaisantes.

C'est sur cette sole qu'on répand les graines de la plante fourragère bisannuelle qui doit occuper l'année suivante la troisième sole. Ces semences sont projetées en même temps que les graines de la céréale, ou lorsque l'on roule ou que l'on herse cette plante dans le but d'ameublir la terre, que les pluies et les hâles de mars ou d'avril ont battue et durcie, ou que l'on vient de faire taller l'avoine, l'orge ou le froment.

La troisième sole est occupée, en Angleterre, par le trèfle rouge ou trèfle commun, semé seul ou associé au ray-grass anglais ou au ray-grass d'Italie. Ordinairement le ray-grass n'est associé au trèfle que lorsque la terre laisse à désirer quant à sa nature et à sa fertilité, ou lorsque la prairie artificielle doit persister jusqu'à la fin de la seconde année.

Lorsque cet assolement quadriennal est suivi sur des terres

profondes, saines, déjà fertiles, le trèfle est toujours productif. Il devait en être ainsi, car cette légumineuse n'est pas éloignée de la fumure et elle végète sur un sol propre.

Mais le trèfle, dans cet assolement, revient-il trop fréquemment sur le même champ? Ce retour quadriennal n'a aucun inconvénient lorsque le trèfle peut plonger ses racines dans la couche arable. J'ai dit (livre VI, chap. IV) que cette légumineuse n'était antipathique avec elle-même que lorsqu'elle végétait sur des terres mal préparées, peu profondes et fumées avec une très-faible quantité de fumier.

Quand la réussite du trèfle laisse à désirer et lorsque cette sorte d'insuccès dépend de toute autre cause que de la nature et la richesse du sol, on peut semer la moitié de la sole en trèfle et l'autre moitié en sainfoin ou en vesce, pois gris, etc. Alors, le retour du trèfle sur le même champ n'a lieu qu'après un intervalle de sept années. Ainsi, si on ensemence la troisième sole moitié en trèfle et moitié en sainfoin, on aura en 1861, 1865 et 1869, à l'époque des première, deuxième et troisième rotations, les dispositions suivantes :

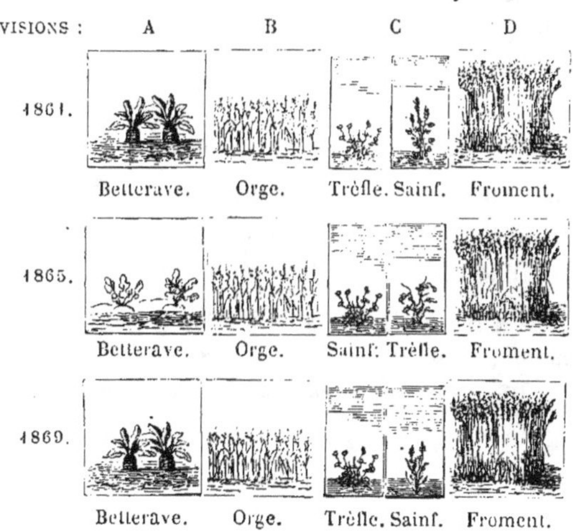

Le sainfoin convient très-bien pour opérer cette combinai-
son quand on met en pratique l'assolement de Norfolk sur
des terres calcaires et sèches. Cette association du sainfoin
au trèfle ne permet plus de craindre un seul instant que la
réussite de cette dernière légumineuse soit incertaine.

La quatrième sole est entièrement consacrée au blé d'hiver
ou au froment d'automne et à l'escourgeon d'hiver. Le seigle
n'y occupe qu'une surface limitée. On le cultive par nécessité, afin de ne pas acheter de la paille de seigle à l'époque de
la confection des liens exigés par la moisson.

Le froment peut-il, dans toutes les circonstances, suivre le
trèfle ou le sainfoin? Cette céréale venant après un trèfle ou
un sainfoin de dix-huit mois, est-elle toujours productive
quand ces plantes fourragères ont réussi?

Pendant longtemps on a blâmé les agriculteurs qui termi-
naient l'assolement quadriennal de Norfolk par un blé d'hiver, parce que cette céréale était précédée par un seul labour. On disait alors que le blé ainsi placé produisait moins
de paille et de grain, et on ajoutait que la diminution de 7 à
8 pour 100 de parties nutritives qu'on observe dans le blé
depuis 1754 était due exclusivement à la propagation des
prairies artificielles. Le temps a fait justice de ces fausses
idées et l'expérience a prouvé que le défrichement du trèfle
ou du sainfoin, à l'aide d'un seul labour, devait être consi-
déré comme une bonne préparation pour le froment.

De Morel-Vindé et, plus tard, Mathieu de Dombasle, se sont
aussi prononcés contre la succession du trèfle par le froment
d'hiver. Les objections qu'ils ont faites sont vraies, mais c'est
à tort qu'on voudrait en déduire une loi générale relative à la
succession des plantes. Sans doute, quelquefois le froment ne
réussit pas très-bien après un trèfle de dix-huit mois, mais cet
insuccès tient à des causes qui ne sont nullement inhérentes

au trèfle ou au sainfoin. Ainsi, si parfois le blé d'hiver végète mal quand il succède à une prairie artificielle bisannuelle, cela dépend toujours de ce que le défrichement ou la semaille ont été mal exécutés. Aussi doit-on éviter de défricher les tréflières trop tardivement et de répandre la semence de froment sur un défrichement trop récent.

L'expérience a mille fois constaté que la semaille ne devait être faite que quand la terre s'était raffermie. Lorsqu'on sème trop tôt, la couche arable, qui est soulevée par les débris du trèfle, s'affaisse sous l'influence des pluies, et les plantes sont très-sujettes à être déchaussées par les effets simultanés des gels et des dégels.

Les mêmes faits ont été souvent observés sur les terres très-calcaires où les semences avaient été enfouies superficiellement.

En général, et ce fait est digne de remarque, les blés qui succèdent à un trèfle germent moins également et, ils sont presque toujours plus clairs pendant l'hiver que les blés après jachère. Mais ces froments, que l'on considère souvent comme très-mauvais, se refont vite au printemps si on les roule au mois de mars ou avril. C'est que les matières organiques contenues dans le sol leur permettent de bien taller sous l'influence de la chaleur et des pluies, et de donner plus tard des épis développés et productifs.

L'assolement de Norfolk se suffit-il à lui-même? Cette question a donné lieu à de nombreuses controverses. Les uns ont soutenu que, lorsque les terres étaient de bonne qualité, bien cultivées et convenablement fumées, on obtenait suffisamment de fourrage et de paille pour pouvoir fabriquer toute la quantité de fumier qu'il exige. Les autres ont dit qu'on n'arrivait jamais à obtenir, avec les animaux qu'on pouvait nourrir, assez d'engrais pour empêcher la terre de perdre, de rotation en rotation, une partie de sa fécondité. Cette dernière opinion est vraie.

Si cet assolement est suivi sur des terres de bonne qualité et bien cultivées, on pourra compter sur les produits moyens suivants :

```
Betterave .....  .............• 40 000 kilogr. par hectare.
Orge. . ..................  ....     35 hect.      —
Trèfle.....  ...............    6 000 kilogr.    —
Blé d'hiver................      25 hect.       —
```

Chaque rotation absorbera par hectare la quantité de fumier ci-après :

```
Betterave......  400 quint' ×  65 kilogr. = 26 000 kilogr.
Orge.... . ....   35 hect.  × 300    —    = 10 500   —
Froment.......   25   —   × 500    —    = 12 500   —
                 Total................ 49 000 kilogr.
```

soit une fumure de 50 000 kilogr. à appliquer sur la première sole.

On pourra fabriquer avec les betteraves, le foin de trèfle et les pailles des deux céréales, la quantité de fumier suivante :

```
Betterave......  400 quint' ×  35 kilogr. = 14 000 kilogr.
Orge .........   35 hect. × 210    —    =  7 400   —
Trèfle.........   60 quint' × 150    —    =  9 000   —
Froment.. ....   25 hect. × 320    —    =  8 000   —
                 Total................ 39 400 kilogr.
```

soit un déficit de 10 000 kilogr. de fumier.

Cet assolement ne se soutient donc pas de lui-même. Les cultivateurs anglais ont constaté ce fait depuis longtemps ; c'est pourquoi ils achètent chaque année une très-grande quantité d'engrais pulvérulents : du guano, du superphosphate de chaux, des tourteaux, etc., matières fertilisantes à l'aide desquelles ils assurent la réussite des navets et activent la végétation de l'orge, du blé d'hiver et du ray-grass allié au trèfle rouge. J. Sinclair avait raison lorsqu'il disait que l'assolement de Norfolk nécessitait un supplément d'engrais, parce qu'il n'était pas assez améliorant.

On évite l'achat d'engrais commerciaux naturels ou artificiels en ajoutant une cinquième sole qu'on occupe alors par une prairie artificielle vivace : une luzerne ou un sainfoin. Cette prairie doit avoir une étendue égale à la surface occupée par chaque sole. Ainsi, si on applique l'assolement de Norfolk sur 100 hectares, chaque sole occupera annuellement une surface de 20 hectares.

La sole de luzerne ou de sainfoin est suffisante pour combler le déficit qui existe entre la consommation et la production du fumier, si elle produit en moyenne 7000 kilogr. de foin par hectare. En effet, 70 quintaux $\times$ 150 kilogr. = 10 000 kilogr. de fumier. Les 20 hectares occupés par la prairie artificielle située en dehors de la rotation permettront donc de fabriquer, chaque année, un excédant total de 200 000 kilogr. de fumier.

Si la terre donne les produits sur lesquels j'ai supputé, on disposera annuellement de la quantité de foin suivante :

```
20 hectares betteraves. .. équivalant à... 240 000 kilogr.
20    —      trèfle.... ... donnant........ 120 000   —
20    —      luzerne..... donnant....... 140 000   —
                  Total............... 500 000 kilogr.

Les chevaux, qui seront au nombre de 7,
   consommeront par an................ 40 000   —
            Il restera donc........ 460 000 kilogr.
```

qui seront destinés aux animaux de rente.

Si chaque vache reçoit par an 7300 kilogr. de foin, les 460 000 permettent d'entretenir journellement 63 têtes. Or

```
7 chevaux.............. × 600 kilogr. = 4 200 kilogr.
63 vaches............. ..× 500   —    =31 500   —
     Total du poids vivant..... .. . 35 700 kilogr.
```

Ainsi, à l'aide de 60 hectares consacrés à des cultures fourragères productives, on pourra, sur une ferme de 100 hectares, entretenir 357 kilogr. de poids brut, ou 3/4 de tête de
gros bétail par hectare.

Cet assolement engage un capital assez élevé, parce qu'il
oblige à faire de grandes avances à la terre et qu'il nécessite
un nombreux bétail. Voici à quel chiffre s'élève le capital
d'exploitation :

Betterave	par hectare	400 fr.
Orge	—	250
Trèfle	—	200
Blé	—	400
Luzerne	—	200
Moyenne		298 fr.
Soit pour les 100 hectares		29 800 fr.
Chevaux, 7 × 800 fr.		5 600
Vaches, 63 × 240 fr.		15 100
Mobilier		5 100
Fermage		9 000
Total		64 600 fr.

Le capital nécessaire s'élève donc à 646 fr. par hectare.

Le capital engagé est de 48 pour 100, et le capital libre de
52 pour 100, savoir :

A. Capitaux engagés.

Animaux de rente	24 p. 100	=	155^f,00
— de trait	8 —	=	51 ,50
Mobilier	8 —	=	51 ,50
Engrais	8 —	=	51 ,50
Totaux	48 p. 100		309 ,50

B. Capitaux libres.

Main-d'œuvre	10 p. 100	=	64^f,50
Denrées en magasin	10 —	=	64 ,50
Entretien du mobilier	8 —	=	51 ,50
Valeur locative	14 —	=	90 ,00
Frais généraux	2 —	=	13 ,50
Assurances, impôts, etc.	8 —	=	51 ,50
Totaux	52 p. 100		335 ,50

La valeur des engrais et de la main-d'œuvre, les dépenses exigées par l'entretien du mobilier, les frais généraux, les impôts, assurances et prestations et la valeur des denrées en magasin forment un total qui est égal au capital moyen exigé par la culture des plantes.

Mais il ne suffit pas de supputer le capital d'exploitation nécessaire, il importe aussi de bien préciser les époques auxquelles les divers capitaux sont engagés et peuvent être dégagés. Il sera utile de ne pas oublier que les capitaux engagés pour les cultures fourragères ne peuvent être dégagés qu'à l'aide des produits fournis par les animaux de rente ou par la vente de ceux qu'on a engraissés. L'alcool produit par les betteraves distillées dégage, par sa valeur commerciale, la presque totalité des capitaux engagés par cette plante sarclée.

L'assolement quadriennal de Norfolk permet difficilement la multiplication ou l'entretien des bêtes ovines, car il offre à ces animaux un parcours très-limité. Tout ce qu'on peut faire, c'est d'acheter en été un petit lot de bêtes adultes destinées à être engraissées l'hiver suivant. Ce troupeau, à partir de juillet ou août, pâturera la quatrième sole et y vivra jusqu'à l'époque de l'arrachage des plantes-racines. Alors on le conduira sur la division occupée par la première sole, afin qu'il utilise les collets et les feuilles de betteraves ou carottes qu'on aura laissées sur la terre. Après ce pâturage et à l'époque de l'apparition des pluies d'automne, on le confinera dans la bergerie et on commencera son engraissement.

Cet assolement, que les betteraves soient ou non distillées, permet de spéculer sur l'engraissement des bêtes bovines ou la production du lait, car il fournit en abondance des fourrages secs et humides. En hiver, on peut faire consommer les navets, les carottes et les betteraves ou la pulpe qu'ils fournissent, et à partir du mois de mai jusqu'au mois de septembre, on peut donner aux vaches de la luzerne ou du trèfle en vert. En automne, rien ne s'oppose à ce que ces animaux de rente reçoivent des feuilles de betteraves, de carottes ou de navets. Le foin qu'on récolte suffit, comme je l'ai dit, aux besoins des animaux de travail et des animaux de rente, auxquels on donne des racines ou de la pulpe.

Si cet assolement doit être regardé avec raison comme la succession de culture la plus parfaite, il ne peut être mis en pratique que sur les terres où le trèfle, le sainfoin et la luzerne donnent des coupes abondantes. Appliqué sur des sols pauvres, il est inférieur, sous tous les rapports, aux assolements de cinq et six années appartenant au même système de culture.

L'assolement quadriennal que je viens d'examiner n'est pas la seule succession de culture de quatre années qui appartient à la culture fourragère. Parmi les assolements que je pourrais signaler, j'indiquerai la succession suivante qu'on peut suivre sans inconvénient sur les terres sablonneuses de médiocre qualité. Voici comment elle est disposée :

La première sole peut être occupée par des pommes de terre, des rutabagas ou des navets ; *la deuxième sole* par du seigle, de l'avoine d'hiver ou de l'escourgeon d'automne ; *la troisième sole* par des vesces, du seigle, du moha de Hongrie, du sarrasin ou autres plantes fourragères annuelles ; *la quatrième sole* par du seigle, de l'avoine d'hiver ou de l'avoine de printemps.

Sur 40 hectares, 20 hectares sont consacrés aux plantes fourragères et 20 hectares aux plantes alimentaires commerciales.

La fumure doit être appliquée sur la première sole; au besoin, on pourra activer la végétation des plantes fourragères en appliquant sur la troisième sole du tourteau, du noir animal ou du guano.

Cet assolement appartient à la culture *améliorante*. On peut le rendre plus productif en le soutenant par une prairie naturelle. Il a le mérite de satisfaire à toutes les lois de l'alternat.

Assolement quinquennal. — On peut transformer très-aisément l'assolement quadriennal de Norfolk en assolement quinquennal, en alliant le ray-grass au trèfle et en conservant la prairie artificielle formée par ces deux plantes pendant une seconde année. On a alors l'assolement suivant :

Le produit fourni par la quatrième sole est fauché et transformé en foin ou on le fait pâturer sur place par les bêtes à cornes ou les moutons. Si cette quatrième sole produit 7000 kilogr. de foin par hectare, elle dispense d'avoir, comme soutien de l'assolement, une sole de luzerne en dehors de la rotation. Quand on conserve cette dernière sole, on peut, à l'aide de cet assolement de cinq ans, se livrer à l'élevage du cheval, de l'espèce bovine ou des bêtes à laine. Alors on considère la seconde année de la prairie artificielle comme formant un pâturage, et on fait consommer sur place la production herbue qu'elle fournit.

Cet assolement quinquennal est répandu en Angleterre. On le rencontre dans le comté de Norfolk. Il exige les mêmes capitaux que l'assolement quadriennal.

M. Vallerand a adopté à Moufflaye (Aisne), un assolement de cinq ans ainsi conçu :

Suivant M. Vallerand, *la première sole* est fumée avec 65 000 kilogr. de fumier et 300 kilogr. de guano ; *la deuxième sole* reçoit de 10 à 15 mètres cubes d'engrais pulvérulents, composés de chaux, d'écume de défécations et de cendre pyriteuse, et 300 kilogr. de guano ; *la troisième sole* porte un blé d'hiver, pour lequel òn répand 250 kilogr. de guano ; *la quatrième sole* est occupée par un mélange de trèfle et de sainfoin, sur lesquels on sème 40 hectolitres de cendres pyriteuses ; enfin *la cinquième sole* porte un froment d'automne, sur lequel on applique 250 kilogr. de guano.

Cet assolement ne diffère de l'assolement de Norfolk que parce qu'il comprend deux soles occupées par les betteraves. Cette seconde sole de plantes-racines sarclées remplace la sole de luzerne qu'exige cette succession de culture pour se suffire à elle-même. Il permet d'entretenir annuellement à Mouflaye 332 kilogr. de poids vivant par hectare. J'ai dit précédemment que l'assolement quadriennal de Norfolk nourrissait 357 kil. de poids brut sur la même superficie.

D'après M. Vallerand, l'assolement quinquennal qu'il a adopté lui permettrait de fabriquer 13 000 kilogr. de fumier par hectare et par an. Ce résultat ne me paraît pas possible, car M. Vallerand n'obtient par hectare que 40 000 kilog. de betteraves et 26 hectolitres de froment d'hiver. Si on ajoute à la quantité de fumier qu'on fabrique avec les produits fournis par l'assolement de Norfolk 14 000 kilog., quantité qu'on peut produire avec les betteraves récoltées sur la deuxième sole, on constate que le fumier total fabriqué s'élève à 54 000 kilog. seulement. Or, comme l'assolement adopté par M. Vallerand en exige, suivant les bases que j'ai adoptées, environ 78 000 kilog., il en résulte un déficit de 24 000 kil par hectare formant la première sole.

J'ai dit que M. Vallerand appliquait pendant la durée de la rotation 1 100 kilog. de guano du Pérou. Cette quantité de guano supplée parfaitement au déficit précité. On sait que le guano n'a pas des effets aussi durables que le fumier. Je passe sous silence le fumier de cavalerie acheté par M. Vallerand, car cet engrais n'est pas appliqué sur la ferme de Mouflaye.

J'ai démontré (page 364) que l'assolement quadriennal de Norfolk obligeait à posséder un capital de 646 fr. par hectare. Si on ajoute le capital exigé par la deuxième culture de betterave, et si on substitue 400 fr. aux 250 fr. engagés par l'orge par chaque hectare qu'on lui destine, après avoir rayé le capital engagé par la luzerne, on constate que le capital libre exigé par les cultures de Mouflaye s'élève à 360 fr. Or, si l'on établit la proportion suivante :

$$298 : 646 :: 360 : x.$$

on trouve que le capital d'exploitation doit s'élever à 780 fr. par hectare. M. Gérard de Blincourt, l'honorable historien de la prime d'honneur du département de l'Aisne, a prouvé que M. Vallerand possédait 800 fr. environ par hectare.

M. Vallerand se livre très en grand à l'engraissement des moutons et des bœufs. Le poids brut des animaux qu'il engraisse annuellement s'élève au début à 146 500 kilog. La plus-value obtenue par l'engraissement a été en moyenne, par tête ovine, de 14 fr. 60 c., et par tête bovine, de 127 fr. 43 c.

Enfin, j'ajouterai que les recettes brutes, générales et moyennes, ont atteint à Mouflaye, pendant les années 1856, 1857 et 1858, 591 fr. 88 c. par hectare et par an.

Cet assolement de cinq ans a été aussi adopté par M. Crespel.

Assolement sexennal. — On suit, dans plusieurs contrées du Midi, un assolement de six ans qui comprend trois soles fourragères et trois soles occupées par des céréales. Cette succession de culture est conçue comme il suit :

La *barjelade*, ou mélange d'avoine ou de vesce, occupe avantageusement la première sole. Elle disparaît assez tôt pour qu'on puisse la faire suivre par une culture fourragère de maïs, ou pour qu'il soit possible de jachérer la terre jusqu'à l'époque des semailles d'automne. Le *froment* qui succède à la barjelade est propre et productif, si la terre a été convenablement fumée. Le *sainfoin* est bien placé, car il n'est pas éloigné de la sole sur laquelle on a appliqué la fumure; on le sème après la récolte du froment, pendant les mois de septembre ou octobre. Au besoin, on peut répandre sa semence au mois de février ou de mars, à l'époque où l'on herse le froment. Cette légumineuse persiste pendant deux années; elle est productive parce qu'elle végète sur des terres calcaires reposant sur un sous-sol graveleux, calcaire et perméable. Le *froment* qui lui succède est généralement productif, parce qu'il végète sous l'influence des débris du sainfoin. L'*avoine d'hiver*, qui termine la rotation, est aussi bien placée, parce qu'elle trouve encore dans le sol une fertilité qui suffit à ses besoins. C'est à tort qu'on voudrait rejeter cette. céréale de la rotation. Les débris laissés par le sainfoin autorisent cette deuxième céréale. Si on la faisait disparaître de l'assolement, on ne récolterait plus la quantité de paille nécessaire aux animaux, que les fourrages fournis par les première, troisième et quatrième soles permettent de posséder annuellement.

En résumé, cet assolement de six ans mérite de fixer l'attention des agriculteurs qui exploitent des terres calcaires de moyenne fécondité dans la région de l'olivier. Il exige un faible capital d'exploitation et appartient à la culture améliorante.

De Morel-Vindé a aussi proposé un assolement de six ans, comprenant trois soles de plantes fourragères et trois soles de plantes céréales. Cet assolement ressemble au précédent, à l'exception que le sainfoin est remplacé par le trèfle et qu'il est terminé par une seule céréale. La première sole est occupée par des vesces d'hiver et reçoit la fumure. La deuxième sole, qui est consacrée au blé d'automne, est suivie par une avoine ou une orge. C'est dans cette dernière céréale qu'on répand la graine du trèfle.

Cet assolement a donc pour base l'assolement triennal; il convient mieux aux contrées du centre qu'à la région du midi.

On a adopté depuis longtemps en Angleterre, dans le Norfolkshire, le Yorkshire et le Derbyshire, des assolements de six ans qui ont beaucoup de rapports entre eux, mais qui diffèrent cependant les uns des autres par la coordination des récoltes qui les composent.

L'*assolement du comté de Norfolk* est disposé de la manière suivante :

Cet assolement est très-bien coordonné; il a pour base l'assolement quadriennal de Norfolk. Il peut être suivi dans un grand nombre de circonstances, car il est améliorant. Le trèfle ne revient sur le même champ que tous les six ans.

On peut augmenter la quantité de fourrage qu'il fournit en faisant suivre la vesce, qui occupe la cinquième sole, par du maïs fourrage, du moha de Hongrie, du sarrasin, des navets en culture dérobée.

L'assolement adopté par M. le baron Aymé, lauréat de la prime d'honneur du département des Deux-Sèvres, n'en diffère qu'en ce qu'il comprend une septième sole occupée par une avoine d'hiver ou de printemps. Ainsi, au lieu de présenter trois soles en fourrage et trois soles en céréales, il offre chaque 3/7 en plantes fourragères et 4/7 en plantes alimentaires.

L'assolement de six ans doit être soutenu par une fumure de 60 000 kilog. La succession, mise en pratique à La Chevrelière par M. le baron Aymé, exige environ 72 000 kilog. Ce dernier assolement ne se suffit pas à lui-même, puisque les produits qu'il fournit ne permettent pas de fabriquer au delà de 62 000 kilog. de fumier. Il est soutenu, à La Chevrelière, par une luzerne ou un sainfoin qui occupe une étendue égale à peu près à la moitié de la surface des terres labourables. Ainsi chaque hectare en céréales est, en moyenne, soutenu par 1 hectare 25 de prairie artificielle vivace. Si on ajoute cette superficie à l'étendue occupée par les fourrages annuels, on constate que 1 hectare en froment, en orge ou en avoine a pour soutien 1 hectare 55 en fourrage. Cette étendue considérable consacrée à la culture des plantes fourragères explique pourquoi M. le baron Aymé peut appliquer de très-fortes fumures sur ses première et cinquième soles.

Cet assolement de sept ans emploie un capital d'exploitation de 556 fr. par hectare. Il permet de nourrir environ 240 kilog. de poids vif par hectare. Le bénéfice net qu'il a donné par hectare est de 104 fr.

M. le comte de Kerkorlay, lauréat de la prime d'honneur du département de la Manche, a mis en pratique, à Canisy, l'assolement sexennal de Norfolk. Toutefois, il a remplacé les navets par la betterave, et les vesces par des pommes de terre et du sainfoin.

L'*assolement du Yorkshire* est sans contredit la succession qui convient le mieux quand on veut alimenter une distillerie de betteraves. Sous tous les rapports, il est plus parfait que l'assolement adopté à Mouflaye par M. Vallerand (voir page 368). Voici comment il est disposé ;

Un tel assolement est épuisant. Il exige par chaque rotation une fumure de 80 000 à 90 000 kilog. par hectare, suivant les produits que la terre peut donner. En outre, il ne permet pas de fabriquer au delà de 62 000 kilog. par hectare pendant la rotation.

Quiconque voudra l'adopter sera donc forcé d'importer sur l'exploitation de 20 000 à 30 000 kilog. de fumier par chaque hectare fumé. On évitera cette dépense en soutenant cet assolement par 2 hectares environ de luzerne produisant, en moyenne, 8 000 kilog. de foin sec par hectare. On pourra remplacer le fumier nécessaire, pour combler le déficit qu'on observe entre la consommation et la production du fumier, par des engrais commerciaux qui seront appliqués sur les troisième et quatrième soles.

En Angleterre, la première sole est occupée par des turneps et la troisième par des rutabagas.

L'assolement du Derbyshire est suivi çà et là en Écosse. Il comprend : 1º turneps; 2º pommes de terre; 3º orge d'hiver; 4º trèfle; 5º avoine; 6º froment. Les pommes de terre, après betteraves ou navets, occupent une excellente place, mais le froment est mal situé; il devrait occuper la cinquième sole. Cette position ne peut être justifiée que dans les localités où le froment d'hiver ne réussit pas très-bien après un trèfle de dix-huit mois.

Le principal mérite de cet assolement est de concourir au nettoiement des terres. Sous ce rapport, il peut être adopté temporairement avec avantage sur les exploitations où les terres sont envahies par un grand nombre de plantes indigènes à racines vivaces et traçantes.

On peut remplacer les navets par des betteraves. Alors on a : 1º pommes de terre; 2º betterave; 3º escourgeon; 4º trèfle; 5º blé; 6º avoine.

Assolement de douze ans. — M. Valayer a adopté à Château-Blanc (Vaucluse), domaine d'une contenance de 70 hectares, et dont le sol est une terre d'alluvion de la Durance, un assolement de douze ans ainsi conçu :

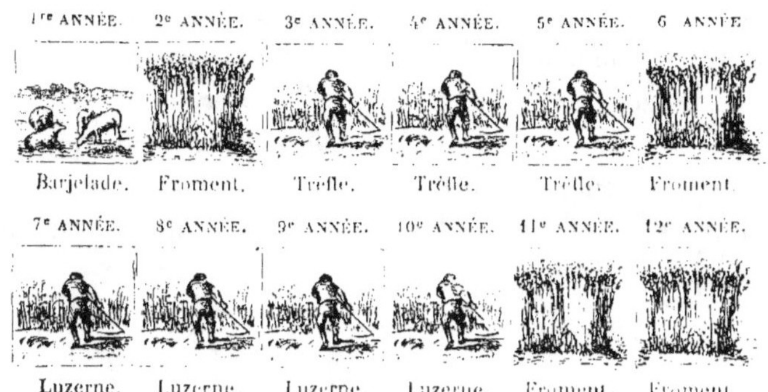

La jachère reçoit plusieurs labours; elle est occupée par de la *barjelade* (50 litres d'avoine et 150 litres de vesce par hectare). M. Valayer remplace quelquefois le trèfle par le sainfoin, qui ne dure que deux ans. Le trèfle est arrosé, ce qui explique pourquoi il occupe le sol pendant trois années.

Ainsi, sur les douze soles, huit sont occupées par des plantes fourragères et quatre par des plantes céréales. Un tel assolement se prête très-bien à l'entretien d'une vacherie. M. Valayer spécule de cette manière dans son exploitation. Le lait qu'il obtient est vendu deux fois par jour à Avignon, au prix de 20 à 25 centimes le litre. Ses vaches sont nourries constamment à l'étable et au fourrage vert pendant sept mois.

La jachère peut être occupée par des betteraves ou des pommes de terre.

Un tel assolement est *très-améliorant*, mais on ne peut l'adopter que sur des terres déjà fertiles. Il permet de fabriquer annuellement une grande quantité de fumier. A Château-Blanc, il nourrit chaque année 15 animaux de travail.

30 vaches laitières , 1 taureau , et permet d'engraisser 120 moutons.

Assolement de dix-huit ans. — On suit depuis longtemps dans la petite plaine du Vistre (Gard) un assolement de dix-huit ans, dans lequel on fait entrer la luzerne et le sainfoin. Cette succession de culture fournit des récoltes remarquables, grâce à la richesse naturelle de la terre et à la masse considérable d'engrais qu'on emploie. Voici comment elle est disposée :

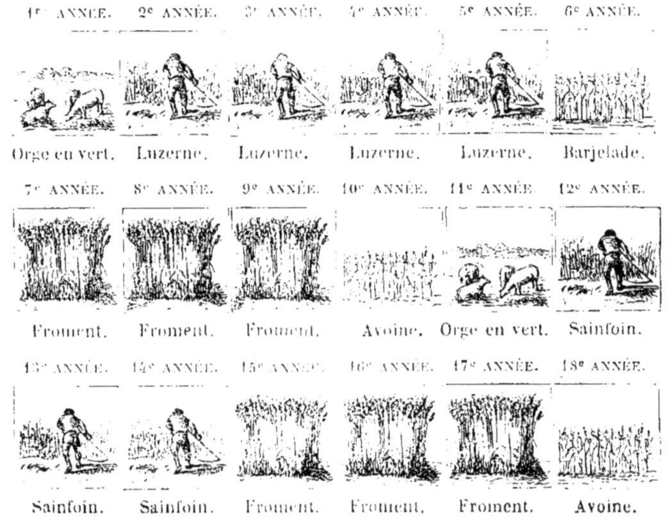

Ainsi, chaque année, les dix-huit soles sont occupées de la manière suivante :

Luzerne et sainfoin	7 soles.
Fourrages verts annuels	3 —
Céréales	8 —
Total	18 soles.

Les terres de la plaine du Vistre ont une valeur locative moyenne de 200 fr. l'hectare. Ce loyer très-élevé est dû à leur profondeur, leur grande richesse et leur proximité de la ville de Nîmes.

La première sole est une véritable jachère verte. Cette jachère était nécessaire, car les terres sont souvent infestées par la *folle avoine*, le *coquelicot*, le *raifort sauvage*, etc. L'orge fourragère qu'on y cultive est semée à la fin d'août ou au commencement de septembre; on la fait consommer sur place pendant l'hiver par les bêtes à laine. La luzerne qui occupe *les deuxième, troisième, quatrième et cinquième soles*, est semée dans les premiers jours d'avril; elle vient après une fumure abondante; elle donne chaque année cinq à six coupes que l'on vend souvent sur place, sans aucun frais, de 500 à 800 fr. l'hectare. Les cinq coupes donnent en moyenne 18 000 kilog. de foin sec par hectare. On la défriche à la fin de la quatrième année; on ne la conserve pas au delà de ce terme, car elle périclite ordinairement dès la cinquième année.

La sixième sole est occupée par un mélange de vesce et d'avoine qu'on fauche vers la mi-juin. La luzerne, qui repousse toujours parce qu'elle a été défrichée à l'aide d'un labour croisé peu profond, fournit une coupe vers la fin d'avril, et, comme elle repousse ensuite, elle accroît le produit de la *barjelade*. Souvent on la fauche de nouveau deux ou trois fois pendant l'été. C'est en septembre qu'on termine son défrichement par un labour profond.

Le froment, qui succède à la luzerne et qui occupe les *septième, huitième et neuvième soles*, est beau et productif, parce que la prairie artificielle laisse dans le sol de nombreux éléments de fécondité (voir LES PLANTES FOURRAGÈRES, article *Luzerne*). L'avoine d'hiver, qu'on sème sur la *onzième sole*, termine la série des céréales qu'on demande à la terre qui a porté une luzerne.

La douzième sole est occupée par l'orge qu'on fait encore pâturer par les bêtes à laine. Elle est suivie par le sainfoin, « *la providence du Midi.* » Cette légumineuse est généralement semée à la fin de l'été ; elle dure trois ans, occupe *les treizième, quatorzième et quinzième soles* et produit en moyenne, chaque année, 9 000 kilog. de foin sec par hectare. On la fait suivre par quatre récoltes de céréales qui sont aussi très-belles. Le sainfoin forme un excellent pacage d'hiver pour les bêtes à laine.

Cet *assolement exceptionnel* est soutenu, comme je l'ai dit, par des fumures qui varient de 100 000 à 120 000 kilog. par hectare. On l'a adopté dans la plaine du Vistre de préférence à tout autre, parce que la ville de Nîmes achète les foins de luzerne et de sainfoin à un prix très-rémunérateur et produit annuellement une quantité considérable de fumier.

Suivant M. de Gasparin, l'assolement de Nîmes exigerait une fumure de 220 000 kilog. par hectare, et à la fin de chaque rotation il resterait dans le sol 100 000 kilog. de fumier. Cette hypothèse ne concorde pas avec les faits. D'abord, on ne conduit sur les terres de la plaine du Vistre que 50 à 60 voitures de boues de ville à trois colliers par hectare ; et, en second lieu, le reliquat de fécondité qu'on observe toutes les fois qu'on recommence l'assolement est bien loin d'équivaloir à une fumure de 100 000 kilog. de fumier. S'il en était ainsi, les terres de la plaine du Vistre et du Vidousle auraient aujourd'hui une fertilité telle, qu'on serait en droit de s'abstenir de les fumer pendant longtemps. J'ajouterai qu'une quantité d'engrais aussi considérable augmenterait à chaque rotation, en se capitalisant, la valeur vénale du sol de 5000 à 6000 fr. par chaque hectare !

CHAPITRE VI.

ASSOLEMENTS DE LA CULTURE CÉRÉALE

—

Assolement biennal. — Succession avec ou sans jachère. — Assolement triennal. — Exemples fournis par l'agriculture beauceronne. — Assolement
triennal de la Sologne et du Berry, — de la Bretagne, — de la région du
maïs, — du Boulonnais. — de la Moselle. — Assolement quinquennal du
haut et du bas Languedoc. — Assolement quinquennal anglais. — Assolement sexennal du Boulonnais. — Assolement de huit ans. — Assolement
décennal du Languedoc.

Les assolements appartenant à l'agriculture céréale sont
nombreux et tous disposés de manière que la moitié au moins
des terres arables soit annuellement occupée par des céréales : froment, seigle, orge, avoine ou maïs.

Ces successions de culture, sans exception aucune, doivent
être rangées au nombre des assolements épuisants.

Assolement biennal. — L'assolement biennal, la succession de culture la plus simple qu'on puisse imaginer, comprend deux soles; mais il varie dans ses détails suivant la
fertilité des terres et la manière d'être du climat.

Lorsque les terres sont pauvres, siliceuses ou granitiques,
on suit ordinairement la succession suivante :

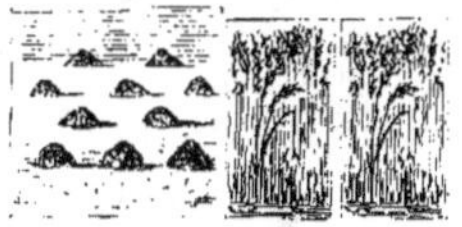

On rencontre cet assolement dans le Nivernais, la Sologne,
les montagnes de la Creuse et des Cévennes, les plaines sa-

blonneuses de la Gascogne, les départements de l'Aude, du Tarn, etc.

Il n'est pas très-productif, parce que la jachère est médiocrement fumée; mais néanmoins il convient parfaitement aux sols légers, pauvres, humides en hiver et secs en été. Lorsque la jachère est bien préparée, la céréale qui lui succède est ordinairement exempte de plantes indigènes nuisibles.

Schwerz observe que les cultivateurs qui occupent la jachère par une plante fourragère n'ont nullement besoin d'acheter du fumier. Cette observation est juste si la terre produit 2000 kilog. de foin par hectare, mais elle ne concorde pas avec les faits que l'on constate communément dans les contrées où l'assolement biennal est en usage.

Si nous supposons une terre sablonneuse produisant en moyenne, par hectare, 16 hectolitres de seigle, nous trouverons (voir page 236) un déficit en fumier s'élevant à 110 kilog. par chaque hectolitre, soit par hectare un peu moins de 2000 kilog. Pour combler ce déficit, il faut récolter sur la jachère 1500 kilog. de foin ou son équivalent en fourrage vert. Peut-on, sur des terres pauvres, sablonneuses ou granitiques, obtenir, à l'aide d'une plante fourragère annuelle, un tel rendement? Ordinairement on ne cultive guère sur la jachère que des navets en culture dérobée ou du sarrasin de Tartarie. Or, pour fabriquer à l'aide de ces plantes fourragères les 1800 kilog. de fumier qui manquent, il faut pouvoir récolter par hectare : 1° 8000 kilog. de navets; 2° 10 000 kilog. de sarrasin. Ces productions ne sont pas extraordinaires, et il sera toujours facile de les faire naître si la jachère est convenable et labourée. Dans le cas où la jachère resterait improductive, il faudra, si l'on veut conserver à la terre son degré de fécondité, posséder environ 50 ares de prairies naturelles par chaque hectare en céréale, c'est-à-dire 1/5 de l'étendue totale du domaine.

On pourra, par des plantes enfouies en vert, mais bien appropriées au sol et au climat, accroître les ressources de fertilisation fournies par les pailles des céréales et le foin de la prairie. En Alsace, les cultivateurs de la commune de Hoerdt font précéder les semailles de seigle, sur les terres sablonneuses, par un enfouissement de feuilles de navets cultivés sur la jachère après qu'elle a été fumée.

Dans le département des Landes, où le seigle est souvent remplacé par le blé, on sème après cette céréale du trèfle incarnat. Cette légumineuse occupe l'année suivante la jachère jusqu'au mois de mai et elle dispense d'avoir des prairies naturelles.

Le froment qui suit cette plante fourragère produit en moyenne 10 hectolitres par hectare.

Dans la plaine du Bugey, la jachère est fumée à raison de 15 000 kilog. de fumier. Les fourrages qu'on y cultive et la paille fournie par la céréale dispensent l'agriculteur d'avoir des prairies en dehors de la rotation.

Toutes choses égales, l'assolement biennal avec jachère morte ou verte est la plus ancienne succession de culture connue. Sur les terres pauvres, sablonneuses ou très-calcaires, on peut le rendre plus productif en le soutenant par une culture de topinambours. Cette plante tuberculeuse est alors placée en dehors de la rotation, et l'étendue qu'on lui accorde vient accroître l'action si prépondérante exercée par les prairies naturelles, et au besoin les suppléer entièrement.

Il n'est pas inutile de remarquer que le capital d'exploitation exigé par cet assolement biennal est peu élevé. En général, il ne dépasse pas 350 fr. par hectare. Cette faible somme explique pourquoi on regarde avec raison cette succession de culture comme très-bonne dans les contrées où les terres appartiennent encore à la période pacagère ou fourragère.

L'assolement biennal ne comporte pas toujours une première sole en jachère. Dans le Tarn et la vallée de la Garonne on a adopté sur les terres d'alluvion la succession suivante :

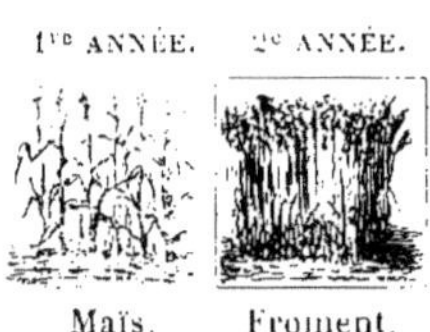

Cet assolement, malgré son défaut capital, celui d'offrir deux céréales ou deux plantes épuisantes se succédant toujours l'une à l'autre, est très-productif et permet de bien répartir pendant les diverses saisons les travaux des attelages et de la main-d'œuvre. Dans la vallée de la Garonne, où les terres sont fertiles, on récolte souvent en moyenne, par hectare, 30 hectolitres de blé et 60 hectolitres de maïs.

Si nous supposons des rendements plus faibles, 20 hectolitres de froment et 35 hectolitres de maïs, chaque hectare, à chaque rotation, devra recevoir environ 26 000 kilog. de fumier. Car

$$
\begin{array}{llll}
20 \text{ hect. blé} & \times 500 \text{ kilogr.} & = 10\,000 \text{ kilogr.} \\
35 \quad - \quad \text{maïs} & \times 460 \quad - & = 16\,000 \quad - \\
\hline
& & \text{Total} & 26\,000 \text{ kilogr.}
\end{array}
$$

Les pailles permettront de fabriquer le fumier suivant :

$$
\begin{array}{llll}
20 \text{ hect. blé} & \times 320 \text{ kilogr.} & = 6\,400 \text{ kilogr.} \\
35 \quad - \quad \text{maïs} & \times 370 \quad - & = 13\,000 \quad - \\
\hline
& & \text{Total} & 19\,400 \text{ kilogr.}
\end{array}
$$

Le déficit entre la consommation et la production du fumier sera donc de 7000 kilog. au maximum. On comblera ce déficit en soutenant l'assolement à l'aide d'une luzernière ou d'un sainfoin. Si la prairie artificielle donne 6000 kilog. de foin par hectare, il faudra qu'elle occupe annuellement environ 48 ares, soit le cinquième des terres labourables, proportion qui concorde exactement avec les données fournies par la statistique officielle. Or, si l'exploitation a 100 hectatares, chaque année on aura :

```
Froment.......................   40 hectares.
Maïs..........................   40    —
Prairie artificielle..........   20    —
                                ————
                                100 hectares.
```

Cet assolement biennal exige un capital d'exploitation plus élevé que la succession de deux années, qui comprend une jachère. Ainsi, on a pour les capitaux libres :

```
Blé...........................   400 fr.
Maïs..........................   250
Luzerne (moitié)..............   100
                                ————
                    Moyenne.....  250 fr.
```

Si l'on ajoute à cette somme 200 fr. pour les capitaux engagés, on constate qu'il faut pouvoir disposer de 450 fr. par hectare. Ce capital d'exploitation n'est pas considérable, mis en regard de la valeur brute, mais moyenne, des produits fournis par le froment et le maïs.

En résumé, cette succession de culture toute granifère ne peut être suivie que dans les localités du Midi où les terres sont fertiles. Elle est trop épuisante et trop exigeante pour qu'onpuisse l'adopter avec avantage sur les exploitations où les terres sont encore pauvres.

Le maïs bien cultivé concourt, par les binages et les buttages qu'il exige, au nettoiement du sol et favorise indirectement la réussite du froment. Les blés qui lui succèdent dans la vallée de la Garonne, depuis Tonneins jusqu'à Toulouse,

sont ordinairement propres et très-vigoureux. Souvent dans
cette vallée les prairies naturelles remplacent les luzernières ;
mais, comme elles sont moins productives que ces prairies
artificielles, il en résulte qu'elles couvrent une surface beaucoup plus grande.

Assolement triennal. — La succession de culture triennale appartenant à l'agriculture céréale la plus ancienne et la
plus répandue, comprend les soles suivantes ;

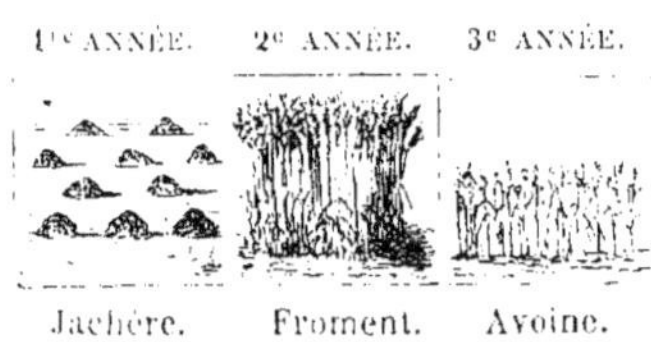

Ainsi, chaque année les deux tiers de l'étendue des terres
labourables sont occupés par des céréales. Ces plantes alimentaires sont soutenues par des prairies artificielles dont l'étendue varie suivant la fertilité des terres arables.

La jachère est généralement bien entendue. Elle reçoit trois
à quatre labours, et on la fume à la fin du printemps ou au
commencement de l'été. Quelquefois, comme cela a lieu dans
la Picardie et la Beauce, on la marne pendant l'été après l'a-
voir fumée. Assez souvent on complète la fumure qu'elle
doit recevoir en y faisant parquer les bêtes à laine pendant
l'été.

En France, cet assolement est suivi principalement dans
les plaines calcaires. Lorsque la terre est saine, de moyenne
fertilité, qu'elle a été bien labourée et convenablement fumée
pendant le temps qu'elle reste en jachère, elle produit des
blés qui se distinguent par leur propreté et leur vigueur.

L'avoine qui suit le froment est moins bien placée, parce
qu'elle vient après une récolte salissante et épuisante ; mais
elle ne peut occuper dans cet assolement une autre position.

Ainsi, on commettrait une grande faute si l'on plaçait cette céréale annuelle après la jachère; car, quelque productive qu'elle fût, la valeur de son produit n'égalerait pas celle du rendement du froment. On diminue les inconvénients que présente cette succession de deux céréales de suite, en labourant la sole qui a porté le froment aussitôt après les semailles d'automne. Ce labour d'hiver, une fois abandonné à lui-même, permet de considérer la sole qui doit être occupée l'année suivante par l'avoine comme étant en partie jachérée.

Ainsi, en résumé, l'assolement triennal pur a pour soutien : 1º la jachère, qui, lorsqu'elle est bien comprise, exerce une influence très-remarquable sur la puissance et la richesse du sol ; 2º les prairies naturelles ou artificielles. En général, on ne connaît, dans les contrées où cette succession de culture est suivie, que ces dernières prairies.

L'étendue qu'on doit avoir en luzerne ou en sainfoin ne varie pas considérablement, parce que cet assolement triennal n'étant ni épuisant ni améliorant, les produits des céréales sont presque toujours les mêmes. Ordinairement on compte 1 hectare de luzerne ou de sainfoin par chaque hectare cultivé en froment. (Voir page 240.)

Voici comment, en 1850 et 1853, étaient divisées deux fermes de la Beauce où l'on suivait encore l'assolement triennal appartenant à la culture céréale :

1º *Ferme de Rouvray, exploitée par M. Mazure.*

Étendue totale des terres. . . . . 106 hectares.

1re sole.		2e sole.	
Jachère	14 hect.	Blé d'hiver	24 hect.
Trèfle	6 —		
Blé de mars	6 —		
	26 hect.		24 hect.

3e sole.		4e sole.	
Avoine	23 hect.	Luzerne	15 hect.
Orge	4 —	Sainfoin	13 —
	27 hect.		28 hect.

L'étendue de chacune des quatre soles variait donc, en 1850, de 24 à 28 hectares.

Le bétail était composé comme il suit :

```
Chevaux ......    6, soit 1 cheval pour...  17 à 18 hect.
Vaches... ...    14, —  1 vache pour.....    7 à  8  —
Bêtes à laine... 200, —  1 grosse tête pour  4 à  5  —
```

Ainsi, on nourrissait sur cette ferme, avec le produit de 34 hectares en prairies artificielles, environ 37 têtes de gros bétail, soit 1 tête pour 2 hectares 70 ares.

2° *Ferme de Prunay-le-Gillon, exploitée par M. Billette.*

Étendue totale des terres............ ..... 80 hectares.

	1re sole.			2e sole.	
Jachère	20 hect.		Blé...............	20 hect.

	3e sole.			4e sole.	
Avoine.	18 hect.		Luzerne, sainfoin..	18 hect.

On possédait le bétail ci-après :

```
Chevaux .....    6. soit 1 cheval pour.... 13 à 14 hect.
Vaches........   6. —  1 vache pour..... 13 à 14  —
Bêtes à laine.. 300. —  1 grosse tête pour  2 à  3  —
```

Au total, on nourrissait sur cette ferme environ 36 têtes de gros bétail, soit 1 tête pour 2 hectares 25 ares.

Il y a un siècle, on possédait dans la même province, sur une terre de 300 setiers ou 120 hectares :

```
Chev ux ......   7, soit 1 cheval pour ... 17 à 18 hect.
Vaches........  10. —  1 vache pour.....    12     —
Bêtes à laine... 200, —  1 grosse tête pour  7 à  8  —
```

Comme les moutons étaient achetés à la Saint-Jean et vendus à la fin d'octobre, il en résultait que l'exploitation ne nourrissait annuellement que 25 têtes de gros bétail ou 1 tête par 4 à 5 hectares.

A cette époque, la valeur locative des terres de la Beauce variait entre 25 et 30 fr. l'hectare.

L'extension accordée à la culture du sainfoin, de la luzerne et des vesces, a modifié très-favorablement la situation des exploitations. Toutefois, si ces plantes fourragères ont permis d'entretenir plus d'animaux et de remplacer l'ancienne race ovine par le mouton mérinos ou le métis-mérinos, on doit regretter qu'on ne consacre pas annuellement, dans cette plaine granifère, une plus grande surface aux prairies artificielles. En effet, un grand nombre de fermiers n'ont pas toujours, chaque année, un quart de leurs terres en plantes fourragères. Il me serait facile de citer des exploitations sur lesquelles on ensemence tous les ans 120 et même 150 hectares en céréales d'hiver et de printemps, et qui ne présentent annuellement que 30 à 35 hectares en plantes fourragères fauchables.

En général, on oublie trop que la jachère peut être avantageusement utilisée par des plantes fourragères annuelles ou bisannuelles, telles que vesce, minette, trèfle ordinaire, trèfle incarnat, betteraves, navets, etc. Les cultivateurs qui suivent encore l'assolement triennal pur ont intérêt à imiter M. Bertrand, fermier à Frenay-l'Évêque. En 1850, sa jachère avait une étendue de 50 à 60 hectares et présentait 8 hectares de vesces d'hiver et de printemps, 10 hectares de trèfle incarnat et 7 hectares 50 de minette ou lupuline. Ces 25 hectares de fourrages n'ont en aucune manière interverti l'ordre de succession des céréales composant les deux dernières soles.

On a blâmé les cultivateurs qui font répandre des graines de trèfle et même de lupuline dans l'avoine qui occupe la troisième sole. Il est incontestable que ces légumineuses sont éloignées de la fumure et qu'elles suivent deux récoltes épuisantes; mais peut-on leur accorder la place de l'avoine? Évidemment non! Si on veut qu'elles soient situées dans de meilleures conditions, il faut renoncer à l'agriculture céréale et adopter un assolement appartenant à la culture fourragère.

Quand on réfléchit aux avantages que présente l'assolement triennal appartenant à la culture céréale, on s'explique difficilement pourquoi on se plaît encore à le considérer comme une mauvaise succession de culture. On oublie que cet assolement convient parfaitement :

1º Aux plaines calcaires, dans lesquelles la main-d'œuvre est rare et où la valeur locative des terres ne dépasse pas 40 à 50 fr. l'hectare ;

2º Qu'il exige un capital d'exploitation n'excédant pas 500 fr. par hectare et un matériel peu nombreux et compliqué ;

3º Qu'il favorise les spéculations sur les bêtes à laine;

4º Qu'il permet l'entretien des vaches pendant l'été en dehors des bâtiments d'exploitation ;

5º Qu'il fournit des denrées d'une vente généralement facile ;

6º Qu'il produit assez de paille pour qu'on puisse fabriquer avec les produits des prairies artificielles ou naturelles qu'il exige, et les fourrages qu'on peut demander à la jachère, toute la quantité de fumier que réclament le froment et l'avoine ;

7º Qu'il ne demande pas de nombreuses connaissances agricoles, à cause des produits peu variés qu'il donne et du peu de difficultés que présente la succession des trois soles qui le composent.

J'ai dit (page 146) que l'assolement triennal exigeait un capital d'exploitation s'élevant à 480 fr. environ par hectare. Supposons qu'il soit question d'évaluer le capital nécessaire à l'exploitation de la ferme de Rouvray, que j'ai citée dans les pages précédentes. Voici la marche que nous devrons suivre :

1° Capital fixe.

```
6 chevaux......... × 700 fr. = 4 200 fr.
14 vaches .......... × 300     = 4 200
200 bêtes à laine..... ×  30   = 6 000
                       Total..... 14 400 fr.  par hectare 138 fr.
Mobilier (voy. page 188)........  4 800            —        39
                            Total.................  177 fr.
```

2° Capital libre.

```
26 hectares jachère.. × 150 fr. = 3 900 fr.
26     —     froment.. × 400     = 10 400
26     —     avoine... × 250     = 6 500
26     —     luzerne.. × 200     = 5 200
                       Total..... 26 000 fr. par hectare 245 fr.
Loyer et impôt.......................      —        56
                            Total.................  301 fr.
                            Total général.........  . 478 fr
```

Les capitaux libres comprennent les frais généraux, les assurances, les prestations, l'intérêt du mobilier, les frais de nourriture et le salaire du personnel, etc.

Dans les contrées où la main-d'œuvre est moins chère, la valeur vénale des animaux de rente moins élevée et la rente du sol plus faible, le capital d'exploitation ne dépasse pas souvent 350 fr. par hectare.

Je rappellerai que j'ai démontré :

page 126, que cet assolement exigeait une fumure de 18 000 kilogr. :
— 250, qu'il fournissait annuellement... 175 000 kilogr. de paille :
— 247,   —   —   ... 125 000   —   de foin :
— 248, qu'il permettait d'entretenir....   155   —   de poids vi-
        vant par hectare :
— 240, qu'il devait être soutenu par une sole de luzerne ou de sainfoin
        située en dehors de la rotation.

L'existence de cette prairie artificielle est nécessaire. Elle permet de combler le déficit qu'on observe entre l'absorption et le fumier produit à l'aide des pailles. Celles-ci ne sont pas très-abondantes, parce que la fumure n'est pas très-élevée. Aussi doivent-elles toutes rester sur les exploitations qui ne peuvent pas acheter du fumier. Les dîmes inféodées et les droits de champart ont beaucoup nui autrefois à la culture triennale. Ainsi, en 1789, les habitants de Fresnay-l'Évêque (Eure-et-Loir) disaient, dans leurs doléances au roi, que la neuvième gerbe qu'ils donnaient pour le champart ne leur permettait plus de fumer convenablement leurs terres.

. Il n'est pas inutile de rappeler qu'on a constaté il y a quelques années que les terres arables soumises, dans le comté de Durham, à l'assolement triennal pur, avaient conservé depuis 1770 leur même degré de fécondité.

Mais comment vivent les animaux de rente à l'aide de la culture triennale ? Les bêtes à laine, animaux qu'on rencontre le plus communément dans les plaines de la Beauce, du Poitou, etc., vivent une partie de l'année sur les jachères et les chaumes, où ils sont trop souvent décimés par le *sang de rate*; l'hiver on leur donne de la paille d'avoine et du foin.

L'agriculture céréale n'a pas seulement intérêt à faire croître sur la jachère des fourrages fauchables, des plantes à racines fourragères ou des légumineuses pouvant être pâturées sans danger par les bêtes à cornes ou les bêtes à laine; il faut aussi qu'elle utilise d'une manière quelconque la surface totale ou une partie importante de la jachère, afin que le prix de revient du blé ne soit pas plus élevé que lorsque cette denrée alimentaire est produite par l'agriculture fourragère. Quand cette céréale est précédée par une jachère improductive, elle supporte deux années de loyer au lieu d'une seule. Or, si la valeur locative de la terre s'élève à 50 fr. par hectare et si la production moyenne du blé est de 20 hectolitres par hectare, chaque hectolitre supportera naturellement 2 fr. 50 cent., au lieu de 1 fr. 25 cent. Ainsi, si le froment vaut en moyenne 20 fr. l'hectolitre, il faudra prélever sur la récolte 5 hectolitres, soit un quart du rendement que donne chaque hectare, pour couvrir la valeur locative de la jachère et de la deuxième sole.

L'influence exercée par le loyer de la jachère sur le prix de revient du blé n'a point échappé à l'esprit des agriculteurs intelligents de la Beauce. Chaque année, les plantes fourragères racines, les prairies artificielles bisannuelles et annuelles envahissent les jachères en faveur de l'existence des animaux de rente, de la production du fumier, et conséquemment de la production du blé.

Assolement triennal de la Sologne et du Berry. — On suit, dans le centre de la France, sur les terres légères ou de consistance moyenne, un assolement de trois ans ainsi conçu :

Cette succession est bonne si la jachère est bien entendue. On peut accroître l'action de la fumure qu'on applique ordinairement sur la première sole en semant, après le seigle, du colza d'hiver ou de la navette d'automne destiné à être enfouie comme engrais vert au printemps suivant. On peut aussi semer dans la troisième sole, au moment de la semaille du sarrasin, du *ray-grass anglais* ou de l'*avoine élevée*. Ces plantes seront consommées sur place pendant les mois de mai et de juin de l'année suivante, soit par les bêtes à cornes, soit par les bêtes à laine. En agissant ainsi, on améliorera la couche arable sans dépenses considérables, et il arrivera bientôt un moment où il sera possible de renoncer à cet assolement triennal pour lui substituer une succession de culture appartenant à l'agriculture fourragère.

Assolement triennal de la Bretagne. — On suit depuis longtemps, sur plusieurs points de l'ancienne province de la Bretagne, un assolement triennal qui est disposé de la manière suivante :

Le sarrasin ou *blé noir* qui occupe la première sole est semé en juin et récolté au mois de septembre. Comme il appartient à la classe des plantes étouffantes, il laisse toujours le sol propre et en bon état. Le seigle ou le froment qui le suit est semé en octobre ou novembre; il précède une récolte d'avoine d'hiver ou de seigle, suivant la nature et la fertilité de la couche arable.

Sur plusieurs métairies, on sème sur la troisième sole, après la récolte de l'avoine d'hiver ou du seigle, des navets dits *nabusseaux*, qui passent l'hiver et qu'on arrache au printemps suivant, lorsqu'ils sont en fleur. Ces navets et ceux qu'on sème souvent dans le sarrasin comme récolte dérobée augmentent d'une manière heureuse les ressources fourragères que présentent les prairies naturelles. Ces prairies occupent une étendue plus ou moins grande; mais on les rencontre sur toutes les métairies qui suivent cet assolement triennal. Sans elles, on ne pourrait nourrir le bétail indispensable pour la production du fumier qu'on applique sur la première sole avant ou après le sarrasin.

Assolements triennaux de la région du maïs. — Les assolements triennaux qu'on rencontre dans la région du maïs ont beaucoup d'analogie entre eux, mais ils diffèrent cependant les uns des autres par la position que le maïs y occupe.

Voici les successions les plus généralement suivies :

1° *Assolement des landes.*

Cet assolement diffère de l'ancien assolement triennal en ce que le froment occupe la troisième sole au lieu de la deuxième. Cette position n'est pas mauvaise, puisqu'il est alors précédé par une jachère fumée et une céréale appartenant à la classe qui comprend les plantes sarclées ou nettoyantes.

2° *Assolement du pays basque.*

Le froment, dans cette succession de culture qui ne peut être suivie que sur des sols propres, est aussi précédé par le maïs. Cette dernière céréale est suivie par le trèfle incarnat ou farouch, et quelquefois par des raves. Le farouch est semé pendant l'été ; on le récolte à la fin d'avril ou au commencement de mai, c'est-à-dire avant le moment de semer le maïs.

La fumure exigée par cet assolement est appliquée avant la semaille de cette dernière céréale.

Dans le département du Lot-et-Garonne on associe ordinairement au farouch le seigle et les navets. Les racines sont arrachées vers la fin de l'automne et pendant l'hiver. Les navets qui ont échappé à la cueillette fleurissent au commencement du printemps, et forment avec le seigle une seconde récolte. Ces deux plantes fourragères ne nuisent nullement au trèfle incarnat, si on a soin de les semer très-clairs.

3° *Assolement de la vallée de la Garonne.*

Froment. Maïs. Fèves.

Cet assolement est très-épuisant et doit être soutenu par une fumure plus forte que celle que demande dans les circonstances ordinaires l'ancien assolement triennal.

La première sole est occupée ordinairement par la variété de froment appelée *blé de Nérac* (voir LES PLANTES ALIMENTAIRES). La deuxième est consacrée au maïs ou à l'avoine d'hiver; enfin, la troisième est occupée tantôt par des fèves, tantôt par des haricots.

4° *Assolement de la plaine de Toulouse.*

Froment. Maïs. Farouch.

Cet assolement a de très-grands rapports avec l'assolement du pays basque. Il convient mieux que ce dernier pour les terres infestées de folle-avoine, parce que la terre, après la récolte du farouch, peut être jachérée jusqu'au moment de la semaille du blé qui occupe la première sole.

En intercalant le trèfle incarnat entre le froment et le maïs, on transforme cet assolement triennal en une succession de culture de deux années.

5° *Assolement du bas Languedoc.*

Le maïs, dans cet assolement, n'est pas heureusement placé, car il est éloigné de la fumure. Cependant, comme la jachère, il facilite la destruction de la folle-avoine. Sous ce dernier rapport, on peut lui conserver la place qu'il occupe quand le froment est la céréale principale.

Tous ces assolements doivent être soutenus par une prairie artificielle placée en dehors de la rotation, car ils ne se suffisent pas à eux-mêmes. Comme dans le Midi, on n'a pas toujours le quart ou le cinquième des terres arables en luzerne ou en sainfoin, on supplée au manque de fumier en important sur le domaine des tourteaux d'arachide ou de sésame.

Assolement triennal du Boulonnais. — On suit sur plusieurs fermes, dans le Boulonnais, un assolement triennal qui peut être à bon droit recommandé. Il est disposé de la manière suivante:

Les fèves, véritables plantes sarclées, laissent le sol pro-

pre ; de plus, elles ont l'avantage de bien résister à la fumure. Elles sont suivies par une culture fourragère. Celle-ci
comprend du trèfle rouge sur la moitié de la sole et des vesces
sur l'autre partie. A la seconde rotation, la partie de la
deuxième sole qui a porté précédemment le trèfle est semée
en vesce et celle à laquelle on a demandé cette plante fourragère annuelle est ensemencée en trèfle. De cette manière, le
trèfle ne revient sur le même champ que tous les huit ans.
La position du froment qui termine chaque rotation ne laisse
rien à désirer. Cette céréale est toujours propre et productive sur les terres bien cultivées et convenablement fumées.

En général, cet assolement est soutenu par des prairies
naturelles dont l'étendue est moins grande que la surface
que doivent avoir les prairies artificielles destinées à soutenir
l'ancien assolement triennal, parce que la seconde sole fournit ordinairement de 3000 à 4000 kilogr. de foin par hectare.

Cet assolement n'exige pas un capital d'exploitation plus
fort que le capital nécessaire dans la plaine de la Beauce.

Assolement quadriennal de la Moselle. — On suit dans
les contrées sablonneuses voisines de la Moselle et du Rhin
un assolement de quatre ans disposé ainsi qu'il suit :

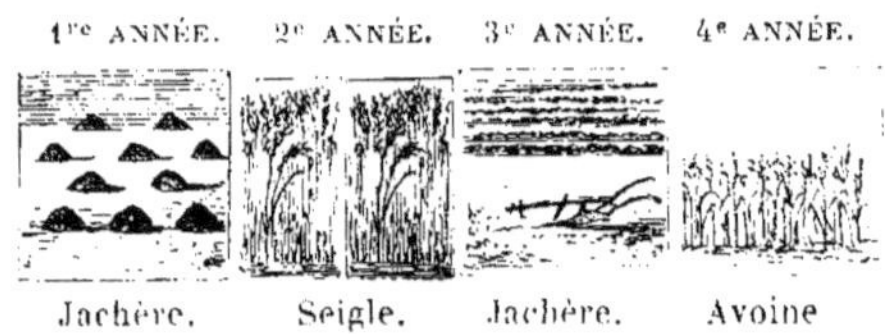

Cet assolement a pour base l'assolement biennal. La seconde jachère, en aérant la couche arable, rend la réussite
de l'avoine plus assurée. Une telle succession de culture n'a
sa raison d'être que dans les localités où les terres sont très-
pauvres et sablonneuses.

Assolement quinquennal français. — On rencontre en France et en Angleterre plusieurs assolements quinquennaux, dont voici les principaux :

1° *Assolement du haut Languedoc.*

Cet assolement est épuisant et défectueux, car il comprend trois récoltes épuisantes et salissantes qui se succèdent les unes aux autres.

2° *Assolement du bas Languedoc.*

Cette succession est assez suivie dans les départements de l'Ariége et de l'Aude. Mathieu de Dombasle l'avait adoptée à Roville, après avoir remplacé le maïs qui occupe la cinquième sole par une avoine de printemps.

Cet assolement convient assez bien pour les terres argileuses qu'on peut marner ou chauler, ou qui contiennent naturellement une certaine proportion de carbonate de chaux. Toutefois, il exige une fumure assez forte. Celle que Mathieu de Dombasle appliquait à Roville était trop faible ; c'est pourquoi le froment n'y a jamais parfaitement réussi.

La jachère a eu sa raison d'être sur des terres très-tenaces ou sur des sols qui laissent à désirer quant à la propreté. On

peut, sans inconvénient, sur une partie y faire naître la minette destinée à être pâturée par les bêtes à laine.

Un tel assolement a besoin d'être soutenu par des prairies
artificielles ou naturelles, car il comprend trois soles en céréales contre une seule en plantes fourragères.

On rencontre près de Glasgow (Angleterre) un assolement
de cinq ans qui diffère du précédent en ce que la troisième
sole est occupée par une jachère verte et fumée.

Ainsi, dans ces deux successions la terre reste improductive tous les cinq ans. Pendant cette année de jachère elle est
divisée, aérée, fumée ou parquée.

Assolement quinquennal anglais. — On rencontre en
Angleterre, dans le Buckinghamshire, l'assolement de cinq
ans ci-après, qui est supérieur au précédent :

Les plantes, dans cet assolement, se succèdent avec succès. On blâmera peut-être l'avoine qui termine la rotation et
qui est précédée par une autre céréale ; mais cette succession, au point de vue du profit, n'est pas mauvaise.

Je ferai observer que cette succession de culture n'est
pas améliorante. Elle appartient complétement, malgré ses
deux soles en plantes fourragères, à la culture stationnaire.
En effet, les terres sur lesquelles on la met en pratique dans
le comté de Buckingham, depuis un demi-siècle, n'ont ni augmenté ni diminué de productivité.

Lorsque les terres sont très-argileuses, la première sole
est en partie jachérée au commencement de la rotation.

On peut remplacer les turneps par des betteraves ou des fourrages annuels et fauchables.

L'assolement en usage sur les terres très-argileuses du Surrey comprend : 1° jachère; 2° blé: 3° trèfle; 4° blé; 5° avoine ou fèves. On ne peut rien lui reprocher.

Assolement sexennal du Boulonnais. — Le Boulonnais, pays de pâturage dans lequel on rencontre peu de bêtes à laine, mais beaucoup de vaches et de chevaux, a adopté sur les terres de bonne qualité la succession ci-après :

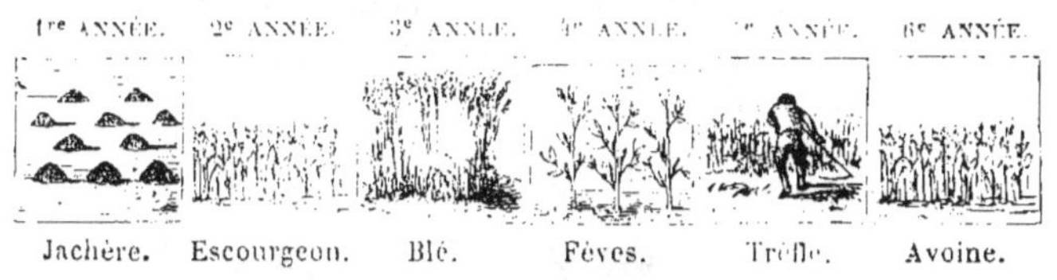

Cet assolement est très-épuisant, car il comprend les quatre sixièmes des terres arables en céréales. On le met en pratique sur des terres qui sont louées à raison de 75 à 85 fr. l'hectare. Il exige un capital d'exploitation s'élevant à 500 fr.

On ne peut l'adopter que lorsqu'on possède des prairies naturelles productives en suffisante quantité. Il fournit beaucoup de paille. On peut aussi le soutenir en achetant des engrais commerciaux.

La jachère est nécessaire à cause des céréales qui occupent les deuxième et troisième soles.

La fumure est appliquée en deux fois : d'abord sur la jachère et ensuite sur la quatrième sole pour les fèves.

Le trèfle qui vient en cinquième récolte est bien placé.

Quand les terres sont de qualité secondaire, on remplace l'escourgeon par un blé et le trèfle par un seigle ou une avoine. Alors la durée de l'assolement n'est plus que de cinq ans et les céréales couvrent annuellement les quatre cinquiè-

mes de l'étendue totale des terres labourables. Il faut avoir
un fort capital d'exploitation ou se contenter de faibles produits en céréales pour mettre en pratique une telle succession de culture sur des terres de moyenne fécondité.

Dans le Bedfordshire, le trèfle occupe la 3e sole; alors
la 4e est en blé, la 5e en fèves et la 6e en blé. Le trèfle est
encore bien placé.

La jachère de ce dernier assolement est remplacée, dans
le comté de Kent et en Écosse, par des plantes racines.

Assolement de huit ans. — De Morel-Vindé a proposé, il
y a trente ans, un assolement de huit ans qui comprend les
soles suivantes :

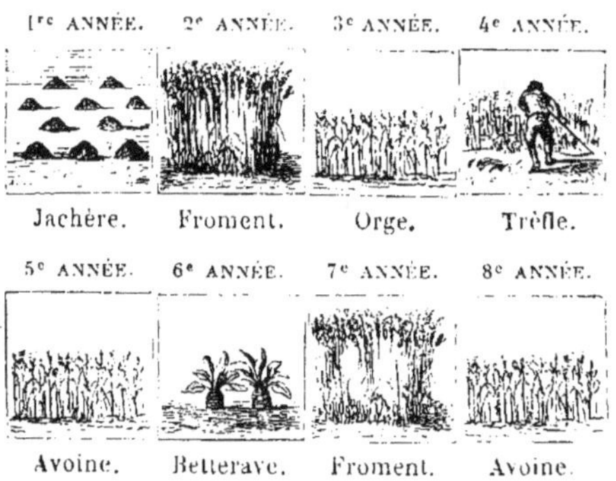

Cet assolement comprenait, en outre, une sole de luzerne
et une sole de sainfoin placées au dehors de la rotation.

Ainsi s'il était suivi sur une exploitation ayant 100 hectares, on aurait chaque année :

Froment..	10 hect.		Betterave..........	10 hect.
Avoine............	10 —		Trèfle..	10 —
Froment..........	10 —		Luzerne...	10 —
Avoine...........	10 —		Sainfoin..........	10 —
Avoine......	10 —		Jachère..........	10 —
Total.....	50 hect.		Total.....	50 hect.

Cette succession laisse à désirer, car le trèfle, qui occupe

la quatrième sole, est trop éloigné de la jachère sur laquelle
on doit appliquer les deux tiers de la fumure totale. La sixième
sole, consacrée aux betteraves, ne reçoit qu'une demi-fumure.

De Morel-Vindé recommandait de fumer la terre à raison
de 72 000 kilog. environ de fumier : 48 000 kilog. sur la jachère et 24 000 kilog. sur la sole de betteraves. Cette fumure
est rationnelle.

Cet assolement permet d'entretenir un bétail nombreux,
puisqu'il comprend les quatre dixièmes de l'étendue totale
des terres labourables en plantes fourragères.

Dans la plaine d'Alzonne, on suit un assolement qui comprend : 1° jachère fumée ; 2° blé ; 3°, 4°, 5° sainfoin ; 6°, 7° froment ; 8° maïs. Ainsi, pendant la durée de cette succession de
culture, on demande à la terre quatre récoltes de céréales et
trois récoltes de sainfoin.

Un tel assolement n'est possible que dans des terres aussi
fertiles que celles de la riche plaine d'Alzonne.

Assolement décennal du Languedoc. — On rencontre
dans le département de la Haute-Garonne un assolement de
dix ans combiné comme il suit :

Cette succession de culture comprend quelquefois une sole
de luzerne en dehors de la rotation.

Le maïs peut être remplacé par des fèves, et réciproquement.

Un tel assolement mis en pratique sur une ferme de 100 hectares présente, chaque année, les résultats suivants :

Plantes céréales.			*Plantes fouragères.*		
Maïs	10 hect.		Trèfle	10 hect.
Avoine d'hiver	20	—	Trèfle	10	—
Fèves	10	—	Sainfoin	10	—
Froment	20	—	Sainfoin	10	—
Total	60 hect.		Total	40 hect.

Si l'on suppose les rendements suivants : maïs, 30 hectolitres, avoine, 30 hectolitres, et froment, 25 hectolitres, on devra appliquer pendant chaque rotation la fumure suivante :

Maïs	30×460 kil. $= 13\,800$ kil.
Avoine	30×300 — $= 9\,000$ —
Avoine	30×300 — $= 9\,000$ —
Maïs	30×460 — $= 13\,800$ —
Froment	25×500 — $= 12\,500$ —
Froment	25×500 — $= 12\,500$ —
Total	$70\,600$ kil.

Soit environ 70 000 kilog. de fumier par hectare.

Toutes ces céréales ne se suffisent pas à elles-mêmes.

Si l'on admet que le trèfle et le sainfoin donnent en moyenne, par hectare, 5000 kilog. de foin, il faudra posséder par chaque hectare consacré à la culture des céréales les étendues suivantes en prairies artificielles :

Froment	64 ares.
Froment	64 —
Avoine	65 —
Avoine	65 —
Maïs	39 —
Maïs	39 —
Total	336 ares

Soit environ 4 hectares 50 ares.

Ainsi, les quatre soles de fourrages doivent fournir assez de foin pour fabriquer avec les pailles tout le fumier nécessaire chaque année.

Les 200 000 kilog. de foin permettront de nourrir journellement 166 quintaux de poids vivant, soit 166 kilogr. par hectare, ou plus de la moitié du poids que l'assolement quadriennal soutenu par une sole de luzerne permet de posséder.

En ayant égard aux chiffres que j'ai inscrits (page 145) et au rapport existant entre les capitaux libres et les capitaux fixes, on constate que cet assolement oblige à posséder par chaque hectare un capital d'exploitation variant entre 470 et 500 fr.

En résumé, l'assolement de dix ans qu'on a adopté sur les terres de bonne qualité dans le haut Languedoc, est sans contredit celui qui répond le mieux au climat et au sol de cette ancienne et importante province.

CHAPITRE VII.

ASSOLEMENTS DE LA CULTURE INDUSTRIELLE.

—

Assolements biennaux de l'Alsace et de l'Anjou. — *Assolements triennaux* de Lille, de la Brie, du Perche, des environs de Cambrai, de l'Alsace et du fermier Leroy. — *Assolements quadriennaux* du Languedoc, de l'Anjou, de l'Alsace, de la Flandre et de M. Liazard. — *Assolements quinquennaux* de la Flandre, de l'Artois et de l'Alsace. — *Assolements de six ans* de la Flandre, de l'Alsace et de M. Bodin. — *Assolements de sept ans* de la Flandre, de la plaine de Caen, du Grésivaudan et de Grignon. — *Assolements de huit ans* de Lille, de Hazebrouck, de Caen et de la Provence. — *Assolement de neuf ans* de Valenciennes et de Caen. — *Assolement de dix ans* de Saint-Amand et de Bouchain. — *Assolement de douze ans* du comtat d'Orange. — Spéculations animales qu'ils déterminent.

La plupart des assolements appartenant à la culture semi-pastorale et à la culture fourragère sont améliorants. En est-il ainsi des successions de culture qui comprennent une ou deux plantes industrielles? Non, car ces assolements exigent plus de fumier que la quantité qu'on fabrique chaque année avec les matériaux non vendables qu'ils fournissent. C'est pourquoi il faut les ranger parmi les successions de culture épuisante.

On doit conclure de là que les assolements qui appartiennent à la culture industrielle ne peuvent être avantageusement mis en pratique que sur des terres fertiles et sur les exploitations où l'on peut facilement importer du fumier ou des engrais commerciaux très-fertilisants. J'ajouterai que ces successions sont celles qui engagent le capital le plus élevé.

Les assolements de la période commerciale sont très-nombreux et très-différents les uns des autres; je me bornerai à signaler les successions de culture les plus suivies dans les localités où les terres arables sont fertiles, où les capitaux consacrés à l'agriculture dépassent 500 fr. par hectare.

Assolements biennaux. — On a adopté depuis longtemps, dans la fertile vallée du Rhin, un assolement de deux ans conçu comme il suit :

Tabac.   Froment.

Cette succession est bonne, car le froment est précédé par une plante qui laisse en septembre la terre dans un parfait état d'ameublissement et de nettoiement. Si l'on suppose les rendements suivants : blé, 30 hectolitres, et tabac, 1500 kil., on constate qu'il faut faire précéder cette dernière plante par une fumure de 75 000 kilog., et que la culture de ces deux plantes exige un capital d'exploitation qui s'élève en moyenne à 600 fr. par hectare.

On suit dans la même province, sur les sables frais et riches de la vallée traversée par le Rhin, un assolement biennal qu'on rencontre aussi sur les alluvions de la Loire et de l'Authion, dans le département de Maine-et-Loire. Cette succession de culture est disposée de la manière suivante :

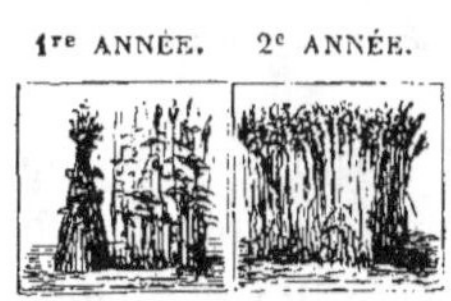

Chanvre.   Froment.

Cet assolement est moins épuisant que le précédent. Il n'exige, d'après les chiffres d'épuisement mentionnés p. 236, si le chanvre fournit 1000 kilog. de filasse et le blé 30 hectolitres, que 30 000 kilog. de fumier par hectare. Cette quantité d'engrais est identique à celle qu'on applique pour la même succession de culture, suivant Leclerc-Thouin, dans les vallées de l'Anjou.

Le froment qui suit le chanvre, plante qui appartient à la classe des plantes étouffantes, est toujours propre et productif.

Ces deux assolements sont soutenus : 1° en Alsace par des matières fécales achetées à Strasbourg, et des prairies arrosées par le Rhin et l'Ill; 2° dans l'Anjou par des prairies naturelles situées sur le bord de la Loire.

Le premier exige 4 hectares, et le second 1 hectare 15 ares de prairies produisant 6000 kilog. de foin par chaque hectare en culture.

Assolements triennaux. — On rencontre aux environs de Lille, et çà et là dans la plaine de la Picardie, de la Brie, etc., un assolement triennal qui diffère de l'ancien assolement de trois ans appartenant à la culture céréale, en ce que la jachère est occupée par du colza. Voici cette succession de culture :

Colza.   Froment.   Avoine.

Cet assolement est excellent, car le froment y est précédé par une plante nettoyante qui résiste très-bien aux fortes fumures et laisse la terre libre au commencement de juillet, ce qui permet de la jachérer jusqu'au mois d'octobre.

Cette succession est souvent suivie dans les environs de Paris sur les fermes où l'on importe annuellement des fumiers provenant des casernes de cavalerie.

Voici, en supposant des produits moyens, la quantité de fumier qu'il exige :

Colza...............	25 hectol. $\times$ 730 kil. = 15 000 kil.
Blé................	26 — $\times$ 500 = 13 000
Avoine	35 — $\times$ 300 = 10 500
Total...........................	38 500 kil.

Soit environ 40 000 kilog. de fumier par hectare, quantité qui rappelle celle qu'on applique en tête de la rotation dans les fermes où cet assolement est mis en pratique.

Si les pailles fournies par les trois plantes étaient utilisées sur place, elles permettraient de fabriquer :

Colza........	5 800 kil. de fumier.
Blé. ......,.................	8 400 —
Avoine........................	7 000 —
Total............. ..	21 000 kil. de fumier.

Ainsi, il faudrait importer chaque année sur le domaine environ 6000 kilog. de fumier par chaque hectare en culture ou posséder en dehors de la rotation une prairie artificielle qui produisît 6000 kilog. de foin et qui aurait une étendue égale aux cinq sixièmes de la surface totale des terres consacrées annuellement à la culture du colza, du blé et de l'avoine.

Le capital libre exigé par cet assolement dépasse 360 fr. par hectare.

L'assolement triennal qu'on rencontre dans les environs de Lille est disposé comme il suit :

Cette succession est bonne si le froment d'automne réussit bien après les betteraves. Toutefois il ne faut l'adopter sur une grande ferme que lorsque les terres sont saines, fertiles et qu'on doit livrer les betteraves à des sucreries ou à des distilleries.

Le temps qui s'écoule entre la récolte du colza et les semailles de betterave est suffisant pour qu'on puisse convenablement préparer les terres occupées par la première sole.

Le colza qui termine la rotation et qui supporte, sans aucun inconvénient, les fumures les plus considérables, peut être précédé par une fumure complète. Si l'on agit de la sorte, le colza occupe la première sole, la betterave la deuxième et le blé la troisième. Ainsi placée, la betterave est productive et toujours plus saccharine que lorsqu'elle vient après une fumure.

Lorsqu'on fume la première sole, on parque la troisième ou on la fertilise avec des tourteaux.

On suit près de Cambrai un assolement qui convient très-bien pour les terres riches appartenant à la petite et à la moyenne culture. Cette succession comprend les plantes suivantes :

Pavot.   Trèfle.   Lin.

Cet assolement est bien combiné. Il est moins épuisant que les deux successions qui le précèdent. Il exige par hectare, à chaque rotation, la fumure suivante :

Pavot.............. 20 hectol. × 700 kil. = 14 000 kil.
Lin........ .. .... 600 kil.   × 1500   = 9 000
    Total...................... 23 000 kil.

Soit environ 25 000 kilog. de fumier.

La paille du pavot et le foin du trèfle ne permettent pas d'en fabriquer au delà de 15 000 kilog. Ainsi c'est 5000 kilog. environ qu'il faut importer annuellement par chaque hectare en culture.

Le capital libre nécessaire pour suivre cet assolement s'élève en moyenne à 340 fr. par hectare.

On a adopté depuis longtemps en Alsace l'assolement triennal ci-après :

Cette succession de culture possède les avantages et les inconvénients de l'assolement en usage dans les environs de Cambrai. Toutefois elle est bien moins épuisante que l'assolement suivant qu'on suit aussi en Alsace :

Un tel assolement convient spécialement aux terres d'alluvion d'une grande fertilité. Le froment est bien placé. On peut aisément le faire suivre par une plante intercalaire : navet, seigle en vert ou trèfle incarnat.

Si les circonstances l'exigeaient, on pourrait remplacer le tabac par le pavot et le lin. Ces deux plantes industrielles seraient très-bien placées, car elles suivraient une plante étouffante.

Enfin je signalerai l'assolement triennal adopté avec tant de succès à Châteaubas (Moselle) par M. Leroy, dont Mathieu de Dombasle a fait connaître les intéressants travaux. Cette succession est combinée comme il suit :

Ainsi, cet assolement comprend deux plantes épuisantes et une plante améliorante. La fumure, qui s'élève à Château-bas, depuis 30 années, à 35 000 kilogr. environ, est appliquée sur la seconde pousse du trèfle et enfouie avec elle pendant les mois de juillet et août. Cette forte fumure et les tiges et les feuilles du trèfle rouge satisfont complétement les exigences du colza et du froment. Ces deux plantes donnent ordinairement de 25 à 30 hectolitres par hectare. Elles sont soutenues par une prairie artificielle, luzerne ou sainfoin, placée en dehors de la rotation.

Voyons quelle doit être l'étendue de cette prairie.

Les plantes exigeront la fumure suivante :

Colza...............	26 hectol. × 730 kil.	= 19 000 kil.
Froment............	30 — × 500	= 15 000
Total.......................		34 000 kil.

Ces plantes et le trèfle permettront de fabriquer la quantité ci-après de fumier :

Froment............	30 hectol. × 320 kil.	= 9 600 kil.
Trèfle	60 quint. × 150	= 9 000
Colza...............	26 hectol. × 230	= 6 000
Total.......................		24 600 kil.

Soit environ 25 000 kilogr.

Il existera donc, entre l'absorption et la production du fumier, un déficit de 10 000 kilogr. Pour combler ce déficit, il faudra récolter plus de 5000 kilogr. de foin, c'est-à-dire avoir environ 1 hectare 25 de luzerne ou de prairie, ou plus du quart de l'étendue du domaine en prairies vivaces.

La ferme de Châteaubas a une étendue de 120 hectares, sur lesquels on compte chaque année 15 hectares de prairies naturelles et 10 hectares de luzerne, soit en totalité 25 hectares ou 1/5 de l'exploitation en dehors de la rotation.

Le retour triennal du trèfle sur le même champ porte à considérer cet assolement comme défectueux. C'est bien à tort qu'on blâmerait M. Leroy de l'avoir adopté. Sans cette succession de culture, qui justifie ce que j'ai dit page 275 en traitant de la sympathie et de l'antipathie des plantes pour elles-mêmes, M. Leroy n'eût certes pas réalisé un bénéfice net s'élevant à plus de 200 000 fr.

Ainsi, après avoir exécuté des labours profonds, des travaux d'assainissement, appliqué de fortes fumures et pratiqué des plâtrages en temps opportun, M. Leroy a constaté que le trèfle non attaqué par l'orobanche peut, sans inconvénient aucun, revenir sur le même champ tous les trois ans.

Jusqu'à ce jour, depuis trente années, les récoltes de Châteaubas ont toujours été propres, vigoureuses et productives.

Assolements quadriennaux. — On rencontre sur les alluvions de la Garonne un assolement de quatre ans combiné de la manière suivante :

Cet assolement est très-épuisant ; on ne peut l'adopter que

sur des terres à la fois fraîches et fertiles. Le maïs et le chanvre sont bien placés ; c'est pourquoi les blés qui leur succèdent sont ordinairement propres.

On suit dans la vallée de la Loire l'assolement ci-après :

Cette succession de culture est bien combinée. Le trèfle occupe une excellente position ; il en est de même du chanvre et du froment. Le trèfle n'est défriché qu'au mois d'avril de l'année où l'on sème le chanvre.

J'ajouterai que les travaux des attelages et de la main-d'œuvre s'y succèdent d'une manière satisfaisante.

Ainsi, on sème le lin en avril, le chanvre en mai, et le froment en octobre ; on récolte le trèfle en juin, le lin en juillet, le froment au commencement d'août et le chanvre vers la fin du même mois.

On peut, au besoin, semer des navets ou du seigle-fourrage après la récolte du froment, puisque la terre ne sera ensemencée de nouveau que pendant les mois de mars ou avril de l'année suivante.

Un tel assolement ne peut être adopté avec succès que lorsqu'on cultive des terres douces, propres et fertiles, et quand on peut acheter des engrais ou lorsqu'on possède des prairies naturelles productives en rapport, quant à leur étendue, avec le nombre d'animaux domestiques qu'il est indispensable d'avoir pour pouvoir fumer les terres à la dose exigée par le lin, le chanvre et le froment.

L'assolement qui précède a un peu de rapport avec les deux

successions suivantes A et B qu'on rencontre dans la vallée du Rhin :

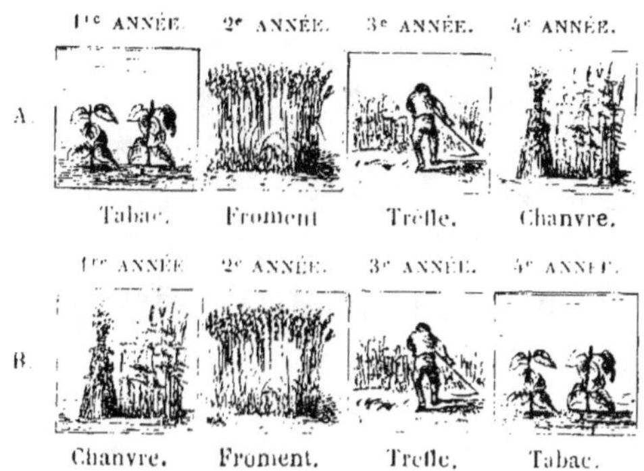

Quelquefois on remplace dans la première succession le chanvre qui termine la rotation par un second froment.

Ces deux assolements sont très-épuisants, exigent des fumures copieuses et ils engagent par hectare un fort capital.

Dans la Flandre, on suit souvent un assolement quadriennal combiné comme il suit :

Cette succession de culture exige des fumures très-abondantes et répétées. En outre, elle oblige à posséder un capital très-élevé. On ne peut l'adopter que sur des terres d'une grande richesse. On ne peut rien lui reprocher quant à la succession des plantes.

M. Liazard, propriétaire agriculteur à Guéménée et lauréat de la *prime d'honneur* du département de la Loire-Inférieure, a adopté sur des terres de landes nouvellement défrichées l'assolement suivant :

Cet assolement est épuisant. M. Liazard le soutient en important en abondance chaque année, sur son domaine, des engrais divers.

Une partie de la troisième sole est souvent occupée par des navets, des vesces et du trèfle incarnat. De là, il résulte que la quatrième sole présente ordinairement de l'avoine d'hiver, de l'orge et du sarrasin.

Assolements quinquennaux. — On suit dans l'arrondissement de Lille trois assolements de cinq ans qui ont beaucoup de rapport entre eux et qui exigent des fumures très-abondantes.

La succession de culture la plus répandue comprend les récoltes suivantes :

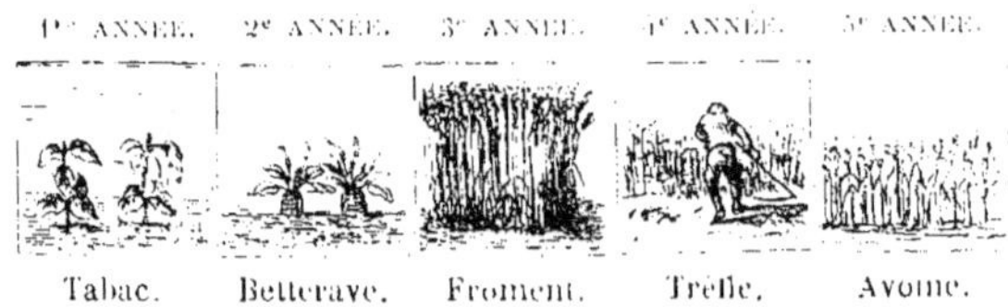

On soutient cet assolement en appliquant par hectare, à chaque rotation, 62 voitures de fumier à deux-chevaux, 10 000 kilogr. de tourteaux et 450 hectolitres d'engrais flamand ou courte graisse.

J'ai dit (page 405), en parlant de l'assolement biennal en usage dans la vallée du Rhin, qu'il fallait appliquer une fu-

mure de 75 000 kilogr. par hectare. Si j'élève la production du
tabac à 2000 kilogr. de feuilles sèches par hectare, et si j'a-
joute au fumier absorbé par cette plante industrielle et par le
froment l'engrais nécessaire à la betterave et à l'avoine, je
trouve que l'assolement de cinq ans précité exige par chaque
rotation plus de 130 000 kilogr. de fumier. Le nombre de
voitures de fumier, la quantité de tourteaux et de courte
graisse qu'on applique dans les environs de Lille, et que j'ai
cités précédemment, confirment entièrement le résultat indiqué par les chiffres que j'ai admis comme représentant
l'épuisement des plantes agricoles.

Cet assolement est mis en pratique sur des terres qu'on
loue de 100 à 150 fr. l'hectare. Il occupe un cheval de travail
par 8 à 10 hectares.

Enfin le capital d'exploitation qu'il exige varie entre 700 et
750 fr.

On rencontre aussi dans les environs de Lille les deux successions suivantes A et B :

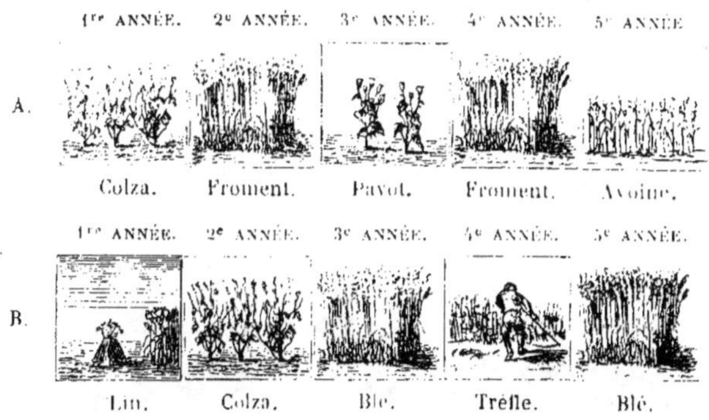

Ces deux assolements sont bien combinés, mais ils sont
aussi très-épuisants. Ils ont une grande analogie avec les
successions de culture A qu'on suit dans les environs d'Ar-

mentières et B qu'on rencontre dans l'arrondissement de Douai.

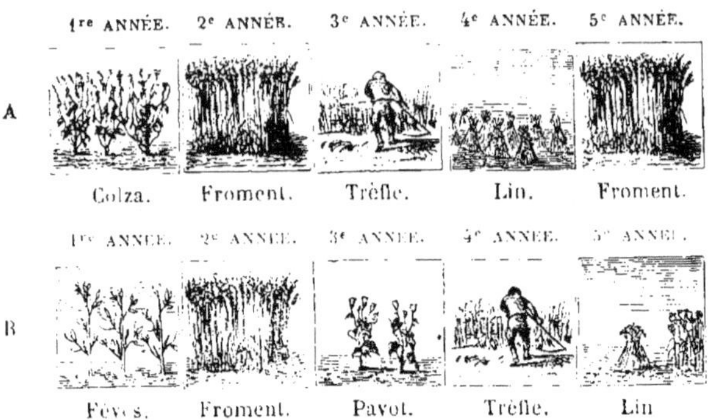

Ainsi, sur les cinq soles on en compte quatre qui comprennent des plantes épuisantes et quatre qui fournissent des matériaux propres à la fabrication des fumiers. De telles successions obligent à acheter annuellement beaucoup d'engrais ou à posséder une grande étendue en prairies naturelles.

Le lin, dans ces deux successions, occupe une excellente position, puisqu'il suit un défrichement de trèfle. Le froment est aussi bien placé. Dans les deux cas, il vient après une plante nettoyante ou étouffante.

Dans les environs de Haguenau on suit depuis longtemps une succession quinquennale différente des précédentes. Elle comprend les cultures suivantes :

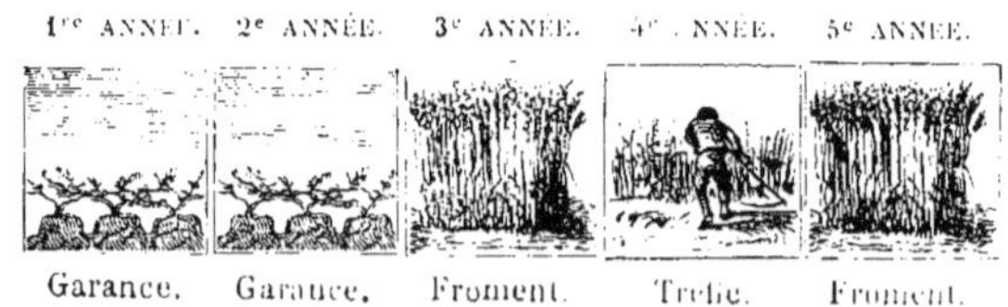

Lorsque les terres sont très-sablonneuses, on remplace le premier froment par du seigle et on cultive de nouveau la garance. Alors la rotation se termine à la troisième année.

Quelquefois encore on réduit l'assolement à quatre soles. Dans ce cas on établit la garancière, qui ne dure que deux années en Alsace (voir LES PLANTES INDUSTRIELLES), directement sur le trèfle, après avoir défriché cette prairie artificielle soit avec la charrue, soit à bras.

Cet assolement, à cause des exigences de la garance, est tout aussi épuisant que les successions de cultures quinquennales qui comprennent deux plantes industrielles : le colza et le lin ou le pavot et le chanvre.

Le trèfle est productif si l'on a soin de le plâtrer. Le sol des environs de Haguenau contient naturellement très-peu de calcaire, qu'il soit siliceux ou argilo-siliceux.

Assolements de six ans. — Les assolements comprenant six soles sont nombreux dans l'ancienne Flandre. On suit dans l'arrondissement de Lille la succession suivante :

Sur plusieurs fermes on remplace le colza par le tabac. Sur d'autres, on fait suivre le trèfle par des céréales, froment et avoine. Cette succession laisse beaucoup à désirer, parce que le lin est alors précédé par deux plantes salissantes.

Enfin, dans les environs de Douai, on remplace le colza par le pavot, qu'on fait suivre par un froment et une orge dans laquelle on sème le trèfle. L'expérience a prouvé cent fois que cette légumineuse réussissait mieux quand elle est protégée par une céréale de mars que lorsqu'on répand sa semence sur un champ occupé par une céréale d'hiver. Le lin, dans cet assolement, termine la rotation et précède par conséquent le pavot.

Ces divers assolements sont très-épuisants, puisqu'ils comprennent cinq cultures très-exigeantes. Dans les environs de Lille, on fume la première, la troisième et la cinquième sole. Quelquefois même on fertilise les deux soles destinées au froment en y appliquant de la poudre de tourteau.

Un compte ayant trait à l'assolement de Lille, et publié il y a quelques années, fait connaître que la culture des plantes qui composent cette succession engage en moyenne 419 fr. 48 c. par hectare. Si l'on suppute ces mêmes dépenses à l'aide des chiffres que j'ai indiqués page 145, on trouve que ces avances s'élèvent en moyenne à 416 fr. 65 c. par hectare.

On rencontre sur quelques fermes situées près d'Hazebrouck un assolement de six années combiné comme il suit :

Ainsi, chaque année le froment occupe la moitié des terres labourables, et la betterave, qu'on cultive comme plante industrielle, les deux sixièmes de leur étendue totale.

La betterave est fumée avec 900 kilogr. de guano par hectare, le froment et le pavot à l'aide de 450 kilogr. de guano. Il suit de là qu'on applique par hectare, pendant la rotation, 3600 kilogr. de guano, soit en moyenne, par an, 600 kilogr. Souvent on remplace 100 kilogr. de guano par 50 hectolitres de vidanges. Lorsqu'on substitue le tabac au pavot, on fertilise la couche arable avec 900 hectolitres d'engrais liquide appliqué à deux ou trois reprises vers la fin de l'hiver, ou en y appliquant 2400 kilogr. de tourteaux.

La betterave cultivée avec cette quantité d'engrais produit

75 000 kilogr. de racines par hectare; le froment donne 30 hectolitres, et le pavot de 20 à 22 hectolitres. Ces rendements ont été obtenus par M. A. Massiet, agriculteur à Hazebrouck.

Ces divers produits, d'après les chiffres inscrits page 223, exigeraient une force totale de 160 000 kilogr. de fumier par hectare. Cette fumure correspond à la quantité de guano appliquée par M. Massiet pendant toute la durée de la rotation.

Enfin, je citerai l'assolement suivant qu'on rencontre en Alsace dans la plaine de Bischwiller :

Lorsque les terres sont sablonneuses, on remplace le froment par le seigle et la betterave par la pomme de terre. Souvent aussi on fait suivre la céréale qui vient après la garance par des navets cultivés en culture dérobée. Enfin, quelquefois on cultive sur la sixième sole du maïs, du chanvre et des topinambours.

Le maïs, à cause de la nature du sol qui est sablonneuse et qui se refroidit lentement à la fin de l'été, mûrit bien ses semences dans les plaines de l'Alsace.

On peut, sur les terres un peu argileuses, remplacer le seigle qui occupe la cinquième sole par du froment d'automne, de l'escourgeon ou une orge de printemps.

Un tel assolement oblige à acheter annuellement beaucoup de fumier ou à posséder une étendue suffisante de prairies naturelles.

M. Bodin, directeur de l'école d'agriculture à Rennes, suit

aussi un assolement de six années. Cette succession de culture comprend les soles suivantes :

Cet assolement est épuisant, mais les terres sur lesquelles il est appliqué sont fertiles et profondes. Les fortes fumures qu'elles reçoivent à chaque rotation leur permet de produire des récoltes très-remarquables. Les agriculteurs qui ont visité la ferme des Trois-Croix sont unanimes à dire qu'il est difficile d'admirer des cultures plus belles et plus productives que celles qu'on y observe tous les ans.

Cet assolement est soutenu par des prairies naturelles et artificielles situées en dehors de la rotation, et par les plantes fourragères annuelles ou bisannuelles que M. Bodin cultive en culture dérobée entre la cinquième et la sixième sole et la dernière céréale, et les betteraves et les pommes de terre qui occupent la première sole.

Assolement de sept ans. — On suit aussi dans l'arrondissement de Lille deux assolements de sept ans qui ont beaucoup de rapports entre eux.

Ces deux assolements sont aussi épuisants l'un que l'autre, puisqu'ils comprennent pour ainsi dire les mêmes récoltes; mais la succession de culture B doit être préférée à l'assolement A, car elle présente deux soles occupées par le trèfle. De plus, le colza de la première sole, en succédant à la prairie artificielle qui termine la rotation, est mieux situé que le colza qui commence le premier assolement. J'ai dit (page 166) que lorsque cette plante industrielle oléagineuse suivait une

tréflière, elle engageait toujours par hectare un capital moins
élevé que quand elle était précédée par une céréale d'automne ou de printemps.

Voici comment ces deux assolements sont disposés :

Dans la succession A, le pavot peut être remplacé par le
lin, le chanvre, la cameline ou le tabac.

Quoi qu'il en soit, dans ces deux assolements, qu'on ne
peut adopter que lorsqu'on exploite des terres de consistance
moyenne, fertiles et abondamment fumées, le froment est
toujours précédé par une plante nettoyante ou étouffante.

L'assolement de sept ans qu'on rencontre dans la plaine de

Caen est moins bien conçu que les successions qui précèdent.
Voici comment il est disposé :

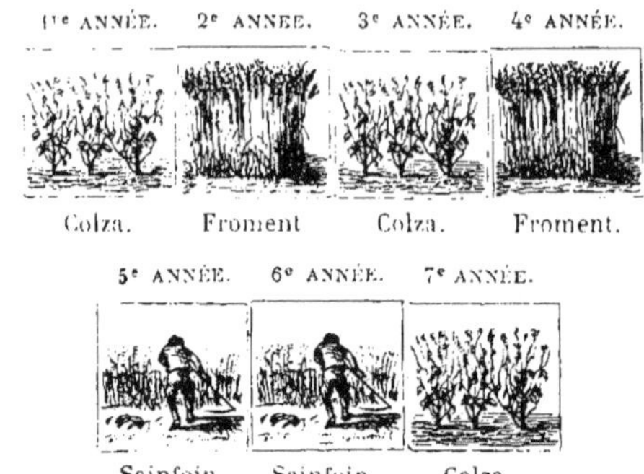

Cette succession de culture laisse beaucoup à désirer. Il est
vrai qu'elle comprend, comme l'assolement B des environs
de Lille, cinq récoltes épuisantes consécutives; mais cette
dernière succession ne présente pas deux récoltes de colza
(première et septième soles) se succédant sur le même champ.

Cet assolement exige une forte fumure. Voici, d'après les
produits moyens qu'on obtient dans la plaine de Caen, la
quantité de fumier qu'il faut appliquer par hectare :

```
Colza................	20 hectol. × 730 kil. = 14 600 kil.
Froment.............	24    —    × 500      = 12 000
Colza................	20    —    × 730      = 14 600
Froment.............	24    —    × 500      = 12 000
Colza...............	20    —    × 730      = 14 600
				Total.................... 67 800 kil.
```

Soit environ 70 000 kilogr. de fumier par hectare.

Les pailles et les foins permettront de fabriquer la quantité
suivante de fumier :

```
Colza...........	20 hectol. × 3 × 230 kil. = 13 800 kil.
Froment.........	24    —    × 2 × 320      = 15 400
Foin............	50 quint. × 2 × 150      = 15 000
				Total.................... 44 200 kil.
```

Soit au maximum 45 000 kilogr.

En conséquence des totaux des comptes qui précèdent, on constate une différence en moins de 23 000 kilogr. de fumier.

Ce déficit existe réellement. C'est pourquoi tous les cultivateurs de la plaine de Caen qui suivent cet assolement septennal sont forcés d'acheter chaque année une grande quantité de tourteaux. Pour que la production du fumier puisse balancer la quantité absorbée par le colza et le froment, il faudrait que les prairies artificielles couvrissent annuellement environ 5 hectares 50 ares. Dans les circonstances actuelles, elles n'occupent que les deux septièmes de l'étendue totale des terres labourables.

Ces faits prouvent une fois de plus la faute commise par les cultivateurs de la plaine de Caen. Le jour où ces agriculteurs reconnaîtront combien est fâcheux l'abus des cultures épuisantes non soutenues par des prairies naturelles ou artificielles, ou par des engrais animaux importés en abondance sur les terres où elles sont pratiquées, il est incontestable qu'ils modifieront leur assolement et qu'ils obtiendront des profits nets plus considérables.

La nature, la fertilité du sol de la vallée du Grésivaudan (Isère) et la facilité avec laquelle le chanvre végète dans cette riche contrée, ont permis d'y suivre l'assolement ci-après :

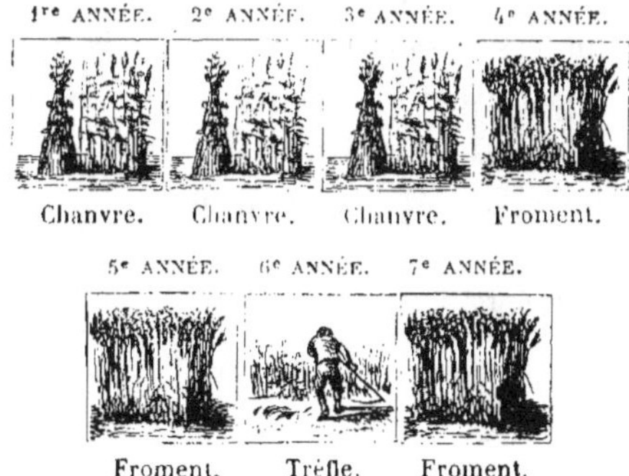

Ainsi, pendant chaque rotation la terre produit six récoltes consécutives. Il faut cultiver des terres fertiles et leur donner une ample fumure pour obtenir, à l'aide d'un tel assolement, des produits toujours abondants, sans amoindrir la richesse de la couche arable.

L'assolement suivi à Grignon depuis 1830 comprend aussi sept soles. Cette succession est conçue comme il suit :

Cet assolement, identique à la succession de culture que Schwerz avait adopté à Hoheinheim, est soutenu par une sole de luzerne et 20 hectares environ en prairies naturelles. Chaque sole a une étendue de 30 hectares.

Les plantes qui composent cet assolement sont bien coordonnées. Leur succession satisfait aux lois physiologiques qui régissent les successions de culture. Toutefois on constate, si l'on a égard à la répartition des travaux des attelages, qu'il laisse beaucoup à désirer sous ce rapport en ce qu'il oblige, pendant les mois d'août, septembre, octobre et novembre, à

1° Fumer la 6e sole, ou 30 hectares ;
2° Labourer la 6e sole, ou 30 hectares :
3° Défricher la 3e sole, ou 30 hectares :
4° Labourer la 5e sole, ou 30 hectares ;
5° Labourer en partie la 4e sole, ou 15 hectares :
6° Rentrer les racines qui occupent la 1re sole.

Ainsi, en quelques mois seulement, il faut, outre la rentrée de la deuxième pousse du trèfle et de la luzerne, terminer la préparation des terres qui doivent être ensemencées pendant l'automne en froment d'hiver, seigle, colza, vesce d'hiver et seigle-fourrage, et transporter à la ferme le produit des 30 hectares consacrés à la culture des betteraves, des carottes et des pommes de terre. Ces travaux sont trop nombreux pour qu'il soit possible de les exécuter en temps opportun avec les attelages qu'exige l'assolement pendant l'hiver, le printemps et l'été. Aussi est-il nécessaire ou de posséder un plus grand nombre d'animaux qu'il est d'usage, ou d'avoir en automne plusieurs chevaux et charretiers supplémentaires.

La cinquième sole est occupée par des vesces d'hiver, des vesces de printemps, du maïs-fourrage et du moha de Hongrie.

Cet assolement produit annuellement beaucoup de fourrages et de paille. Voici les étendues que couvrent les plantes fourragères et les plantes commerciales.

A. *Plantes fourragères.*		B. *Plantes commerciales.*	
Racines...	30 hectares.	Céréales de mars.	30 hectares.
Trèfle...	30 —	Froment d'hiver..	30 —
Vesce, etc.. . .	30 —	Colza	30 —
Luzerne...	30 —	Froment d'hiver..	30 —
Total... ...	120 hectares.	Total... ...	120 hectares.

Si l'on ajoute à la surface consacrée aux plantes fourragères l'étendue occupée par les prairies naturelles, on constate que Grignon a chaque année plus de la moitié de ses terres occupées par des plantes destinées à assurer l'existence du bétail.

Les produits fournis par les plantes fourragères et commerciales permettent de fabriquer annuellement une très-grande quantité de fumier d'excellente qualité; mais cette quantité d'engrais n'est pas tout à fait en rapport avec les besoins des plantes.

Ainsi, si l'on suppute sur les produits que j'ai mentionnés page 243, on constate qu'on doit appliquer sur chaque hectare, à chaque rotation, la fumure suivante :

```
1ʰ.00ᵃ betterave.......  400 quint. ×  65 kil. = 26 000 kil.
0 .50  avoine.........   22 hectol. × 300      =  6 600
0 .50  froment de mars  18   —    × 500        =  9 000
1 .00  froment........  25   —    × 500        = 12 500
1 ,00  colza..........  25   —    × 750        = 18 500
1 ,00  froment........  25   —    × 500        = 12 500
                          Total.................  85 000 kil.
```

On fabrique annuellement la quantité suivante de fumier :

```
1ʰ.00ᵃ betterave ......  400 quint. ×  35 kil. = 14 000 kil.
0 .50  avoine.  .......   22 hectol. × 200      =  4 400
0 .50  froment de mars   18   —    × 320        =  5 700
1 ,00  trèfle..........   55 quint. × 150       =  8 200
1 .00  froment........   25 hectol. × 320       =  8 000
1 .00  vesce, etc......   60 quint. × 150       =  9 000
1 .00  colza..........   25 hectol. × 230       =  5 700
1 .00  froment........   60   —    × 150        =  9 000
1 ,00  luzerne........   60 quint. × 150        =  9 000
0 ,66  prairie naturelle 40   —    × 150        =  6 000
                          Total.................  79 000 kil.
```

Ainsi, il existe annuellement un déficit de 6000 kilogr. de fumier par chaque hectare fumé, soit en totalité, pour les 30 hectares composant chaque sole, 180 000 kilogr.

Ce déficit n'existerait pas si Grignon possédait, comme je l'ai dit page 244, 134 hectares occupés par des plantes fourragères, c'est-à-dire 24 hectares en sus de l'étendue qu'on y fauche annuellement. En effet,

24 hectares × 50 quint. de foin × 150 kil. = 180 000 kil. de fumier.

On comble le déficit en important annuellement des engrais commerciaux. De 1835 à 1849, Grignon a acheté

11 340 hectolitres de poudrette ordinaire et 77 398 kilogr. de tourteaux de colza, soit par an :

      Poudrette............................ 8 000 hectol.
      Tourteau............................. 5 528 kilogr.

Pendant la même période, on a fait parquer 135 hectares 69 ares sur la cinquième sole, soit par an, en moyenne, 9 hectares 98 ares.

Les engrais commerciaux et le parcage complètent la fumure, qui a toujours été jusqu'à ce jour de 90 000 kilogr. de fumier par hectare, soit

      60 000 kil. appliqués sur la 1ᵉ sole pour les racines :
      30 000   —   5ᵉ sole pour le colza.

Cette forte fumure, en excédant les besoins des plantes qui composent l'assolement adopté à Grignon, explique comment Auguste Bella, mon vénéré maître, est parvenu, après trente années de culture, à transformer des terres calcaires de très-médiocre qualité en un sol productif.

Pour bien me rendre compte des effets produits sur les terres de Grignon par la fumure déterminée en 1829 par Auguste Bella, j'ai fait le compte phorométrique de la huitième division pendant sept années, depuis 1842 jusqu'en 1848. Cette division est située sur le plateau; son étendue est de 29 hectares 53 ares. J'ai trouvé, en ayant égard aux quantités de fumier, de tourteaux et de poudrette appliqués, à l'étendue parquée, aux résidus laissés par la sole de trèfle et aux produits fournis par les pommes de terre et betteraves, le froment de mars et l'orge, les blés de Saumur et de Richelle et le colza, qu'il était resté dans le sol, à la fin de la rotation et en faveur de la fertilité de la couche arable, une quantité d'engrais équivalant à 6000 kilogr. de fumier.

L'assolement précité aura bientôt terminé sur cette sole sa cinquième rotation. Alors l'accroissement total de fécondité qu'il aura fait naître pourra être représenté par une fumure de 30 000 kilogr.

En résumé, si cette succession de culture est épuisante, si elle ne permet pas de fabriquer autant de fumier qu'elle en exige, elle est du moins regardée, à bon droit, à Grignon, comme améliorante, grâce à la fumure qu'on lui applique à chaque rotation. Les produits obtenus pendant les trois premières rotations, c'est-à-dire de 1829-30 à 1848-49, justifient, par leur accroissement successif, l'augmentation de fécondité que j'ai signalée dernièrement. Voici les récoltes qui caractérisent le mieux cet accroissement de richesse :

	Trèfle.	Luzerne.	Betterave.
Première rotation..	2500 kil.	3000 kil.	26 000 kil.
Deuxième rotation..	3500	4600	35 000
Troisième rotation..	4000	5500	38 000

	Blé d'hiver.	Avoine.	Colza.
Première rotation..	21 hect.	39 hect.	19 hect.
Deuxième rotation..	23	49	23
Troisième rotation..	25	53	24

Si l'on continue jusqu'à la fin du bail, concédé pour quarante années à la société de Grignon par le domaine du roi le 17 mars 1827, d'appliquer sur la première sole une fumure de 60 000 kilogr., et sur la cinquième une demi-fumure équivalant à 30 000 kilogr. de fumier, la productivité des terres du domaine permettra de pouvoir compter sur des produits plus élevés que ceux obtenus pendant la troisième et même la quatrième rotation.

Les bénéfices annuels réalisés depuis 1827 jusqu'à l'exercice 1852-53 ont été en moyenne, par an, de 26 080 fr. ou 8 fr. 54 c. pour 100 du capital engagé.

L'assolement septennal en usage à Grignon exige, comme toutes les successions de culture appartenant à l'agriculture industrielle, un capital d'exploitation qui ne doit pas être moindre de 600 fr. par hectare, ainsi que je l'ai dit page 141.

Les cultures engagent par hectare les sommes suivantes :

1ʳᵉ sole. Racines		500 fr.
2ᵉ — Céréales de mars		350
3ᵉ — Trèfle		200
4ᵉ — Froment		400
5ᵉ — Fourrages verts		200
6ᵉ — Colza		450
7ᵉ — Froment		400
So'e spéciale. Luzerne		200
Moyenne du capital libre		343 fr.

Or, si on établit la proportion suivante :

$$4 : 5 :: x : 343.$$

on trouve que x, qui représente le capital engagé, égale 275 fr.

Le capital d'exploitation s'élève donc, au minimum, à 618 fr. par hectare.

Voici comment on doit diviser le capital exigé par cet assolement :

A. Capitaux engagés.

Animaux de rente	24 p. 100	156 fr.
Animaux de trait	8 —	52
Mobilier	8 —	52
Engrais	8 —	52
Total		312 fr.

B. Capitaux de roulement.

Main-d'œuvre	10 p. 100	65 fr.
Denrées en magasin	10 —	65
Entretien du mobilier	8 —	52
Valeur locative	14 —	91
Frais généraux	2 —	13
Assurances, prestations, etc.	8 —	52
Total		338 fr.
Total général		650 fr.

La société de Grignon a été fondée avec un capital de

304 800 fr. Cette somme était nécessaire, parce que la société s'était proposée : 1° d'exploiter le domaine et de l'améliorer, c'est-à-dire de capitaliser dans le sol, à chaque rotation, une certaine somme représentée par des engrais ; 2° d'organiser une école d'agriculture ; 3° de construire divers bâtiments ; 4° d'établir des industries accessoires : une féculerie, une magnanerie, une fabrique d'instruments aratoires.

Si l'on prend la moyenne des sommes engagées uniquement par la culture pendant plusieurs exercices, on trouve qu'elle n'a pas dépassé 177 000 fr., savoir :

Animaux de rente et de travail.	75 000 fr.
Denrées en magasin.	25 000
Mobilier.	20 000
Avances aux cultures.	20 000
Frais généraux.	10 000
Fermage.	27 000
Total.	177 000 fr.

Soit 650 fr. par hectare pour les terres labourables et les prairies artificielles et naturelles.

Dans les comptes qui ont été publiés, on a porté les frais généraux et le loyer de 25 000 à 37 000 fr. J'ai supposé que la société payait pour le loyer du domaine non pas seulement 7500 fr. comme il est dit à l'article 7 du bail enregistré à Paris le 24 mars 1827, mais 27 000 fr., soit 100 fr. par chaque hectare de terre labourable, prix auquel on louerait facilement aujourd'hui l'exploitation. Ainsi, d'une part, j'ai réduit les frais généraux, et, de l'autre, j'ai augmenté le prix du fermage. Ces changements ne modifient pas le capital consacré à la culture des terres.

Si l'on ajoute aux 650 fr., représentant le capital d'exploitation, 130 fr. pour le fonds de réserve (voir page 134), le capital général maximum s'élèvera à 780 fr. par hectare, somme bien inférieure à celle de 1000 fr., que plusieurs écrivains agricoles ont regardée comme indispensable pour mettre en pratique l'assolement adopté à Grignon.

Le capital engagé dans l'exploitation d'Hohenheim est environ de 660 fr. par hectare. Si ce domaine a été concédé gratuitement, il comprend, par contre, six usines expérimentales diverses : sucrerie, distillerie, brasserie, féculerie, vinaigrerie et une fabrique de boissons de fruits.

Ces divers résultats économiques ne concordent pas avec les conclusions que M. de Gasparin a déduites de l'étude qu'il a faite de cet assolement. Suivant l'honorable agronome, le produit brut moyen de chaque hectare s'élèverait à Grignon à 323 fr. 18 c , les dépenses moyennes à 264 fr., et le bénéfice net à 59 fr. 18 c. Le loyer est porté au taux de 98 fr. 50 c., les frais de culture à 141 fr. 2 c., et les frais généraux à 24 fr. 48 c. Les sommes représentant la valeur du produit brut et les frais de culture sont évidemment trop faibles.

M. de Gasparin aurait désiré qu'on eût appliqué à Grignon, pendant chaque rotation, 225 000 kilogr. de fumier par hectare. Cette fumure extraordinaire, que je dois regarder comme impossible dans la plupart des cas, aurait permis, selon ses prévisions, de récolter par hectare 37 hectolitres 50 de blé, 40 hectolitres de colza, 9000 kilogr. de foin, de trèfle, etc., et cela avec une dépense moyenne de frais de culture s'élevant à 220 fr. par hectare. Ainsi, en appliquant une fumure deux fois et demie plus forte que celle qu'on conduit ordinairement sur les première et cinquième soles, la valeur des produits bruts, dit M. de Gasparin, aurait été de 599 fr. 28 c. au lieu de 325 fr. 18 c. Ces résultats théoriques ne peuvent être pris comme base. En effet, en 1852-53, la valeur du produit brut fourni par la culture s'est élevé à 508 fr. 47 c., avec une fumure de 90 000 kilogr. seulement par hectare. En appliquant, comme le recommande M. de Gasparin, une fumure totale de 225 000 kilogr., on engagerait, par l'engrais seulement, 312 fr. 42 c. par hectare et par an, et la valeur du fumier dépasserait de plus de 100 fr. les frais de culture que M. de Gasparin a déterminés pour le cas où l'assolement Grignon serait traité au *maximum!*

La succession suivie à Grignon permet, telle qu'elle est coordonnée, l'entretien d'une vacherie, l'élevage de l'espèce porcine et l'engraissement des bêtes bovines, ovines et porcines. Elle se prête mal à la multiplication des bêtes à laine, parce que les terres sur lesquelles on l'applique ne présentent ni pâturage ni parcours pendant les mois de février, mars, avril, juin et juillet.

À Grignon, on ne se livre à l'élevage des bêtes bovines et ovines que parce que l'instruction des élèves de l'école impériale d'agriculture le commande.

Certes, si cette école n'eût pas été annexée à la ferme, on se serait borné à produire du lait et à engraisser pendant l'automne et l'hiver des vaches et des moutons, après les avoir *embauchés* sur les regains de luzerne et sur les chaumes.

En résumé, l'assolement de sept ans est pratiqué à Grignon avec des avantages incontestables, mais il a aussi ses inconvénients. Quoi qu'il en soit, soutenu par une bonne fumure, il a permis à Grignon, sur des terres pauvres, d'obtenir avec le temps des récoltes entièrement semblables à celles qu'il a données, de 1832 à 1841, à Hohenheim, où les terres, dès 1832, avaient acquis pour ainsi dire leur maximum possible de fécondité.

Assolements de huit ans. — On rencontre dans les environs de Lille deux assolements de huit ans qui comprennent l'un et l'autre un huitième en colza, un huitième en trèfle, un huitième en lin et quatre huitièmes en céréales d'automne et de printemps.

Voici comment est disposé le premier :

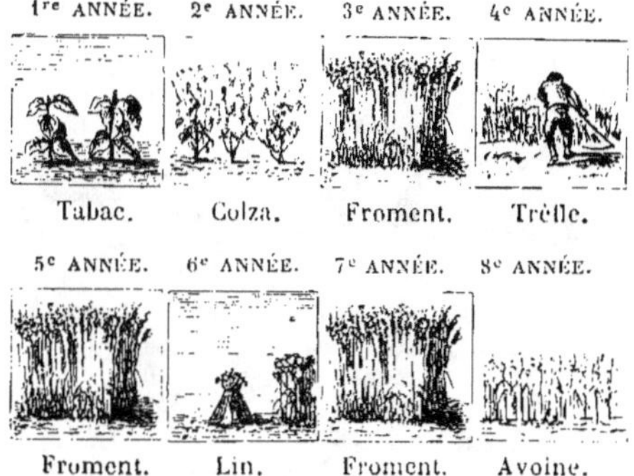

Le tabac est précédé par 50 000 kilogr. de fumier et 8800 kilogr. de tourteau, ou 330 hectol. d'engrais flamand et 6600 kilogr. de tourteau. On fertilise de nouveau la terre à la cinquième et à la sixième année en appliquant par hectare 165 hectol. d'engrais liquide ou 1100 kilogr. de tourteau.

On considère que 100 kilogr. de tourteau ont une action fertilisante égale à celle que possèdent 10 hectolitres d'engrais flamand ou gadoue. Il suit de là qu'on applique par hectare, pendant chaque rotation, 12 100 kilogr. de tourteau pouvant équivaloir à 170 000 kilogr. de fumier.

Cette fumure considérable est rationnelle. Ainsi les plantes absorberont :

Tabac...............	20 quint.	$\times$ 4000 kil.	= 80 000 kil.
Colza...............	30 hectol.	$\times$ 730	= 23 000
Froment.............	30 —	$\times$ 500	= 15 000
Froment.............	30 —	$\times$ 500	= 15 000
Lin.................	8 quint.	$\times$ 1500	= 12 000
Froment.............	30 hectol.	$\times$ 500	= 15 000
Avoine..............	40 —	$\times$ 300	= 12 000
Total...............			= 172 000 kil.

Les produits sur lesquels j'ai supputé sont identiques aux récoltes qu'on obtient ordinairement dans les environs de Lille sur des terres riches abondamment fumées.

Le second assolement est moins exigeant, parce qu'il ne comprend pas de tabac. Il est conçu comme il suit :

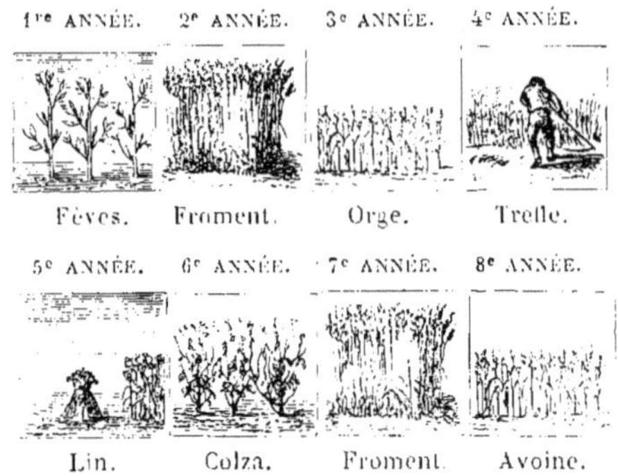

Le lin, dans cette succession de culture, est mieux placé que dans l'assolement qui précède.

L'assolement de huit ans qu'on observe dans la plaine de Caen est plus épuisant encore que l'assolement de sept ans que j'ai mentionné page 422. Voici comment il est disposé :

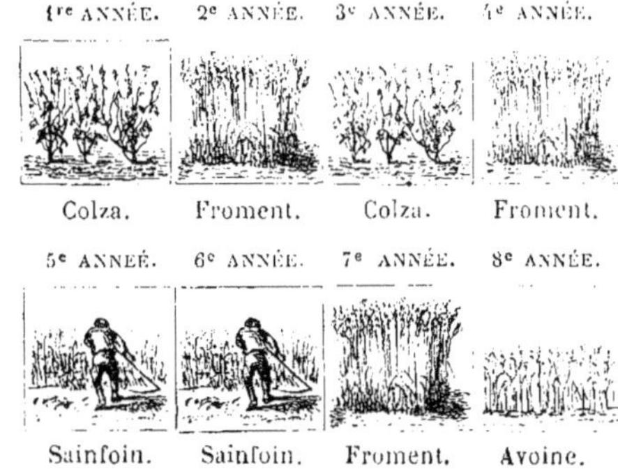

Ainsi, sur 8 hectares, on observe chaque année 2 hectares en colza et 4 hectares en céréales, soit en totalité 6 hectares qu'on fertilise le plus ordinairement au moyen du tourteau.

Cette succession de six récoltes épuisantes ne permet pas de considérer cet assolement comme bon pour des terres d'une fertilité très-ordinaire et généralement très-peu fumées.

L'assolement suivi dans les environs d'Hazebrouck a les mêmes défauts, quoiqu'il comporte une sole en jachère. Il est disposé comme il suit :

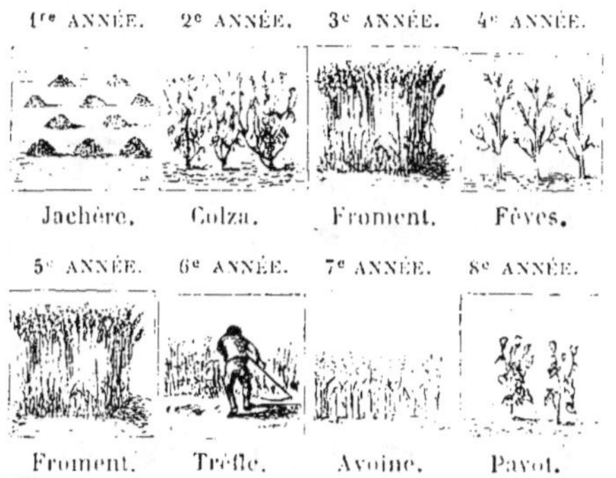

Le pavot serait certainement mieux placé s'il suivait le trèfle. Néanmoins, cet assolement convient spécialement pour les terres argileuses ou fortes, riches et bien fumées.

Enfin, je signalerai l'assolement de huit ans qu'on rencontre en Provence sur des terres d'alluvions fertiles :

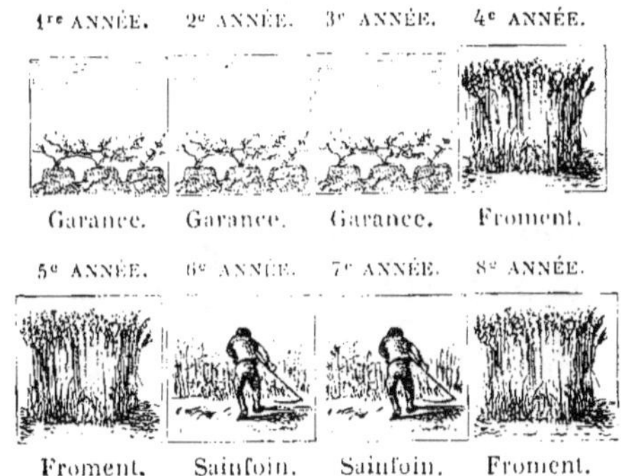

Cette succession est bien conçue. Il est vrai qu'elle exige une forte fumure et une terre profonde et calcaire ; mais, si elle engage un capital élevé, elle permet aussi d'obtenir des récoltes toujours propres et productives.

Assolements de neuf ans. — J'ai dit que l'assolement de huit ans suivi dans la plaine de Caen était épuisant et mal combiné. La succession de culture de neuf années qu'on y rencontre est encore plus mauvaise. Elle est conçue comme il suit :

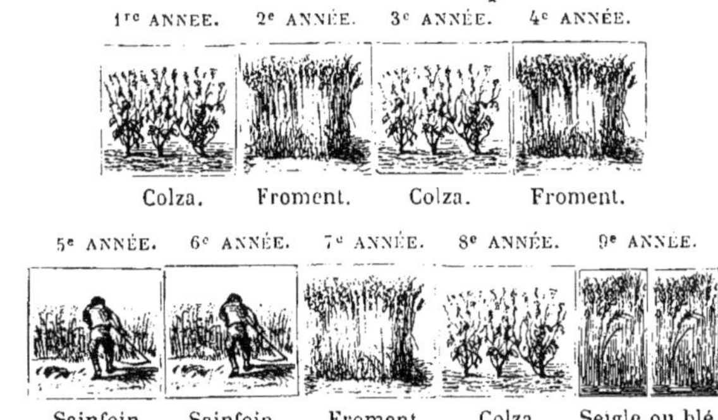

Ainsi, les terres sur lesquelles on met en pratique cet assolement produisent sept récoltes consécutives très-épuisantes. Une telle succession de culture doit être proscrite.

On doit lui préférer à bon droit, sur les terres de consistance moyenne, fraîches et fertiles, l'assolement suivant en usage dans les environs de Valenciennes :

Le lin après trèfle est bien placé; il en est de même des céréales qui le suivent. Un sol fertile, bien fumé, mais envahi par de nombreuses plantes nuisibles, ne permettrait pas d'adopter cette succession de culture, qui ne comprend qu'une plante nettoyante.

Assolements de dix ans. — On suit dans la Flandre plusieurs assolements de dix ans dans lesquels les plantes industrielles alternent avec les plantes céréales alimentaires. Ceux qu'on rencontre dans les environs de Saint-Amand et de Bouchain méritent seuls d'être signalés.

L'assolement suivi près de Saint-Amand comprend les récoltes suivantes :

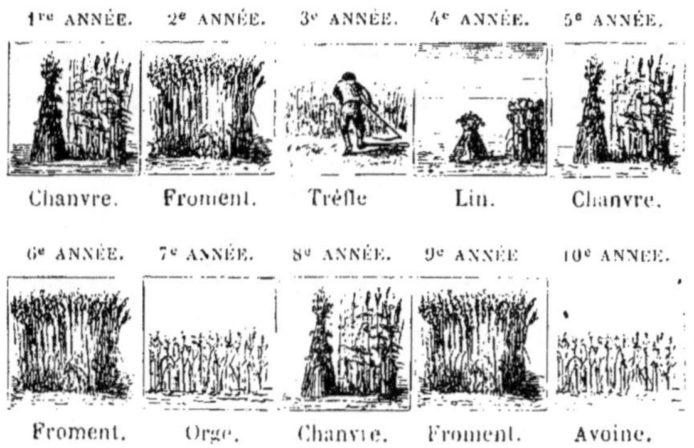

Ainsi, chaque année, on compte sept récoltes épuisantes pour une récolte améliorante !

Il faut cultiver des terres douces, profondes, fraîches, riches et propres pour pouvoir adopter une telle succession de culture. Le retour fréquent du chanvre et du lin oblige à fertiliser la couche arable tous les deux ou trois ans au plus avec des engrais ayant une prompte action.

La culture de toutes les plantes engage en moyenne 480 fr. par hectare.

L'assolement des environs de Bouchain est conçu comme il suit :

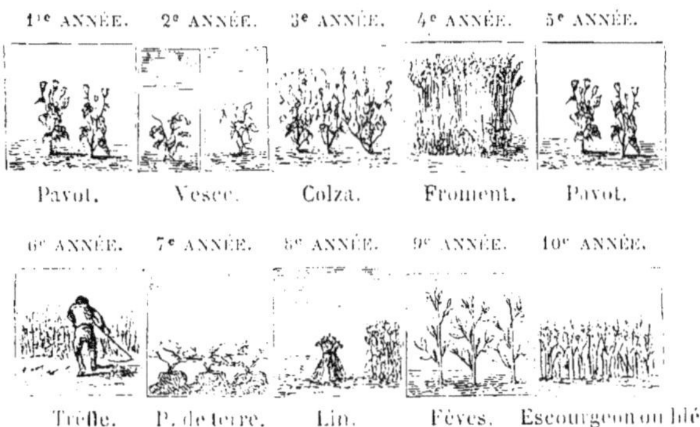

Cet assolement a l'avantage de comprendre cinq récoltes nettoyantes et trois plantes étouffantes. En outre, les plantes à racines pivotantes alternent toujours avec les plantes à racines fibreuses.

Cette excellente succession demande aussi des terres de consistance moyenne, fertiles et bien fumées. Elle exige, comme l'assolement précédent, un fort capital d'exploitation, car elle comprend quatre plantes industrielles qui engagent en moyenne 490 fr. par hectare.

On peut remplacer la pomme de terre par la betterave.

Dans le cas où l'on voudrait abandonner la culture de la vesce et de la pomme de terre, on pourrait adopter la succession suivante :

1° Pavot fumé.	6° Orge.
2° Froment.	7° Trèfle plâtré.
3° Colza fumé.	8° Lin.
4° Pavot.	9° Colza fumé.
5° Fèves fumées.	10° Froment.

Assolements de douze ans. — On suit généralement sur les palus ou terres fertiles, profondes et fraîches du département de Vaucluse un assolement de douze ans combiné comme il suit :

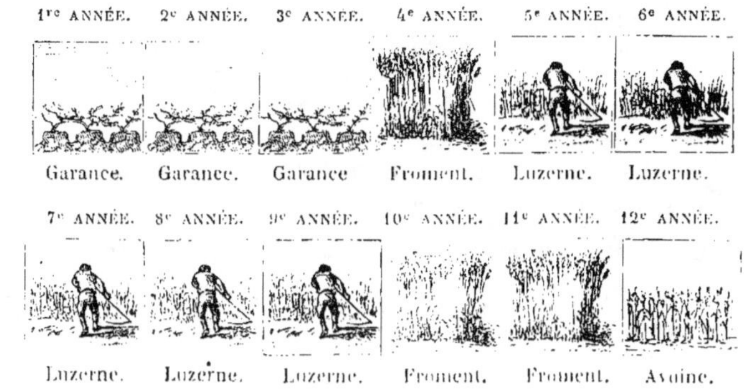

Cet assolement exige une fumure considérable, que M. de Gasparin évalue à 200 000 kilogr., et qui laisserait dans la couche arable, à la fin de chaque rotation, une fécondité équivalente à plus de 125 000 kilogr. de fumier. Enfin, suivant ce savant agronome, les pailles et les foins qu'il fournit permettraient de fabriquer autant d'engrais qu'il convient d'en appliquer par hectare.

Voici, si l'on suppute sur des produits moyens et si l'on a égard aux chiffres inscrits page 227, la fumure que demande cet assolement :

```
Garance (racines).... 30 quint. × 2000 kil. = 60 000 kil.
Froment............. 30 hectol. ×  500      = 15 000
Froment. .......... 30   —    ×  500      = 15 000
Froment............. 30   --   ×  500      = 15 000
Avoine ... ........ 40   —    ×  300      = 12 0 0
            Total............. ......... 117 000 kil.
```

Soit 120 000 kilogr. de fumier à l'hectare, quantité qui concorde avec les plus fortes fumures qu'on applique dans le comtat sur les terres consacrées à la culture de la garance. (Voir LES PLANTES INDUSTRIELLES.)

Les pailles et le foin de luzerne fourniraient la quantité suivante de fumier :

Froment	90 hectol. × 320 kil.	=	28 800 kil.
Avoine	40 — × 200	=	8 000
Luzerne	500 quint. × 150	=	75 000
Total			111 800 kil.

Ainsi, malgré les quatre soles de luzerne, qui sont très-productives, il n'y a pas équilibre entre la consommation et la production du fumier.

Cet assolement exige un capital d'exploitation très-élevé. Voici les capitaux engagés par la culture des plantes qu'il comprend :

Garance	2500 fr. × 3 ans	=	7500^f,00
Froment	400 × 3 hectares	=	1200 ,00
Luzerne	200 × 5 —	=	1000 ,00
Avoine	250 × 1 —	=	250 ,00
Moyenne par hectare.			827^f,50

M. de Gasparin évalue le capital exigé par les cultures à 437 fr. 36 c., moins la valeur locative du sol et les frais généraux.

Les terres paludéennes, où cet assolement est suivi, sont louées en moyenne 250 fr. l'hectare.

J'ai porté le produit du blé à 30 hectolitres. On obtient souvent 40 hectolitres à l'hectare. Lorsque la terre est très-meuble, après l'arrachage de la garance, la qualité de froment est toujours moins belle.

Influence de la culture industrielle sur les spéculations animales. — L'influence exercée par les assolements industriels sur les spéculations animales résulte plutôt de la manière d'être des plantes qu'ils comportent que de la nature des terres sur lesquelles on les applique.

Lorsque les plantes sont toutes industrielles, il est évident qu'il faut le concours de très-grandes étendues de prairies naturelles pour qu'on puisse élever ou engraisser des animaux domestiques.

Quand les assolements renferment des plantes fourragères diverses, telles que betterave, vesce, trèfle, sainfoin; etc., ou qu'on peut disposer d'une certaine quantité de pulpe de betterave, il est facile ou de spéculer sur la production du lait ou la fabrication du fromage, ou d'engraisser des bêtes à cornes ou des moutons.

L'entretien ou l'engraissement des bêtes ovines constitue toujours, sur les moyennes et les grandes exploitations, une industrie lucrative. Non-seulement les animaux utilisent des productions herbacées, qui, sans eux, seraient complétement perdues, mais à certaines époques de l'année ils parquent les terres labourées ou non et facilitent par là les travaux de culture.

Quoi qu'il en soit, c'est à l'agriculteur industriel, suivant les circonstances au milieu desquelles il est placé, qu'il appartient de déterminer les spéculations animales qu'il peut entreprendre. La nature du sol qu'il cultive, les débouchés qu'il trouve dans la contrée, les récoltes industrielles qu'il peut produire et les engrais qu'il doit fabriquer, exerceront toujours une influence considérable sur les déterminations qu'il pourra prendre.

Enfin, il devra aussi prendre en considération la force du capital qu'il possède. On sait que l'entretien de vaches laitières et l'engraissement des bêtes bovines nécessitent toujours un capital de roulement plus considérable que celui qu il faut posséder quand on veut entretenir ou engraisser des bêtes à laine.

LIVRE VIII.

LES CIRCONSTANCES QUI INFLUENT DANS LE CHOIX
D'UN ASSOLEMENT.

Climat et régions. — Nature du sol. — Fertilité de la couche arable. — Configuration du domaine. — Étendue de l'exploitation. — Bâtiments. — Enclos ou clôtures. — Abondance ou rareté de l'eau. — État des terres du domaine. — Servitudes grevant le fonds. — Mode de culture suivi par le fermier sortant. — Position du cultivateur. — But de l'exploitant. — Conditions imposées par le bail. — Production des engrais. — Engrais minéraux calcaires. — Possibilité ou non d'acheter des engrais. — Jachère. — Prairies naturelles. — Prairies artificielles vivaces. — Quotité du capital possédé. — Abondance ou rareté de la main-d'œuvre. — Animaux de travail. — Spéculations sur le bétail. — Nourriture des animaux domestiques. — Débouchés. — Moyens de transport — Valeur des produits. — Prix de revient de l'unité. — Conclusion.

Influence exercée par le climat et les régions. — Tout cultivateur doit étudier dans tous ses détails le climat dans lequel il habite. Il lui importe, en effet, s'il veut combiner avec succès un assolement, de bien connaître :

1° La température moyenne de l'année ;

2° La quantité de pluie qui tombe ordinairement pendant chaque saison ;

3° Le nombre moyen de jours pluvieux ;

4° A quelle époque les gelées apparaissent en automne et cessent au printemps ;

5° L'intensité du froid pendant l'hiver ;

6° La somme de chaleur de l'été et de l'automne.

En outre, il ne doit pas oublier :

1° Que la *région du Nord* se distingue des autres contrées

par une température plus basse ou des froids vifs et intenses
pendant l'hiver, et quelques fortes chaleurs durant l'été, mais
n'ayant aucun inconvénient;

2° Que la *région de l'Ouest* est caractérisée par une humidité pour ainsi dire continuelle, des hivers très-doux pendant lesquels les gelées durent trois à quatre jours au plus,
et des chaleurs brûlantes durant l'été, ce qui a fait dire
qu'elle avait les avantages et les inconvénients des climats
extrêmes;

3° Que la *région de l'Est* se distingue par un froid sec, des
neiges qui persistent longtemps sur la terre, et en ce qu'elle
n'offre pour ainsi dire que deux saisons : l'hiver et l'été;

4° Que la *région du Midi* est caractérisée par un printemps
presque continuel depuis le mois de septembre jusqu'en juin,
et par des chaleurs excessives et prolongées pendant l'été;

5° Enfin, que le *climat des montagnes* est plus âpre que celui des vallées, et que la *région centrale* tient exactement le
milieu entre la région de l'Ouest et celle du Nord.

Le cultivateur doit donc se rappeler, quand il choisit un
assolement :

1° Que les *pays secs et chauds* permettent d'associer le froment, l'orge, le maïs, l'avoine d'hiver, la gesse, le pois chi-
che, le sainfoin, la luzerne, le lin d'hiver et la cardère, à la
culture de la vigne, de l'olivier, de l'amandier et du figuier;

2° Que les *contrées brumeuses* favorisent la culture avec les
enclos ou soutenue par les pâturages, rendent les prairies
naturelles plus vertes et plus productives, et assurent la réussite de la betterave, des navets, de l'avoine de mars, du sarrasin, du colza, de la navette, du lin de printemps et des
fourrages annuels qu'on fauche pendant les mois de juillet et
août;

3° Que les irrigations rendent possible dans le Midi, même

sur les terrains les plus secs, la culture de toutes les plantes agricoles et qu'elles accroissent l'action des engrais, et par conséquent la productivité des plantes fourragères, alimentaires ou industrielles.

En résumé, quand on combine un assolement, on doit éviter de forcer la nature et ne point méconnaître que les plantes agricoles n'exigent pas toutes la même somme de chaleur et d'humidité pour végéter, fleurir et fructifier, et que les climats obligent le cultivateur, dans les circonstances ordinaires, à multiplier telles ou telles plantes, de préférence à telles ou telles autres.

Influence exercée par la nature du sol. — La couche arable, par les propriétés physiques et chimiques de ses éléments constitutifs, exerce aussi une grande influence dans le choix d'un assolement.

Le cultivateur doit examiner avec soin, avant d'arrêter et de grouper les plantes qu'il peut cultiver :

1° Si le sol qu'il exploite est argileux ou calcaire, sablonneux, granitique ou schisteux ;

2° S'il repose sur un sous-sol perméable ou imperméable, actif ou inerte ;

3° S'il est très-humide en automne ou au printemps, et sec pendant cette dernière saison et durant l'été ;

4° S'il se durcit superficiellement sous l'influence des hâles de printemps et d'été ;

5° S'il se prend en mottes et à quel moment, et si ces mottes sont faciles à briser ;

6° S'il est soulevé par les gelées et si les céréales d'hiver qui suivent des plantes sarclées ou un défrichement de trèfle, de luzerne ou de pâturage, sont sujettes à y être déchaussées ;

7° S'il se refroidit promptement en automne et s'il est tardif au printemps.

Ce n'est que lorsqu'on a bien étudié ces divers points qu'on peut prévoir les obstacles qu'on aura à vaincre pendant la *culture de transition* et connaître si l'on peut, sans aucun invénient, renoncer à la jachère, et quelles sont les plantes dont la culture est avantageusement possible.

Lorsque les terres de l'exploitation offrent peu de variation dans leur texture, on doit suivre un seul assolement. Il n'en est pas de même quand elles sont argileuses ou siliceuses sur un point, ou crayeuses, ou granitiques sur un autre ; dans cette dernière hypothèse, il est nécessaire, si l'on veut réussir, de combiner deux successions de cultures différentes. Un assolement mis en pratique et sur des terres compactes et sur des sols légers, ne donne jamais de résultats satisfaisants, parce que, s'il convient aux premières, il ne réussit pas sur les autres, et *vice versa*.

Influence exercée par la fertilité de la couche arable.— Il est nécessaire, avant d'approprier un assolement à une exploitation, de déterminer aussi exactement que possible le degré de fertilité de la couche arable, afin de savoir à quelle période de fécondité elle appartient. Ainsi il est nécessaire de connaître si le sol doit être classé au rang des terres pauvres, ou des sols de moyenne fécondité, ou des terres riches, ou s'il réside encore dans la période pacagère ou la période fourragère, ou s'il appartient à la période céréale ou à la période industrielle.

Je rappellerai que j'ai indiqué (page 23) les plantes que l'on doit cultiver sur les sols pauvres et celles que l'on peut multiplier sur les terres riches et les sols très-fertiles.

Influence exercée par la configuration du domaine. — Un domaine peut être situé au milieu d'une plaine, dans une vallée, sur un versant ou au sommet d'une montagne. La nature des terres, la perméabilité ou l'imperméabilité du sous-sol, l'altitude, les abris naturels, et la manière du climat, rendent ces diverses situations plus ou moins favorables à la vie des plantes et à l'existence des animaux, et détermine toujours des assolements spéciaux.

Les terres labourables sont toujours divisées en champs contigus les uns aux autres et composant un domaine arrondi, ou en pièces plus ou moins séparées et formant une propriété morcellée.

Lorsque la ferme est d'un seul tenant, on peut, si le sol est homogène, y adopter un seul assolement. Quand elle est morcellée, alors surtout que plusieurs champs sont très-éloignés des bâtiments, il est souvent très-utile d'établir sur ces derniers des cultures spéciales appartenant à un assolement différent de la succession de culture adoptée sur les pièces plus rapprochées du corps de ferme.

Les plantes fourragères à racines vivaces : luzerne, sainfoin, etc., conviennent particulièrement aux champs très-éloignés, parce qu'elles n'obligent pas les attelages à des déplacements ou des pertes de temps aussi fréquents que ceux exigés par la culture des plantes alimentaires et des plantes industrielles.

En général, la culture des terres morcelées est plus difficile et plus coûteuse que l'exploitation des terres arrondies ou des champs groupés autour des bâtiments ; en outre, la culture libre y est plus difficile et souvent même impossible.

J'ajouterai que les terres des vallées et celles des plaines sont ordinairement meilleures, c'est-à-dire plus fertiles et plus profondes que les terres situées sur les versants et les montagnes, et qu'on peut y adopter des successions de culture plus compliquées et plus exigeantes que celles qu'on doit suivre sur les sols accidentés de qualité secondaire.

Influence exercée par l'étendue du domaine. — Une ferme peut appartenir, suivant son étendue, à la petite, à la moyenne et à la grande culture.

Quand le domaine est grand et lorsque les terres sont pauvres, on doit, si on a peu de capitaux, cultiver de préférence les plantes qui exigent le moins de travaux de main-d'œuvre. Ainsi, dans cette circonstance, on doit accorder la préférence aux assolements qui appartiennent à la culture semi-pastorale ou à la culture céréale soutenue par la jachère. Il faut être propriétaire du fonds ou fermier avec un long bail, et avoir un capital d'exploitation très-élevé pour pouvoir adopter, sur une grande exploitation, un assolement appartenant à la culture améliorante.

La petite culture qui a suffisamment de capitaux doit cultiver les plantes qui donnent par hectare le plus grand produit net. La plupart des assolements industriels sont mis en pratique dans la Flandre, l'Artois, l'Alsace, etc., par la petite et la moyenne culture. Il en sera toujours ainsi. C'est que partout les travaux exécutés dans ces deux systèmes de culture sont aussi parfaits que possible ; c'est que partout aussi il est plus facile de fumer abondamment un champ d'une faible étendue qu'une pièce ayant une très-grande surface.

En résumé, les assolements en usage sur les petites et les moyennes exploitations sont plus complexes, plus difficiles à bien combiner que les successions qui doivent être appliquées sur de grandes fermes appartenant encore, par la fertilité de leurs terres, à la période fourragère et à la période céréale.

Influence exercée par les bâtiments d'exploitation. — Il est très-utile, avant d'arrêter définitivement un assolement, d'examiner si les bâtiments sont en rapport par la surface qu'ils occupent, la capacité qu'ils présentent et leur disposition intérieure, avec la culture nouvelle qu'on veut suivre, les produits qu'on est en droit d'en espérer et le nombre d'animaux de travail ou de rente qu'on pourra nourrir.

Les bâtiments peuvent être réunis en un seul corps de ferme ou isolés çà et là sur le domaine. Lorsque ces bâtiments sont très-éloignés les uns des autres, ils obligent à suivre plusieurs assolements, afin de faire naître plus spécialement :

1° Les plantes céréales sur les points où elles doivent être conservées ;

2° Les fourrages près des endroits où sont situés les locaux destinés aux animaux domestiques.

Les bâtiments isolés rendent la direction d'une exploitation plus difficile et la surveillance moins parfaite. Les mêmes remarques concernent les constructions qui sont situées à l'une des extrémités d'un domaine ayant une grande étendue.

La position la meilleure, celle qui se prête le mieux à tous les systèmes de culture et d'assolements, c'est lorsque les bâtiments occupent à peu près le centre de l'exploitation.

Influence exercée par les clôtures ou les enclos. — Les champs composant un domaine peuvent être séparés les uns des autres par des fossés et des ados avec ou sans essences forestières, ou par des haies vives. Les champs ainsi entourés constituent ce qu'on a appelé *les enclos*.

Les clôtures rendent possible l'adoption des assolements appartenant à la culture pastorale mixte. Non-seulement elles favorisent la végétation des plantes qui forment les pâturages, mais elles permettent, surtout lorsqu'elles se composent de haies vives élevées, de tenir le bétail dehors, nuit et jour, depuis le mois de mai jusqu'à la fin de septembre ou d'octobre.

De plus, si ces clôtures sont en bon état d'entretien et si elles sont suffisamment défensives, elles diminuent les frais de surveillance du bétail, puisqu'elles permettent de l'abandonner entièrement à lui-même dans les pâturages.

Les *assolements avec pâturage en liberté* sont presque impossibles si les terres labourables ne sont pas subdivisées par des clôtures vives et sèches.

Influence exercée par l'abondance et la rareté de l'eau. — Une eau abondante et ruisselante et dominant une partie des terres arables rend possible l'adoption des *assolements à céréales* et des *assolements à plantes industrielles*, parce qu'elle accroît, par les arrosages qu'elle autorise, les productions des prairies naturelles ou d'augmenter la surface qu'elles occupent.

Dans le Midi, elle rend plus lucrative la culture de la luzerne, du froment, de la pomme de terre, de la garance, etc.

Les *terres à l'arrosage*, dans la Provence, sont généralement soumises à des assolements spéciaux qu'on ne rencontre pas dans les régions du Nord, du Centre et de l'Ouest.

Il n'est pas inutile de rappeler que le *drainage*, en privant les terres de l'humidité qui les rendait d'une culture difficile et en modifiant heureusement, par conséquent, leurs propriétés physiques, permet de remplacer les anciennes successions de culture par des assolements appartenant à l'agriculture progressive.

Influence de l'état des terres labourables. — Le cultivateur qui entre en ferme et qui veut substituer un nouvel assolement à la succession suivie par son prédécesseur, doit examiner :

1° Si les terres ont été bien labourées ou mal cultivées;

2° Si elles sont propres ou envahies par des mauvaises herbes;

3° Si elles ont été épuisées par l'agriculteur sortant.

Si, par l'examen, le cultivateur constate que les labours ont été mal exécutés et que les champs sont remplis de plantes indigènes, il se trouvera dans la nécessité, pendant la *période de transition*, d'adopter la jachère ou d'utiliser celle-ci par des cultures sarclées occupant la première sole de l'assolement qu'il aura combiné.

S'il adopte la jachère, il sera nécessaire qu'il étudie les plantes envahissantes et nuisibles, afin de bien déterminer les époques où elles apparaissent et celles où elles cessent de végéter. C'est quand cette constatation aura été faite avec soin qu'il pourra connaître à quels moments il devra labourer ou herser la jachère, ou sarcler ou biner les plantes à racines ou à tubercules.

Si les terres ont été épuisées par une mauvaise culture, il devra, s'il manque de fumier et si son capital ne lui permet pas d'importer des engrais commerciaux en abondance, prolonger la culture de transition, adopter encore la jachère et y cultiver des plantes destinées à être enfouies comme engrais vert.

Influence des servitudes grevant le fonds. — Il est aussi très-utile, avant d'arrêter un assolement, de connaître si la vaine pâture existe sur le domaine et si on doit, à des moments déterminés, laisser des passages sur les terres arables dans le cas où celles-ci enclaveraient une ou plusieurs des pièces étrangères.

La vaine pâture est une servitude très-onéreuse ; elle s'oppose à l'adoption d'une culture progressive et elle oblige le cultivateur à combiner l'assolement qu'il veut suivre de manière que les terres soient entièrement dépouillées de récoltes à l'époque à laquelle commence le parcours du bétail.

Jusqu'à ce jour, en France, la vaine pâture a été regardée

avec raison comme l'obstacle qui nuit le plus à la propagation des prairies artificielles. Dans les contrées où elle existe encore, elle ne permet pas aux cultivateurs de modifier leur système de culture.

Influence du mode de culture suivi par le fermier sortant. — Tout cultivateur qui entre en ferme doit examiner si la culture suivie par son prédécesseur était épuisante, stationnaire ou améliorante.

Il faut aussi qu'il s'informe si le fermier sortant vendait annuellement du foin, des pailles et des racines ou des tubercules, et s'il achetait des fourrages, des litières et des engrais : fumier, poudrette, tourteaux, et en quelle quantité.

Enfin il doit connaître, par des informations exactes, la fumure qu'on appliquait par hectare, et si cette fumure était renouvelée tous les deux, trois, quatre ou cinq ans.

On ne peut adopter une culture épuisante analogue à celle suivie antérieurement qu'à la condition d'avoir par hectare le même poids brut d'animaux ou d'importer chaque année sur le domaine la même quantité d'engrais.

Influence de la position de l'exploitant. — L'exploitant d'un domaine peut être propriétaire du fonds ou fermier, moyennant une redevance en argent, ou simplement métayer.

S'il est propriétaire et s'il a des capitaux suffisants, il agira dans son propre intérêt, s'il cultive des terres pauvres, en adoptant un assolement appartenant à l'agriculture améliorante.

S'il est fermier, et si le bail qu'on lui a concédé a une durée de 18, 24 ou 27 ans, il pourra, sans aucun inconvénient, suivre le même mode de culture ; si ce même bail est court ou s'il doit durer seulement 6, 9 ou 12 ans, il sera forcé d'adopter une succession de culture appartenant à l'agriculture stationnaire.

Les métayers, dans la plupart des cas, mettent en pratique les assolements que leur indiquent les propriétaires des exploitations où ils résident.

Influence des conditions imposées par le bail. — Le cultivateur exploitant une terre à titre de fermier ne peut pas toujours, suivant son gré, adopter tel ou tel assolement de préférence à telle ou telle autre succession de culture.

Avant de se prononcer en faveur d'un assolement, il doit examiner le bail qu'il a accepté, afin de savoir :

1° S'il est forcé de *cultiver par soles et saisons*, c'est-à-dire s'il doit suivre le système de culture en usage dans la contrée qu'il habite;

2° S'il doit conserver la jachère ;

3° S'il a le droit de vendre des foins et des pailles ;

4° S'il peut cultiver des plantes industrielles : colza, navette, chanvre, etc. ;

5° S'il est autorisé à consacrer la moitié, le quart, le cinquième ou le sixième de l'étendue des terres labourables à la culture de la betterave comme plante saccharifère ou alcoolique ;

6° S'il n'est pas forcé d'avoir chaque année une étendue donnée en prairies artificielles vivaces ou bisannuelles;

7° S'il n'est pas obligé d'appliquer sur les champs jachérés les fumiers fabriqués sur le domaine ;

8° Enfin, s'il a le droit de faire pâturer son bétail sur les prairies et sur les landes communales, et dans les bois et les forêts existant sur le domaine ou appartenant à autrui.

Ces conditions, souvent très-onéreuses pour l'exploitant, obligent ce dernier à suivre un système donné de culture et à choisir tel assolement de préférence à telle succession de culture.

Influence exercée par la production des engrais. — Il

peut y avoir sur une ferme, par rapport à la production des engrais, pénurie, suffisance ou surabondance.

La pénurie oblige, si l'on veut adopter un assolement appartenant à la culture améliorante ou à la culture épuisante, à recourir aux engrais verts ou aux engrais commerciaux, et à prolonger la culture de transition.

La suffisance d'engrais n'existe que lorsque l'exploitation présente une surface considérable en prairies naturelles productives ou quand elle comprend une ou plusieurs usines fournissant des pulpes de betteraves ou de pommes de terre, ou des résidus de brasserie.

La surabondance est plus rare. On ne l'observe que lorsque la ferme est annexée à une poste de chevaux ou lorsqu'elle comprend une industrie qui occupe un grand nombre d'animaux de trait.

Des engrais en suffisante quantité rendent le choix d'un assolement plus facile. Des fumiers en surabondance permettent les cultures les plus épuisantes.

En résumé, la rareté comme la cherté des fumiers rendent le choix d'un assolement plus difficile, si cette succession excède par ses exigences les moyens naturels de fertilisation que présente l'exploitation.

Influence exercée par le but de l'exploitant. — Le cultivateur propriétaire ou fermier peut se proposer, en prenant la direction d'une culture :

1° *D'exploiter uniquement* les terres, et par conséquent de faire fructifier le mieux possible les capitaux qu'il consacre à cette entreprise ;

2° *D'exploiter les terres* et *d'améliorer le fond* par des travaux particuliers : défoncement, drainage, épuisement, destruction des mauvaises herbes, arrosages, ou en suivant une culture améliorante.

En premier lieu, il peut adopter un assolement appartenant à la culture stationnaire ou à la culture épuisante, s'il a assez de capitaux pour acheter les engrais nécessaires au maintien de la richesse initiale des terres.

En second lieu, il est forcé d'avoir un fort capital d'exploitation, d'appliquer de bonnes fumures et de choisir un assolement améliorant appartenant à la culture pastorale mixte ou à la culture fourragère.

Influence exercée par les engrais minéraux calcaires.— On ne peut méconnaître, quand on doit combiner une succession de culture, l'influence si remarquable qu'exercent les chaulages, les marnages, les falunages, etc., sur la végétation du trèfle, du sainfoin, des choux non pommés, du froment, de l'orge, du colza, de la garance, etc., et sur l'action des engrais organiques.

De là, la nécessité de connaître si les terres renferment ou non du carbonate de chaux et si le cultivateur sortant les chaulait, les marnait, et à quelle dose et à quelles époques il appliquait ces engrais minéraux.

On ne devra pas oublier que l'emploi des engrais minéraux calcaires doit être suivi ou précédé par des fumiers ou des engrais verts, et que les chaulages et les marnages, qui engagent des capitaux plus ou moins considérables, selon les circonstances, ne peuvent être faits d'une manière rationnelle que lorsqu'on a prévu leur application au moment où l'on combinait l'assolement.

Influence exercée par la possibilité d'acheter des engrais. — Il est aussi très-important, quand on arrête une succession de culture, d'examiner si on pourra facilement acheter du fumier de cavalerie, des boues de ville, de la poudrette, des matières fécales, du noir animal, du guano, des tourteaux, des cendres pyriteuses, etc.

Dans l'affirmative, il sera utile de connaître à quelles époques et à quels prix les achats pourront être faits.

On ne doit pas oublier que souvent, même lorsqu'on a de nombreux capitaux, il est très-difficile, pour ne pas dire impossible, d'acheter les engrais que l'on désire importer sur la ferme qu'on fait valoir.

Le transport des engrais pulvérulents se fait toujours aisément à de petites comme à de grandes distances. Il n'en est pas de même des fumiers. Ces matières encombrantes ne peuvent pas être transportées d'une manière économique au delà de 24 à 28 kilomètres.

Quoi qu'il en soit, la possibilité d'acheter des engrais de bonne qualité aux prix ordinaires rend la culture de transition plus facile, et seule elle permet de substituer la culture libre à l'agriculture fixe.

Influence exercée par la jachère. — J'ai examiné (p. 266 et suivantes) les avantages et les inconvénients que possède la jachère, et j'ai fait connaître, sous un point de vue général, les circonstances où elle était utile.

Le cultivateur ne peut choisir un assolement sans se demander si elle est nécessaire ou non et s'il peut y renoncer sans inconvénient.

Les terres malpropres l'exigent souvent pendant toute la durée de la culture de transition.

Influence exercée par les prairies naturelles. — Dans les contrées où les terres ne sont pas calcaires et où la culture du trèfle, de la luzerne et du sainfoin est pour ainsi dire impossible, les assolements qu'on y suit ont toujours pour soutien des prairies naturelles.

Lorsque ces prairies sont indispensables, le cultivateur doit connaître, avant d'arrêter un assolement :

1° Si elles sont bien ou mal entretenues, productives ou

non, élevées, moyennes ou basses, sèches ou humides, à une ou plusieurs couches, et si l'on peut ou non les arroser;

2° Si elles fournissent un bon ou un mauvais pâturage pendant les mois de septembre ou octobre;

3" Si elles exigent des soins d'entretien et de régénération;

4° Si l'on peut conserver l'espérance de les rendre plus productives en y appliquant des fumures plus abondantes que celles qu'elles recevaient;

5° Enfin, l'étendue qu'elles couvrent par rapport à la superficie des terres labourables.

Quand les prairies naturelles ont une grande étendue, et lorsqu'elles sont productives, elles permettent d'adopter un assolement à plantes céréales ou une succession de culture à plantes industrielles.

Lorsque, par contre, leur surface est très-faible, on est forcé d'introduire dans l'assolement des plantes fourragères et de le soutenir par une prairie artificielle vivace placée en dehors de la rotation.

Influence exercée par les prairies artificielles vivaces.— Dans quelques contrées, le cultivateur sortant est obligé, conformément au bail qu'il avait accepté à l'époque de son entrée en ferme, de laisser soit le quart, le cinquième, le sixième de l'étendue totale des terres labourables en prairies artificielles vivaces : luzerne ou sainfoin, âgées de deux, trois ou quatre ans.

Ces prairies artificielles rendent plus facile la culture du domaine pendant les premières années. Toutefois, le cultivateur entrant ne doit point se borner à constater leur existence et leur étendue, il faut qu'il suppute la quantité de foin qu'elles peuvent produire, afin de savoir quelle surface il devra accorder aux plantes fourragères annuelles pendant la culture de transition, et s'il ne se trouvera pas momentanément dans la nécessité d'acheter du foin.

Influence exercée par les capitaux possédés. — Il est très-important, si l'on veut réussir dans le choix d'un assolement, de bien supputer les capitaux qu'il engage par hectare et par an. Quand on possède un faible capital, il faut choisir le système de culture qui exige le moins d'avances et les plantes qui fournissent des produits d'une vente facile. La culture industrielle et la culture libre ne sont possibles avantageusement que lorsqu'on possède un capital plus fort que celui qu'elles exigent.

J'ai indiqué (page 144 et suivantes) comment on détermine d'une manière générale le capital minimum qu'on doit posséder pour mettre en pratique l'assolement qu'on a choisi.

Influence exercée par l'abondance ou la rareté de la main-d'œuvre. — L'abondance et la rareté des ouvriers agricoles exercent dans le choix des assolements une influence qu'on ne peut méconnaître.

Lorsque la main-d'œuvre est abondante à toutes les époques de l'année, elle permet la culture des plantes qui exigent par hectare le plus grand nombre de bras. Si elle est rare et chère, elle oblige à cultiver de préférence les plantes qu'on peut semer à la volée et qui n'obligent pas à disposer, à l'époque où on les récolte, d'un grand nombre de journaliers.

Il est aussi très-utile, si l'on habite les environs d'un grand centre industriel, de s'informer si les ouvriers quittent les ateliers, à l'époque des récoltes, pour devenir momentanément des travailleurs agricoles.

Dans plusieurs localités où la population est rare et les travaux de main-d'œuvre très-nombreux, on trouve souvent, à l'époque des récoltes, des auxiliaires intelligents dans les ouvriers composant les émigrations annuelles.

En général, si les ouvriers ruraux sont peu nombreux et si les salaires sont élevés dans les contrées riches et les localités où l'agriculture est en voie de progrès, la main-d'œuvre coûte toujours ce qu'elle vaut dans les pays pauvres où elle est ordinairement abondante, parce que les ouvriers, dans ces contrées, sont peu intelligents et actifs.

Si plusieurs plantes réclament impérieusement l'emploi d'ouvriers ou de femmes travaillant à la journée ou à la tâche, il en existe un certain nombre pour lesquelles on peut très-avantageusement remplacer en grande partie la main-d'œuvre par des machines : houe à cheval, faucheuse et moissonneuse mécaniques, machines à faner et à râteler, etc.

En résumé, avant d'arrêter définitivement un assolement, il faut connaître :

1° Si la main-d'œuvre est rare ou abondante;

2° A quelles époques on peut facilement avoir des ouvriers en grand nombre;

3° Si le salaire des hommes ou des femmes est ordinaire ou très-élevé;

4° Si le prix de revient des travaux de main-d'œuvre sont en rapport avec la valeur brute des produits qu'on se propose de faire naître.

Tout cultivateur ne doit pas oublier que l'agriculture moderne exige plus de bras que la culture qu'on pratiquait il y a un siècle.

Influence exercée par les animaux de trait. — Le cheval est l'animal de trait de l'agriculture progressive et de l'agriculture libre.

Le bœuf, utilisé comme animal de travail, appartient spécialement aux contrées pauvres, aux localités où l'on suit l'agriculture pastorale mixte ou l'agriculture céréale.

Ainsi, les contrées riches, celles où les capitaux sont abondants, où la culture oblige à faire de nombreux transports à l'intérieur des terres ou sur les routes, ont intérêt à avoir des chevaux comme animaux de trait. Par contre, les localités qui suivent des assolements simples ne comportant pas des plantes industrielles et des plantes fourragères-racines, doivent préférer le bœuf au cheval.

De nos jours, dans les contrées où l'agriculture est avancée, les agriculteurs qui ont des distilleries ou des sucreries de betterave et qui peuvent, par conséquent, faire consommer annuellement beaucoup de pulpe, ont des chevaux et des bœufs. Les premiers exécutent les transports, les hersages, les binages avec la houe à cheval, et traînent les semoirs, les râteaux mécaniques, etc.; les seconds servent à labourer, à rentrer les récoltes et à conduire les fumiers sur les champs qu'ils doivent fertiliser.

On emploie aussi le cheval de préférence au bœuf dans les pays où on l'élève, où on s'occupe de le dresser quand il est jeune pour le livrer à la vente quand il a de 4 à 5 ans.

Le mulet et la mule sont nombreux et très-utiles dans les pays accidentés et les plaines du Midi.

Influence des spéculations sur le bétail. — Les spéculations qu'on entreprend avec les animaux de rente peuvent résulter de l'assolement qu'on a choisi ou des circonstances économiques au milieu desquelles on se trouve placé.

Lorsque diverses causes locales, mais influentes, obligent à faire une ou plusieurs spéculations particulières, le cultivateur doit choisir un assolement qui réponde à ces mêmes entreprises par les produits qu'il peut fournir.

La multiplication de l'espèce bovine nécessite l'adoption de la culture pastorale mixte. La culture fourragère, complétée par la stabulation, permet sans doute d'élever de beaux animaux, mais les sujets qu'elle fournit reviennent toujours à un prix très-élevé et ils n'ont jamais cette agilité, cette rusticité, cette énergie, qui semblent l'apanage des animaux qui ont été élevés en liberté et au grand air dans des pâturages.

L'engraissement des bêtes à cornes et des bêtes à laine, qu'on pratique dans les étables depuis l'automne jusqu'au printemps, oblige à cultiver des plantes-racines : betteraves, navets, rutabagas, etc., ou des choux, du seigle-fourrage, du trèfle incarnat, des vesces d'hiver, etc.

L'élevage du cheval impose aussi l'obligation d'adopter un assolement à pâturages ou un assolement appartenant à la culture fourragère. Les jeunes chevaux, dans la plaine de Caen, pâturent les tréflières après avoir été attachés à des piquets à l'aide d'une longue corde. Ce mode de consommation sur place des plantes fourragères est connu sous le nom de *pâturage au piquet*.

L'élevage et l'entretien des bêtes ovines nécessitent un parcours en rapport, quant à sa surface, avec le nombre de têtes que l'exploitation doit avoir. Les assolements appartenant à la culture semi-pastorale et les successions de culture que j'ai rangés dans la culture céréale et qui ont pour base : les uns les pâturages naturels ou artificiels, les autres la jachère nue ou productive, permettent les uns ou les autres d'entreprendre ces deux spéculations.

Ordinairement on spécule fort peu sur la multiplication et la seconde éducation des bêtes à laine, dans les localités où la terre est occupée alternativement par des plantes céréales et des plantes industrielles.

Influence exercée par le mode d'alimentation du bétail de rente. — Les animaux de rente peuvent être nourris : 1° au pâturage pendant la belle saison et à l'intérieur des bâtiments durant l'hiver ; 2° à l'étable pendant toute l'année.

Dans le premier cas il faut, de toute nécessité, adopter un assolement appartenant à l'agriculture pastorale mixte ou à l'agriculture céréale; dans la seconde hypothèse, il est indispensable de choisir une succession de culture faisant partie de la culture fourragère ou de la culture industrielle.

Influence exercée par les débouchés. — Il est très-important de choisir de préférence, quand on combine une succession de culture, les plantes dont les produits se vendent le plus facilement dans la contrée qu'on habite. Aussi est-il utile de bien connaître les besoins du commerce local. Le manque de débouchés oblige souvent à renoncer à la culture de telle ou telle plante industrielle. C'est ainsi que M. Trochu, à Belle-Ile-en-mer (Morbihan), s'est vu forcé, ne pouvant vendre les produits fournis par les colzas, de renoncer à la culture de cette plante oléagineuse. Les mêmes faits auraient lieu si, en Sologne ou au milieu de la Beauce, on substituait au blé ou à l'avoine le pavot-œillette ou la chicorée sauvage à café.

En général, le cultivateur n'a aucun intérêt à produire des denrées commerciales lourdes et encombrantes, quand, pour échanger ces mêmes denrées, il est forcé de s'adresser à des contrées lointaines et à supporter des frais considérables de transport qui élèvent le prix de revient de l'hectolitre ou du quintal métrique au-dessus du prix de vente.

Influence exercée par les moyens de transport. — Les voies de communication : routes, canaux, chemins de fer, exercent une très-grande influence sur la réussite des exploitations qui vendent chaque année les foins, les pailles et les grains qu'elles ont récoltés.

Dans toutes les contrées, les routes qui sont nombreuses et viables, pendant toutes les saisons, rendent plus faciles et moins coûteuses l'exportation des denrées agricoles végétales ou animales et l'importation des matières fertilisantes.

La Flandre doit sa prospérité agricole aux nombreux canaux et aux routes multipliées et toujours en parfait état qui la sillonnent dans toutes les directions.

L'agriculteur qui exploite un domaine très-éloigné de bonnes voies de communication, a intérêt à restreindre la culture des plantes commerciales en faveur des plantes fourragères, c'est-à-dire de faire prédominer les spéculations animales sur les spéculations végétales. On sait que les animaux parcourent bien plus aisément les chemins fangeux et les routes à ornières profondes que les véhicules à deux ou à quatre roues qui sont traînés par des chevaux et des bœufs.

Influence exercée par la valeur des produits. — Il ne suffit pas qu'une plante soit appropriée au climat et à la nature du sol qu'on exploite pour qu'on puisse la faire entrer dans une succession de culture, il faut aussi que la valeur du produit qu'elle fournit soit en rapport avec les dépenses qu'il a occasionnées.

Il est donc nécessaire de connaître ou de prévoir les prix minimum, moyen et maximum auxquels les denrées agricoles pourront être vendues.

C'est en comparant le prix de revient de l'unité (hectolitre ou quintal métrique) au prix commercial moyen, qu'on peut arriver à connaître si la culture d'une plante, dont le rendement par hectare est connu, est onéreuse ou lucrative, et si l'on doit la préférer aux autres plantes appartenant à la même classe ou catégorie.

Conclusions. — Je ne poursuivrai pas ces considérations générales. Celles qui précèdent me paraissent suffisantes pour poser la question qui doit fixer l'attention du cultivateur ; elles me permettent de dire :

Une plante ne doit être introduite dans une succession de culture que lorsqu'elle répond :

1° Au climat qu'on habite ;

2° A la nature et à la fertilité du sol qu'on exploite ;

3° Aux engrais qu'on peut fabriquer ou acheter ;

4° A la main-d'œuvre locale ou fournie par les émigrations ;

5° Au capital d'exploitation dont on dispose ;

6° Aux besoins du commerce de la contrée dans laquelle on habite ;

7° Aux spéculations animales qu'on veut entreprendre.

Je terminerai ces conclusions en rappelant la maxime si vraie qui régit partout les successions de culture et qui ressort naturellement du rapide examen que je viens de faire : *Les circonstances agricoles et économiques déterminent toujours les assolements.*

LIVRE IX.

LA PRATIQUE DES ASSOLEMENTS.

CHAPITRE I.

LES MODES DE JOUISSANCE DU SOL.

—

Les propriétaires cultivateurs. — Les régisseurs. — Les maîtres valets, les métayers. — Les fermiers. — Le propriétaire exploite son domaine comme il l'entend. — Le régisseur agit comme le propriétaire. — Le métayer et le maître valet suivent l'assolement arrêté par le propriétaire. — Les fermiers, suivant les baux qu'ils ont acceptés, sont tantôt forcés de suivre la culture du pays, tantôt libres de cultiver comme ils le veulent.

Les terres labourables qu'on soumet à des systèmes donnés de culture, et sur lesquelles on met en pratique les assolements, sont exploitées par six classes d'agriculteurs, savoir :

1° Les propriétaires ou les pagès ou les biens-tenant ;
2° Les domaniers de propriétés congéables ;
3° Les régissseurs ;
4° Les maîtres valets et les ramonets ;
5° Les métayers, ou les bordiers, ou les colons partiaires ;
6° Les fermiers.

Le propriétaire peut agir avec la plus grande liberté, étant maître de cultiver les terres qui lui appartiennent comme il l'entend. Ainsi, rien ne s'oppose à ce qu'il adopte soit une culture fourragère, céréale ou industrielle, si c'est son bon plaisir, ou qu'il applique sur son domaine un assolement de

3, 6, 12 ou 18 années, qu'il soit bien ou mal combiné par rapport à son action sur la fécondité du sol et au profit net qu'il permet de réaliser.

Le régisseur a la même liberté que le propriétaire, si ce dernier lui a laissé la direction pleine et entière de la culture.

Si le régisseur doit consulter le propriétaire ou faire seulement exécuter les décisions prises par ce dernier, il prend place, quant à son action sur la culture, à côté du colon partiaire.

Le métayer et le maître valet ne sont pas libres de suivre l'assolement qui leur plaît le mieux. Dans la généralité des cas, ils exécutent les ordres du propriétaire, ce dernier s'étant réservé le droit de diriger la culture pendant toute la durée du bail.

Les fermiers forment deux classes bien distinctes de cultivateurs, suivant les conditions que leur imposent les baux qu'ils ont acceptés.

Quand ils doivent suivre la culture en usage dans le pays qu'ils habitent, ou lorsqu'ils ne peuvent changer l'assolement qui était établi sur le domaine à l'époque de leur arrivée, leur liberté d'action n'est pas plus grande que celle dont jouissent ordinairement les métayers et les maîtres valets.

Lorsque, par contre, les baux les autorisent à cultiver selon leur volonté, ils jouissent alors, et alors seulement, de tous les droits que possèdent les propriétaires. Ainsi, ils peuvent suivre une culture épuisante, ou une culture stationnaire, ou une culture améliorante, ou une culture libre, et adopter un ou plusieurs assolements de 2, 3, 5 ou 7 ans, selon la durée des baux en vertu desquels ils remplacent pour ainsi dire temporairement le propriétaire agriculteur.

Il résulte des remarques qui précèdent :

1° Que le propriétaire peut et doit même adopter une culture améliorante, soit qu'il exploite par lui-même, soit qu'il cultive avec le concours d'un régisseur, d'un maître valet ou d'un métayer ;

2° Que le fermier ne jouit de cette liberté que lorsque le propriétaire du fonds lui a permis, par une clause spéciale insérée dans le bail, de considérer la terre comme si elle lui appartenait.

Les clauses restrictives plus ou moins étendues que les baux imposent aux fermiers m'obligent à examiner sommairement, dans les deux chapitres qui vont suivre, les influences qu'elles exercent dans la mise en pratique des assolements.

CHAPITRE II.

LA DURÉE DES BAUX A FERME.

—

Les baux à ferme forment cinq classes distinctes. — Les baux en France ont une trop courte durée. — Ils s'opposent à l'adoption de la culture progressive. — Les longs baux permettent aux fermiers qui ont des capitaux d'exécuter des travaux d'amélioration. — En général, la longueur des baux doit être en raison directe de la mauvaise qualité des terres. — Les baux très-longs peuvent être à rente progressive.

Les baux varient selon les clauses qu'ils renferment et les conditions qu'ils imposent aux exploitants.

On peut les diviser en cinq classes, savoir :

1° Le *bail à ferme* ou le *bail à prix d'argent*, ou le *bail à rente fixe*, ou le *bail à rente progressive ;*

2ª Le *bail à colonage*, ou le *bail du métayage*, ou le *bail à partage de fruits ;*

3° Le *bail à rente foncière*, ou le *bail héréditaire*, ou le *bail à rente perpétuelle*, ou le *bail à métairie perpétuelle*, ou le *bail à locatairie perpétuelle ;*

4° Le *bail à domaine congéable*, ou le *bail à convenant ;*

5° Le *bail emphytéotique*, ou l'*emphytéose*, ou l'*albergement*.

Le bail à ferme, le bail à colonage et l'emphytéose ont une durée temporaire.

Le bail à convenant et le bail à rente foncière ont une durée perpétuelle.

Les baux emphytéotiques ne sont guère en usage que dans les contrées où existent des exploitations sur des terres appartenant aux hospices. Le bail à domaine congéable n'existe que dans la basse Bretagne ; il révèle deux propriétaires, l'un auquel le fond appartient, l'autre qui possède la superficie et l'exploite, et qui paye au premier une rente annuelle déterminée.

Les baux à ferme, les seuls qui méritent de fixer ici notre attention, ont en France une trop courte durée. C'est pourquoi on les regarde à bon droit comme très-onéreux et pour le fermier et pour le propriétaire, parce qu'ils ne permettent aucune amélioration et qu'ils s'opposent à l'adoption d'une culture progressive.

En effet, les baux de 3, 6 ou 9 ans obligent l'exploitant à renoncer aux assolements de longue durée appartenant à la culture améliorante, pour suivre de préférence une succession de culture faisant partie de l'agriculture stationnaire ou épuisante.

Ainsi, par suite de la courte durée d'un bail, un fermier intelligent est forcé de suivre les errements du passé, en se disant à lui-même : Mon prédécesseur a vécu, je vivrai !

Les baux de 12, 18, 24 ou 27 années sont favorables et au propriétaire et au tenancier. Ils permettent d'exécuter des marnages, des labours, des défoncements, des épierrements, des travaux de drainage et d'irrigations, et de suivre une culture véritablement améliorante.

Toutefois, pour qu'un tenancier instruit, intelligent et possédant des capitaux, puisse avec un long bail entreprendre des travaux d'amélioration souvent très-coûteux et adopter une culture qui engage au début, et pour plusieurs années, une partie de son capital d'exploitation, il faut que le bail lui accorde une grande liberté d'action.

Les propriétaires ne doivent pas oublier qu'en augmentant la durée des baux et en n'obligeant plus les fermiers à suivre des assolements qui, dans la plupart des cas, n'ont aucune raison d'être, ils pourront louer leurs terres plus aisément et mieux, parce qu'ils trouveront plus facilement des fermiers instruits, honnêtes, ayant un fort capital d'exploitation.

En général, la durée des baux doit être exactement en raison inverse de la richesse des terres. Ainsi, si la rente du sol est

> supérieure à 60 fr., le bail sera de........ 12 à 15 ans;
> inférieure à 40 fr., le bail sera de........ 18 à 20 ans:
> inférieure à 20 fr., le bail sera de........ 25 à 30 ans.

C'est que plus les terres sont pauvres et difficiles à cultiver, plus sont fortes les avances qu'elles exigent.

Les baux qui ont une durée de 20 à 30 ans peuvent être conçus de manière que la rente du sol soit progressive tous les 6, 8 ou 10 ans.

Un fermier qui ne trouve pas dans la contrée qu'il habite un propriétaire disposé à lui accorder un long bail, doit louer de préférence des terres déjà améliorées ou de bonne qualité.

Or, donc, en général, on gagne plus d'argent en cultivant une terre riche avec un bail très-court qu'en exploitant avec le même bail des terres de médiocre qualité.

CHAPITRE III.

LES CONDITIONS DES BAUX.

La clause surannée des baux. — La défense faite au preneur de dessoler ou de dessaisonner est contraire aux intérèts du propriétaire. — Décision de l'Assemblée constituante. — Tant que les infractions au bail n'ont pas causé un dommage réel au bailleur, ce dernier n'a pas qualité pour actionner le fermier. — Arrèt de la cour d'Amiens. — Obligations que le fermier doit remplir. — Clauses qu'il faut insérer désormais dans tous les baux concédés à des fermiers instruits et honnètes. — Les terres exploitées en France par des fermiers qui ont été autorisés à cultiver comme ils l'entendaient, ont augmenté en fécondité et en valeur vénale.

La plupart des baux à ferme portent la clause suivante :

Le preneur labourera, fumera et ensemencera les terres du domaine en temps comme en saison convenable, suivant l'usage du pays, et ce, sans pouvoir les dessoler ni les dessaisonner.

Cette clause signifie que le fermier :

1° Ne pourra, pendant toute la durée du bail, rompre l'ordre périodique des jachères, c'est-à-dire *dessoler*, *dérayer* ou *dérégler;*

2° N'est pas autorisé à cultiver deux céréales de suite en dehors de l'assolement en usage ou *dessaisonner*.

Cette condition est-elle indispensable? doit-elle être inscrite dans tous les baux? Évidemment non.

L'Assemblée constituante le comprit ainsi lorsqu'elle proclama, il y a plus d'un demi-siècle, la liberté de la culture, et lorsqu'elle regarda la suppression de la jachère comme le moyen le plus certain de favoriser en France les progrès de l'agriculture.

J'ajouterai que plusieurs tribunaux ont aussi reconnu que laisser le tiers ou le quart des terres labourables en jachère était agir contre l'intérêt public.

Mais l'introduction des plantes légumineuses : lupuline ou minette, trèfle, vesce, etc., dans les jachères, constitue-t-elle un véritable *dessolement?* Non, car elle ne rompt pas l'ordre des ensemencements, puisque ces plantes peuvent être suivies, comme la jachère, par des céréales d'hiver.

C'est bien à tort qu'un propriétaire penserait obliger son fermier à suivre la culture du pays, parce que la clause que j'ai mentionnée plus haut aurait été insérée dans le bail arrêté entre eux.

C'est aussi sans motifs plausibles qu'il conserverait l'espérance de faire résilier le bail dans le cas où le fermier suivrait un assolement différent de la succession adoptée dans la culture.

Il est vrai que le propriétaire, aux termes de l'article 1764 du Code Napoléon, a le droit de rentrer en jouissance de sa propriété si le preneur n'exécute pas les clauses du bail; mais on ne doit pas oublier que l'article 1766 du même Code ne fonde de répétitions pour infractions qu'autant que ces infractions ont causé un dommage réel au bailleur.

Ainsi, la demande en résiliation de bail ne peut être faite s'il y a dessolement, comme l'a dit Merlin, qu'à la condition que le propriétaire aura été lésé dans ses intérêts et que le preneur aura détérioré le sol.

La cour d'Amiens, en juillet 1827, a confirmé cette interprétation de l'article 1766. Ainsi, elle renvoya les héritiers Gilbert pour toutes plaintes portées contre eux pour dessolement, dessaisonnement, introduction de prairies artificielles, opérations qu'ils ne contestaient pas, mais qui ne leur étaient pas permises par le bail, parce qu'il fut démontré que ces modifications, les changements apportés dans l'assolement n'avaient point détérioré le fonds.

De ces faits, il faut conclure que le propriétaire qui loue un domaine à un fermier actif, intelligent et ayant des capitaux doit se montrer large, confiant et libéral, et se rappeler que si le preneur ne peut vivre aux dépens de la richesse que les terres ont acquises, il ne doit pas non plus améliorer le fonds sans profit.

Un fermier honnête, auquel on accordera l'indépendance qui rend sa carrière honorable et lucrative, n'oubliera jamais les articles 1728, 1729 et 1766 du Code Napoléon qui lui imposent le devoir :

1° De ne pas faire servir la chose louée à un autre usage que celui pour lequel elle est destinée, c'est-à-dire de ne pas défricher les vignes et les prés naturels, à moins qu'il n'y soit autorisé par une stipulation expresse ;

2° De cultiver en bon père de famille, c'est-à-dire de conserver aux terres leur même degré de propreté et de fécondité ;

3° De payer le prix du bail aux termes convenus.

Il résulte de ces considérations que le bailleur aura intérêt à accepter les clauses suivantes, qui lui seront proposées par tout fermier intelligent :

1° Le preneur cultivera, fumera, ensemencera comme il le jugera, c'est-à-dire aura la faculté de dessoler ou de dessaisonner, à la condition d'assoler pendant les deux ou trois dernières années, de manière à livrer à son successeur les terres assolées suivant l'usage de la contrée ;

2° L'étendue consacrée aux plantes céréales et aux plantes industrielles ne pourra excéder chaque année la moitié ou les deux tiers de la surface des terres labourables ;

3° Le preneur aura le droit, pendan l'année qui précédera

son entrée en jouissance, de semer des graines de prairies artificielles bisannuelles ou vivaces : trèfle, lupuline, luzerne ou sainfoin, dans les céréales d'automne ou de printemps semées par le fermier sortant ;

4" Le preneur laissera à sa sortie un quart ou un cinquième, un sixième, un huitième ou un dixième de l'étendue totale des terres labourables en prairies artificielles vivaces (sainfoin ou luzerne) en bon état d'entretien, et âgées de 3, 4 ou 5 années.

Ces clauses seront naturellement complétées par des articles indiquant :

1° La désignation des terres et des bâtiments ;

2° Le prix moyen de location des terres par hectare ;

3° Que le bailleur fournira au preneur un plan authentique du domaine ;

4" Que le preneur n'est contraint à aucunes faisances et corvées ;

5" Que le bailleur loue le domaine tel qu'il se comporte avec garantie de mesure ;

6" Enfin, les époques auxquelles les terres, les prairies, les vignes, etc., seront livrées au preneur.

Dans la Brie, l'Ile-de-France, la Picardie, la Flandre, etc., où les baux autorisent les fermiers à dessoler et dessaisonner, les terres sont mieux cultivées qu'autrefois, leur fécondité est plus grande et leur valeur locative est beaucoup plus élevée. Les mêmes faits ont lieu en Angleterre, où l'on ne connaît pas les clauses restrictives précitées qu'on regarde en France, à bon droit, comme les plus fortes barrières que l'homme ait pu placer entre les procédés culturaux surannés et l'agriculture moderne et progressive.

CHAPITRE IV.

L'ENTRÉE EN FERME.

—

Le fermier prend ordinairement possession du domaine qu'il a loué à deux époques :

1° En hiver, à la Saint-Martin ou à Noël;
2° Au printemps, en avril ou à la Saint-Jean.

Lorsqu'il entre après les semailles d'automne, il reçoit les jachères et les terres qui doivent être ensemencées au printemps suivant en avoine, orge ou blé de mars.

Quand il prend possession de la ferme après les semailles du printemps, il dispose seulement des jachères et reçoit les autres terres à la Saint-Martin.

Souvent le fermier reçoit les jachères le 11 novembre (à la Saint-Martin), et les terres qui ont porté les deux dernières céréales du fermier sortant le 11 novembre suivant.

Le fermier sortant qui a des céréales à battre, des foins à faire consommer et des pailles à utiliser, jouit, dans plusieurs contrées, du pâturage des terres jusqu'au 15 avril qui suit la dernière récolte qu'il a faite. En outre, il a le droit, dans les localités où le battage des céréales n'a pas lieu en plein air, d'occuper les granges et les greniers jusqu'à la Saint-Jean de la même année.

L'époque à laquelle le fermier sortant remet les prairies naturelles, les prairies artificielles, les arbres à fruits : vignes, noyers, oliviers, etc., varie suivant les localités.

Toutes choses égales d'ailleurs, la livraison des terres, des bâtiments, etc., etc., est partout réglée par l'usage des lieux.

Les fermiers de mauvaise foi, ou qui ont été évincés parce qu'ils cultivaient mal, s'arrangent toujours, avant leur sortie, pour que toutes les mauvaises terres ou tous les champs de médiocre fertilité soient en jachères à l'époque de la première livraison qu'ils doivent faire aux fermiers entrant conformément aux causes insérées dans leurs baux. Les propriétaires peuvent prévenir ces menées spéculatives en désignant dans le bail les pièces de terres qui devront être remises au fermier entrant.

En entrant en ferme, le cultivateur doit :

1° Vérifier ce qu'il a loué, c'est-à-dire visiter les champs, constater leur état et s'assurer ensuite de leur contenance;

2° Examiner sous tous les points de vue les charges passives ou les servitudes qui pèsent sur le domaine;

3° Constater l'état des bâtiments;

4° Étudier le climat qu'il va habiter et la nature des terres qu'il doit cultiver;

5° Étudier les hommes qu'il emploiera soit comme journaliers, soit comme tâcherons, dans le but de connaître s'ils sont moraux, actifs, intelligents, quels sont leurs défauts et s'ils ont des idées préconçues contre les nouveaux instruments et les animaux de races étrangères.

Cet examen terminé, le fermier prendra tous les renseignements possibles afin de supputer :

1° La fumure que le fermier sortant appliquait par hectare ,

2° La quantité de paille ou de foin qu'on lui livre et qui constitue son ensouchement;

3° Le rendement des céréales d'automne et de printemps cultivées par le fermier sortant;

4° Le nombre de quintaux métriques produit par les prairies artificielles annuelles, bisannuelles et vivaces;

5° Le nombre de quintaux métriques de poids vivant entretenu chaque année sur la ferme par le cultivateur sortant;

6° Le degré de fécondité des terres labourables;

7° La quantité d'engrais importée annuellement sur le domaine;

8° La quantité de paille et de foin vendue chaque année par le fermier sortant.

Après ces diverses études, dont on ne peut nier l'importance, le fermier s'occupera des travaux qu'il aura à faire exécuter aussitôt après son installation.

D'abord, il doit examiner s'il est nécessaire d'ouvrir des rigoles d'assainissement dans les prairies naturelles, d'y extirper des ronces, des oseilles, etc., d'y détruire la mousse, d'y enlever des feuilles, et s'il peut les irriguer et y appliquer des composts ou des engrais pulvérulents : guano, charrées, noir animal, etc.

Tous ces divers travaux doivent être terminés avant les mois de février ou de mars. Bien exécutés, ils doubleront la production des prairies si celles-ci ont été négligées par le fermier sortant, comme cela a souvent lieu.

Ensuite, il songera aux luzernières, les hersera en février ou mars si elles sont envahies par des mauvaises herbes, et y fera répandre des cendres pyriteuses, du plâtre, etc.

Au besoin, il pourra les fumer en couverture pendant les mois de novembre et de décembre.

Les terres labourables devront ensuite fixer son attention.

surtout si elles manquent de calcaire et si elles sont sales ou envahies par des plantes vivaces à racines traçantes.

Mais il ne suffit pas de songer à l'état des terres, des prairies artificielles et des prairies naturelles, il faut aussi, si cela est possible, s'entendre avec le fermier sortant, afin de pouvoir semer avant le 11 novembre des vesces d'hiver, de la jarosse, du seigle-fourrage et du trèfle incarnat.

Les baux n'autorisent pas les fermiers sortants à faire ces semis; mais si la ferme n'a pas de prairies artificielles et si les prés y sont peu productifs, on fera bien de demander au fermier sortant l'autorisation d'exécuter de semblables semailles, puisqu'elles permettront au printemps suivant de récolter des fourrages verts.

Enfin, pendant l'hiver qui suivra l'entrée en ferme, l'exploitant cherchera des gisements de marne, de craie ou de pierres calcaires, si le sol qu'il cultive contient peu ou pas de carbonate de chaux; puis il examinera s'il existe des champs humides susceptibles d'être assainis par des fossés ou le drainage.

Un cultivateur qui peut drainer les terres qu'il a louées parce qu'il a des capitaux suffisants et un long bail, doit agir le plus promptement possible, afin de pouvoir profiter pendant longtemps des améliorations qu'il a faites.

Tous ces points une fois bien étudiés, le cultivateur se demandera quel est l'assolement qu'il doit adopter.

Voici comment il devra opérer pour combiner l'assolement ou les successions de culture qu'il aura intérêt à mettre en pratique sur la ferme qu'il exploite :

1° Il prendra note de toutes les plantes fourragères, céréales et industrielles qui correspondent, par leurs exigences, au climat et à la nature, à la profondeur et à la fertilité des terres du domaine;

2° Il examinera ensuite les spéculations animales qu'il peut entreprendre avec profit;

3° Dans le cas où il pourrait vendre facilement et à des prix très-rémunérateurs des pailles et du foin, et importer sur le domaine des fumiers de caserne ou des engrais commerciaux d'excellente qualité, il mettra en parallèle les profits nets qu'il peut réaliser avec les spéculations animales et les bénéfices qu'il obtiendra en vendant une partie de ses pailles ou de ses foins;

4° Il se demandera, en outre, s'il a intérêt à produire en grand : 1° des pommes de terre pour les livrer à la consommation ou à des féculeries; 2° des betteraves à sucre dans le but de les distiller, ou de les vendre à une distillerie ou une sucrerie;

5° Il examinera si la main-d'œuvre est rare ou abondante dans la contrée qu'il habite;

6° Enfin, il étudiera les débouchés que lui offrent les marchés qui l'environnent, afin de savoir s'il vendra facilement les produits végétaux qu'il peut faire naître et les animaux qu'il peut élever ou engraisser.

Si, après avoir étudié ces points divers dans tous leurs détails et sous toutes ses faces, le fermier reconnaît :

1° Qu'il réalisera des bénéfices s'il distille la betterave et engraisse des bêtes à laine et des bêtes à cornes;

2° Que la terre du domaine répond très-bien aux exigences de cette plante-racine;

3° Que le climat qu'il habite permet sa culture, parce qu'il est en général plus humide que sec;

4° Que le bail lui interdit de vendre ses pailles et ses foins;

5° Que la surface restreinte occupée par les prairies naturelles l'oblige à avoir des prairies artificielles vivaces;

6° Que la luzerne et le trèfle végètent facilement sur l'exploitation qu'il cultive ;

7° Qu'il trouvera suffisamment d'ouvriers dans la contrée qu'il habite pour faire biner et arracher les betteraves.

Il notera le nom des plantes qu'il a intérêt à cultiver. Ainsi il inscrira :

1° La betterave à sucre :
2° La luzerne ;
3° Le trèfle rouge.

Comme il est forcé de récolter de l'avoine pour les chevaux de trait, de la paille pour l'empaillement des écuries, bouverie et bergerie, il ajoutera aux plantes précitées :

4° L'avoine de printemps ;
5° Le froment d'automne.

Une fois ces plantes arrêtées, il s'agira de les grouper de manière qu'elles forment un assolement.

On placera la betterave en tête de la succession de culture, car elle résiste bien aux fortes fumures, a une racine pivotante, et appartient à la classe des plantes sarclées ou nettoyantes.

La luzerne sera mise de côté puisqu'elle doit occuper une sole hors de la rotation.

A la suite de la betterave nous placerons l'avoine, qui a une racine fibreuse et qui réussit toujours très-bien après une plante sarclée cultivée sur une sole fortement fumée. On pourra, si l'étendue occupée par cette céréale est trop considérable, cultiver sur la moitié ou le tiers de la sole de l'orge de mars ou du blé de printemps.

Le trèfle viendra naturellement après les céréales de mars, qui assurent toujours sa réussite.

Enfin, après cette légumineuse on inscrira le froment.

Si, après avoir combiné ainsi un assolement à quatre soles,

on constatait, eu égard à l'étendue totale de l'exploitation, que la sole de betterave a une surface trop considérable, on pourrait, surtout si on trouvait avantage à cultiver l'orge de printemps et le froment de mars, diminuer l'étendue occupée par l'avoine dans la deuxième sole et faire suivre le blé d'hiver par une avoine de printemps. Alors on aurait combiné un assolement à cinq soles.

Si l'on conservait l'assolement quadriennal, on aurait chaque année, si l'exploitation comprenait 200 hectares :

Betterave	40 hect.	Froment d'hiver	40 hect.
Trèfle	40 —	Froment, avoine et orge	
Luzerne	40 —	de mars	40 —
Total des fourrages	120 hect.	Total des céréales	80 hect.

Si l'on optait en faveur de l'assolement quinquennal, on aurait tous les ans :

Betterave	$33^{hect},33$	Froment d'hiver	$33^{hect},33$
Trèfle	33 ,33	Céréales de mars	33 ,33
Luzerne	33 ,33	Avoine	33 ,33
Total des fourrages	100 hect.	Total des céréales	100 hect.

Ainsi, en ajoutant une sole de céréale, on diminue l'étendue occupée par les betteraves de 7 hectares, et on augmente de 20 hectares la surface consacrée aux grains farineux.

L'assolement une fois arrêté, on supputera :

1° Le capital que nécessitera la culture des plantes ;

2° Le capital qui sera engagé par l'achat des animaux de rente qu'on doit engraisser tous les ans dans le but d'utiliser les pulpes fournies par les distilleries et les foins produits par les prairies artificielles ;

3° La quantité de fumier qu'on pourra fabriquer et celle qu'il faudra appliquer sur la première sole ;

4° Les époques auxquelles on pourra facilement dégager

les capitaux engagés par la culture des plantes et l'engraissement des bêtes bovines et ovines.

Alors, et alors seulement, on pourra savoir si le capital d'exploitation qu'on possède est assez élevé pour qu'on puisse entreprendre la mise en pratique de l'un ou de l'autre des assolements précités.

J'ai indiqué précédemment comment on parvenait à connaître les capitaux que nécessite la culture des plantes, et le nombre de quintaux vivants qu'on peut entretenir avec une quantité donnée de fourrages secs ou verts.

CHAPITRE V.

LA CULTURE DE TRANSITION.

—

Sous le nom de *culture de transition*, on désigne la culture libre, qu'on adopte par nécessité quand on substitue sur une exploitation un assolement nouveau, mais différent, quant à sa durée et aux récoltes qu'il comprend, de l'assolement qu'on veut abandonner parce qu'il est trop exigeant, qu'il ne fournit pas assez de fourrages, et engage sans profit un capital très-élevé, ou ne permet pas de réaliser un bénéfice net par hectare suffisamment satisfaisant.

La durée de cette culture spéciale est très-variable. Quelquefois on est forcé de la continuer pendant plusieurs années en lui faisant subir des modifications tous les ans. Dans quelques cas, elle ne dure qu'une seule année.

En général, la culture de transition, qu'on désigne parfois sous le nom de *période de transition*, est courte lorsqu'on cultive des terres de bonne qualité, que l'on a des fourrages et des pailles en réserve ou que l'on possède un fort capital d'exploitation.

Cette culture doit être continuée pendant trois ou quatre ans, si l'on exploite des terres pauvres; si l'on manque de litière et de foin, et si le capital dont on dispose ne permet pas de faire à la terre de fortes avances en engrais et en travaux de main-d'œuvre.

La culture de transition est plus ou moins complexe, plus ou moins difficile, selon les circonstances. Si elle n'est pas soumise à des règles invariables, on peut néanmoins signaler quelques principes qui la régissent d'une manière générale. Ainsi, on peut dire :

1º Pendant sa durée, les dépenses augmentent et les recettes diminuent;

2º Elle ne doit comprendre que des plantes céréales et des plantes fourragères;

3º Elle oblige le cultivateur à bien supputer les capitaux qu'elle exige, les époques où elle les engage et celles où elle permet qu'on les dégage;

4º Elle doit être conçue de manière qu'on ne soit pas forcé d'augmenter notablement les animaux de travail et de restreindre le nombre des animaux de rente;

5º Il faut aussi qu'elle soit combinée de telle sorte qu'on puisse asseoir le nouvel assolement sans diminuer considérablement la production de la paille;

6º Son influence est d'autant plus grande sur l'avenir de l'entreprise, qu'elle comprend davantage de plantes nettoyantes et améliorantes, et qu'on peut, pendant sa durée, marner, chauler, défoncer ou assainir les champs sur lesquels elle est établie.

7º Enfin, elle exige qu'on augmente la quantité d'engrais qu'on appliquait par hectare pendant la culture précédente, en important sur le domaine des fumiers et des engrais commerciaux.

Supposons une ferme de 100 hectares soumise à l'assolement triennal suivant :

1ʳᵉ année, jachère ;
2ᵉ — froment ;
3ᵉ — avoine,
avec une sole de luzerne hors de rotation.

Les terres de cette ferme sont argilo-siliceuses, de médiocre qualité et infestées de mauvaises herbes. On se propose de les nettoyer, d'élever leur degré de richesse pour y établir ensuite un assolement de quatre ans appartenant à la culture fourragère.

Chaque sole a une étendue de 25 hectares.

En entrant en ferme à la Saint-Martin (11 novembre), nous trouvons une jachère, un blé qui a été fumé et une sole que nous devrons ensemencer en avoine en mars ou avril. Le froment sera récolté par le fermier sortant.

En novembre et décembre, mais avant l'apparition des grands froids, on labourera la troisième sole, celle qui a porté le froment récolté l'été précédent par le fermier sortant.

Ce labour d'hiver, en exposant la couche arable à l'action simultanée des gels et des dégels, augmentera sa puissance et sa fécondité.

Si les circonstances le permettent, c'est-à-dire s'il existe une marnière sur la propriété, ou si l'on trouve à acheter de la *marne* calcaire dans les environs de la ferme, on marnera la troisième sole ou une partie de son étendue. On devra profiter, autant que possible, des gelées à glace pour transporter et appliquer cet engrais minéral.

En janvier ou en février, si le temps le permet, on labourera pour la première fois la jachère.

Au mois de mars, on fera herser, répandre la marne s'il y

a lieu, et labourer une seconde fois la sole destinée à l'avoine qu'on devra semer ensuite le plus tôt possible.

Quand l'avoine aura trois ou quatre feuilles, on répandra sur 5 à 6 hectares des graines de *lupuline* ou minette, et l'on fera herser de nouveau toute la surface du champ dans le but de faire taller l'avoine et d'enterrer les semences de la prairie artificielle.

Après ce hersage, on labourera une seconde fois la jachère: puis, en mai, on y conduira le fumier dont on pourra disposer. Lorsque cet engrais aura été distribué et enfoui, on sèmera sur toute la partie ainsi fertilisée du sarrasin de Tartarie et du colza destinés à être enfouis comme *engrais vert* pendant l'été. Si l'on manquait de fumier et qu'on voulût utiliser de cette manière toute la surface de la jachère ou semer des *vesces de printemps* sur la partie qui reste à fertiliser, l'on pourrait acheter de la poudrette, du noir animal résidu de raffineries ou du guano. D'un autre côté, on pourrait, sans changer l'ordre de ces cultures, semer des fourrages verts sur la surface fumée en avril ou en mai, et semer des engrais verts sur la partie fertilisée avec des engrais commerciaux.

Pendant les mois de juillet et août, on terminera la préparation de la portion de la jachère qu'on n'aura point fumée et ensemencée.

En août et en septembre, on enfouira les engrais verts, et on labourera pour la dernière fois la partie restée improductive.

Si la jachère était envahie par des plantes indigènes à racines vivaces et traçantes, on éviterait d'y semer des engrais verts et des fourrages. Mais pendant les fortes chaleurs et par un temps sec, on la herserait ou on la scarifierait; puis, à l'aide d'un râteau à cheval fonctionnant en long et en large du champ, on rassemblerait les racines des plantes nuisibles pour les exposer à l'action du soleil et les incinérer aussitôt qu'elles seraient sèches.

Cette importante opération devra naturellement précéder la conduite du fumier. A défaut de râteau mécanique, on fera secouer et rassembler en tas un peu volumineux les racines des mauvaises herbes par des femmes munies de fourches et de râteaux.

Si l'on manquait de main-d'œuvre, on pourrait n'opérer que sur la moitié, le tiers ou le quart de la surface en jachère.

Aussitôt la récolte de l'avoine terminée, on déchaumera une portion de la sole qu'elle occupait pour y semer du *navet turneps hâtif* et du *trèfle incarnat*. Une autre partie pourra être semée en *moutarde blanche*. On complétera ces cultures fourragères en semant en septembre 2 hectares de *seigle-fourrage* et 3 hectares de *vesce d'hiver*.

Au mois d'octobre, on ensemencera la jachère en *blé d'automne*, après y avoir répandu du noir animal, du tourteau ou du guano, si le fumier fabriqué depuis la Saint-Martin n'a pas permis de la fertiliser d'une manière satisfaisante.

Vers la fin du même mois, il faudra faucher la moutarde blanche et arracher les navets turneps.

En résumé, pendant cette première année, nous nous sommes imposé la tâche de bien préparer la jachère, de la débarrasser le mieux possible des mauvaises herbes qui l'envahissaient, ou, en d'autres termes, d'accroître son degré de puissance et de richesse.

Au mois de novembre, l'exploitation présentera :

1° 25 hectares en froment;
2° 5 à 6 — en lupuline;
3° 2 — en trèfle incarnat;
4° 2 — en seigle fourrage;
5° 3 — en vesce d'hiver;
6° 25 — en luzerne.

Après les semailles d'automne , on fera labourer la deuxième division qu'on marnera aussi pendant l'hiver, soit en totalité, soit en partie, suivant les circonstances.

On pourra utiliser la charrue sous-sol sur la partie qu'on consacrera l'année suivante aux plantes à racines et à tubercules.

Cette division a porté le blé que le fermier sortant a récolté aux mois de juillet et août; elle sera semée au printemps suivant en avoine.

Au mois de mars, on aura à semer dans la troisième division 4 hectares en *vesce de printemps*. Les 4 hectares formant le complément de cette division seront semés en *betterave* et plantés en *pomme de terre* pendant le mois d'avril.

Enfin, on sèmera au moment du rehersage de l'avoine et sur la division occupée par cette céréale 5 hectares de *trèfle* et 5 hectares de *lupuline*.

Lorsque tous ces travaux seront terminés, c'est-à-dire vers la fin d'avril, on constatera sur le domaine les étendues suivantes :

```
Froment d'automne ....................   25 hectares.
Avoine de printemps...................   25   --
                                        ___________
        Total......  ..............   50 hectares.

Luzerne...............................   25 hectares.
Plantes fourragères semées en 1862.. ....   17   —
        —            —    en 1863........    8   —
                                        ___________
        Total... . ..............   50 hectares.
```

Ainsi, en une année et sans avoir engagé des capitaux considérables, nous avons pu, tout en conservant l'ordre de succession des céréales, doubler l'étendue consacrée à la production fourragère.

Le seigle-fourrage sera consommé vers la fin d'avril. La terre où il a végété sera fumée et ensemencée en *vesce de printemps de seconde saison.* Après le trèfle incarnat, qu'on fauchera en mai, on fumera, on labourera et on sèmera du *maïs-fourrage.* Enfin, la partie semée en lupuline l'année précédente sera jachérée, défoncée avec la charrue sous-sol, fumée et ensemencée en *sarrasin* et *colza* qu'on enfouira encore vers la fin de l'été.

Quant à la surface occupée par les vesces, elle sera aussi labourée, fumée et ensemencée en *moha de Hongrie.*

Si la production du fumier n'a pas atteint un chiffre suffisant, on achètera une fois encore des engrais pulvérulents, car il importe de bien fumer les terres, si l'on veut conserver l'espoir d'élever leur richesse initiale.

À l'automne suivant et pendant l'année 1864, on répétera les opérations précédentes.

Si l'on suit exactement les mêmes procédés culturaux pendant trois ou quatre ans, les terres arables se distingueront par leur propreté, une plus grande puissance et des récoltes plus vigoureuses et plus productives.

Ainsi, en transformant la jachère morte en jachère verte, ou en jachère productive, nous avons modifié de la manière la plus heureuse l'ancien assolement triennal. Cette modification, en effet, a eu pour conséquence :

1° L'approfondissement du sol ;

2° Le nettoiement de la couche arable ;

3° L'élévation de sa puissance par le concours de la marne et de la chaux :

4° L'extension de la culture des plantes fourragères ;

5° L'entretien d'un plus grand nombre de quintaux métriques de poids vivant ;

6° La production d'une plus forte quantité de fumier ;

7° L'application de fumures plus abondantes ;

8° L'augmentation de la richesse du sol ;

9° L'accroissement de sa valeur vénale;

10° La production d'une plus grande quantité de paille et de grain;

11° Enfin, la réalisation de bénéfices nets plus considérables.

Toutefois, ces résultats, qu'on obtiendra partout en comptant avec le temps, en procédant avec prudence, en modifiant tout d'abord les défauts de la couche arable et en songeant surtout au début à la culture des plantes fourragères les moins exigeantes, ne peuvent être réalisés sans dépenses. Ainsi, vu la multiplicité des travaux, l'extension considérable accordée à la production des fourrages, l'emploi de la marne ou de la chaux, on s'est trouvé dans la nécessité :

1° D'acheter quelques animaux de trait supplémentaires;

2° De faire l'acquisition d'une charrue sous-sol ou défonceuse, d'un scarificateur et d'une charrue-bisocs;

3° D'acheter tous les ans des semences de lupuline, trèfle rouge, trèfle incarnat, vesce, betterave, sarrasin, navet, moha de Hongrie et moutarde blanche;

4° D'importer sur le domaine, surtout au début de la culture, du guano, du tourteau ou du noir animal et du plâtre, si cet engrais minéral peut être appliqué avantageusement sur le trèfle rouge, le trèfle incarnat et la luzerne;

5° D'augmenter le nombre des animaux de rente : bêtes à cornes ou bêtes à laine, afin d'utiliser les nouveaux fourrages et de fabriquer une plus grande quantité de fumier.

En définitive, c'est bien à tort qu'on voudrait réaliser les avantages que j'ai signalés comme résultant de la substitution de la jachère verte à la jachère morte, si on se trouvait dans l'impossibilité d'augmenter le capital d'exploitation que l'assolement triennal pur exige impérieusement par chaque hectare en culture.

Je compléterai les observations qui précèdent en indiquant
les plantes que l'on cultive sur la jachère et celles que l'on
peut intercaler entre deux récoltes sans changer leur ordre
de succession.

1° *Jachère.*

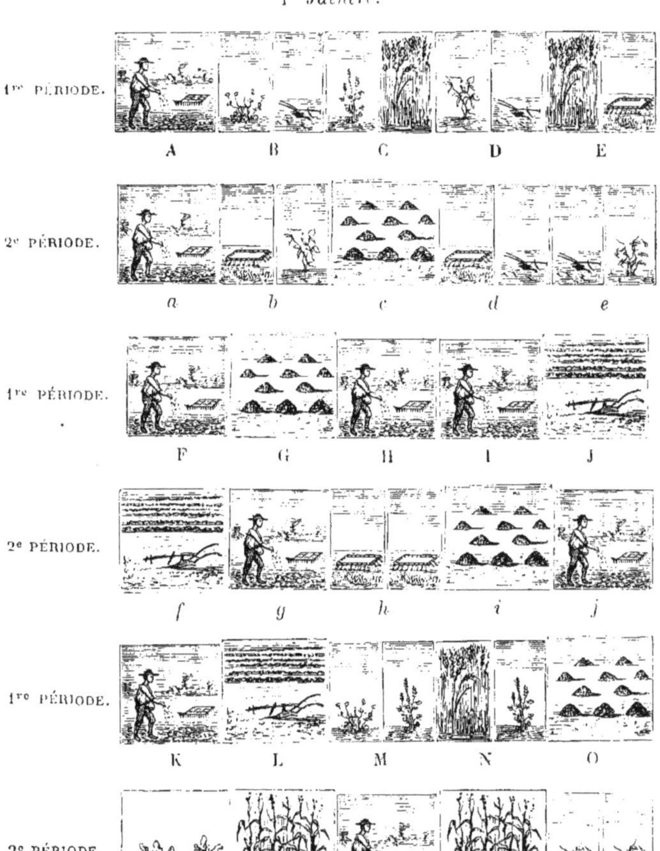

La première période commence après la moisson et finit
dans la première quinzaine de mai.

La deuxième période commence en mai et se termine au moment des semailles d'automne.

Voici la valeur des lettres placées sous les vignettes qui précèdent :

A Engrais vert semé en automne et enterré en avril.
a   —   semé en mai ou juin et enterré en août.
B Lupuline sur la moitié de la sole pâturée sur place.
b Parcage après lupuline et vesce sur la partie labourée.
C Trèfle incarnat et seigle-fourrage.
c Fumure sur toute la sole.
D Vesces d'hiver sur la moitié de la sole et consommées sur place.
d Parcage sur la partie occupée par les vesces.
E Seigle-fourrage sur la moitié de la sole et parcage sur l'autre.
e La moitié de la sole jachérée, l'autre partie occupée par des vesces d'été.
F Engrais vert enterré en avril.
f Jachère après enfouissement du colza ou de la navette.
G Jachère fumée sur toute l'étendue de la sole.
g Engrais vert sur toute la surface de la sole.
H Engrais vert semé en automne et enterré en avril
h Parcage sur toute la sole.
I Engrais vert semé en automne.
i Fumure sur toute la sole.
J Jachère d'hiver sur toute la sole.
j Engrais vert d'été sur toute la sole.
K Engrais vert enfoui au printemps.
k Navets semés en juin ou juillet.
L Jachère d'hiver fertilisée avec des engrais pulvérulents.
l Maïs-fourrage semé en mai et en juin.
M Lupuline et trèfle incarnat ou farrouch.
m Engrais vert semé en juin et enterré en août.
N Seigle-fourrage et farrouch.
n Maïs-fourrage semé à diverses époques.
O Jachère fumée.
o Vesce d'été semée à diverses époques.

2° *Plantes intercalaires.*

On peut intercaler entre le froment, le seigle, l'escourgeon, l'orge et l'avoine d'hiver, qu'on récolte en juillet et août, et l'avoine, l'orge et le blé de printemps, et la betterave et le lin, qu'on sème ordinairement en mars ou avril, les plantes suivantes :

Vesce d'été.   Navet hâtif.   Moutardon.   Sarrasin.   Spergule.

On fauche ou on arrache ces plantes pendant les mois de septembre ou octobre.

Les plantes fourragères qui suivent peuvent être intercalées entre les céréales d'hiver et le maïs, le chanvre et le millet, qu'on sème en mai :

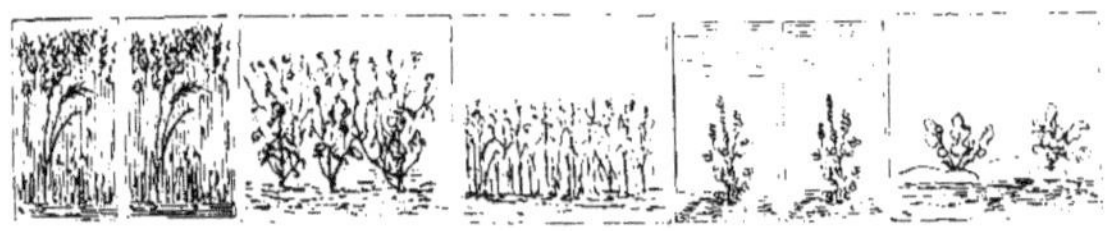

Seigle.   Colza d'hiver.   Ray-grass.   Farrouch.   Nabusseaux.

On fauche ces plantes depuis le 15 d'avril jusqu'au 15 de mai.

On peut cultiver entre les céréales d'hiver ou de printemps et le tabac et le sarrasin, qu'on plante ou qu'on sème en juin, les plantes intercalaires ci-après :

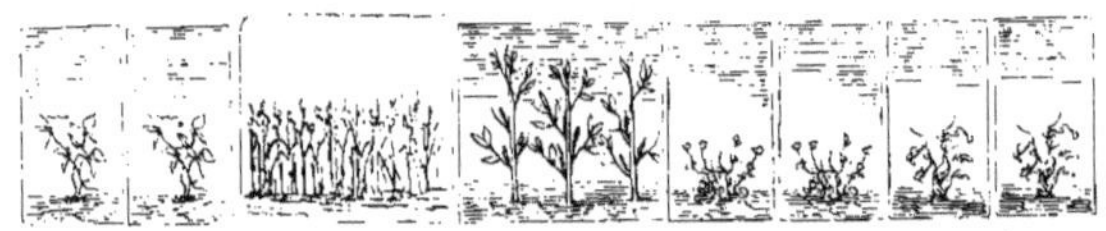

Jarosse.   Avoine.   Féverolles.   Lentillon.   Vesce d'hiver.

Ces plantes peuvent être fauchées ou consommées sur place avant le 15 de juin.

Les plantes qui suivent peuvent être intercalées entre le colza, la navette et le lin d'hiver, qu'on récolte en juillet, et

le froment, le seigle et l'avoine d'hiver et l'escourgeon, qu'on
sème pendant le mois d'octobre :

On récoltera ces plantes fourragères depuis la fin d'août
jusqu'au 15 octobre.

Il est sous-entendu que les plantes qui précèdent et qu'on
peut cultiver sur la jachère ou intercaler entre deux céréales,
doivent répondre par leur aptitude au climat, à la nature et
à la richesse du sol.

J'ai indiqué dans le premier livre les exigences des plantes
que je viens de signaler.

CHAPITRE VI.

PASSAGE D'UN ASSOLEMENT A UN AUTRE.

—

Nécessité de bien arrêter la marche qu'on doit suivre. — Assolements de quatre ans, de cinq ans, de sept ans substitués à l'assolement triennal avec jachère. — Assolement de la culture pastorale mixte moderne substitué à un assolement de la culture semi-pastorale ancienne. — Comment on remplace le pâturage par une luzerne. — Transformation d'un assolement de sept ans appartenant à la culture fourragère en une succession de culture comprenant une ou plusieurs plantes industrielles.

Le passage d'un assolement donné à un autre assolement ne présente pas de grandes difficultés si l'on a bien arrêté sur le papier la marche que l'on doit suivre.

Dans le but de démontrer combien il est facile de substituer sur le terrain un assolement nouveau à une ancienne succession de culture, nous supposerons que l'on a à résoudre des problèmes très-divers.

Admettons en premier lieu qu'il soit question de substituer, sur une exploitation ayant 100 hectares, trois assolements différents à un assolement triennal appartenant à la culture céréale et soutenu par une prairie artificielle vivace.

Les 100 hectares forment quatre divisions ayant chacune 25 hectares et disposées de la manière suivante :

	A	B	C	D
1861	Jachère.	Seigle.	Avoine.	Sainfoin.

D'abord, nous voulons remplacer cet assolement de trois ans par un assolement de quatre ans conçu comme il suit :

1re année. Jachère verte.
2e — Seigle d'automne.
3e — Trèfle seul ou associé au ray-grass.
4e — Avoine de printemps.

Si cette succession est soutenue par une prairie artificielle vivace, on devra partager le domaine en cinq divisions comprenant chacune 20 hectares.

Voici comment il faut opérer :

1º On diminuera l'étendue de la première division, qui est occupée par la jachère, de 5 hectares ;

2º On partagera la deuxième division en deux parties inégales, l'une de 15 hectares et la seconde de 10 hectares ;

3º On partagera la troisième division, occupée par l'avoine, de même manière à avoir une partie de 5 hectares et l'autre de 15 hectares ;

4º Enfin, on retranchera de la quatrième division, sur laquelle existe la prairie artificielle, une surface de 5 hectares.

Alors, on aura cinq divisions ayant chacune 20 hectares, savoir :

1º 20 hectares occupés par la jachère.
2º 5 hectares de la jachère + 15 hectares de la sole de blé.
3º 10 hectares de la sole de blé + 10 hectares de la sole d'avoine.
4º 15 hectares de la sole d'avoine et 5 hectares de la sole de sainfoin.
5º 20 hectares de la sole en sainfoin.

La figure suivante indique les anciennes (A) et les nouvelles (B) divisions.

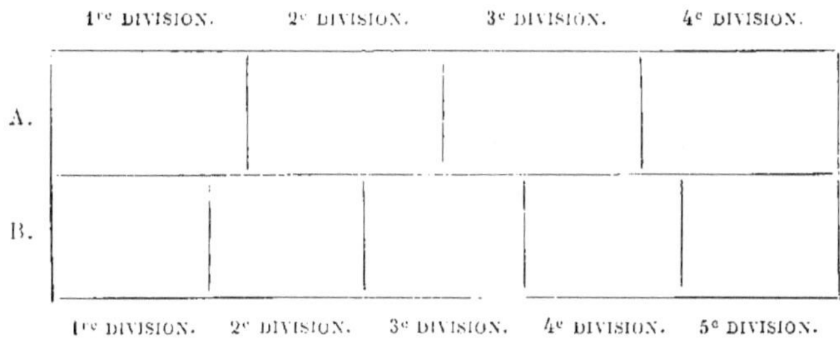

Lorsque ce travail est terminé et sur le papier et sur le terrain, on peut dire que le problème est résolu.

Je ferai observer, toutefois, qu'il est fort rare qu'on parvienne dans la pratique à obtenir des divisions d'une grandeur uniforme. Souvent, et cela à cause de la forme des pièces de terre et de leur superficie, on est forcé d'avoir des divisions un peu inégales. Ainsi, les unes ont 17 à 19 hectares et les autres de 21 à 23 hectares de surface.

Quoi qu'il en soit, ces irrégularités n'existent que lorsqu'on substitue à des assolements comprenant 4, 5 et 6 soles, des successions de culture qui n'en comportent pas 8, 10 ou 12. On observe souvent la même irrégularité quand on remplace des assolements qui renferment 4, 6, 8, 10 et 12 soles par des successions de culture qui en comprennent 3, 5, 7 ou 9.

En général, les divisions ont la même étendue quand

```
Un assolement à  2 soles remplace un assolement à  4 soles.
      —          3       —              —           6    —
      —          4       —              —           8    —
      —          5       —              —          10    —
      —          6       —              —          12    —
      —          4 soles est remplacé par un assol' à  2    —
      —          6       —              —           3    —
      —          8       —              —           4    —
      —         10       —              —           5    —
      —         12       —              —           6    —
```

Quand les divisions ont été établies sur le terrain, on s'occupe de la mise en pratique de la succession qu'on a combinée.

Voici les cultures qu'on observera sur le domaine pendant les deux premières années de la culture normale.

	A	B	C	D	E
1863......	Jachère.	Seigle.	Trèfle.	Avoine.	Sainfoin.
1864.....	Seigle.	Trèfle.	Avoine.	Jachère.	Sainfoin.
1865	Trèfle.	Avoine.	Jachère.	Froment.	Sainfoin.

Voici maintenant comment on passera de l'assolement triennal à l'assolement quadriennal :

En 1861, les 20 hectares de jachère seront labourés, fumés

ou parqués et ensemencés en sainfoin ou moutarde blanche, plantes qu'on enfouira pendant les mois d'avril ou de septembre comme engrais verts.

Les 5 hectares enlevés à cette division seront semés en seigle-fourrage ou en vesce d'hiver.

La même année, on répandra en février ou en mars, sur la partie du seigle qui a 15 hectares, de la graine de trèfle ou de ray-grass. La seconde partie, occupée par le seigle, restera à l'état de demi-jachère. Au besoin, on pourra y semer des navets en culture dérobée.

Enfin, en mars ou avril, on sèmera de la lupuline ou minette sur les 10 hectares de l'ancienne division C, qui est occupée par l'avoine.

Cette légumineuse sera pâturée l'année suivante pendant le mois de mai.

En 1862, on sèmera en avoine la surface de 10 hectares appartenant à l'ancienne division B et qui forment, avec les 10 hectares enlevés à la division qui portait l'avoine en 1861, la nouvelle division et les 5 hectares retirés de l'ancienne division D.

Puis, à la même époque, on projettera des graines de trèfle et de ray-grass sur toute la division A.

Plus tard, on s'occupera de fertiliser en partie la jachère en y cultivant des plantes comme engrais verts.

Pendant cette dernière année, les cultures présenteront le tableau suivant :

A	Seigle	20 hectares.
B	Vesce	5 —
	Trèfle et ray-grass	15 —
C	Avoine	10 —
	Minette	10 —
D	Jachère verte	15 —
	Avoine	5 —
E	Sainfoin	20 —

Ainsi, en 1862, on récoltera :

Céréales.		*Fourrages.*	
Seigle...............	20 hect.	Sainfoin...............	20 hect.
Avoine...............	10 —	Minette et vesce.......	15 —
Avoine...............	5 —	Trèfle et ray-grass....	15 —
Totaux...............	35 hect.		50 hect.

L'année suivante, en 1863, les céréales occuperont une sur-face de 40 hectares, et les plantes fourragères 40 hectares.

L'extension accordée aux plantes fourragères, en permet-tant de doubler la force des fumures dont l'action sera ren-due plus énergique par les engrais verts enfouis sur les ja-chères, élèvera la production des céréales, et celles-ci, quoique cultivées sur une surface moins grande, produiront autant, sinon davantage, de grain et de paille, que lorsqu'elles cou-vraient chaque année une étendue de 50 hectares.

Supposons maintenant qu'on se propose sur une terre pro-fonde, argilo-calcaire et de bonne qualité, de substituer l'as-solement quadriennal dit de Norfolk à l'ancien assolement triennal.

Cet assolement de quatre ans comprend les cultures sui-vantes :

1ʳᵉ année.	Betterave ou navet.
2ᵉ —	Céréales de mars.
3ᵉ —	Trèfle rouge.
4ᵉ —	Froment d'hiver.

Nous admettons qu'il est soutenu par une sorte de luzerne.

Le domaine sur lequel on veut établir cette succession de culture doit être, comme dans l'hypothèse précédente, divisé en cinq parties égales.

Si cet assolement avait pour soutien des prairies naturel-les, il faudrait diviser les terres labourables en quatre parties ayant la même étendue.

L'assolement triennal qu'il est question de remplacer occupe quatre divisions. Voici comment on parviendra à lui substituer l'assolement de quatre ans :

Sur la division A, qui comprend 20 hectares de la jachère de l'assolement triennal, on sèmera en 1861, au mois d'octobre, du froment d'hiver. La division B sera ensemencée l'année suivante en froment, avoine ou orge de printemps. La même année, on sèmera, en mars ou avril, des betteraves dans la division D. La division E restera en luzerne.

Quant à la division C, elle sera occupée en partie en 1862 par la lupuline. Cette légumineuse a dû être semée au printemps 1861 dans une partie de la sole de froment et sur 10 hectares de la division occupée par l'avoine.

La tréflière ne pourra être semée qu'au printemps de 1862 dans la division B.

Il résulte de ces quelques détails que les cinq divisions présenteront les récoltes successives ci-après :

	A	B	C	D	E
1862..	Froment.	C. de mars.	Minette.	Racines.	Luzerne.
1863..	Racines.	Trèfle.	Froment.	C. de mars.	Luzerne.
1864..	C. de mars.	Froment.	Racines.	Trèfle.	Luzerne.

Avant cette substitution, on récoltait annuellement 25 hectares de blé d'automne, 25 hectares d'avoine et 25 hectares de luzerne. Voici les récoltes qu'on aura à exécuter en 1863, lorsqu'on sera entré dans la période de transition :

Fourrages.

Racines...............	20 hect.	Froment.............	20 hect.
Trèfle............	20 —	Céréales de mars, orge,	
Luzerne.......	20 —	avoine, etc.	20 —
Total	60 hect.	Total.	40 hect.

Dans le cas où l'on aurait intérêt à remplacer l'assolement triennal précité par une succession de culture de cinq années appartenant aussi à l'agriculture céréale, il faudrait partager les 100 hectares en six divisions ayant chacune 16 hectares 50 d'étendue. La sixième division resterait provisoirement en luzerne.

Le tableau ci-après représente les anciennes et les nouvelles divisions :

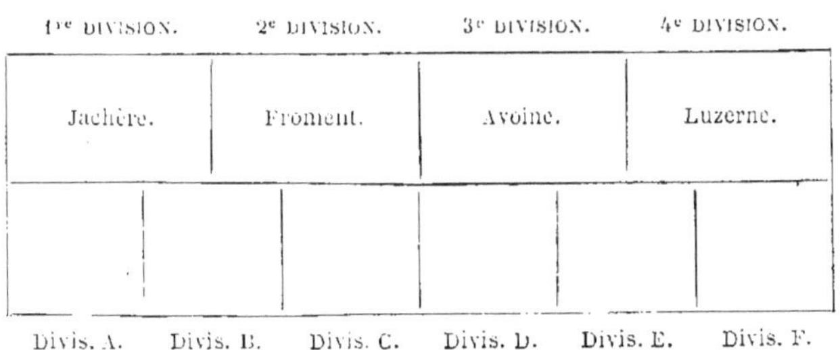

Il est sous-entendu que ces diverses divisions comprendront une ou deux, trois, quatre, cinq, etc., pièces de terre selon que la propriété sera plus ou moins morcelée.

Si l'assolement de cinq ans comprenait les récoltes suivantes,

1re année.	Racines.
2e —	Céréales de mars.
3e —	Trèfle.
4e —	Froment d'hiver.
5e —	Avoine.

les nouvelles divisions présenteraient, pendant les trois premières années, les cultures qui suivent :

	A	B	C
1862	Froment.	Blé et avoine.	Trèfle.
1863	Trèfle.	Racines.	Froment.
1864	Froment.	Céréales de mars.	Avoine.

	D	E	F
1862	Racines.	Vesce et avoine.	Luzerne.
1863	Céréales de mars.	Froment.	Luzerne.
1864	Trèfle.	Racines.	Luzerne.

Ainsi, en 1862, première année de culture de transition,
on récoltera les céréales ci-après :

```
Division A. Froment sur jachère .............    16hect.50
   —      B. Froment sur jachère .............     8   ,50
   —      B. Avoine après blé. ..................   8   ,50
   —      F. Avoine après luzerne.............      8   .50
                                                 ———————
          Total.........  .. .. ...             42hect.00
```

Cette étendue, comparée à la surface occupée par les mêmes
plantes avant 1862, laisse un déficit de 8 hectares d'avoine.

Par contre, on aura non plus 25 hectares en luzerne, mais
58 hectares en trèfle, vesce et luzerne.

On pourra, si l'on ne veut pas diminuer autant la surface
consacrée aux céréales, ne semer en 1861 que 8 hectares de
trèfle. L'autre partie, qui a aussi 8 hectares, sera semée en
seigle ou en avoine. Alors, en 1862, on aura à moissonner
50 hectares en blé, avoine et seigle. La surface occupée par
les plantes fourragères aura aussi 50 hectares.

On ne doit pas oublier qu'en agissant ainsi, on fera naître
sur la moitié de la division C plusieurs céréales de suite.
Cette répétition exigera nécessairement des engrais supplémentaires et elle obligera à donner à la terre une excellente
préparation.

A partir de 1864, on aura tous les ans les récoltes suivantes

```
        Céréales.                           Fourrages.
Froment d'hiver......   16hect,50    Trèfle............... .  16hect.50
Céréales de mars .....  16   ,50    Racines........  .....   16    .50
Avoine..............    16   .50    Luzerne..........  ..    16    .50
                        —————                                —————
   Total..........      49hect,50      Total....  ......     49hect.50
```

Si l'on voulait remplacer l'assolement quinquennal précité
par une succession de cinq années disposée comme il suit :

```
1re année. Racines.
2e   —    Céréales de mars.
3e   —    Trèfle.
4e   —    Colza.
5e   —    Froment.
```

il faudrait utiliser les six divisions de la manière suivante :

	A	B	C
1862........	Froment.	Colza.	Trèfle.
1863...... ..	Trèfle.	Froment.	Colza.
1864........	Colza.	Racines.	Froment.

	D	E	F
1862........	Racines.	Avoine.	Luzerne.
1863..	Céréales de mars.	Racines.	Luzerne.
1864........	Trèfle.	Céréales de mars.	Luzerne.

Chaque année on aurait, comme dans l'exemple qui précède, 49 hectares 50 en plantes céréales et oléagineuses, et 49 hectares 50 en plantes fourragères.

Examinons comment on substitue un assolement de sept années à l'assolement triennal. Cette succession, qui comprend aussi une sole de luzerne en dehors de la rotation, est disposée comme il suit :

1re année.	Racines.

1re année. Racines.
2e — Céréales de mars.
3e — Trèfle.
4e — Froment d'automne.
5e — Fourrages verts.
6e — Colza.
7e — Froment d'hiver.

Comme cet assolement a le double des soles de l'assolement triennal, l'on devra établir huit divisions ayant les unes et les autres 12 hectares 50 environ.

La jachère de l'assolement triennal sera divisée en deux soles qu'on ensemencera au mois d'octobre 1862 en froment d'hiver.

La sole de blé comprendra aussi deux divisions. La première sera semée en 1863 en avoine ou orge de printemps. La seconde portera la même année une tréflière qu'on aura semée dans le froment au printemps de l'année précédente.

La sole d'avoine du même assolement formera aussi deux

divisions. La première devra être ensemencée en fourrages verts en 1862, à la fin de l'été ou au commencement d'octobre. La seconde portera des plantes sarclées-racines en 1863.

Enfin, les deux dernières divisions proviendront de la quatrième sole de l'ancienne succession de culture. L'une restera en luzerne ; l'autre sera plantée en colza pendant le mois de septembre 1862.

Ainsi, une seule année suffira pour établir l'assolement suivi à Grignon sur une exploitation où l'on observera l'assolement triennal avec jachère, et soutenu par une quatrième sole en luzerne ou en sainfoin. Toutefois, on ne sera en pleine culture normale qu'en 1865.

Voici le tableau des récoltes qu'on observera pendant les trois premières années :

	A	B	C	D
1863....	Froment.	Froment.	Avoine.	Trèfle.
1864....	Racines.	Trèfle.	Vesce.	Froment
1865....	C. de mars.	Blé.	Colza.	Vesce.

	E	F	G	H
1863....	Vesce.	Racines.	Colza.	Luzerne.
1864....	Colza.	C. de mars.	Froment.	Luzerne.
1865....	Froment.	Trèfle.	Racines.	Luzerne.

Avec l'assolement triennal, alors que la jachère était utilisée par des fourrages annuels, on récoltait tous les ans :

Céréales.		*Fourrages.*	
Froment..............	25 hect.	Fourrages verts.......	25 hect.
Avoine...............	25 —	Luzerne.............	25 —
Total........ ..	50 hect.	Total..........	50 hect.

Avec l'assolement de sept ans précité, on aura chaque année :

Plantes commerciales.		*Plantes fourragères.*	
Froment d'hiver......	12^{hect},50	Racines.............	12^{hect},50
— —	12 ,50	Trèfle.......	12 ,50
Avoine et orge........	12 .50	Vesce....	12 ,50
Colza............. .	12 .50	Luzerne........... ..	12 ,50
Total..........	50^{hect},00	Total..........	50^{hect}.00

Ainsi encore, l'exploitation sera occupée moitié par des plantes fourragères et moitié par des plantes commerciales.

L'assolement de sept ans, soutenu par des fumures suffisantes, sera sans contredit plus productif que l'assolement de trois ans, parce que les plantes salissantes y alterneront avec les plantes nettoyantes ou étouffantes.

Je ne supputerai pas la quantité de fumier qu'il faudra appliquer par hectare pendant la durée de la rotation. J'ai indiqué précédemment la marche à suivre pour résoudre ce problème.

Il n'est pas sans intérêt de mettre en regard l'aspect que présente la même propriété lorsqu'on y applique et l'assolement de trois ans et l'assolement septennal.

Culture de 1860.

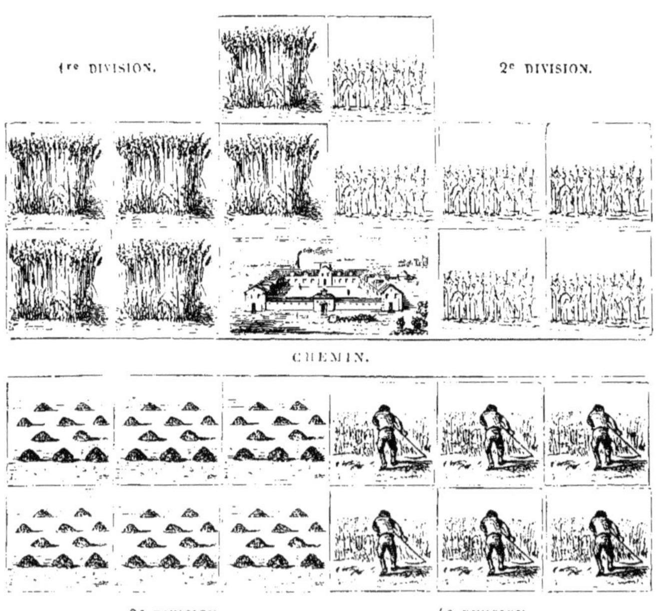

Culture de 1865.

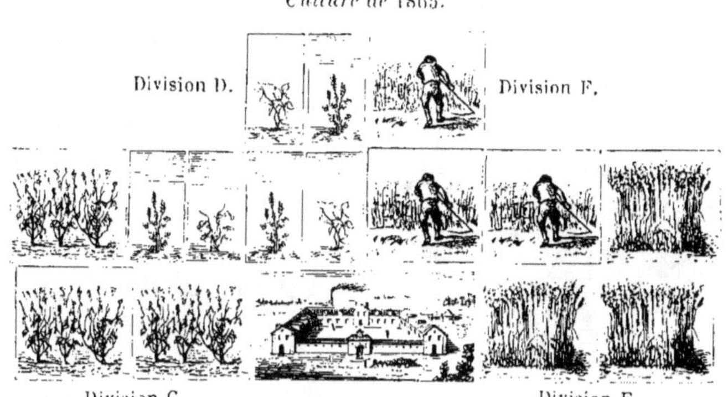

Les deux figures qui précèdent indiquent bien, l'une une agriculture simple, et l'autre une culture complexe. La première appartient à l'agriculture céréale ; la seconde fait partie de l'agriculture industrielle.

On substituera toujours très-aisément dans l'assolement de sept ans : 1° le tabac à la betterave ; 2° le pavot au colza ; 3° le lin et le chanvre au froment qui suit le trèfle ou à l'avoine qui vient après les betteraves ; 4° la cardère au froment qui termine la rotation.

Enfin, admettons que la luzerne, qui occupe la division H, soit arrivée à son apogée d'existence, et voyons comment on devra opérer pour établir une nouvelle luzernière.

Le problème à résoudre consiste donc à établir de nouveau l'assolement de sept ans sur la division II et à créer une luzernière sur une autre division.

Nous supposons en 1865 un exercice où les huit divisions, comme nous l'avons dit ci-dessus, seront occupées par les récoltes suivantes :

	A	B	C	D
1865	C. de mars.	Blé.	Colza.	Vesce.
	E	F	G	H
1865	Blé.	Trèfle.	Racines.	Luzerne.

Au printemps de la même année, nous sèmerons de la graine de luzerne sur toute l'étendue de la division A. Si l'assolement avait continué son cours sur cette partie du domaine, cette division eût été ensemencée en trèfle.

En 1866, nous aurons deux soles de luzerne : l'ancienne, qu'on défrichera pendant l'hiver suivant et sur laquelle on sèmera au mois de mars 1867 de l'avoine de printemps ; la nouvelle, qui remplace momentanément la sole de trèfle. Au mois d'avril de la même année, nous sèmerons de la graine de trèfle sur toute la division G, qui sera occupée alors par les céréales de mars.

En 1868, la sole II portera des fourrages verts, et en 1869 du colza.

Ces changements ont modifié un peu la culture des céréales pendant l'exercice 1867. Chaque année jusqu'alors le froment d'hiver avait occupé 25 hectares. En 1867, ce sont les céréales de mars qui couvriront cette surface. Si l'on tient à modifier le moins possible la nature des produits fournis par les céréales, on sèmera toute la sole E en blé de printemps. Alors, on pourra récolter au mois d'août 25 hectares de blé d'automne et de printemps, et 12 hectares 50 seulement d'avoine. L'avoine placée après une luzernière est toujours productive.

Voici le tableau que présenteront les soles ainsi modifiées :

	A	B	C	D
1866	Luzerne.	Vesce.	Blé.	Colza.
1867	Luzerne.	Colza.	Racines.	Blé.
1868	Luzerne.	Blé.	C. de mars.	Racines.

	E	F	G	H
1866	Racines.	Blé.	C. de mars.	Luzerne.
1867	C. de mars.	Vesce.	Trèfle.	Avoine.
1868	Trèfle.	Colza.	Blé.	Vesce.

Supposons, en second lieu, qu'on veuille modifier un assolement de la culture pastorale mixte, afin d'obtenir plus de fourrage et de pouvoir nourrir chaque année un plus grand poids brut d'animaux. La succession de culture qu'on se propose de remplacer comprend huit soles de 9 hectares 37. Celle qu'on veut lui substituer a aussi huit années de durée.

Ces deux assolements sont disposés comme il suit :

Assolement ancien.	*Assolement nouveau.*
1° Sarrasin.	1° Chou, rutabaga.
2° Seigle ou froment.	2° Sarrasin ou millet.
3° Jachère.	3° Seigle ou froment.
4° Seigle ou froment.	4° Trèfle ou ray-grass.
5° Pâturage.	5° Pâturage.
6° Pâturage.	6° Avoine d'hiver.
7° Pâturage.	7° Fourrages verts.
8° Avoine.	8° Blé ou seigle.

Voici les modifications que subira l'ancien assolement :

Sur la jachère, en 1861, on sèmera du seigle ou du froment au printemps suivant, et l'on répandra sur cette sole du trèfle et du ray-grass. Ce mélange sera fauché en 1862, et il formera un pâturage artificiel en 1863.

Après le froment occupant la division D, on sèmera des plantes fourragères fauchables bisannuelles et annuelles.

Le pâturage de la division E sera défriché en 1861 et suivi par une avoine d'hiver; le pâturage de la division F sera labouré pendant l'hiver de 1861 et ensemencé en sarrasin au mois de juin 1862. Le troisième pâturage ne sera rompu que l'année suivante.

Enfin, l'avoine ou le seigle qui termine la rotation de l'ancien assolement sera suivi, en 1862, par des choux et des rutabagas. Ces plantes sarclées occuperont la division A en 1863 et la division D en 1864.

Le tableau suivant fera mieux comprendre avec quelle facilité on arrivera en 1864 à la culture normale :

	A	B	C	D
1861	Sarrasin.	Froment.	Jachère.	Froment.
1862 .. .	Froment.	Trèfle.	Froment.	Fourrages.
1863	Racines.	Pâturage.	Trèfle.	Froment.
1864	Sarrasin.	Avoine.	Pâturage.	Racines.

	E	F	G	H
1861	Pâturage.	Pâturage.	Pâturage.	Avoine.
1862	Avoine.	Pâturage.	Sarrasin.	Racines.
1863	Fourrages.	Avoine.	Froment.	Sarrasin.
1864	Froment.	Fourrages v.	Trèfle.	Froment.

En 1861, le domaine présentait :

Blé ou seigle......	9^{hect},37		Jachère............	9^{hect}.37
Avoine d'hiver.....	9 ,37		Pâturage naturel..	9 ,37
Blé ou seigle......	9 .37		Pâturage..........	9 ,37
Sarrasin..........	9 ,37		Pâturage..........	9 ,37
Totaux........	37^{hect},48			37^{hect},48

En 1864, on y observera les cultures suivantes :

Blé ou seigle......	9^{hect},37		Racines............	9^{hect},37
Avoine d'hiver.....	9 .37		Trèfle et ray-grass..	9 ,37
Blé ou seigle	9 ,37		Pâturage artificiel..	9 ,37
Sarrasin..........	9 .37		Fourrages verts....	9 .37
Totaux.......	37^{hect},48			37^{hect},48

Ainsi, sans diminuer l'étendue consacrée à la culture des céréales, nous avons introduit sur l'exploitation 28 hectares de plantes fourragères et 9 hectares de pâturage artificiel bien supérieur aux trois années de pâturage de l'ancienne succession de culture.

Les tableaux qui suivent indiquent comment aura lieu la
distribution des récoltes en 1861 et 1864 :

Culture de 1861.

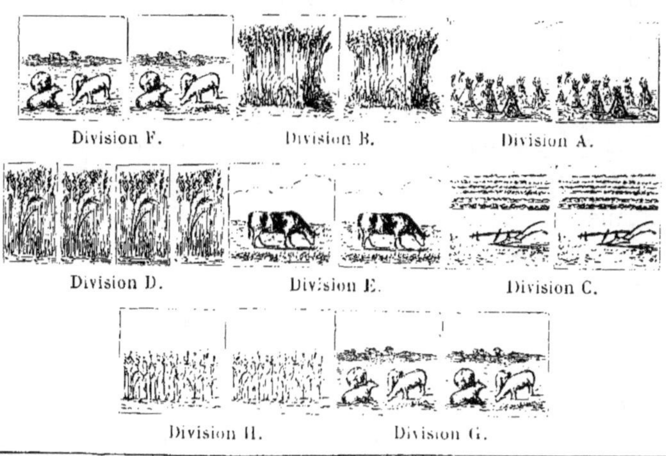

Culture de 1864.

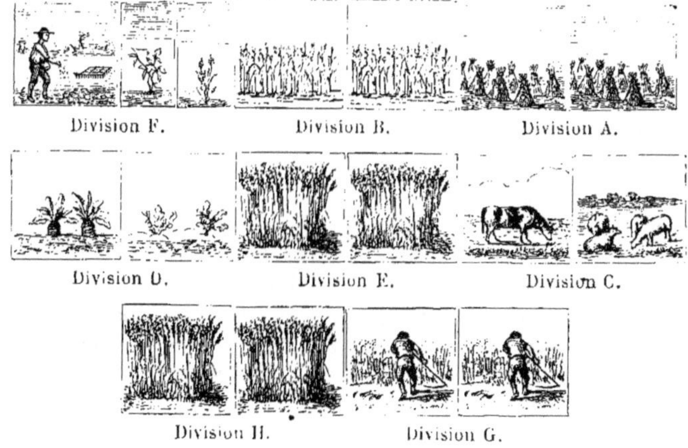

La culture pendant l'année 1862 sera la plus difficile, et il faudra acheter nécessairement des engrais ; mais à dater de 1863, époque où l'on aura des racines à faire consommer, la production du fumier étant plus considérable permettra de diminuer d'une manière notable les avances exigées par l'acquisition d'engrais commerciaux.

Admettons le nouvel assolement établi depuis plusieurs années sur une terre saine, propre, profonde et bien fumée, et supposons qu'on ait l'intention de remplacer le pâturage par une sole de luzerne placée en dehors de la rotation. Voici comment on devra opérer :

En 1866, on répandra des graines de cette légumineuse sur toute la division E, qui sera occupée par du sarrasin. Puis au mois d'août ou de septembre on défrichera la sole de trèfle située sur la division A, et on l'ensemencera au mois d'octobre en froment d'automne ou en avoine d'hiver. Cette sole portera l'année suivante les fourrages verts bisannuels et annuels. Enfin, le trèfle qu'on aura semé au printemps 1866 sur la division D, sera aussi défriché après dix-huit mois de végétation, et suivi au mois d'octobre 1867 par une céréale d'hiver.

Ces diverses modifications permettent d'établir le tableau suivant :

	A	B	C	D
1866	Trèfle.	Froment.	Fourrages v.	Froment.
1867	Froment.	Racines.	Froment.	Trèfle.
1868	Avoine.	Sarrasin.	Racines.	Froment.

	E	F	G	H
1866	Sarrasin.	Racines	Avoine.	Pâturage.
1867	Luzerne.	Sarrasin.	Fourrages v.	Avoine.
1868	Luzerne.	Trèfle.	Froment.	Fourrages v.

Ainsi, en 1868, par le fait de l'introduction de la luzerne, on aura transformé l'assolement, dont la durée était de huit ans, en une succession de culture de sept années ainsi disposée :

1re année.	Racines :	rutabaga, etc.
2e —	Sarrasin, millet, maïs.	
3e —	Froment.	
4e —	Trèfle et ray-grass.	
5e —	Céréale d'hiver.	
6e —	Fourrages verts.	
7e —	Céréale d'hiver.	

Les plantes céréales et les plantes fourragères occuperont toujours une surface de 37 hectares 48.

Si l'on voulait conserver le pâturage de trèfle et ray-grass, et renoncer à la culture de la vesce, de la jarosse, etc., qui forment la sixième sole, il faudrait, à partir de 1867, modifier les cultures de la manière suivante :

	A	B	C	D
1867....	Pâturage.	Racines.	Froment.	Trèfle.
1868....	Froment.	Sarrasin.	Racines.	Pâturage.
1869....	Avoine.	Froment.	Sarrasin.	Froment.

	E	F	G	H
1867....	Luzerne.	Sarrasin.	Orge.	Froment.
1868....	Luzerne.	Froment.	Trèfle.	Avoine.
1869....	Luzerne.	Trèfle.	Pâturage.	Racines.

Chaque année, on aurait encore quatre soles fourragères et quatre soles occupées par des plantes à grains farineux.

Dans le cas où l'on voudrait conserver la sole de fourrages verts, mais abandonner la culture du sarrasin pour la remplacer par des céréales de mars, il faudrait faire subir à l'assolement les modifications ci-après :

1re année.	Racines :	betterave, navet.
2e —	Céréales de mars : avoine, froment, orge.	
3e —	Trèfle et ray-grass.	
4e —	Pâturage	
5e —	Froment ou avoine d'hiver.	
6e —	Fourrages verts.	
7e —	Froment d'automne.	

On aura alors :

	A	B	C	D
1867....	Pâturage.	Racines.	Froment.	Trèfle.
1868....	Froment.	C. de mars.	Racines.	Pâturage.
1869....	Fourrages v.	Trèfle.	C. de mars.	C. d'hiver.

	E	F	G	H
1867....	Luzerne.	C. de mars.	Fourrages v.	Avoine.
1868....	Luzerne.	Trèfle.	Froment.	Fourrages v.
1869....	Luzerne.	Pâturage.	Racines.	Froment.

Ainsi modifié, l'assolement ne comprendra plus que 28 hectares 11 de céréales, mais par contre il présentera 48 hectares 85 en plantes fourragères, au lieu de 37 hectares 48.

Ces changements permettent de considérer cette succession de culture comme très-améliorante.

Jusqu'à présent, nous avons transformé :

1° La culture pastorale mixte ancienne en culture pastorale moderne ;
2° La culture pastorale moderne en culture fourragère.

Supposons qu'on ait intérêt à transformer l'assolement de sept ans appartenant à la culture fourragère en une succession de culture comprenant une ou plusieurs plantes industrielles. Voici comment on devra opérer :

Admettons d'abord qu'on a l'intention d'introduire le colza pendant l'exercice 1868-1869.

Si les divisions sont occupées en 1868 comme il suit,

A	B	C	D	E	F	G	H
Froment.	Racines.	Blé.	Trèfle.	Luzerne.	C. de mars.	Fourr. v.	Avoine,

on défrichera le trèfle à la fin d'août après l'avoir fumé, et on y plantera du colza au mois de septembre. Cette plante oléagineuse sera suivie l'année suivante par un froment d'automne.

Si l'on fait subir chaque année à l'assolement les mêmes

changements, on observera sur le domaine les modifications
suivantes :

	A	B	C	D
1869....	Fourrages v.	C. de mars.	Racines.	*Colza.*
1870....	C. d'hiver.	Trèfle.	C. de mars.	Froment.
1871....	Racines.	*Colza.*	Trèfle.	Fourrages v.

	E	F	G	H
1869....	Luzerne.	Trèfle.	C. d'hiver.	C. d'hiver.
1870....	Luzerne.	*Colza.*	Racines.	Fourrages v.
1871....	Luzerne.	Froment.	C. de mars.	C. d'hiver.

Alors l'assolement sera disposé de la manière suivante :

1re année.	Racines : betteraves, etc.
2e —	Céréales de mars : orge, froment, avoine.
3e —	Trèfle rouge.
4e —	Colza d'hiver.
5e —	Froment d'automne.
6e —	Fourrages verts.
7e —	Céréales d'hiver : blé, seigle, escourgeon.

Ainsi, en introduisant le colza, on a supprimé une sole
de céréales. Toutefois, la production des pailles n'a pas
sensiblement diminué, puisqu'on a encore chaque année
quatre divisions occupées par des plantes céréales et oléagineuses qui fournissent à peu près la même quantité de
litière.

Il sera facile de remplacer le colza par le lin ou le
chanvre.

On pourra aussi, si cela est nécessaire, substituer le pavot
ou le tabac à la culture des fourrages verts.

Supposons qu'on veuille introduire dans cet assolement le
chanvre et le pavot-œillette, et supprimer les fourrages verts
et les plantes à racines.

Au printemps de l'année 1869, on sèmera le chanvre sur
la division A et le pavot-œillette sur la division C. Si on con-

tinue ces changements l'année suivante, les cultures concorderont avec le tableau suivant :

	A	B	C	D
1869....	Chanvre.	C. de mars.	Pavot.	Colza.
1870....	Froment.	Trèfle.	C. de mars.	Froment.
1871...	Pavot.	Colza.	Trèfle.	Chanvre.

	E	F	G	H
1869....	Luzerne.	Trèfle.	Froment.	Froment.
1870 ...	Luzerne.	Colza.	Chanvre.	Pavot.
1871 ...	Luzerne.	Froment.	Froment.	C. de mars.

Si on voulait introduire la culture du lin, du pavot et du colza, conserver la culture de la betterave dans le but de livrer les racines à une sucrerie ou à une distillerie, et supprimer la luzerne et les fourrages verts, il faudrait changer l'ordre de succession des récoltes et adopter l'assolement suivant :

1re année.	Pavot.
2e —	Froment d'automne.
3e —	Trèfle rouge.
4e —	Lin de printemps ou chanvre,
5e —	Colza d'automne.
6e —	Froment d'automne ou de mars.
7e —	Betterave.
8e —	Tabac.

Alors, si on suppose toujours les divisions occupées de la manière suivante,

	A	B	C	D
1868....	Froment.	Racines.	Blé.	Trèfle.

	E	F	G	H
1868 ...	Luzerne.	C. de mars.	Fourrages v.	Avoine.

il faudra défricher la soie de luzerne pendant l'hiver et la faire suivre, l'année suivante, par une avoine de printemps. Le lin ne pourra être cultivé la même année que si on a conservé la tréflière et placé le colza sur la division C, après le froment d'hiver. Les betteraves occuperont la division II, et les fourrages verts précéderont un blé d'automne.

Voici l'aspect de l'exploitation après ces derniers changements :

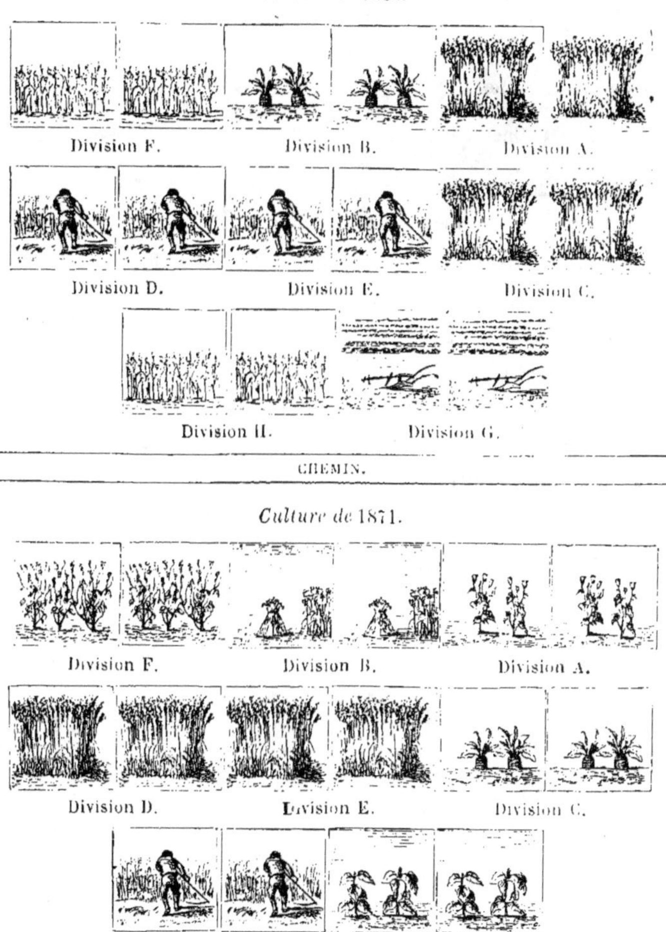

Culture de 1868.

Culture de 1871.

Ainsi, avec les changements qui précèdent, on aura les successions suivantes :

	A	B	C	D
1869....	Betterave.	Froment.	Colza.	Lin.
1870....	Tabac.	Trèfle.	Froment.	Colza.
1871....	Pavot.	Lin.	Betterave.	Froment.

	E	F	G	H
1869....	Avoine.	Trèfle.	Froment.	Pavot.
1870....	Pavot.	Lin.	Betterave.	Froment.
1871....	Froment.	Colza.	Tabac.	Trèfle.

On pourrait aisément introduire une *plante intercalaire*, par exemple la vesce ou le trèfle incarnat, entre la betterave et le tabac, qui occupent les septième et huitième soles.

Les exemples qui précèdent et les détails qui les accompagnent démontrent, j'ose l'espérer, avec quelle facilité on peut, sur une exploitation donnée, substituer un assolement à un autre, alors que ces deux successions ne comportent ni les mêmes plantes ni le même nombre de soles.

J'aurais pu multiplier les problèmes et les rendre plus complexes, mais ceux que j'ai choisis me semblent suffisamment variés.

CHAPITRE VII.

LA CULTURE DE FIN DE BAIL.

—

Réassolement des terres selon les prescriptions du bail — On doit opérer
contrairement à la marche suivie lorsqu'on a dessolé et dessaisonné. —
Substitution de l'assolement triennal avec jachère à un assolement de
cinq ans appartenant à la culture fourragère.

Le fermier qui est forcé, par les clauses de son bail, de
suivre pendant les deux ou trois dernières années un assolement biennal ou triennal avec jachère appartenant à l'agriculture céréale, n'éprouvera aucune difficulté pour partager
les terres labourables en trois ou quatre divisions, s'il se
rappelle comment il a opéré quand il a dessolé et dessaisonné.

Supposons qu'il ait renoncé à l'assolement triennal pour
adopter leur succession de culture quinquennale citée p. 501.
Si son bail se termine en 1872, les divisions existant sur
le domaine présenteront en 1869 les cultures suivantes :

A	B	C	D	E	F
Blé.	C. de mars.	Luzerne.	Trèfle.	Racines.	C. de mars.

Chaque division a 16 hectares 50. Les quatre groupes de
terres labourables qu'il importe de rétablir doivent avoir
chacun 25 hectares.

Voici comment nous agirons :

Au printemps 1869, on sèmera 8 hectares 50 de luzerne dans les céréales de mars qui occupent la division B,
afin de porter l'étendue de la luzernière à 25 hectares, et on
répandra des graines de lupuline dans la division F. Alors, si

on sème de l'avoine sur la division A et sur les 8 hectares 50 de la division B, nous aurons une sole de céréales de printemps de 25 hectares. De plus, si on sème en blé d'hiver la division D et la moitié de la division E, on aura encore une sole de céréale d'hiver ayant 25 hectares. Enfin, si on cultive des vesces sur la portion de la division F qui n'est pas occupée par la lupuline, la jachère verte aura aussi 25 hectares.

Ainsi, en agissant comme je viens de le dire, on aura rompu le nouvel assolement et rétabli les anciennes divisions. Voici quel sera l'aspect du domaine pendant les trois dernières années de récolte :

	A	B	C	D
1870...	Avoine. Avoine.	Luzerne. Luzerne.	Blé.	Vesce. Lupuline.
1871...	Jachère.	Luzerne.	Avoine.	Blé.
1872...	Blé.	Luzerne.	Jachère.	Avoine.

Ainsi, en 1872, le fermier sortant pourra facilement faire la remise des terres au fermier entrant, conformément aux clauses du bail, puisqu'il constatera sur le domaine :

25 hectares jachères,
25 — blé d'hiver,
25 — avoine,
25 — luzerne,

c'est-à-dire quatre divisions égales à celles qu'il a trouvées en entrant en ferme.

CONCLUSIONS.

—

L'étude des assolements, telle que nous croyons qu'elle
doit être faite pour être bien comprise et utile, est difficile,
parce que les principes généraux qui la régissent sont très-
nombreux et très-complexes.

Tout esprit éclairé, à la fois prudent, persévérant et surtout
patient, triomphera toujours des obstacles que présente cette
étude et l'application d'un assolement déterminé, s'il étudie
sous tous leurs points de vue les questions auxquelles donnent lieu la culture des plantes fourragères et celle des plantes qui fournissent des produits échangeables.

Lorsqu'on a examiné dans tous leurs détails la culture et
la succession des plantes composant un assolement, on reconnaît que cet assolement est bien combiné, bien approprié au
climat qu'on habite, au terrain qu'on veut cultiver, aux engrais qu'on peut produire et acheter, au capital qu'on possède, aux spéculations animales qu'on peut entreprendre avec
profit, enfin aux débouchés offerts par la contrée, s'il doit
avoir pour résultat :

1º L'amélioration ou le maintien de la fertilité du fonds sur
lequel il sera appliqué ;

2º Le plus grand profit net que cette même terre peut donner par la culture des plantes agricoles herbacées.

On obtiendra facilement ces avantages sans accroître relativement les dépenses, si on n'oublie pas :

1º De maintenir les terres dans un bon état de propreté ;

2° De donner à la couche arable tous les labours, hersages et roulages qu'elle exige ;

3° D'équilibrer la production et la consommation des engrais ;

4° D'augmenter par tous les moyens possibles la production des fumiers ;

5° D'accroître la production fourragère sans diminuer sensiblement l'étendue consacrée aux plantes qui fournissent les litières ;

6° D'entretenir le plus grand poids possible d'animaux de rente ;

7° D'alterner les récoltes de manière à éviter que deux plantes ayant les mêmes besoins et les mêmes défauts se succèdent sur le même champ.

Les assolements sont très-nombreux en France, mais un grand nombre d'entre eux sont très-mal conçus. Espérons qu'on reconnaîtra bientôt combien a été considérable l'influence que les bons assolements ont exercée sur la prospérité agricole de l'Angleterre.

La diffusion des lumières, les progrès qu'on est heureux de constater depuis dix années dans toutes les régions, feront naître d'ici à peu des changements importants dans les successions de culture.

Lorsque ces heureuses modifications naîtront, on ne pourra plus nier, comme on le fait encore dans les contrées où l'agriculture est restée stationnaire, ces vérités utiles :

Les bons cultivateurs font les bons assolements, et les bons assolements font sortir du sol des richesses incalculables et infinies !

BIBLIOGRAPHIE.

1° Assolements.

Traité des assolements ou l'Art d'établir les rotations des récoltes, par Ch. Pictet. Genève, in-8, 1801.

Notice historique sur l'origine et les progrès des assolements raisonnés ou Introduction à la nouvelle édition du Traité des cultures et des assolements, par **J. A.** Victor Yvart. Paris, in-8, 1821.

Notice sommaire sur les assolements adoptés par de Morel-Vindé. Paris, in-8, 1823.

Mémoire sur un assolement de quatre ans, par Aug. de Gasparin. Paris, in-8, 1826.

Essai sur l'assolement le plus convenable au département de l'Aisne pour parvenir à la suppression des jachères, par Fouquier-d'Hérouel. Saint-Quentin, in-8, 1834.

Notions théoriques et pratiques sur les assolements, par Oscar Leclerc-Thouin. Paris, grand in-8, 1835.

Essai sur le meilleur système d'assolement à adopter dans le Midi et en particulier dans le Gard, par Abric-Chabanel. Nîmes, in-8, 1834.

Essai sur l'agriculture pratique, les assolements et les baux à ferme, par Amb. Lucy. Paris, 2 vol. in-8, 1835.

Assolements et culture des plantes de l'Alsace, par Schwerz, traduits par Victor Rendu. Paris, in-8, 1839.

522 BIBLIOGRAPHIE.

Assolements, jachères et successions des récoltes, par V. Yvart, avec des notes de V. Rendu. Paris, in-4.

Des systèmes de culture en France, par Hippolyte Passy. Paris, in-12, 1852.

2° Jachères.

Mémoire sur la culture des jachères, par J. Ménuret. Paris. in-8, 1791.

Mémoire sur les moyens de supprimer les jachères, par J. Delair. Paris, in-8, 1793.

Notice sur l'abolition des jachères et les avantages de la culture flamande, par J. Mendez. Mons, in-8.

Mémoire sur l'amélioration de l'agriculture par la suppression des jachères, traduit de l'allemand, par l'abbé Commerel. Paris, in-8, 1802.

Mémoire sur la suppression des jachères et sur le meilleur assolement à introduire dans les Hautes-Alpes, par Serres de la Roche des Arnauds. Gap, in-8, 1805.

Opinion et suite à l'Opinion sur les jachères, par Paul Airolles. Carcassonne, in-8, 1822.

Considérations générales et particulières sur la jachère, par A. Yvart. Paris, in-8, 1822.

Considérations sur la jachère, par L. Chevalier. Paris, in-8, 1837.

TABLE ALPHABÉTIQUE.

FIN DE LA TABLE ALPHABÉTIQUE.

TABLE DES CHAPITRES.

LIVRE II.

LIVRE III.

LIVRE VIII.

LIVRE IX.

FIN DE LA TABLE DES CHAPITRES.

PARIS. — IMPRIMERIE DE CH. LAHURE ET Cⁱᵉ
Rues de Fleurus, 9, et de l'Ouest, 21

COURS

D'AGRICULTURE PRATIQUE

Paris. — Imprimé par E. Thunot et Cⁱᵉ, rue Racine, 26.

LES
ASSOLEMENTS

ET

LES SYSTÈMES DE CULTURE

PAR

GUSTAVE HEUZÉ

Adjoint à l'inspection générale de l'Agriculture
Professeur d'agriculture à l'École impériale de Grignon
Membre de la Société impériale et centrale d'Agriculture de France

Ouvrage orné d'un grand nombre de vignettes sur bois

PARIS
LIBRAIRIE AGRICOLE DE LA MAISON RUSTIQUE
26, RUE JACOB, 26